全国电力行业“十四五”规划教材

BUILDING

建筑水暖设备工程

主　编　张　玲
副主编　孙中南　潘春鹏　黄奕沄
参　编　杨文晓　方　民　杨群芳
　　　　胡玉莲　乔晓刚　张亚静
主　审　鲍东杰

中国电力出版社
CHINA ELECTRIC POWER PRESS

内 容 提 要

本书为全国电力行业“十四五”规划教材，全书共分五个模块和三个附录，主要内容包括管材、器材及卫生器具，建筑给水工程，建筑排水工程，供暖工程，通风与空调工程及附录（给排水常用线型、标注、图例表示，暖通常用线型、比例及图例，施工图识读材料统计清单样板）。

本书贴近岗位需求，采用项目化、教学做一体化和工学结合方式编写，每个教学模块具有相应的工作任务，并配有结合最新规范绘制的建筑给排水、暖通图纸，难度适中。本书配套丰富的拓展阅读资源，可扫码获取。

本书可作为建筑设备类、土建施工类专业建筑水暖设备课程的教材，也可作为相关领域工程技术人员的参考书。

图书在版编目（CIP）数据

建筑水暖设备工程/张玲主编．—北京：中国电力出版社，2023.8（2024.6 重印）

ISBN 978-7-5198-7906-8

Ⅰ.①建…　Ⅱ.①张…　Ⅲ.①房屋建筑设备-给排水系统-设备安装-高等职业教育-教材②房屋建筑设备-采暖设备-设备安装-高等职业教育-教材　Ⅳ.①TU8

中国国家版本馆 CIP 数据核字（2023）第 104705 号

出版发行：中国电力出版社
地　　址：北京市东城区北京站西街 19 号（邮政编码 100005）
网　　址：http：//www.cepp.sgcc.com.cn
责任编辑：孙　静（010—63412542）
责任校对：黄　蓓　常燕昆
装帧设计：郝晓燕
责任印制：吴　迪

印　　刷：廊坊市文峰档案印务有限公司
版　　次：2023 年 8 月第一版
印　　次：2024 年 6 月北京第二次印刷
开　　本：787 毫米×1092 毫米　16 开本
印　　张：16.75
字　　数：417 千字
定　　价：50.00 元

前　言

建筑设备工程技术不仅与国家近年倡导的绿色建筑、节能减排及生态文明建设等需求密切相关，还与建筑用水安全、防火排烟、人类健康等息息相关。在建筑物内部采取合理设备布置，是实现良好室内环境的有效手段。在创造健康、舒适、安全、方便的人居环境方面，建筑设备发挥着越来越重要的作用。

建筑设备工程包括建筑给排水工程、供热通风空调工程（简称暖通）及建筑电气工程三个专业内容。其中，建筑水暖设备是建筑电气、建筑智能化、建筑施工与管理专业、建筑经济、建筑设计与装饰等土木建筑类专业的必修专业课程。

因此面向建筑业发展的需要，结合最新颁布的国家行业标准，以就业为导向，校企合作，产学研相结合，围绕国家行业建设规划、系统培养高端技能型人才的目标，编写本书。本书主要阐述建筑给水、建筑排水、建筑供暖、通风、空气调节、室内热水供应等建筑设备基本知识和实用技术；同时还介绍近年来国内外建筑设备工程的新产品、新设备和新技术；讲述建筑设备技术与其他专业相互协调所应该具备的工程技术内容。

本书贴近岗位需求，采用项目化、教学做一体化和工学结合方式，分为5个教学模块，每个教学模块具有相应的工作任务，并配有相应的、难度适中的施工图纸，有利于学生的自主学习；本书文字叙述流畅、严谨，让学生易学、易懂、易掌握；而且结合最新规范绘制的建筑给排水、暖通图纸，使教学内容更具实践性和针对性。加强课后识图训练，习题训练，帮助学生对理论知识部分的理解，并培养识读施工图的初步能力。

本书具有以下特色：①内容涵盖范围广、知识点多、有一定的理论深度，强调实践性；②教材突出基本概念、基本原理、基本方法、基本技能，强调应用和工程概念，适用于应用型人才的培养，符合高职人才培养的方向；③内容融合了当前设备工程中新技术、新工艺、新材料，即“三新技术”；④内容尤其体现建筑设备技术在民用建筑中的重要地位；⑤本书配有难度适中、体现最新行业规范的给排水、消防、供暖、通风与空调图纸，适合建筑行业学生和相关从业人员的自主学习。

注：建筑制图标准默认“除标高以m计外，其他平面尺寸均以mm计，本书所有图以此为准，不逐一标注单位”。

本书由浙江建设职业技术学院张玲教授主编，浙江东南未来建筑设计有限公司孙中南高级工程师、浙江建设职业技术学院潘春鹏高级工程师、黄奕沄教授副主编，其他参加本书编写的有浙江建设职业技术学院的杨文晓、方民、杨群芳、胡玉莲、乔晓刚，中国铁路设计集团有限公司的张亚静教授级高级工程师。

本次编写参考了大量设备方面的规范标准和文献资料，谨向相关专家和原作者表示敬意与感谢，限于编者的水平，本书难免存在不妥之处，敬请读者批评指正。

编者

2023 年 6 月

目　录

模块一　管材、器材及卫生器具

任务一　给排水管材及连接方式

一、给水管材及连接方式

可用于室内给水管道的管材品种很多，有薄壁不锈钢管、薄壁铜管、塑料管和纤维增强塑料管，还有衬（涂）塑钢管、铝合金衬塑管等金属与塑料复合的复合管材。建筑室内给水工程应选用耐腐蚀和安装连接方便、可靠的管材，接口耐久不渗漏，管材的温度变形，抗老化性能等因素综合确定。根据工程实践经验，塑料给水管由于线胀系数大，又无消除线胀的伸缩节，如用作高层建筑给水立管，在支管连接处累积变形大，容易断裂漏水，故立管推荐采用金属管或金属塑料复合管。

1. 塑料管

塑料管一般是以塑料树脂为原料、加入稳定剂、润滑剂等，以塑的方法在制管机内经挤压加工而成。由于它具有质轻、耐腐蚀、外形美观、无不良气味、加工容易、施工方便等特点，在建筑工程中获得了越来越广泛的应用。塑料管有热塑性塑料管和热固性塑料管两大类。热塑性塑料管采用的主要树脂有聚氯乙烯树脂（PVC）、聚乙烯树脂（PE）、聚丙烯树脂（PPR）、聚苯乙烯树脂（PS）、丙烯腈-丁二烯-苯乙烯树脂（ABS）、聚丁烯树脂（PB）等。

塑料管的原料组成决定了塑料管的特性：其主要优点有化学性能稳定、耐腐蚀、管壁光滑不易结垢、水头损失小、质量轻、加工安装方便；其主要缺点是抗局部集中应力强度较低，线性膨胀系数较大，相对管壁厚度较大。

常用聚烯烃塑料管的物理性能、连接方式见表 1-1。

表 1-2 为无规共聚聚丙烯（PP-R）管的规格。

管道的连接方式应根据管径、冷热水介质的温度和敷设方法选用。对于 PP-R 冷热水管，DN≤100mm 为热熔承插连接；DN≥100mm 或热熔施工困难的场所为电熔连接；过渡连接为法兰连接、螺纹连接。

室内管道宜暗装，但不得埋设在钢筋混凝土承重结构内。室内管道只在管井、管窿、吊顶、管沟内敷设。DN≤25mm 的支管可覆设在垫层和墙槽内，埋设管道宜套波纹套管且无接头；可采用热熔连接，不得采用机械连接。管道嵌入墙体内敷设时，应预留管槽；未预留管槽时，墙体内横向管槽开凿长度不得超过 300mm。管道埋设深度应确保管道外侧水泥砂浆的保护厚度，埋设的管道应设管卡。

2. 金属塑料复合管

复合管是金属（钢或铝）与塑料混合型管材，常用的有钢塑复合管和铝塑复合管两种。管径应按产品标准的方法表示。

表 1-1　聚烯烃类塑料管给水管的物理性能、连接方式表（选自 11S405－1～4：建筑给水塑料管道安装）

序号	管道名称	适用范围				主要连接方式	管道敷设方式及场所	线膨胀系数[mm/(m·℃)]	材质系数 K	燃烧性能	本图集参协编单位
		管径（mm）	工作压力（MPa）	冷水（≤40℃）	热水（≤70℃）						
1	无规共聚聚丙烯管（PP-R）	20～110	≤0.6	√	√	1. 基本连接：热熔承插连接、电熔连接 2. 过渡连接：法兰连接、螺纹连接	宜暗装于管井、管窿、吊顶内，支管宜暗敷楼（地）地垫层内，建筑装饰夹层，沿墙开槽的管槽内；不宜露天安装	0.18～0.20	20	易燃	广东联塑科技实业有限公司 广东雄塑科技实业有限公司 广西佳利工贸有限公司 成都川路塑胶集团有限公司 上海白镍管业科技股份有限公司 福建亚通新材料科技股份有限公司 佛山市日丰企业有限公司 广西梧州五一塑料制品有限公司（协编）
2	聚乙烯管（PE80、PE100）	20～160	≤0.6	√	—	1. 基本连接：热熔承插连接、热熔对接连接、电熔连接 2. 过渡连接：法兰连接、螺纹连接		0.15～0.20	27	易燃	广东雄塑科技实业有限公司 福建亚通新材料科技股份有限公司
3	交联聚乙烯管（PE-X）	16～63	≤0.6	√	√	1. 基本连接：卡箍式连、卡压式连接 2. 过渡连接：螺纹连接	宜暗装于管井、管窿、吊顶内、支管宜暗敷楼（地）面垫层内，建筑装饰夹层、沿墙开槽的管槽内；支管宜采用分水器安装；不宜露天安装	0.15	20	易燃	上海天奋实业有限公司
4	耐热聚乙烯管（PE-RT）	16～160	≤0.6	√	√	1. 基本连接：热熔承插连接、热熔对接连接、电熔连接 2. 过渡连接：法兰连接、螺纹连接		0.18～0.20	27	易燃	广东联塑科技实业有限公司 成都川路塑胶集团有限公司 福建亚通新材料科技股份有限公司
5	聚丁烯管（PB）	16～160	≤0.6	√	√	1. 基本连接：热熔承插连接、电熔连接 2. 过渡连接：法兰连接、螺纹连接		0.13	10	易燃	广东联塑科技实业有限公司 成都川路塑胶集团有限公司

表 1-2　**PP-R 管系列 S 及规格尺寸**　mm

公称直径 DN	平均外径 De（m）		管系列 S、公称应力（MPa）				
	最大 max	最小 min	S5	S4	S3. 2	S2. 5	S2
			PN1. 25[1]	PN1. 6[1]	PS2. 0[1]	PS2. 5[1]	PN3. 2[1]
			PN1. 0[2]	PN1. 25[2]	PN1. 6[2]	PN2. 0[2]	PN2. 5[2]
			管材公称壁厚 EN				
16	16. 3	16	—	2. 0	2. 2	2. 7	3. 3
20	20. 3	20	2. 0	2. 3	2. 8	3. 4	4. 1
25	25. 3	25	2. 3	2. 8	3. 5	4. 2	5. 1
32	32. 3	32	2. 9	3. 6	4. 4	5. 4	6. 5
40	40. 4	40	3. 7	4. 5	5. 5	6. 7	8. 1
50	50. 5	50	4. 6	5. 6	6. 9	8. 3	10. 1
63	63. 6	63	5. 8	7. 1	8. 6	10. 5	12. 7
75	75. 7	75	6. 8	8. 4	10. 3	12. 5	15. 1
90	90. 9	90	8. 2	10. 1	12. 3	15. 0	18. 1
110	111. 0	110	10. 0	12. 3	15. 1	18. 3	22. 1
125	126. 2	125	11. 4	14. 0	17. 1	20. 8	25. 1
160	161. 5	160	14. 6	17. 9	21. 9	26. 5	32. 1

1. 管道系统总使用系数 C-1. 25 时的管系列 S 和公称压力 PN 的关系。
2. 管道系统总使用系数 C-1. 5 时的管系列 S 和公称压力 PN 的关系。

（1）钢塑复合管。钢塑复合管是世界近年来发展的一种新型管道材料，它以钢管或钢骨架为基体，与各种类型的塑料（如聚丙烯、聚乙烯、聚氯乙烯、聚四氟乙烯等）经复合而成。按基本材料和制造工艺主要有三种：孔网钢带钢塑复合管、钢丝缠绕钢塑复合管、全钢带焊接钢塑复合管；按塑料与基体结合的工艺又可分为衬塑复合钢管和涂塑复合钢管两种。

衬塑复合钢管是由镀锌管内壁置一定厚度的塑料（PE、UPVC、PEX 等）而成，因而同时具有钢管和塑料管材的优越性。

涂塑复合钢管是以普通碳素钢管为基材，内涂或内外均涂塑料粉末，经加温熔融黏合形成。依据用途不同，可分为两种，一种内壁涂敷 PE，外镀锌镍合金。另一种内、外壁均涂敷 PE。

钢塑复合管在发达国家已比较成熟，广泛应用于石油、化工、建筑、造船、通信、电力和地下输气管道等多个领域。目前，美国、日本等国家的输水管道有 80%～90%的管材采用钢塑复合管。由于钢塑复合管兼有金属管和塑料管的优点，既有好的机械强度，又有良好的耐腐蚀性，因此可以广泛用于建筑给水系统中冷热水管道，天然气煤气等输送管道，建筑消防系统中的给水管道。

输送生活饮用水的涂塑钢管，内涂层材料宜采用聚乙烯；输送非生活饮用水的涂塑钢管，内涂层材料可采用环氧树脂。用于热水供应管道系统的衬塑钢管，应采用内衬材料为交联聚乙烯（PEX）、耐热聚乙烯（PDRT）、聚丙烯（PP）或氯化聚氯乙烯（PVC-C）的钢塑复合管和内衬聚丙烯（PP）或氯化聚氯乙烯（PVC-C）的管件。当管道连接采用橡胶密封圈时，应采用耐热橡胶密封圈。消防给水系统管道采用复合管时应采用涂塑钢管，内外涂层应采用符合消防要求的材料。埋地敷设管道宜采用钢骨架聚乙烯复合管材，也可采用外壁有防腐涂层或塑料层的钢塑复合管材。

钢塑复合管的主要性能如下。

1）抗腐蚀性高，安全卫生，保温性强。由于钢塑复合管的内壁结合了一层聚乙烯塑料，不易老化，所以有很好的耐腐蚀性。同时塑料的导热系数小，增强了保温性能；抗老化及抗冻性好。复合管的老化主要是塑料层在空气中暴露和阳光暴晒，分子产生变性而老化，钢塑管由于外壁为钢管，能有效抵挡紫外线的照射，抗老化性能好。钢塑复合管的抗冻效果主要表现在低温时钢与塑料的膨胀系数相差大，使得管头塑料产生收缩。而对于涂塑管、网孔钢带聚乙烯管和内嵌入式衬塑管，由于钢塑之间结合力好，所以不会产生内层收缩，抗冻性能也好。

2）优越的机械性能。钢塑复合管的坯管是焊接钢管，有优越的机械性能，承压高、耐冲击，经涂塑或衬塑复合后的钢管安装后不易发生变形。

3）可靠的安装性。安装方便，连接方法成熟可靠，无渗漏。同时由于管材内壁均为塑料，对水质无二次污染，有利于保证水质。

（2）铝塑复合管。铝塑复合管是中间为一层焊接铝合金，内外各一层聚乙烯，耐热聚乙烯或交联聚乙烯塑料，采用热熔胶，通过挤塑成型方法复合成一体的管材。具有聚乙塑料管耐腐蚀性好和金属管耐压高的优点。铝塑复合管按聚乙烯材料不同，分为适用于热水的交联聚乙烯铝塑复合管（XPAP）和适用于冷水的高密度聚乙烯铝塑复合管（PAP）。

塑铝稳态管（塑铝稳态复合管）（PE/A/P 管）内层为 PP-R 或 PE-RT 塑料，中间用铝层包覆，外覆塑料保护层，各层间通过热熔胶粘接而成五层结构的复合管材。

建筑给水复合管道连接方式应根据管材、管径、用途、建筑标准、敷设方法、环境条件等因素合理选用，见表 1-3。

3. 钢管

钢管按其制造方法分为无缝钢管和焊接钢管两种。无缝钢管、焊接钢管（直缝或螺旋缝）等管材，管径宜以外径 $D\times$壁厚表示。焊接钢管又分为镀锌钢管和非镀锌钢管。无缝钢管用碳素结构钢或低合金高强度结构钢钢锭或钢坯经热轧或冷拔（冷轧）成型、精整制成，或用铸造方法生产的不带焊缝钢管。焊接钢管是由卷成管形的钢板以直缝焊或螺旋缝焊接而成，在制造方法上，又分为低压流体输送用焊接钢管、螺旋缝电焊钢管、直接卷焊钢管、电焊管等。

钢管具有强度高、承受流体的压力大、抗震性好，容易加工和安装等优点，但抗腐蚀性能略差。镀锌钢管由于在管道内外镀锌，使其耐腐蚀性能增强，但对水质仍有影响。因此，现在冷浸镀锌管已被淘汰，热浸镀锌管也限制场合使用。

用于输送给水的镀锌钢管、焊接钢管的连接应符合下列规定：

表 1-3　**复合管道连接方式**

连接方式	钢塑复合管				钢塑复合压力管	钢骨架塑料复合管	不锈钢塑料复合管		铝塑复合管		塑铝稳态管		内衬不锈钢复合钢管		
	PN≤1.0MPa 或 DN≤100mm	1.0MPa<PN≤1.6MPa 或 100mm<DN≤600mm	1.6MPa<PN≤2.5MPa	水泵房内管道			DN≤63mm	DN>75mm	DN≤32mm	DN≥40mm	明敷、非直埋	直埋	PN≤1.0MPa 或 DN≤100mm	1.0MPa<PN≤1.6MPa 或 100mm<DN≤500mm	DN>500mm
螺纹连接	√	—	—	—	—	—	—	—	—	—	√	—	√	—	—
沟槽式连接	—	√	√	—	√	—	—	—	—	—	—	—	—	√	√
卡箍式柔性管接头连接	—	√	√	—	—	—	—	—	—	—	—	—	—	—	—
法兰连接	—	√	√	√	√	√	—	—	—	—	√	—	—	√	—
热熔对接连接	—	—	—	—	√	√	—	—	—	—	—	—	—	—	—
热熔承插连接	—	—	—	—	√	—	—	—	—	—	√	√	—	—	—
电熔连接	—	—	—	—	—	√	—	—	—	—	—	—	—	—	—
卡压连接	—	—	—	—	—	—	—	—	√	√	—	—	—	—	—
内热熔连接	—	—	—	—	—	—	—	—	√	√	—	—	—	—	—
外热熔连接	—	—	—	—	—	—	—	—	√	√	—	—	—	—	—
双热熔连接	—	—	—	—	√	—	—	—	√	√	—	—	—	—	—
卡套式连接	—	—	—	—	—	—	—	—	√	—	—	—	—	—	—
卡压连接	—	—	—	—	—	—	—	—	√	√	—	—	—	—	—
焊接连接	—	—	—	—	—	—	—	—	—	—	—	—	—	√	√
复合连接	—	—	—	—	—	—	√	—	—	—	—	—	—	—	—
热熔法兰连接	—	—	—	—	—	—	—	√	—	—	—	—	—	—	—

注　复合连接指两种或两种以上连接方式用于同一接口处的连接方式，不锈钢塑料复合管复合连接为内层（塑料层）采用热熔连接，外层（金属层）采用卡压式连接。"√"代表可以；"—"代表禁止。

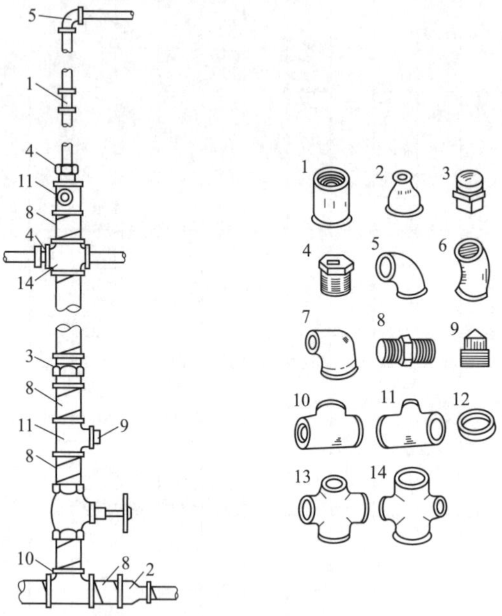

图 1-1　钢管螺纹连接及管件

1—管箍；2— 异径管箍；3—活接头；4—补心；5—90°弯；6—45°弯；7—异径；8—内管箍；9—管塞；10—等径三通；11—异径三通；12—根母；13—等径四通；14—异径四通

（1）当管道标准尺寸不大于 DN100 时，宜采用螺纹连接，也可采用卡压式连接或环压式连接：①当采用螺纹连接时，套丝扣时破坏的镀锌层表面及外露螺纹部分应做防腐处理；②当采用卡压式连接或环压式连接时，其管材壁厚应满足强度、刚度、加工裕量和腐蚀裕量的要求。

（2）当管道标准尺寸大于 DN100 时，应采用沟槽连接、法兰连接或承插式 T 形连接，且法兰宜采用螺纹法兰。

（3）用于生产给水的镀锌钢管、焊接钢管也可采用插合自锁卡簧式连接。无缝钢管可采用焊接连接。镀锌无缝钢管的焊接连接方式焊缝处应二次镀锌。螺纹连接配件如图 1-1 所示。

4. 铜管

铜管主要由纯铜、磷脱氧铜制造，称为铜管或紫铜管。黄铜管是由普通黄铜、铅黄铜等黄铜制造。铜管管径宜以标准外径 De 表示。

建筑给水铜管均为无缝紫铜管，采用无氧铜铸锭（纯度不小于 99.97%），经熔铸挤压法、或连铸连轧法、或半连铸斜轧热穿孔法成型，拉轧成材。牌号为 TP2，称磷脱氧铜，含铜量不低于 99.9%及含氧量不高于 0.01%。其性能可提高铜管连接处的延伸性能、耐腐蚀性能和接口强度。

铜管具有高强度、高可塑性等优点，同时经久耐用、水质卫生、水力条件好、热胀冷缩系数小、抗高温环境，适合输送热水。连接方式有焊接、螺纹、卡套、卡压和沟槽式连接等。无缝紫铜管管材规格见表 1-4。

表 1-4　　**无缝紫铜管管材规格表**

标准尺寸 DN	标准外径 De(mm)	壁厚 t(mm) 类型			理论质量（kg/m）			平均外径允许偏差（mm）
		A	B	C	A	B	C	
8	10	1.0	0.8	0.6	0.253	0.207	0.158	±0.04
10	12	1.2	0.8	0.6	0.364	0.252	0.192	
15	15	1.2	1.0	0.7	0.465	0.393	0.281	
	18	1.2	1.0	0.8	0.566	0.477	0.386	
20	22	1.5	1.2	0.9	0.864	0.701	0.535	±0.05
25	28	1.5	1.2	0.9	1.116	0.903	0.685	

续表

标准尺寸DN	标准外径De(mm)	壁厚 t(mm) 类型 A	B	C	理论质量（kg/m） A	B	C	平均外径允许偏差（mm）
32	35	2.0	1.5	1.2	1.854	1.411	1.140	
40	42	2.0	1.5	1.2	2.247	1.705	1.375	±0.06
50	54	2.5	2.0	1.2	3.616	2.921	1.780	
65	67	2.5	2.0	1.5	4.529	3.652	2.759	
	76	2.5	2.0	1.5	5.161	4.157	3.140	
80	89	2.5	2.0	1.5	6.074	4.887	3.696	±0.07
100	108	3.5	2.5	1.5	10.274	7.408	4.487	
125	133	3.5	2.5	1.5	12.731	9.164	5.540	±0.20
150	159	4.0	3.5	2.0	17.415	15.287	8.820	
200	219	6.0	5.0	4.0	35.898	30.055	24.156	±0.40

注　1. 本表摘自国际 GB/T 18033—2017《无缝钢水管和钢气管》。

2. 管材的壁厚不大于 3.5mm 时，允许偏差±10%；壁厚大于 3.5mm 时，允许偏差±15%。

3. 直管管长≤6m；盘管管长≤15m（指 De≤28）。

4. 平均外径是指任意截面上最大外径和最小外径的平均值。

5. 给水铸铁管

铸铁管由生铁制成。铸铁管等管材，管径宜以标准直径 DN 表示。按其制造方法不同，可分为砂型离心承插直管、连续铸铁直管及砂型铁管。按其所用的材质不同，可分为灰口铁管、球墨铸铁管及高硅铁管。

给水铸铁管与钢管相比具有耐腐蚀、使用寿命长等优点，其缺点是管壁厚、质量大，多用于管径 DN≥75mm 的给水管道中，尤其适用于埋地敷设。我国生产的给水铸铁管有低压（0～0.5MPa）、普压（≤0.7MPa）和高压（≤1.0MPa）三种，为灰口铸铁管。建筑给水管道一般采用普压给水铸铁管。

离心球墨给水铸铁管是市政和居住小区目前常采用的新型给水管材，其用离心铸造工艺生产，材质为球墨铸铁。它具有铁的本质，钢的性能，强度高、韧性好、耐腐蚀，是传统铸铁管和普通钢管的更新换代产品。此外，离心球墨铸铁管机械性能好，在内外镀锌处理后，内壁再衬水泥浆，外涂刷沥青防腐且涂层黏附牢固，并采用 T 形承插式柔性接口，胶圈密封，安装方便。表 1-5 为 K9 级 T 形接口离心球墨铸铁管规格，其标准有效长度为 6m。

表 1-5　**T 形接口离心球墨铸铁管**

标准直径 DN（mm）	外径（mm）	壁厚（mm）	每米质量（kg/m）	总质量近似值（kg）
100	118	6	14.9	94
150	170	6	21.9	138
200	222	3.0	30.1	191

给水铸铁管连接方法有承插连接和法兰连接两种。承插连接可采用石棉水泥接口、胶圈

接口、铅接口、膨胀水泥接口。在经常拆卸的部位应采用法兰接连，但法兰连接只用于明敷管道。离心球墨铸铁管采用的承插连接方式为胶圈接口。

6. 薄壁不锈钢水管

随着国民经济的发展和人民生活水平的提高，薄壁不锈钢水管已经成为国内给水管道系统发展的新趋势。

国内薄壁不锈钢水管是20世纪90年代末才问世的新型管材，由于其具有安全卫生、强度高、耐蚀性好、坚固耐用、寿命长、免维护、美观等特点，目前不锈钢水管发展势头强劲，已大量应用于建筑给水和直饮水管道。表1-6是建筑给水奥氏体薄壁不锈钢管材、管件的材料牌号、主要性能与适用范围。薄壁不锈钢供水系统中管材、管件、附件、阀件与卫生器具给水配件和用水设备（如水加热器）的连接，应整体使用不锈钢或铜合金材质产品。

表1-6 奥氏体薄壁不锈钢管材、管件的材料牌号、主要性能与适用范围

不锈钢材料牌号		输送水中氯化物含量限值（mg/L）		适用范围	导热系数 100℃ [W/(m·℃)]	线膨胀系数 0～100℃ [mm/(m·℃)]
统一数字代号	牌号	冷水不高于40℃	热水高于40℃			
S30408	06Cr19Ni10	≤200	≤50	冷水、热水、管道直饮水等管道用	16.3	0.0172
S30403	022Cr19Ni10	≤200	≤50	冷水、热水、管道直饮水等管道用	16.3	0.0168
S31608	06Cr17Ni12Mo2	≤1000	≤250	热水、耐腐蚀性能要求比S30408和S30403高的场所	16.3	0.0160
S31603	022Cr17Ni12Mo2	≤1000	≤250	高氯介质或耐腐蚀性能要求比S31608高的场所	16.3	0.0160

薄壁不锈钢管道的连接可采用各种机械连接方式，如压接式连接、卡黏式连接、螺纹式连接、法兰式连接、沟槽式连接等，也可采用氩弧焊式连接。

薄壁不锈钢管与卫生器具给水配件、水表、阀门等连接处，宜采用专用连接管件或转换接头，连接方式宜采用螺纹式连接或法兰式连接，连接处管件材质宜采用不锈钢锻压件或黄铜合金。

二、排水管材及连接方式

建筑室内生活排水管道应采用建筑排水塑料管材（建筑排水塑料管道类型及特性见表1-7）。柔性接口机制排水铸铁管。

室内排水管道一般采用硬聚氯乙烯（PVC-U）排水管，对于高层建筑常采用柔性接口排水铸铁管，室外埋地排水管常采用埋地PVC-U排水管和混凝土管。

1. 硬聚氯乙烯（PVC-U）排水塑料管

PVC-U管具有耐腐蚀、质量轻、施工安装方便、水流阻力小、造价低廉、外表美观等优点，近年来在国内建筑排水工程中得到普遍应用。PVC-U排水管规格用标准外径表示，常用规格为De50、De75、De110和De160，采用承插黏接连接。图1-2所示为PVC-U排水塑料管管件。

表 1-7

建筑排水塑料管道类型及特性

管材类型	适用建筑高度（m）	管径范围（mm）	配套管件	主要连接方式	平均密度（g/cm³）	管道系统排水噪声	管材、管件颜色
①硬聚氯乙烯实壁管	<100	32～200	横管和立管：Ⅰ，立管也可用Ⅱ、Ⅸ	承插黏接，承插橡胶密封	1.35～1.55	管道系统排水噪声从低到高，依次为：铸铁管，⑦，⑥，③，②，④，⑤ 注：1. 排水流量小于 2L/s 时，采用螺旋三通的管道系统噪声小于采用顺水三通的管道系统，排水流量大于 2L/s 时，二者相差不大。 2. 硬聚氯乙烯实壁管采用旋流降噪时，排水噪声小于铸铁管系统	白色、灰色
②硬聚氯乙烯低噪声实壁管		50～200					
③硬聚氯乙烯加强型内螺旋实壁管（立管）		75～160		横管接立管、立管与立管、横管与横管；承插螺母挤压密封；横管与横管也可用黏接连接			
④硬聚氯乙烯芯层发泡管	<50	40～200	横管和立管：Ⅰ，立管也可用Ⅱ		0.80～1.20		
硬聚氯乙烯芯层发泡内螺旋管（立管）		75～160					
⑤硬聚氯乙烯中空壁消音管	<100	50～160			≤1.55		
⑥高密度聚乙烯实壁管（12.5 系列）		32～200	横管和立管：Ⅲ、Ⅳ，立管也可用Ⅸ	对接热熔、承插热熔、电熔连接、沟槽式柔性密封、端面式法兰承插柔性密封	≥0.94		黑色、白色
高密度聚乙烯双层轴向中空壁管	<50	110～160	横管和立管：Ⅳ	沟槽式柔性密封	0.94～0.97		白色
高密度聚乙烯芯层发泡管	<50	50～200	横管和立管：Ⅶ	端面式法兰承插柔性密封	≥0.90		白色、黑色
⑦聚丙烯三层结构静音管	<100	50～160	横管和立管：Ⅴ	承插橡胶密封	1.20～1.80		白色、灰色、黑色
聚丙烯单层结构管		50～200	横管和立管：Ⅵ		1.60～1.90		
聚丙烯芯层发泡管	<50		横管和立管：Ⅷ	端面式法兰承插柔性密封	≥0.90		白色、蓝色、灰色

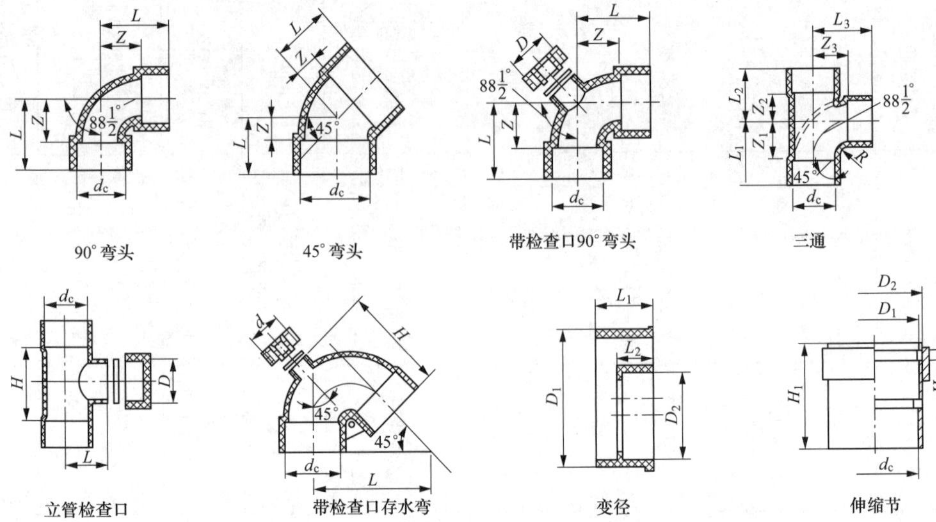

图 1-2　PVC-U 排水塑料管管件

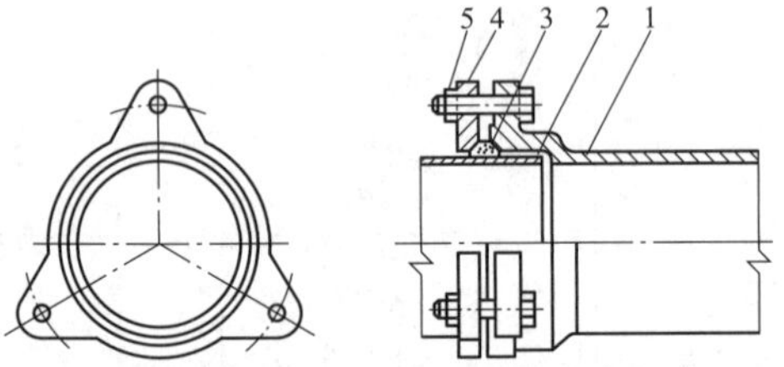

图 1-3　RK-A 型柔性接口排水铸铁管接口

1—承口端；2—插口端；3—橡胶密封圈；4—法兰压盖；5—螺栓

排入管道的水温：硬聚氯乙烯类管道不高于 40℃，瞬时不应超过 60℃。在排水水质侵蚀塑料管材的条件下不得采用。

2. 柔性接口机制排水铸铁管

高层建筑以及地震区建筑排水管宜采用柔性接口机制排水铸铁管，其具有良好的曲挠性和伸缩性，可适应建筑楼层间变位导致的轴向位移和横向曲挠变形，防止管道裂缝、折断。图 1-3 所示为 RK-A 型柔性接口排水铸铁管，接口采用法兰压盖和螺栓将橡胶密封圈压紧，柔性接口排水铸铁管管件有立管检查口、三通、45°弯头、90°弯头、45°和 30°通气管、四通、P 形和 S 形存水弯等，如图 1-4 所示。

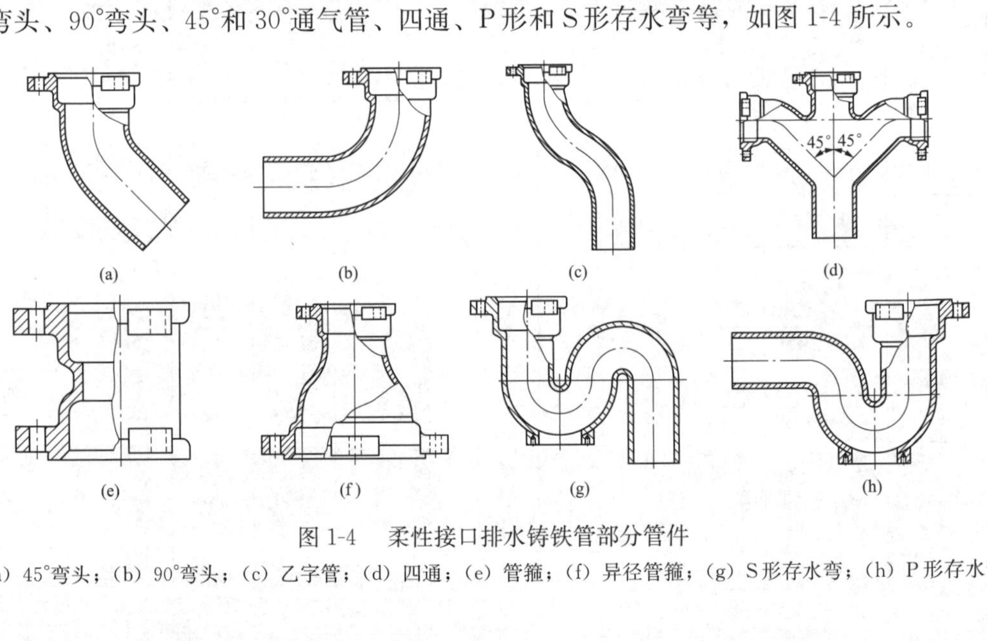

图 1-4　柔性接口排水铸铁管部分管件

(a) 45°弯头；(b) 90°弯头；(c) 乙字管；(d) 四通；(e) 管箍；(f) 异径管箍；(g) S形存水弯；(h) P 形存水弯

一般情况下，明装和有观感要求的场所，宜采用卡箍式接口；暗装或相对隐蔽的场所，宜采用法兰承插式接口，埋地敷设的排水铸铁管宜优先选用法兰承插式柔性接口。柔性接口排水铸铁管宜明设。也可根据需要在管槽、管道井、管窿或吊顶内暗设及埋地铺设，但其接口不得设置在楼板、屋面板或池壁、墙体等结构层内，管道接口与墙、梁、板的净距不宜小于150mm。用于同一建筑工程排水系统的柔性接口排水铸铁管直管、管件及卡箍、法兰压盖、橡胶密封圈等接口零部件应为同一品牌，以确保管道接口的严密性，可曲挠性及抗震性。卡箍式柔性接口铸铁管的卡箍件材质应为不锈钢。法兰承插式柔性接口铸铁管的紧固件材质应为热镀锌碳素钢。

柔性接口卡箍式排水铸铁管的连接与安装应按照下述步骤进行：①安装前应将铸铁直管及管件内、外表面黏结的污垢、杂物和接口部位结合面上的泥沙等附着物清除干净；②用工具松开卡箍螺栓取出橡胶密封圈；③将卡箍套入接口下端的直管或管件上，并在该管口端部套上橡胶密封圈，注意使橡胶密封圈内挡圈与管口结合严密；④将橡胶密封圈上半部向下翻转；⑤把需连接的铸铁直管或管件插入已翻转的橡胶密封圈内，调整位置后将已翻转的橡胶密封圈复位；⑥校准直管或管件位置，将橡胶密封圈外表面擦拭干净，用支（吊）架初步固定管道；⑦将卡箍套在橡胶密封圈外交替锁紧卡箍螺栓；⑧调整并紧固支（串）架螺栓将管道固定。

柔性接口法兰承插式排水铸铁管的连接与安装应按照下述步骤进行：①安装前应将铸铁直管及管件内外表面粘结的污垢、杂物和承口、插口、法兰压盖结合面上的泥沙等附着物清除干净；②将法兰压盖套入插口端，再套入橡胶密封圈（A型及B型接口橡胶密封圈套入时应注意其方向性）；③将直管或管件插口端插入承口，并使插口端部与承口内底留有5mm的安装间隙，在插入过程中，应尽量保证插入管的轴线与承口管轴线在同一直线上。

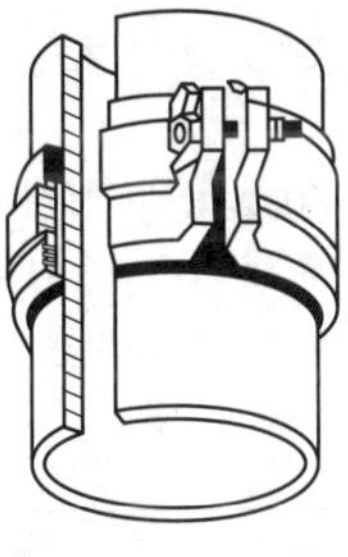

图1-5　W形卡箍式柔性接口排水铸铁管

图1-5所示为W形卡箍式柔性接口排水铸铁管，W形卡箍式排水铸铁管是一种新型建筑排水管材，为无承口管道和配件，接口采用橡胶套密封，效果好，能承受来自各方向的震动（包括强烈地震）。外罩为不锈钢卡箍，接口美观牢固、耐腐蚀。在安装接口时将卡箍放松到最大直径限位，先将不锈钢外套套入管道，然后接口的两端分别对入橡胶套内，将不锈钢外套套在橡胶套外部拧牢即可获得满意效果。其具有质量轻、接口抗震性能好、安装施工方便、外观美观（不带承口）的优点。

习　题

一、单选题

1. 镀锌钢管规格有DN15、DN20等，DN表示（　　）。
   A. 内径　　B. 标准直径　　C. 外径　　D. 公称直径
2. （　　）管不可直接使用焊接。
   A. 塑料管　　B. 无缝钢管　　C. 铜管　　D. 镀锌钢管
3. 用于管径由大变小或由小变大的接口处的管件称为（　　）。

A. 活接头　B. 管箍　C. 补心　D. 对丝

4. 无缝钢管管径采用（　）标注方式。

A. 标准直径　B. 内径　C. 外径　D. 外径×壁厚

5. 钢管连接方法不包含（　）。

A. 螺纹连接　B. 法兰连接　C. 黏结　D. 卡箍连接

6. 建筑内部的排水管道一般采用（　）。

A. 硬聚氯乙烯（PVC-U）　B. 聚乙烯树脂（PE）

C. 丙烯腈—丁二烯—苯乙烯树脂（ABS）　D. 高密度聚乙烯铝塑复合管（PAP）

二、多选题

1. 铜管连接方式有（　）。

A. 螺纹连接　B. 焊接　C. 黏连　D. 沟槽卡压

2. PVC-U 排水管规格用标准外径表示，常用规格有（　）。

A. De50　B. De32　C. De110　D. De160

3. 用于建筑内部热水管道系统的材料有（　）。

A. 硬聚氯乙烯给水管（UPVC）　B. 聚丙烯管（PP-R）

C. 镀锌钢管　D. 铜管　E. 铝塑复合管（P-A1-P）

任务二　器 材 与 设 备

一、给水配水附件

给水配水附件用于调节和分配水流，通常指为各类卫生洁具或受水器分配或调节水流的各式水龙头。常用配水附件见图 1-6，其种类有如下 3 种。

1. 配水龙头

（1）球形阀式配水龙头。一般装设在洗脸盆、污水盆、盥洗槽上。

（2）旋塞式配水龙头。该水龙头旋转 90°时完全开启，可在短时间内获得较大流量。

2. 盥洗龙头

这种龙头设在洗脸盆上供冷水（或热水）用。有莲蓬头式、角式、扬声器式、长脖式等多种式。

3. 混合配水龙头

用以调节冷热水的温度，供盥洗、洗涤、沐浴等使用。这种水龙头样式繁多，质地优良，可结合实际选用。

除上述配水龙头外，还有化验盆鹅颈水龙头、小便器水龙头、皮带水龙头、电子自控水龙头等。

二、给水控制附件

控制附件用来调节水量和水压，关断水流，控制水流方向和水位的各式阀门。阀门是管路中的控制装置，其基本功能是接通或切断管路介质的流通，改变介质的流动方向，调节介质的压力和流量，保护管路、设备的正常运行。阀门的用途广泛，种类繁多，分类方法也比

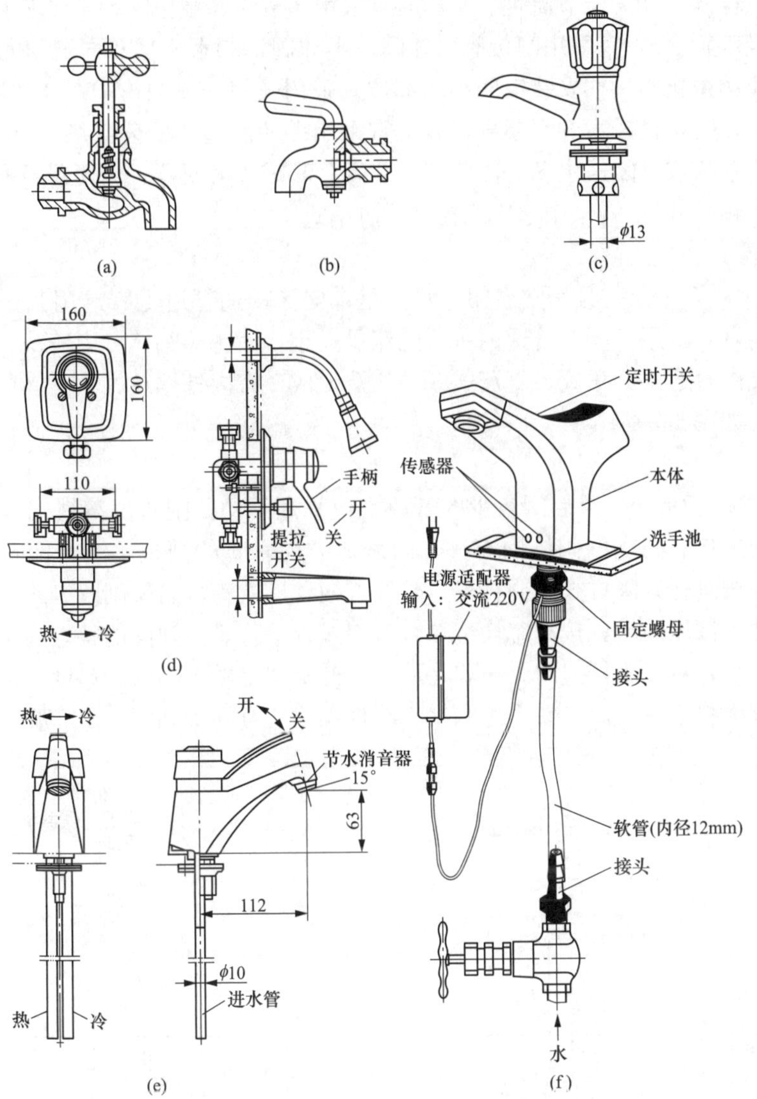

图 1-6　常用配水龙头

(a) 球形阀式配水龙头；(b) 旋塞式配水龙头；(c) 洗脸盆龙头；(d) 单柄浴盆水龙头；(e) 单柄洗脸盆水龙头；(f) 自动水龙头

较多。总的可分以下两大类。

第一类自动阀门：依靠介质（液体、气体）本身的能力而自行动作的阀门。如止回阀、安全阀、调节阀、疏水阀、减压阀等。

第二类驱动阀门：借助手动、电动、液动、气动来操纵动作的阀门。如闸阀、截止阀、节流阀、蝶阀、球阀、旋塞阀等。

按照阀体结构形式和功能有截止阀、闸阀、止回阀、减压阀、压力平衡阀、安全阀、排气阀、温控阀、电磁阀、浮球阀等。在选用阀门时需要考虑管径大小、接口方式、水流特点及启闭要求等因素。

一般按下列原则选择：①管径不大于 50mm 时，宜采用截止阀；②管径大于 50mm 时宜采用闸阀、蝶阀；③需调节流量、水压时宜采用调节阀、截止阀；④要求水流阻力小的部位（如水泵吸水管上），宜采用闸板阀、球阀、半球阀；⑤水流需双向流动的管段上应采用闸阀，不得使用截止阀；⑥安装空间小的部位宜采用蝶阀、球阀；⑦在经常启闭的管段上，宜采用截止阀；⑧口径较大的水泵出水管上宜采用多功能阀；⑨公共场所卫生间的洗手盆，宜采用感应式水嘴或自闭式水嘴等限流节水装置；⑩蹲式大便器、小便器须采用空气隔断冲洗阀（采用水箱除外），宜采用感应式控制或脚踏式。

1. 截止阀 J

在管径 DN≤50mm，且经常启闭、水流呈单向流动的管道上宜选用截止阀。该种阀门密封性较闸阀好，可用于调节管道内水流的流量大小。截止阀阀体可由铸铁、铜、塑料等材料制成，主要由直通式、角式、直流式 3 种构造形成，有内外螺纹、法兰接口。直通式截止阀构造示意图如图 1-7 所示。

2. 闸阀 Z

在管径 DN＞50mm，且启闭较少的管段上应采用闸阀。闸阀由铸铁或铜制成，有螺纹和法兰盘两种接口。闸阀的阀体内有一个与水流方向垂直的闸板，当阀杆向上提升起闸板时，阀开启。按阀杆升降方式有明杆式、暗杆式两种形式；按启闭闸阀方式有手动传动、齿轮传动、电动和液压传动；按阀芯构造形式有楔式、平行式。闸阀的特点是全开时水流呈直线通过，阻力小，对于明杆式闸阀还容易从阀杆升降程度看出阀的开启度。但若水中杂质沉积阀座时，阀板将不易关严，易产生漏水。明杆楔式法兰闸阀如图 1-8 所示。

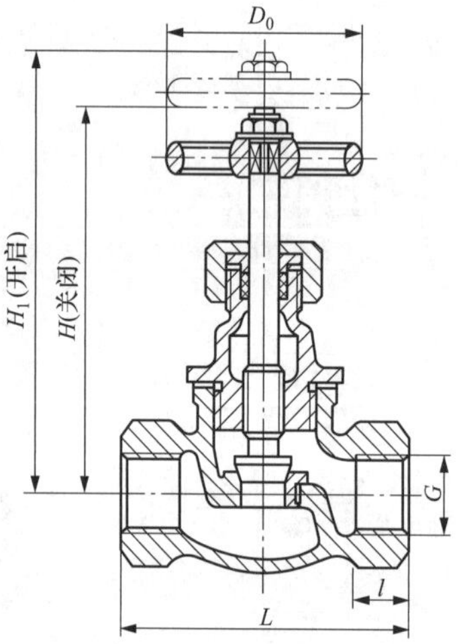

图 1-7 直通式截止阀

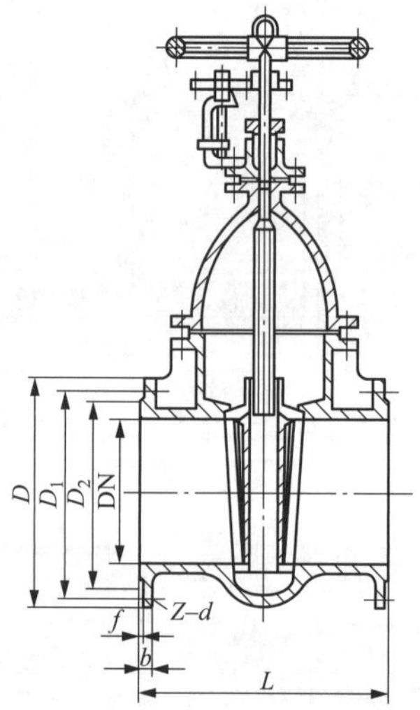

图 1-8 明杆楔式法兰闸阀

3. 蝶阀 D

图 1-9 所示为蝶阀构造，具有开启方便，结构紧凑、占用面积小的特点，可在设备安装空间较小时采用。

4. 球阀 Q

图 1-10 所示为球阀构造，按阀体材料有铸铁、碳钢、铜、塑料等。其特点是启闭灵活，可用于要求启闭迅速的场合。

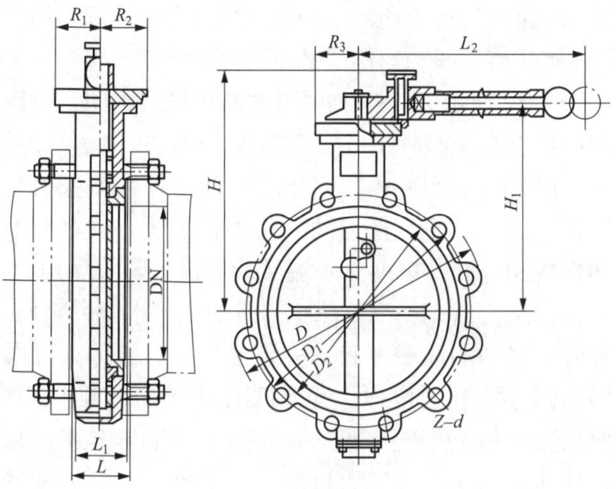

图 1-9　蝶阀

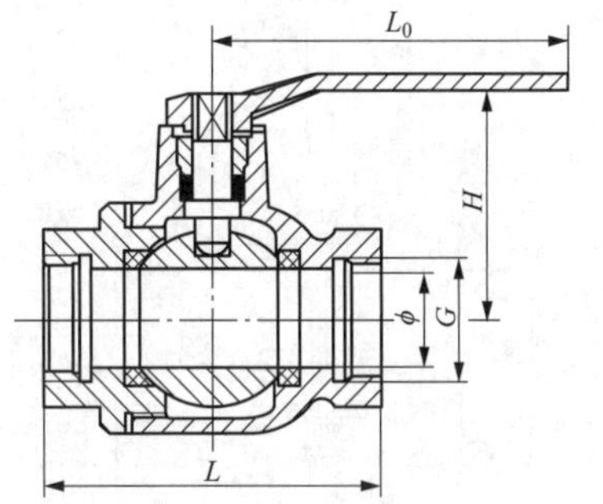

图 1-10　球阀

5. 止回阀 H

止回阀用于阻止水流的反向流动，装设在需要防止水倒流的管段上。按构造不同，分为旋启式、升降式、蝶式、梭式和球式等；按震动和消声等级不同，可以分为消声式、普通式；按阀瓣的动作不同，可分为缓闭式、速闭式；按连接方式不同，可以分为螺纹式、法兰式、沟槽式。详见构造图 1-11 所示。止回阀安装时应注意流动方向是否与施工图一致，以及在水平管道和垂直管道安装的不同要求。

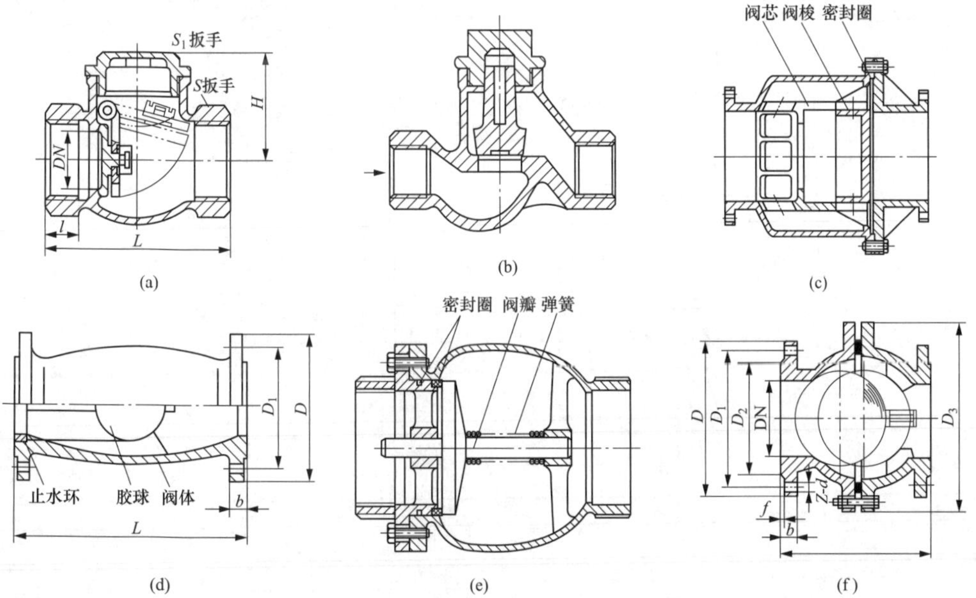

图 1-11　止回阀

（a）旋启式；（b）升降式；（c）梭式；（d）球式；（e）消声式；（f）浮球式

6. 减压阀 Y

减压阀是一种广泛应用于高层建筑生活给水系统和消防给水系统管道上的减压装置。采用减压阀可以节省系统的分区水泵或减压水箱，还可以均衡一个区域内各分支管段上的供水压力。目前，国内生产的减压阀主要有弹簧式减压阀和比例式减压阀两种类型。

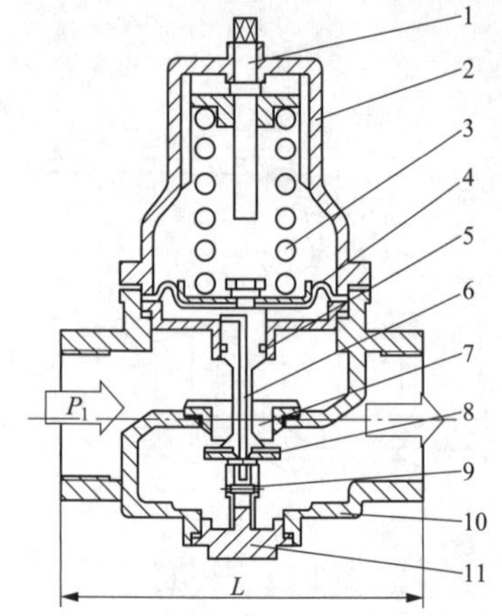

图 1-12　Y 系列弹簧式减压阀结构

1—调节杆；2—弹簧罩；3—弹簧；4—薄膜；5—O 形圈；6—阀芯；7—阀座；8—阀瓣；9—限位螺母；10—阀体；11—底盖

图 1-12 所示为 Y 系列弹簧式减压阀结构图。由阀芯内部的反馈孔及膜片组成反馈机构，阀后压力 p_2 经反馈孔引入膜片下部空腔内。由于受膜片上部弹簧张力与膜片下部阀后反馈压力形成的平衡条件影响，阀瓣与阀座之间形成相应的开启度。水流呈动态时，若阀后压力 p_2 低于预调压力值，经反馈使膜片下部张力小于弹簧压力，膜片及其联动的阀瓣下移，开启度增大，流体通过阀瓣的阻力减小，开启度增大至预调压力值时将维持不变；若阀后压力 p_2 高于预调压力值，其动作与上述过程相反，从而达到减小动压的目的。水流呈静态时，随着阀后压力 p_2 增加，阀瓣上移，当 p_2 值至预调压力时，阀瓣与阀座闭合，达到减少静压的目的。

图 1-13（a）为活塞式比例减压阀结构图，活塞前后两侧面积成特定比例，利用活塞前后水流通过的截面不同而改变水流的压强。活塞式比例减压阀具有结构简单、工作平稳、密封性能好、减压不减流量的优点，可减静压也可减动压。

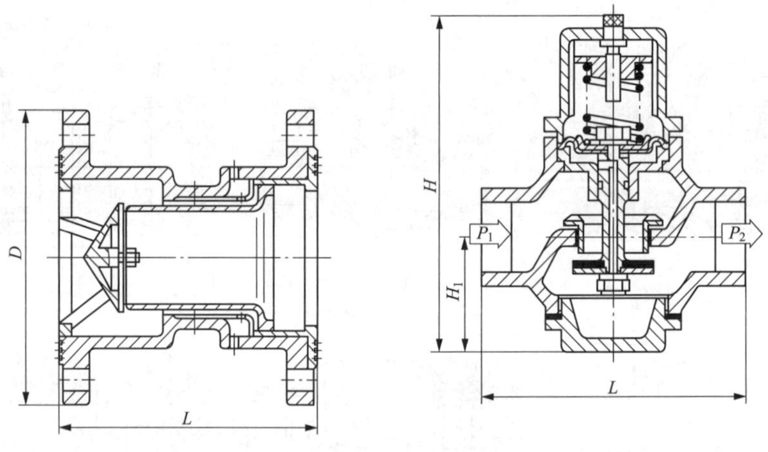

(a)　(b)

图 1-13　比例减压阀结构

（a）活塞式；（b）膜片式

图 1-13（b）为膜片式比例减压阀结构图，其工作原理同 Y 系列减压阀，但阀门内部传感器结构呈比例设计，因此阀前和阀后压力也呈比例关系变化，弹簧仅限于微调。

减压阀可水平安装，也可垂直安装。弹簧式减压阀一般宜水平安装，比例式减压阀宜垂直安装。减压阀前后均应安装压力表及检修阀门，减压阀前端还应装设过滤器，以防杂物堵塞减压阀。图 1-14 为减压阀单阀水平安装图。

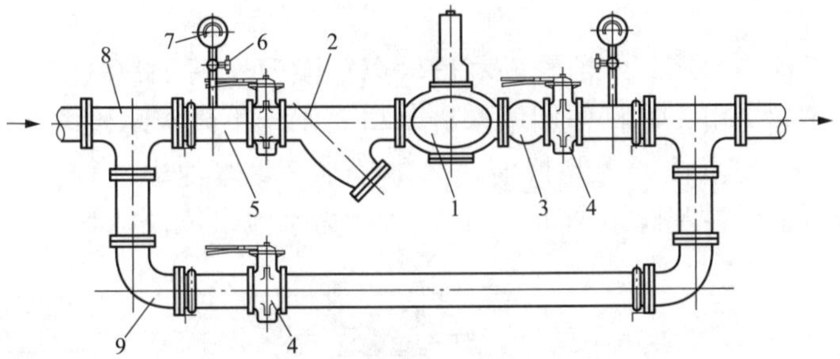

图 1-14　减压阀单阀水平安装图

1—减压阀；2—Y 型过滤器；3—柔性接头；4—蝶阀；
5—短管；6—三通表阀；7—压力表；8—三通；9—弯头

7. 安全阀 A

安全阀是保证系统和设备安全运行的阀门，用于需超压保护的设备容器及管路上，能自动放泄压力。安全阀按构造分为杠杆式、弹簧式和脉冲式。图 1-15 为弹簧式和杠杆式安全阀。

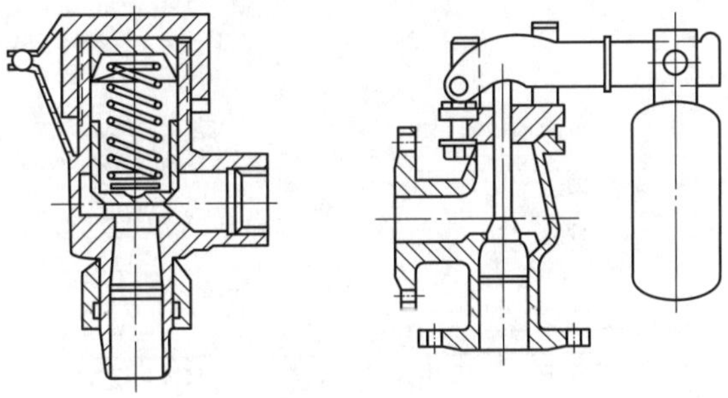

(a)　(b)

图 1-15　安全阀

（a）弹簧式；（b）杠杆式

8. 自动温度调节装置

自动温度调节装置有直接式自动调温装置和电动式自动调温装置。

直接式自动调温装置由温包感温元件和调节阀组成。温包内装有低沸点液体，插在加热器热水管道出口或热水管道中，根据温度的变化而产生的压力变化，由其毛细导管传至调节阀，使阀门开启度不同以调节热媒的供应量，一般温度控制精度小于 2℃，如图 1-16 所示。

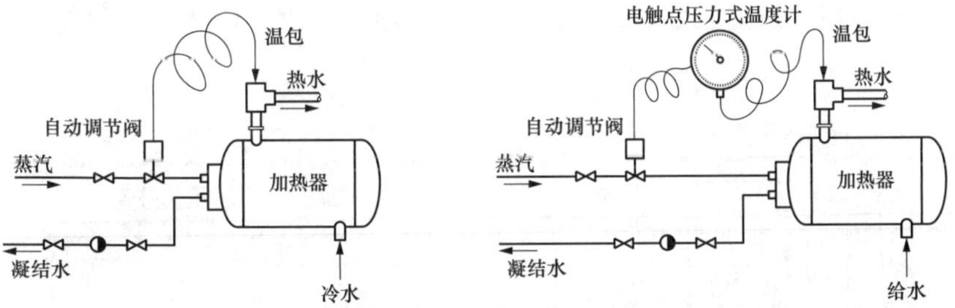

(a)　(b)

图 1-16　直接式自动调温装置和电动式自动调温装置

（a）直接式自动调温装置；（b）电动式自动调温装置

电动式自动调温装置由电接点压力式温度计、电动调节阀和控制装置组成。由电接点压力温度计温包把探测到的温度变化传感到电触点温度计，当指针转到大于规定的温度触点时，即启动电机关小阀门，减少热媒流量；反之，启动电动机开大阀门，增大热媒流量。如图 1-16 所示。

9. 液位控制阀

液位控制阀用以控制水箱、水池液面高度，以免溢流。图 1-17（a）所示为浮球阀，水位上升后浮球随之浮起，由于杠杆作用堵塞进水口；水位下降浮球随之下降，进水口开启。由于浮球体积大且阀芯易卡住，因此目前在大中型水箱、水池中已较少采用。图 1-17（b）所示为改进后的液压水位控制阀，图 1-17（c）所示为水池水位控制阀。

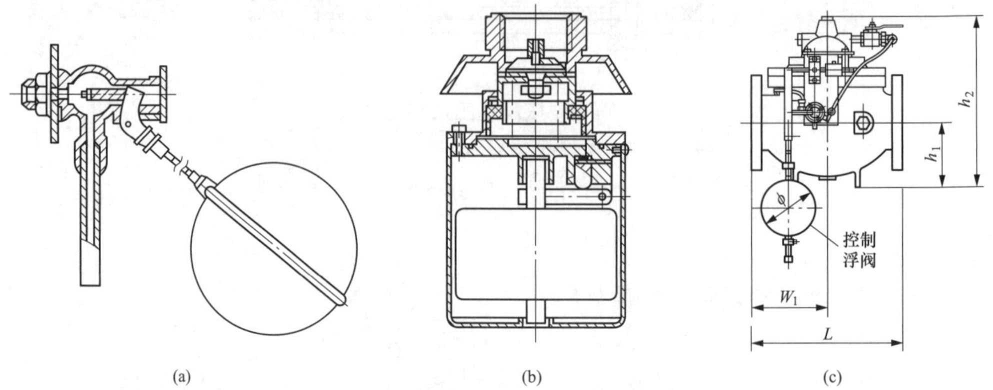

图 1-17　液位控制阀

（a）浮球阀；（b）液压水位控制阀；（c）水池水位控制阀

10. 疏水器 S

疏水器是阻汽通水、用于蒸汽间接加热中凝结水管始端的装置，按工作原理及构造，有浮桶式、吊桶式、热动力式、脉冲式、温调式等多种类型。热水供应系统通常采用高压疏水器。图 1-18 所示为吊桶式疏水器构造图，动作前吊桶下垂、阀孔及快速排气孔均开启。若凝结水流入，可直接从阀孔排出；若蒸汽进入疏水器，吊桶中双金属片迅速受热膨胀，吊桶上方的快速排气孔关闭，蒸汽在疏水器内冷凝成水，逐渐增多的凝结水浮起吊桶，关闭阀孔，阻止了蒸汽和凝结水的排出，直至疏水器内全部蒸汽冷凝成水，双金属片降温收缩而下垂，再次打开快速排汽阀和阀孔后，阀内凝结水才能排除。

图 1-19 所示为热动力式疏水器构造图。它是利用进入阀体的蒸汽或凝结水对阀片上下两边产生的压差使阀片上升或降落，达到排水阻汽的效果。

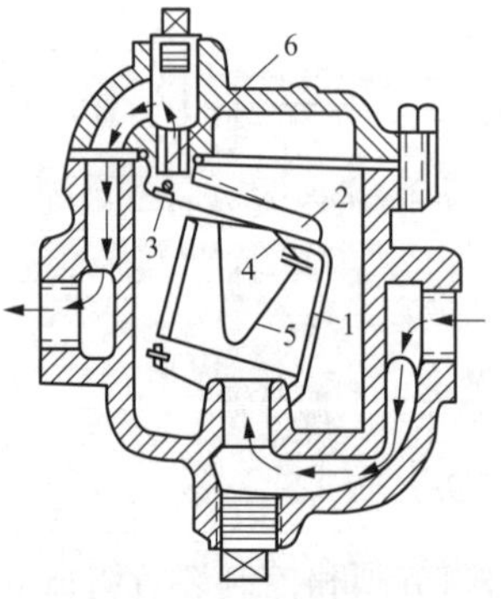

图 1-18　吊桶式疏水器

1—吊桶；2—杠杆；3—珠阀；4—快速排气孔；

5—双金属弹簧片；6—阀孔

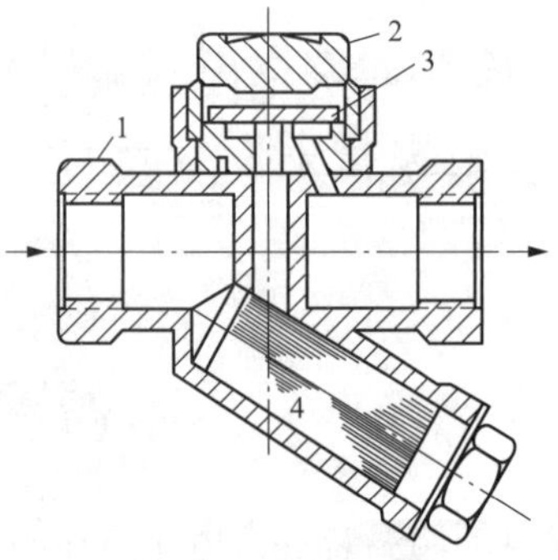

图 1-19　热动力式疏水器

1—阀体；2—阀盖；

3—阀片；4—过滤器

11. 排气阀

在热水供应系统中管道内不同程度地存有空气，由于采用集气罐排气需人工操作，因此目前广泛采用自动排气阀，构造如图 1-20 所示。

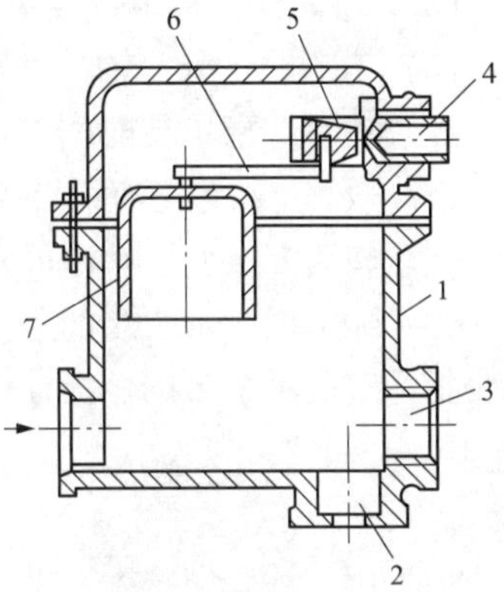

图 1-20 自动排气阀

1—排气阀体；2—直角安装出水口；3—水平安装出水口；4—阀座；5—滑阀；6—杠杆；7—浮肿

三、给水常用设备

1. 水箱

在建筑给水系统中，水箱的作用是存储、调节用水量，稳定给水压力。

水箱一般为方形或圆形，常用的制作材料一般为混凝土、钢板、不锈钢等。

水箱的有效存储水量应根据调节水量、消防水量等要求确定。在生活给水系统中单设水箱时，生活存储水量可为 50%～100%的日用水量；当有水泵供水时，存储水量为最高日用水量的 5%～12%。

水箱上应设置以下管道，以满足水箱的功能要求，如图 1-21 所示。

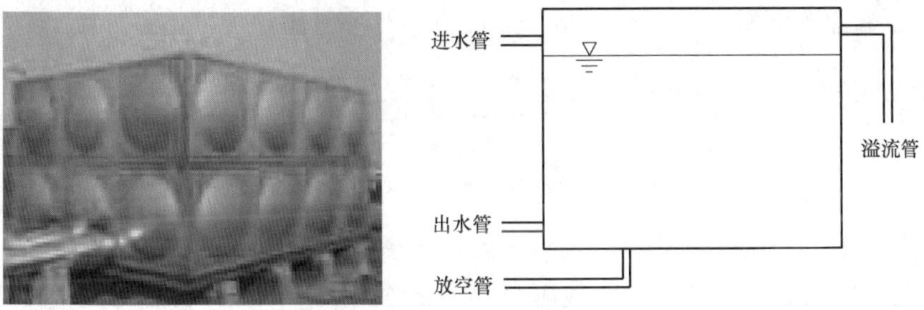

图 1-21 不锈钢生活水箱和水箱构造简图

(1) 进水管：水箱的进水管上应设置两个浮球阀，在浮球阀前设置闸阀。

(2) 出水管：水箱的出水管可以单独设置，也可以与进水管合用。当与进水管合用时，应在出水管上设置止回阀，以防止水由出水管进入水箱。

(3) 放空管：放空管也称为泄水管，是在检修或清洗水箱时用来将水箱内的存水放净用的。

(4) 溢流管：其作用是当进水管上的浮球阀失效时，有组织地排除水箱过高水位的水时用的，其上面不允许设置阀门。

2. 水泵

水泵是一种将原动机的机械能转换为水的动能和势能并输送水的一种通用机械，广泛地应用在国民经济的各个领域。

在室内建筑给水排水工程中，水泵主要用于提高水的压力，稳定给水管道的水压，排除地下室积水等。

水泵的主要工作性能参数如下。

(1) 流量 Q：指单位时间内通过水泵的水的体积或质量，m^3/h、L/s、kg/s。

(2) 扬程 H：指单位质量的水通过水泵后获得的能量的增量，mH_2O，kPa。

(3) 功率 P：分为轴功率和有效功率，轴功率是指单位时间内动力设备传递给设备的功率，有效功率是指单位时间内通过水泵的水所获得的总能量，kW。

(4) 效率 η：等于有效功率和轴功率的比值。

(5) 转速 n：水泵叶轮每分钟的转数，r/min。

在实际工程中，水泵的各项工作性能参数是相互联系和影响的，为了更方便地表达水泵的性能，一般用水泵的性能曲线来表示。图 1-22 是水泵的构造和性能曲线图。

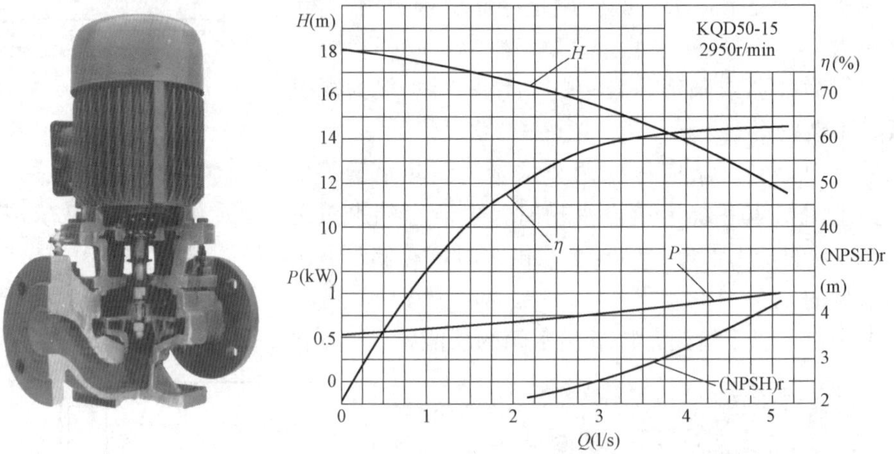

图 1-22　水泵的构造和性能曲线图

3. 气压给水装置

气压给水装置主要由气压水罐、水泵和控制系统组成。其工作原理是当水泵工作时，水送至给水管网的同时，多余的水进入气压水罐，罐体内水室扩大并将罐内的气体压缩，气室缩小罐内压力也随之升高，压力升至最高工作压力 p_2 时，水泵停转，并利用罐内被压缩气体的压力将罐内贮存的水不断送入给水管网，随之水室缩小，气室扩大，罐内压力也随之下降，压力降至最低，工作压力 p_1 时，水泵重新启动，如此周而复始，不断运行。它可以替代高位水箱，能有效杜绝水质二次污染，占地少，投资省，建设周期短，自动启停，高效节能，如图 1-23 所示。

四、水表

1. 水表的种类及性能参数

水表是一种计量建筑物或设备用水量的仪表，根据工作原理不同分为流速式和容积式，在建筑给水系统中广泛使用的是流速式水表。流速式水表是根据管径一定时，通过水表的水流速度与流量成正比的原理来测量用水量的。

流速式水表又分为旋翼式水表、螺翼式水表和复式水表，如图 1-24 所示。旋翼式水表的叶轮转轴与水流方向相互垂直，其水流阻力较大，始动流量和计量范围较小，适用于用水量较小且用水较为均匀的用户，一般情况下管道直径不大于 DN50mm 时采用。螺翼式水表的叶轮转轴与水流方向相互平行，其水流阻力较小，始动流量和计量范围较大，适用于水量大的用户，一般情况下管道直径大于 DN50mm 时采用。复式水表是旋翼式和螺翼式的组合

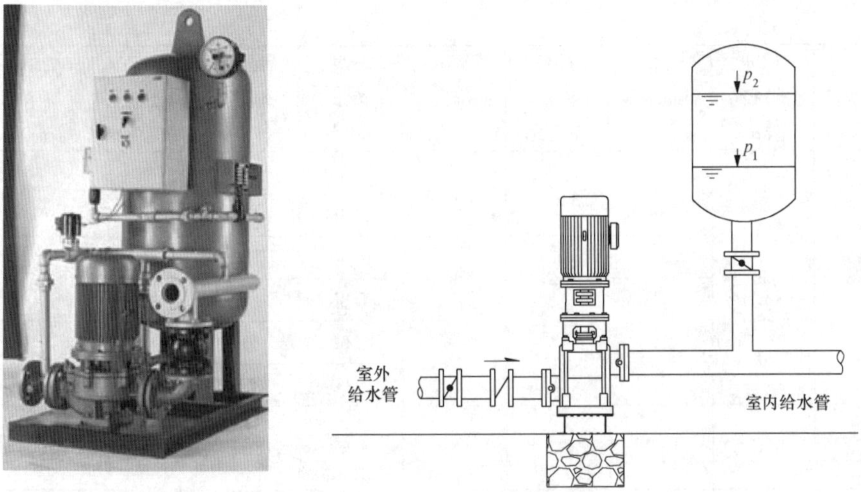

图 1-23　气压给水装置

形式，在流量的变化幅度很大时采用。流速式水表按其计数机件所处状态又分为干式和湿式两种，干式水表中计数机件和表盘与水隔开，湿式水表的计数机件和表盘浸没在水中。

水表技术参数如下。

（1）过载流量：水表只允许短时间使用的上限流量。

（2）常用流量：水表允许长期使用的流量。

（3）分界流量：水表误差限改变时的流量。

（4）最小流量：水表在规定误差限内使用的下限流量。

（5）始动流量：水表开始连续指示时的流量。

2. 水表的选择

水表的规格性能见表 1-8，选择时要考虑其工作性质、工作压力、工作时间、计量范围、水质等情况。水表口径的确定应符合以下规定：

（1）水表口径宜与给水管道接口管径一致。

（2）用水量均匀的生活给水系统的水表应以设计流量选定水表的常用流量。

（3）用水量不均匀的生活给水系统的水表应以设计流量选定水表的过载流量。

（4）生活（生产）消防共用的给水系统的水表，应以生活给水的设计流量叠加消防流量进行校核，校核流量不大于水表的过载流量。

（5）通过水表产生的水头损失一般须控制在表 1-9 的范围内。

表 1-8　LXS 旋翼湿式、LXSL 旋翼立式水表规格性能

型号	标准口径（mm）	计量等级	过载流量（m^3/h）	常用流量（m^3/h）	分界流量（m^3/h）	最小流量（L/h）	始动流量（L/h）	最小读数（m^3）	最大读数（m^3）
LXS-15C	15	A	3	1.5	0.15	45	14	0.0001	9 999
LXSL-15C		B			0.12	30	10		
LXS-20C	20	A	5	2.5	0.25	75	19	0.0001	9 999
LXSL-20C		B			0.20	50	14		

续表

型号	标准口径(mm)	计量等级	过载流量(m^3/h)	常用流量(m^3/h)	分界流量(m^3/h)	最小流量(L/h)	始动流量(L/h)	最小读数(m^3)	最大读数(m^3)
LXS-25C	25	A	7	3.5	0.35	140	23	0.001	99 999
		B			0.28	70	17		
LXS-32C	32	A	12	6	0.60	180	32	0.001	99 999
		B			4.80	120	27		
LXS-40C	40	A	20	10	1.00	300	56	0.001	99 999
		B			0.80	200	46		
LXS-50C	50	A	30	15	1.50	450	75	0.001	99 999
		B							

表 1-9　　按最大小时流量选用水表时的允许压力损失值　　kPa

表　　型	正常用水时	消防时
旋翼式	<25	<50
螺翼式	<13	<30

3. 新型水表及集抄系统

随着科学技术的发展，将建筑智能技术应用在了水表抄读中，出现了远传户外抄读和计算机物业管理相结合的远传水表、集中抄读系统，如图 1-24（c）所示。目前，IC 卡、TM

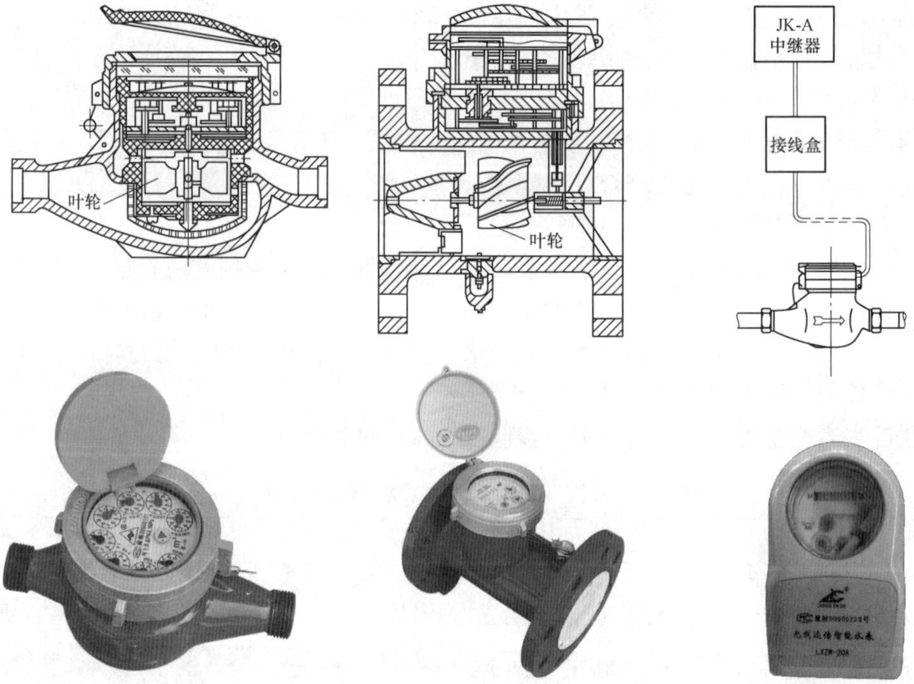

(a)　(b)　(c)

图 1-24　水表

（a）旋翼式水表；（b）螺翼式水表；（c）远传水表

卡（智能卡式）水表和代码式水表发展速度很快，并将成为主流产品，这类水表适用于“先付费后用水”条件下的管理系统。此外，特种水表也呈现出快速发展势头，如热量表（或热能表）、污水表、特大流量计量水表、提高水表始动流量灵敏度的滴水计量水表等相继研发成功并已投产应用。

智能IC卡水表除了可对用水量进行记录和电子显示外，还可以按照约定对用水量自动进行控制，并且自动完成阶梯水价的水费计算，同时可以进行用水数据存储的功能。由于其数据传递和交易结算通过IC卡进行，因此可以实现由工作人员上门抄表收费到用户自己去营业所交费的转变。IC卡交易系统还具有交易方便、计算准确、可利用银行进行结算的特点。

无线远传水表是一款符合CE认证的远程抄控冷水表，借助于MBUS远传抄表管理系统实现抄表及控制，自动完成仪表数据的抄录、控制、数据存储、查询、月结、抄表结算、收费结算、报表打印等各项功能，将采集的数据进行分类处理，完成人工所进行的各种复杂工作。

习　题

一、单选题

1. 以下哪条是错误的？（　　）

A. 截止阀安装时无方向性　　B. 止回阀安装时有方向性，不可装反

C. 闸阀安装时无方向性　　D. 旋塞的启闭迅速

2. 住宅给水一般采用（　　）水表。

A. 旋翼式干式　　B. 旋翼式湿式　　C. 螺翼式干式　　D. 螺翼式湿式

3. 为防止管道水倒流，需在管道上安装的阀门是（　　）。

A. 止回阀　　B. 截止阀　　C. 蝶阀　　D. 闸阀

4. 阀门型号为Z944T-1.0表示这个阀门是（　　）。

A. 截止阀　　B. 安全阀　　C. 闸阀　　D. 止回阀

5. 在管径DN≤50mm，且经常启闭、水流呈单向流动的管道上宜选用截止阀。

A. 截止阀　　B. 安全阀　　C. 闸阀　　D. 止回阀

6. 阻汽通水、用于蒸汽间接加热中凝结水管始端的阀门是（　　）。

A. 截止阀　　B. 安全阀　　C. 疏水阀　　D. 止回阀

二、多选题

水泵的主要工作性能参数有（　　）。

A. 流量 Q　　B. 扬程 H　　C. 功率 P

D. 效率　　E. 转速

任务三　卫生器具、冲洗设备及安装

卫生器具是室内排水系统的重要组成部分，是供洗涤、收集和排放生活及生产中所产生污（废）水的设备。常用卫生器具，按其用途可分以下几类。

（1）便溺用卫生器具：如大便器、小便器、大便槽、小便槽等；设在公共建筑宅、旅馆的卫生间内，主要用于收集和排放粪便污水。

（2）盥洗、沐浴用卫生器具如洗脸盆、盥洗槽、浴盆和淋浴器等。

（3）洗涤用卫生器具：如洗涤盆、化验盆、污水盆等。

（4）专用卫生器具：如医疗的倒便器、婴儿浴盆、净身盆、水疗设备及饮水器等。

卫生器具材质有以下几种。

（1）卫生陶瓷有细陶瓷、粗陶瓷、耐火黏土和卫生瓷器四种等级，是由陶坯涂上彩釉焙烧制成。其表面光洁、易于清洗、材料密实、吸水率仅为0.1%～0.5%、强度较大，能满足卫生、美观的要求。

（2）搪瓷材料卫生洁具：具有表面坚硬、无孔隙、抗撞击、不褪色、耐腐蚀等特点，有一定的强度，易清洗。稳定性能、蓄热能力、隔音效果较好，热损耗和热膨胀系数也很小，使用寿命长。

（3）塑料材料的卫生洁具：质轻、耐腐蚀、蓄热性能和导热性能低，但易老化、不抗刮划、不易清洗，使用寿命较长。

（4）不锈钢卫生器具具有质坚、防腐、不易老化、寿命长等特点。

一、便溺器具及安装

1. 大便器及安装

（1）蹲式大便器：一般用于集体宿舍、学校、办公楼等公共场所及防止接触传染的医院厕所间内，采用高位水箱或带有真空破坏器的延时自闭式冲洗阀进行冲洗。有部分蹲式大便器本身不带水封装置，需另外装设存水弯。蹲式大便器一般安装在地板上的平台内，图1-25所示为高位水箱蹲式大便器的安装示意图。大便器组成安装的中心距为900mm。

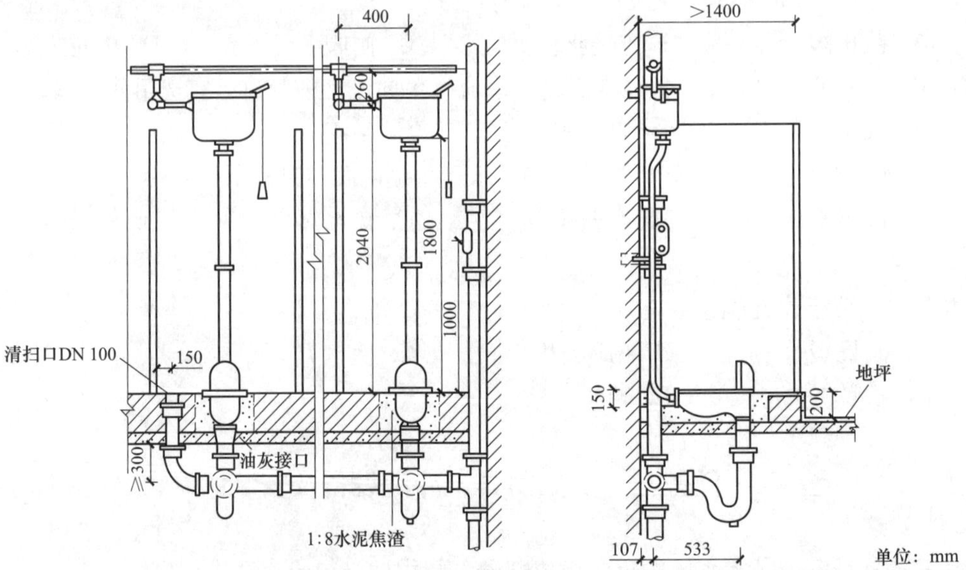

图1-25　高位水箱蹲式大便器的安装示意图

（2）坐式大便器：一般用于住宅、宾馆等卫生间内，采用低位水箱冲洗。坐式大便器构造本身带有存水弯。按冲洗原理及构造可分为冲洗式和虹吸式两类。

冲洗式坐便器在上口部位设有环绕一圈并开有很多小孔口的冲洗槽，开始冲洗时，水进入冲洗槽，经小孔沿大便器内表面冲下，大便器内水面涌高后将粪便冲过存水弯，排至排水管道。

虹吸式坐便器是靠虹吸作用将粪便污水全部吸出。

坐便器可用分体式、连体式低位水箱冲洗，也可采用专用延时自闭式冲洗阀冲洗。连体式坐便器的安装示意图如图 1-26 所示。图 1-27 为后出水坐便器采用延时自闭冲洗阀冲洗的安装示意图，后出水坐便器便于排水管道的同层布置。

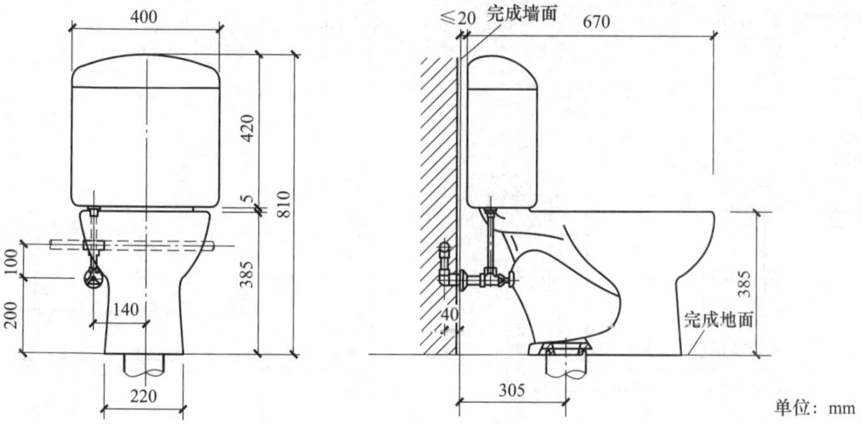

图 1-26　连体式坐便器的安装示意图

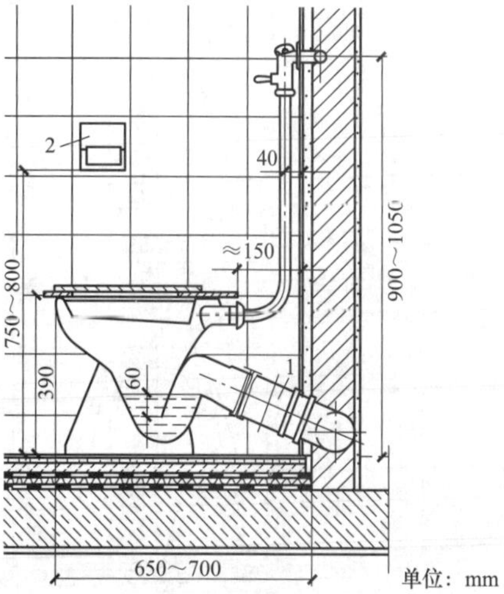

图 1-27　后出水坐便器的安装示意图

坐便器采用下排水时，排污中心距后墙为 305、400mm 和 200mm 三种，图 1-26 中的尺寸为 305mm。坐便器采用后排水池，排污口中心距地面高度为 100mm 和 180mm 两种。

2. 大便槽

大便槽一般用于建筑标准低的公共建筑或公共厕所内。大便槽可采用集中冲洗水箱或红外数控冲洗装置冲洗。大便槽安装示意图如图 1-28 所示，槽宽一般为 200～250mm，起端槽深为 350～400mm，槽底坡度不小于 0.015，大便槽末端应设高出槽底 15mm 的挡水坝，在排水口处应设水封装置。

3. 小便器及小便槽

（1）小便器：小便器一般用于机关、学校、旅馆等公共建筑的男卫生间内。根据建筑物的性质、使用要求和标准，可选用立式小便器或挂式小便器，常成组设置，中心距为 700mm。

小便器常采用自闭式冲洗阀冲洗，标准高的场所可采用光控自动冲洗阀冲洗，如图 1-29 所示。

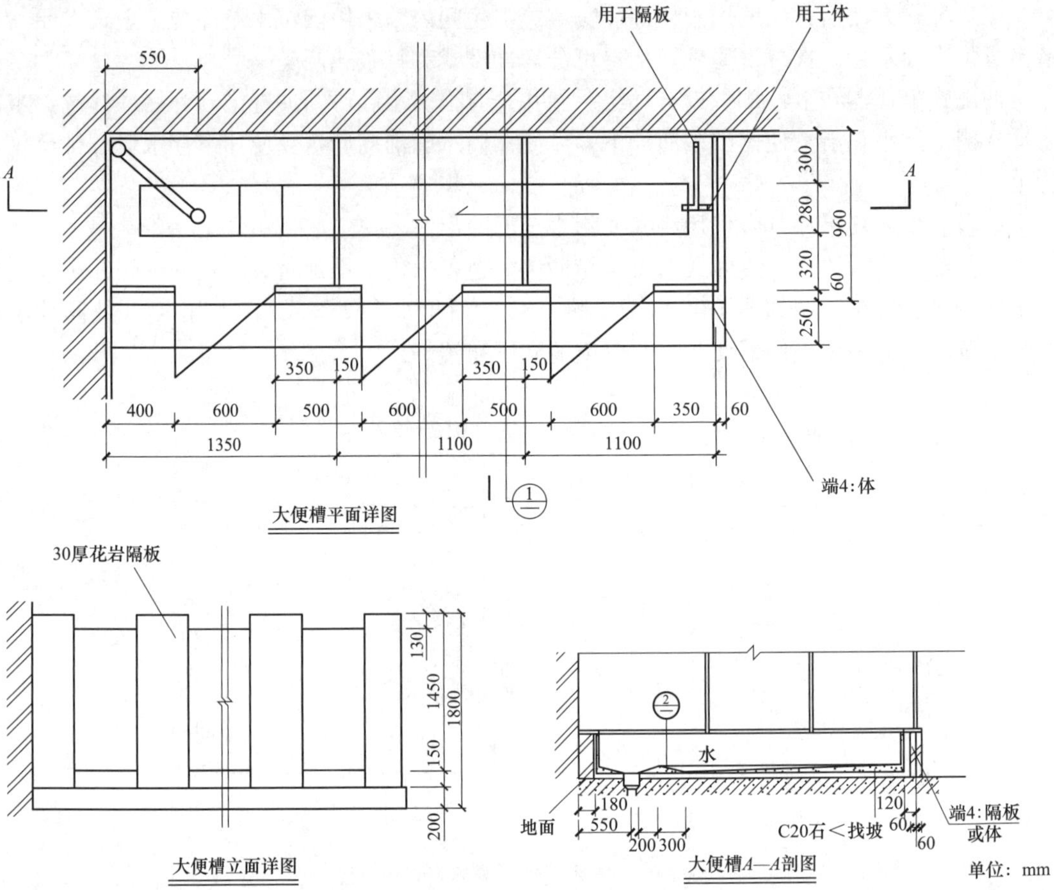

图 1-28 大便槽

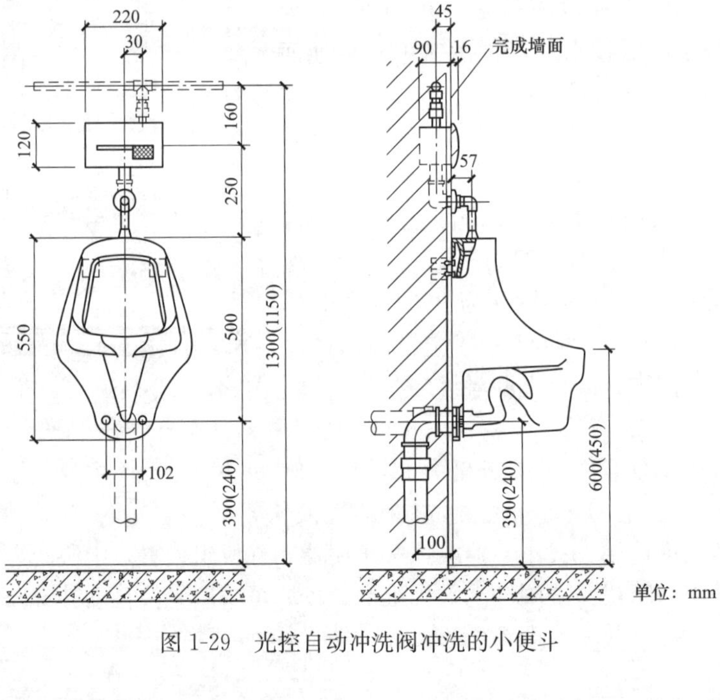

图 1-29 光控自动冲洗阀冲洗的小便斗

（2）小便槽：小便槽的构造和安装示意图如图 1-30 所示，一般用于工业企业、公共建筑、集体宿舍的男卫生间内，具有造价低、同时供多人使用、管理方便等特点。小便槽宽不大于 300mm，槽的起端深度 100～150mm，槽底坡度不小于 0.01，长度一般不超过 6m，排水口下设水封装置。小便槽通常采用手动启闭截止阀控制的多孔冲洗管进行冲洗，应尽量采用冲洗水箱，以节约用水。

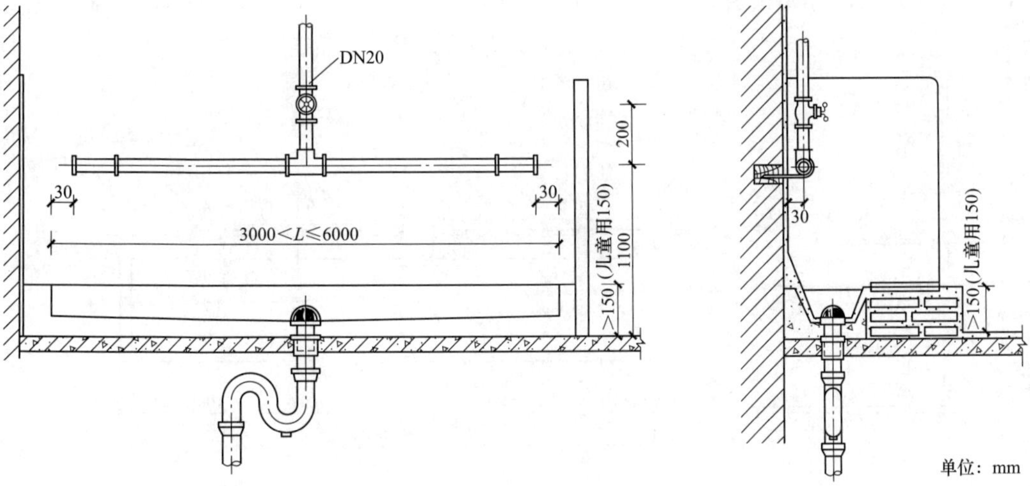

图 1-30　小便槽的构造和安装示意图

二、盥洗、沐浴器具及安装示意图

1. 洗脸盆

洗脸盆设置在盥洗间、浴室、卫生间，一般为陶瓷制品。按其安装方式分为墙架式、立式、台式三种。其外形有长方形、半圆形、椭圆形和三角形。图 1-31 为台式洗脸盆的安装示意图。

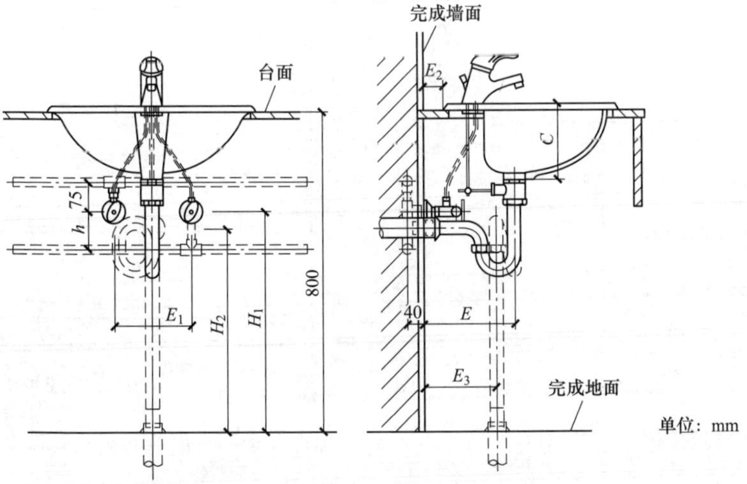

图 1-31　台式洗脸盆的安装示意图

2. 盥洗槽

盥洗槽一般设置在工厂生活间、集体宿舍等多人同时盥洗的场所。盥洗槽为现场砌筑的卫生器具，常用的材料为瓷砖、水磨石。形状有长条形和圆形。长方形盥洗槽的槽宽一般为500～600mm，配水龙头的间距为700mm，槽内靠墙的一侧设有泄水沟，槽长在3m以内可在槽的中部设一个排水栓，超过3m设两个排水栓。盥洗槽的安装示意图如图1-32所示。图1-33为污水盆的安装示意图。

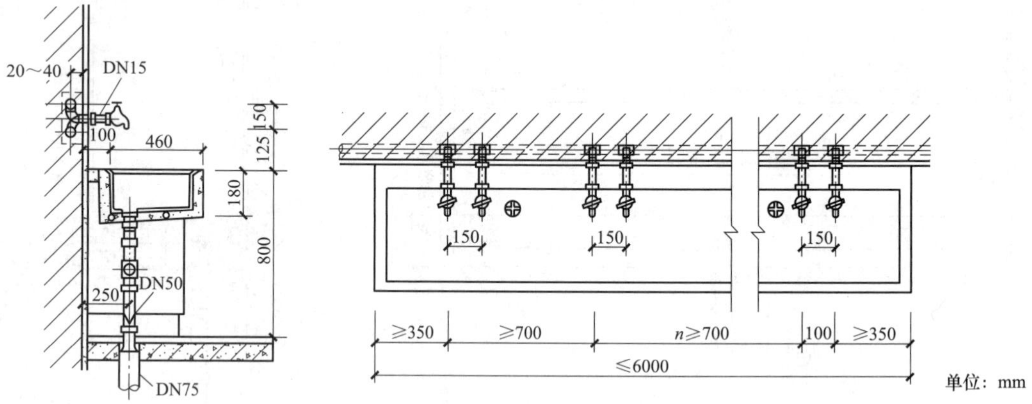

图1-32 盥洗槽的安装示意图

3. 浴盆

浴盆设在住宅、宾馆等建筑的卫生间及公共浴室内。浴盆外形一般为长方形，材质有钢板搪瓷、玻璃钢、人造大理石等。根据不同的功能，分为裙板式、扶手式、坐浴式、普通式等，安装示意图如图1-34所示。

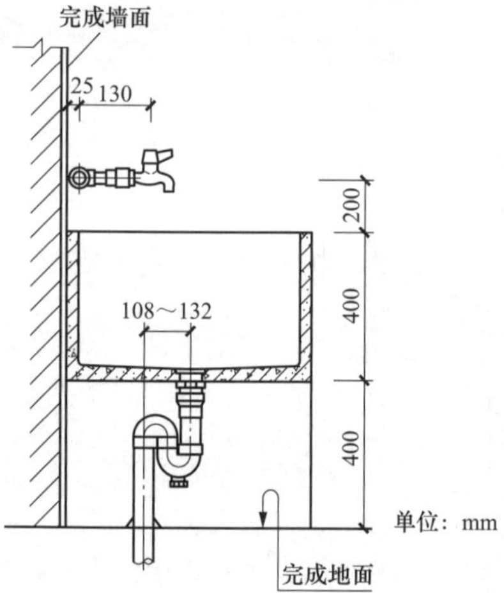

图1-33 污水盆的安装示意图

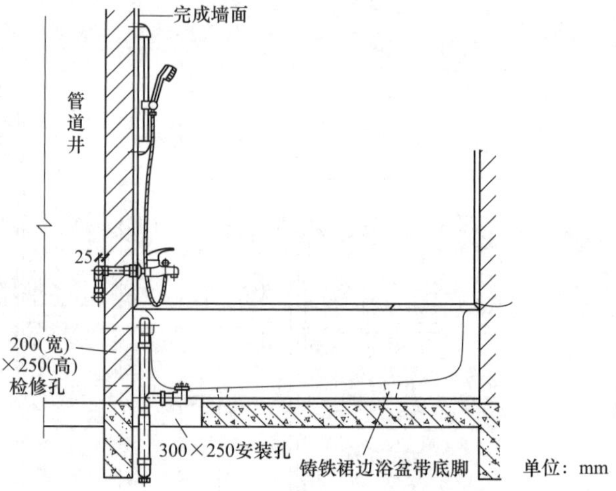

图1-34 浴盆的安装示意图

4. 淋浴器

淋浴器一般设置在工业企业生活间、集体宿舍及旅馆的卫生间内、体育场和公共浴室内。淋浴器与浴盆比较，有占地面积小、使用人数多、设备费用低、耗水量小、清洁卫生等优点。成组设置时，相邻两喷头之间的距离为 900～1000mm，莲蓬头距地面高度为 2000～2200mm，浴室地面应有 0.005～0.01 的坡度坡向排水口。按配水阀门和装置的不同，分为普通式淋浴器、脚踏式淋浴器和光电淋浴器。淋浴器的安装示意图如图 1-35 所示。

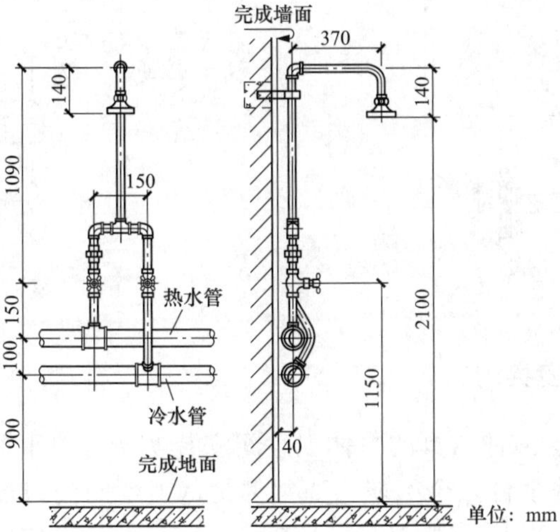

图 1-35　淋浴器的安装示意图

三、冲洗设备

便溺用卫生器具要求具有足够的压力水来冲洗污物，以保护其自身的洁净，所以需要设置冲洗设备。冲洗设备有冲洗水箱和冲洗阀两类。

冲洗水箱按冲洗水力原理，分为冲洗式和虹吸式两类；按启动方式，分为手动和自动两种；按安装位置，分为高水箱和低水箱。新型冲洗水箱多为虹吸式，它具有冲洗能力强，构造简单，工作可靠等优点。

1. 手动水力冲洗低水箱

图 1-36 所示是装设在坐式大便器上的冲洗设备（手动水力冲洗低水箱），使用时搬动扳手把，橡皮阀被提起，箱内的水立即由阀口进入冲洗管冲洗坐便器，当箱内的水快要放空时，借水流对橡皮阀的抽吸力的作用，橡皮阀回落到阀口上，关闭水流，停止冲洗。

冲洗水箱的优点是具有足够冲洗一次用的储备水容积，可以调节室内给水管网同时供水的负担，同时水箱起到空气隔断的作用，可以防止因水回流而污染给水管道。冲洗水箱应选用新型节水型产品。

2. 冲洗阀

冲洗阀是直接安装在大便器冲洗管上的冲洗设备，可代替高、低冲洗水箱。图 1-37 所示为延时自闭式冲洗阀，具有流量可调（2～12 L/s），延时冲（2～15 L/s ），自动关闭，节约用水和防止回流污染管网水质的功能。

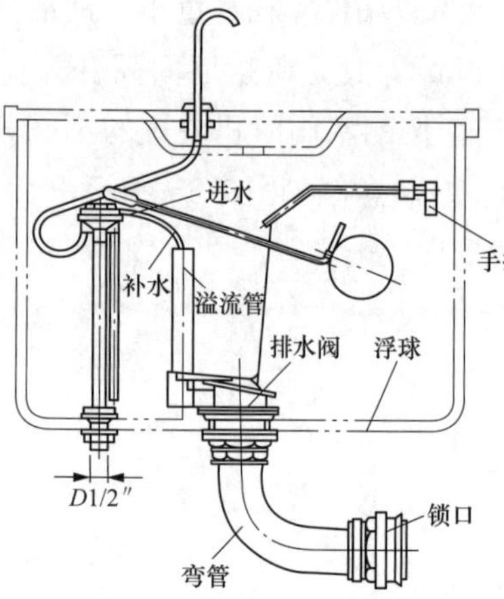

图 1-36　手动水力冲洗低水箱

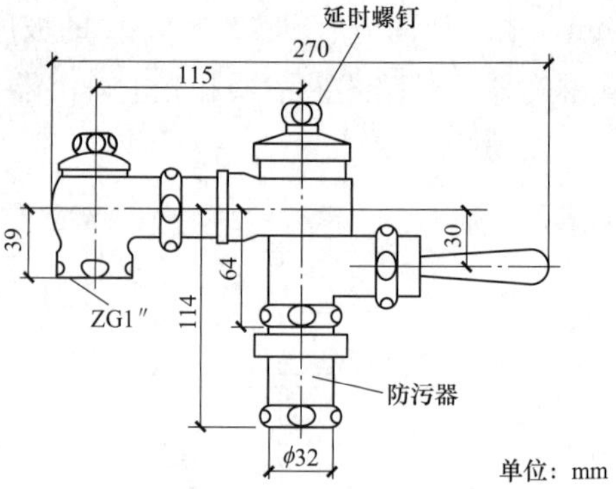

图 1-37　延时自闭式冲洗阀

四、整体卫生间安装实例

图 1-38 为比较常见的三件洁具的整体卫生间安装实例。由于卫生间不大，因此可以直接布局为洗浴、马桶、洗手台三个区域，通常都是从卫生间门口逐渐深入，洗手台放置门边，马桶可以靠在洗手台边上，洗浴房放置在最里面。适用于住宅、公寓等小面积卫生间。

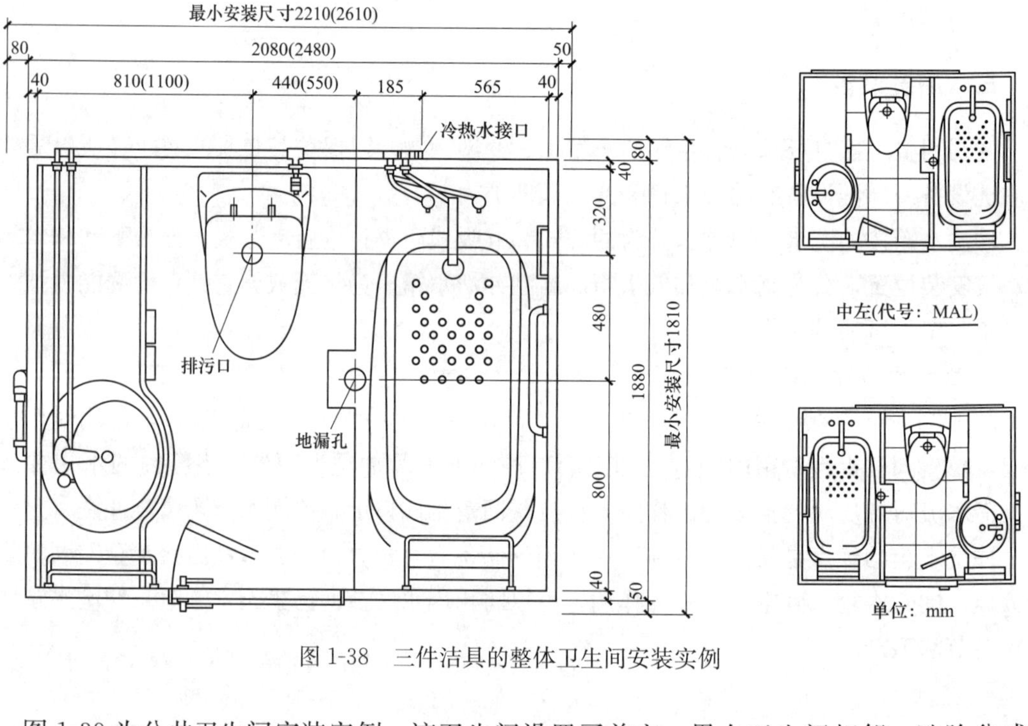

图 1-38　三件洁具的整体卫生间安装实例

图 1-39 为公共卫生间安装实例。该卫生间设置了前室，男女卫生间相邻。洗脸盆或灌洗槽水嘴中心与侧墙面净距离不宜小于 0.55m，并列洗脸盆或灌洗槽水嘴中心间距不应小于 0.7m，单侧并列洗脸盆或灌洗槽外沿至对面墙的近距离不宜小于 1.25m；卫生设备间距满足使用要求。

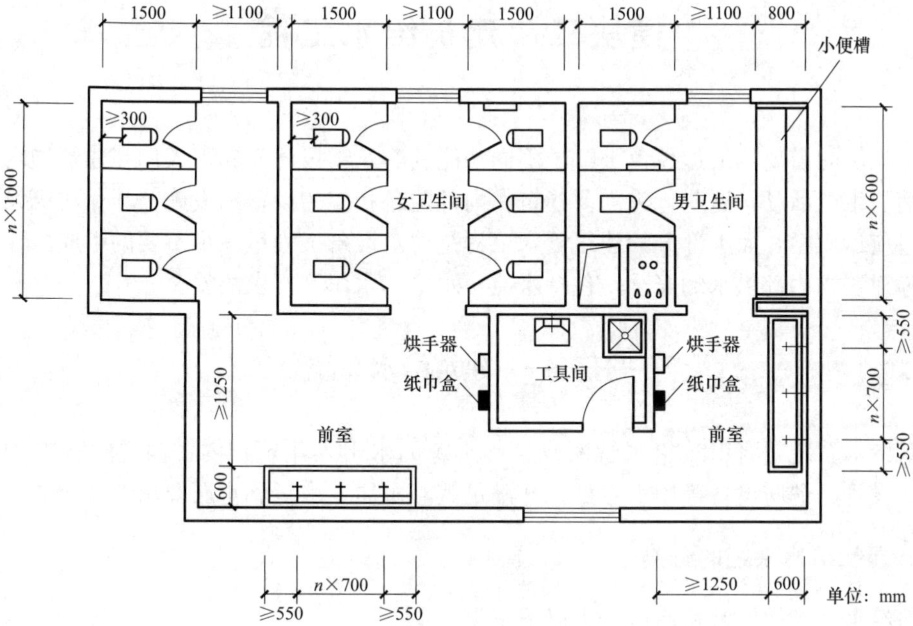

图 1-39　公共卫生间安装实例

习　题

单选题

1. 自带存水弯的卫生器具有（　　）。

A. 洗脸盆　B. 坐式大便器　C. 浴缸　D. 洗涤盆

2. 洗脸盆台面至地面高度（　　）mm。

A. 1000　B. 900　C. 800　D. 700

3. 污水盆台面（架空式）至地面高度（　　）mm。

A. 500　B. 800　C. 400　D. 300

4. 装在住宅或宾馆卫生间内的便溺器具一般是（　　）。

A. 蹲式大便器　B. 大便槽　C. 洗涤盆　D. 坐式大便器

5. 淋浴器莲蓬头距地面高度为（　　）。

A. 2000～2200mm　B. 1800～2000mm

C. 1600～2200mm　D. 1800～2400mm

模块二　建筑给水工程

人类生活的需要，形形色色被赋予不同功能的建筑物拔地而起。人们在建筑物内部进行各种生活、生产活动，这些行为需要建筑物内部配备相应的设备和设施，于是建筑设备作为建筑学科应运而生，而本部分的建筑给水工程是建筑设备工程里一个重要的组成。建筑给水就是保障建筑物内部供水的安全，包括水质、水量和水压等要求的安全。

任务一　建筑给水系统

建筑给水系统是将市政给水管网或自备水源的水引入建筑物内，输送到室内各配水龙头、生产设备、消防设备等用水点处，并满足其对水质、水量和水压要求的系统。

一、建筑给水系统的分类

建筑给水系统按照其用途可分为以下三类。

1. 生活给水系统

生活给水系统供人们日常生活用水。按具体用途又分为以下三类。

(1) 生活饮用水系统。供饮用、烹饪、盥洗、洗涤、沐浴等日常生活用水的给水系统，其水质要求符合国家标准 GB 5749—2022《生活饮用水卫生标准》。

(2) 管道直饮水系统。供直接饮用用水，水质应符合国家现行的行业标准 CJ/T 94—2005《饮用净水水质标准》。

(3) 生活杂用水系统。供冲厕、绿化、洗车或冲洗路面等用水，水质应符合现行国家标准 GB/T 18920—2020《城市污水再生利用 城市杂用水水质》。

2. 生产给水系统

供各类产品生产过程中所需的设备冷却、原料和产品的洗涤及锅炉用水等。其供水水质、水量、水压及安全方面的要求由产品及生产工艺要求确定。

3. 消防给水系统

供民用建筑和工业建筑内消防用水的给水系统。消防用水对水质要求不高，但必须按照 GB 50016—2014《建筑设计防火规范（2018 年版）》防火设计规范的要求，满足水量、水压要求。

上述三类基本给水系统可以独立设置，也可以根据用户对水质、水量、水压等要求，结合室外给水系统的实际情况，经技术经济比较，组合不同的供用系统。如生活、生产供用给水系统；生活、生产、消防供用给水系统等。

为了节约用水，可将生产、生活用水划分为循环、重复使用或循环和重复使用相结合的给水系统。如中水系统、冷却水系统等。

在条件允许时，可采用分质给水。如在生活给水中，根据水质的不同可划分为自来水、直饮水、软化水、中水系统等。

二、建筑给水系统的组成

一般情况下，建筑内部给水系统由下列各部分组成，如图 2-1 所示。

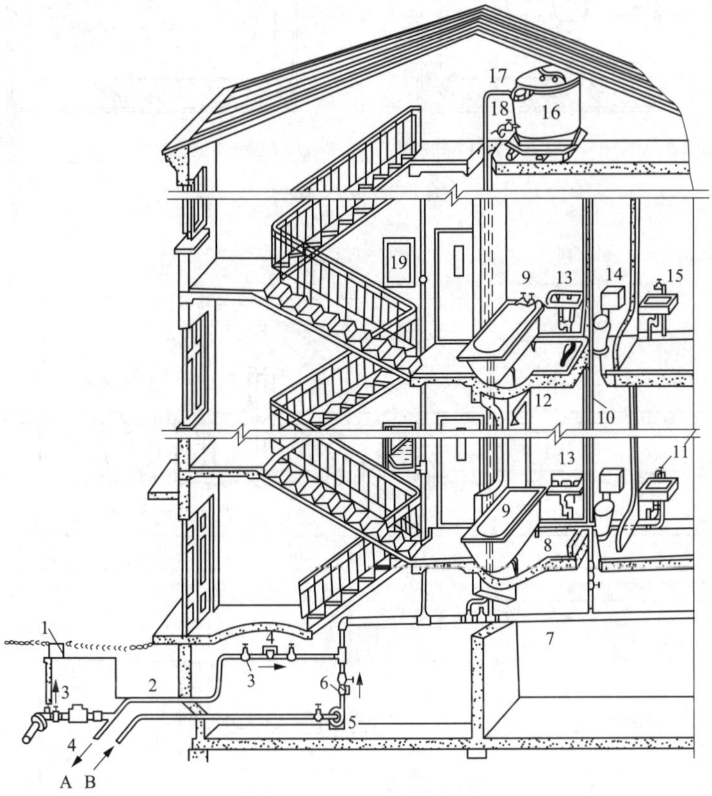

图 2-1　建筑给水系统

1—阀门井；2—引入管；3—闸阀；4—水表；5—水泵；6—止回阀；7—干管；8—支管；9—浴盆；10—立管；11—水龙头；12—淋浴器；13—洗脸盆；14—大便器；15—洗涤盆；16—水箱；17—进水管；18—出水管；19—消火栓；A—入储水池；B—来自储水池

1. 水源

指市政给水管网或自备水源。民用建筑的水源一般以城镇市政管网提供的自来水为首选，当采用自备水源供水时，生活用水水质须符合我国现行的 GB 5749—2022，同时其供水管道严禁与城镇给水管网直接连接。

2. 引入管

引入管是室外给水管网与室内给水管网之间的联络管段，也称进户管。

3. 水表节点

水表节点是安装在引入管上的水表及其前后设置的阀门和泄水装置的总称，如图 2-2 所示。水表前后的阀门用以检修、拆换水表时关闭管路，泄水口主要是用于系统检修时放空管网的余水，也可用来检测水表和测定管道水压值。部分建筑，如住宅会在楼层设置水表，如图 2-3 所示，此时的水表宜采用 IC 卡水表或智能化水表进行远程计量。

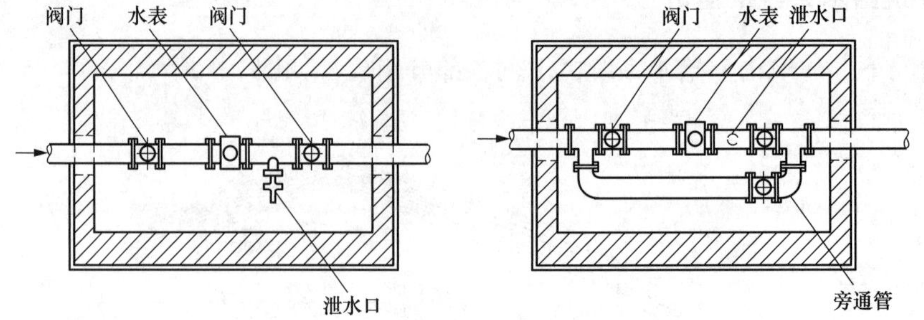

图 2-2 水表节点

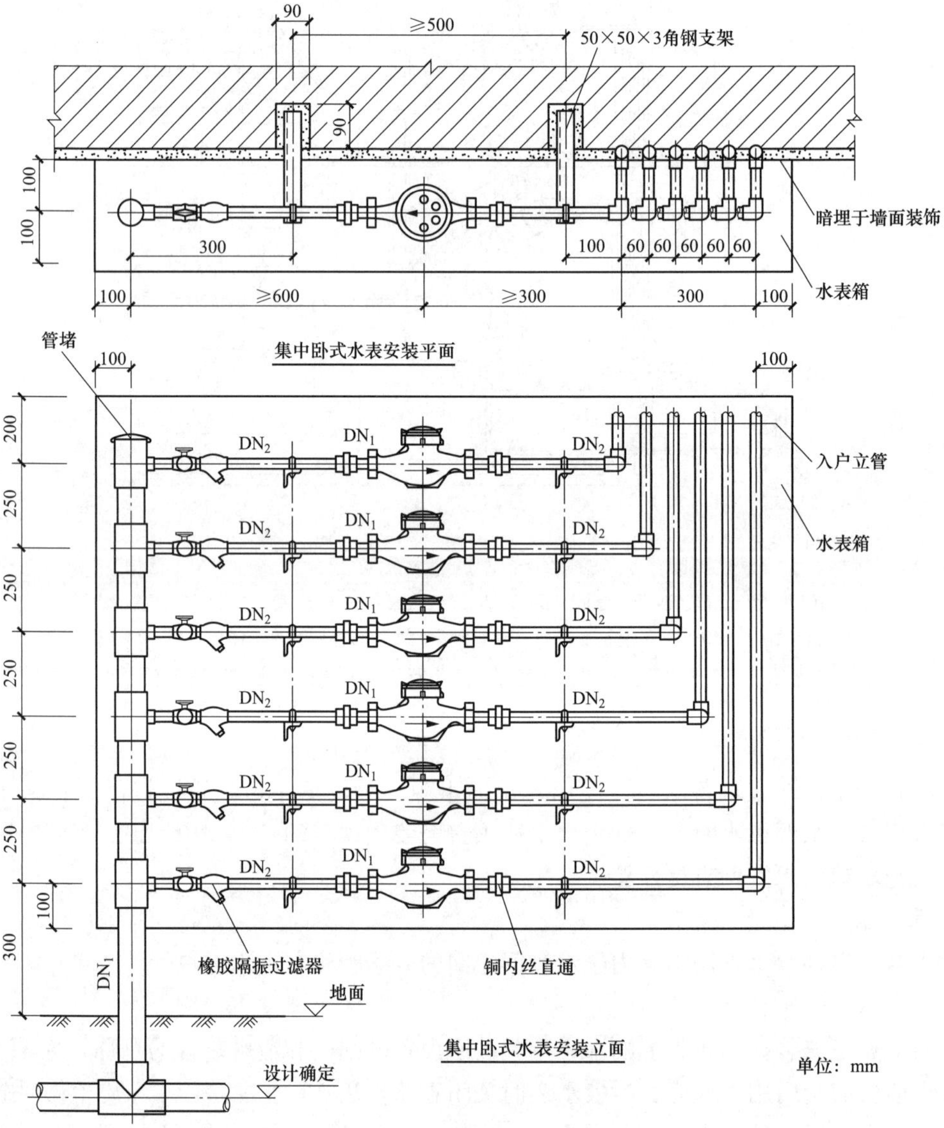

图 2-3 住宅建筑水表节点

4. 给水管网

是指建筑内部给水水平干管、立管和支管等。

5. 给水附件

是指管路上的各类阀门（控制阀、减压阀、止回阀等）及各式配水龙头、仪表等。

6. 增压和储水设备

是指为解决室外给水管网水量、水压不足或保证建筑内部供水安全性、水压稳定性而设置的各种附属增压和储水设备，如水泵、无负压给水装置、气压给水装置、变频调速给水装置、储水池、水箱等。

7. 给水局部处理设施

是指二次给水深度处理设施。主要为解决建筑内部给水水质要求超出我国现行标准GB 5749—2022；水池、水箱储水量超过允许的储水量；游泳池、冷却塔循环水等特殊情况的水质处理。

8. 室内消防设施

按照建筑防火要求设置的消防给水专用设施，如室内消火栓、喷头、消防控制阀、信号阀、稳压装置等。

三、建筑给水所需水压与供水方式

（一）建筑给水系统所需水压

建筑给水系统所需的工作压力，应能将需要的水量输送到建筑物内最不利用水点（一般是最远、最高用水点），并保证配水点最低工作压力。

配水点最低工作压力，是指各种配水龙头或用水设备为获得规定的出水流量（额定流量）须保证的最小压力。其值见表 2-1。

表 2-1　　卫生器具的给水额定流量、当量、连接管标准管径和最低工作压力

序号	给水配件名称	额定流量（L/s）	当量	标准管径（mm）	最低工作压力（MPa）
1	洗涤盆、拖布盆、盥洗槽				
	单阀水嘴	0.15～0.20	0.75～1.00	15	0.100
	单阀水嘴	0.30～0.40	1.5～2.00	20	
	混合水嘴	0.15～0.20（0.14）	0.75～1.00（0.70）	15	
2	洗脸盆				
	单阀水嘴	0.15	0.75	15	0.100
	混合水嘴	0.15（0.10）	0.75（0.5）	15	
3	洗手盆				
	单阀水嘴	0.10	0.5	15	0.100
	混合水嘴	0.15（0.10）	0.75（0.5）	15	
4	浴盆				
	单阀水嘴	0.20	1.0	15	0.100
	混合水嘴（含带淋浴转换器）	0.24（0.20）	1.2（1.0）	15	
5	淋浴器				
	混合阀	0.15（0.10）	0.75（0.5）	15	0.100～0.200

续表

序号	给水配件名称	额定流量(L/s)	当量	标准管径(mm)	最低工作压力(MPa)
6	大便器 冲洗水箱浮球阀 延时自闭式冲洗阀	 0.10 1.20	 0.50 6.00	 15 25	 0.050 0.100～0.150
7	小便器 手动或自动自闭式冲洗阀 自动冲洗水箱进水阀	 0.10 0.10	 0.50 0.50	 15 15	 0.050 0.020
8	小便槽穿孔冲洗管（每米长）	0.05	0.25	15～20	0.015
9	净身盆冲洗水嘴	0.10（0.07）	0.50（0.35）	15	0.100
10	医院倒便器	0.20	1.00	15	0.100
11	实验室化验水嘴（鹅颈） 单联 双联 三联	 0.07 0.15 0.20	 0.35 0.75 1.00	 15 15 15	 0.020 0.020 0.020
12	饮水器喷嘴	0.05	0.25	15	0.050
13	洒水栓	0.40 0.70	2.00 3.50	20 25	0.050～0.100 0.050～0.100
14	室内地面冲洗水嘴	0.20	1.00	15	0.100
15	家用洗衣机水嘴	0.20	1.00	15	0.100

注 1. 表中括弧内的数值系在有热水供应时，单独计算冷水或热水时使用。
2. 当浴盆上附设淋浴器时，或混合水嘴有淋浴器转换开关时，其额定流量和当量只计水嘴，不计淋浴器，但水压应按淋浴器计。
3. 家用燃气热水器，所需水压按产品要求和热水供应系统最不利配水点所需工作压力确定。
4. 绿地的自动喷灌应按产品要求设计。
5. 卫生器具给水配件所需额定流量和工作压力有特殊要求时，其值应按产品要求确定。

建筑给水所需水压的确定方法有以下两种。

1. 估算法（或称经验法）

用于初步设计阶段估算室内给水管网所需的工作压力。对于层高不高于 3.5m 的民用建筑生活给水系统，可按建筑物的层数估算自室外地面算起的最小保证压力值。见表 2-2，表中三层及三层以上的建筑物，每增加一层增加 40kPa 管道较长或层高超过 3.5m 时，数值可适当增加。

表 2-2　按建筑物层数确定所需的最小压力值

建筑物层数	1	2	3	4	5	6	7	8	9	10
最小压力值（kPa）	100	120	160	200	240	280	320	360	400	440

2. 计算法

用于给水管道布置完毕，给水水量、管径确定之后，计算建筑物给水系统实际所需的工作压力，校核初选的给水方式是否满足要求。由图 2-4 分析，给水系统所需的工作压力可按下式计算：

$$H=H_1+H_2+H_3+H_4 \tag{2-1}$$

式中　H——建筑给水系统所需的工作压力，自室外引入管起点算起，kPa；

H_1——引入管起点与最不利点之间静水压差，kPa；

H_2——计算管路沿程与局部水头损失之和，kPa；

H_3——水流通过水表的水头损失，kPa；

H_4——计算管路最不利配水点的最低工作压力见表 2-2，kPa。

（二）建筑给水系统的给水方式

给水方式，是指建筑给水系统具体的组成与管道、设备布置方案。给水方式的确定依据是建筑物的性质、高度；室外管网所能提供的水量、水压；室内管网所需的水量、水压和用水点的分布等，如图 2-4 所示。生活给水系统常见的模式如图 2-5 所示。

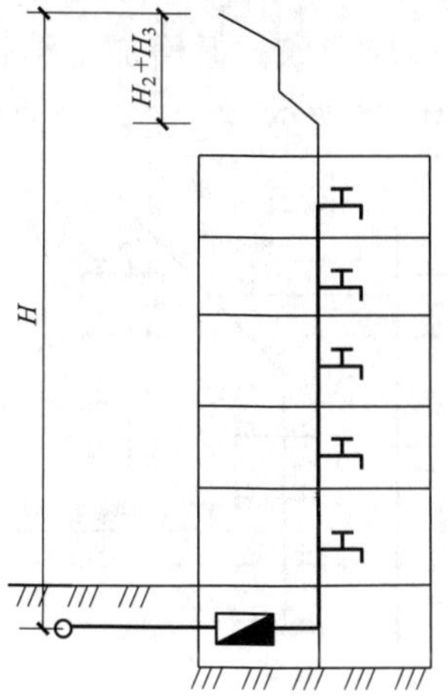

图 2-4　建筑给水系统

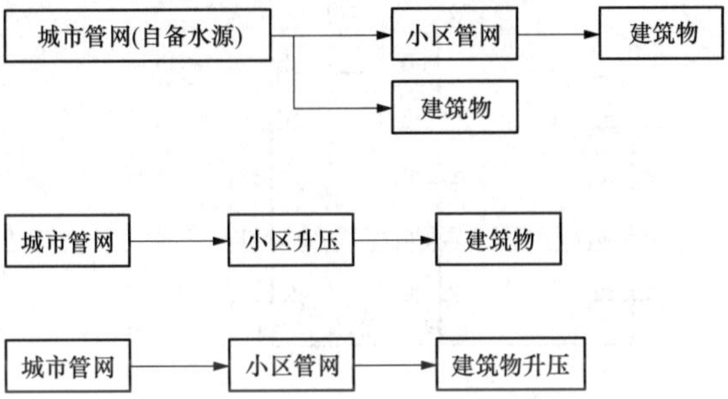

图 2-5　生活给水系统常见的模式

给水方式的选择还应根据节能、节水、节省初始投资等因素综合考虑。如居住小区的室外给水系统宜采用生活给水和消防给水合用系统；尽量利用城市市政给水管网的水压直接供水；条件允许时尽量采用分质给水，图 2-6 为几种常见的分质给水形式。综合以上因素，建筑物内最基本的给水方式有以下几种。

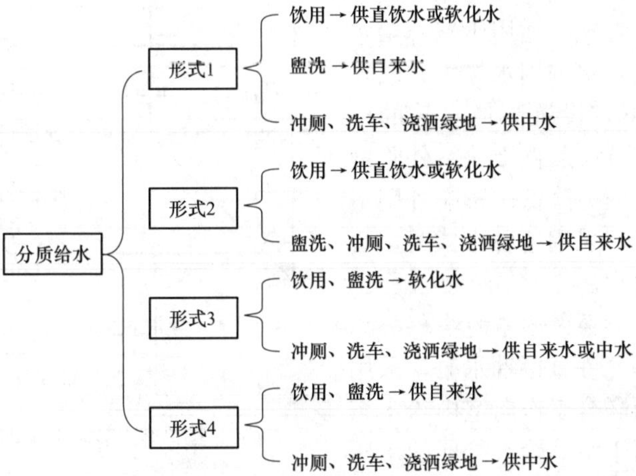

图 2-6　分质给水形式

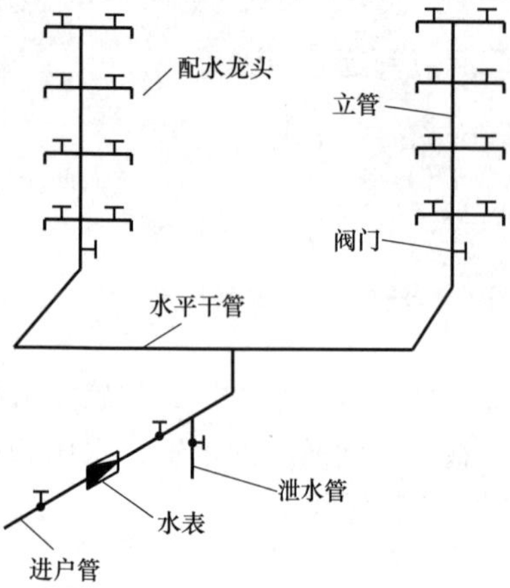

图 2-7 直接给水方式

1. 直接给水方式

是指直接把室外管网的水引到建筑内各用水点的给水方式。适用于室外给水管网市政管网（或小区管网）提供的水量、水压在任何时候均能满足建筑内部用水要求，一般适用于单层、多层建筑和高层建筑中下部楼层，如图 2-7 所示。

2. 单设水箱的给水方式

是指给水系统设置高位水箱，用水低谷时，利用室外给水管网水压直接向室内给水系统和水箱供水；用水高峰时，由水箱向室内给水系统供水的给水方式。适用于室外给水管网的水压出现周期性不足，或者建筑内要求储存水量、稳定水压的多层建筑。但增加了结构荷载，水箱的水质较差。如图 2-8 所示。

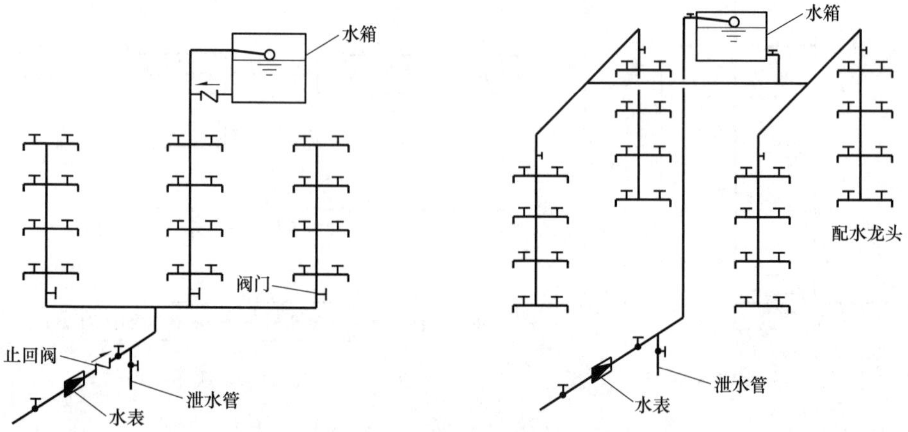

图 2-8 单设水箱的给水方式

3. 单设水泵的给水方式

是指采用水泵直接由室外管网吸水，向室内给水系统供水的方式。适用于室外给水管网的水压经常不足，室内用水量大并较均匀，且建筑物顶部不宜设置高位水箱的建筑，如图 2-9 所示。因水泵直接从室外管网抽水，有可能使外网压力降低。影响外网上其他用户用水。所以，采用这种方式时，必须征得供水部门的同意。

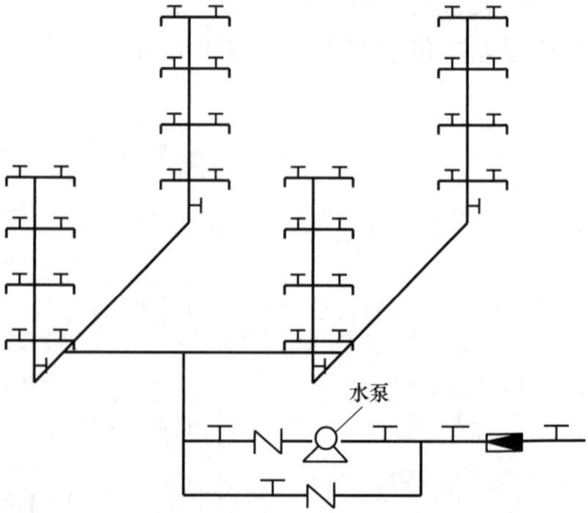

图 2-9 单设水泵的给水方式

4. 设置储水池、水泵及水箱的给水方式

是指室外管网不允许直接抽水时，采用储水池、水泵和水箱联合工作向室内给水系统供水的方式。适用于室外给水管网的水压低于建筑内部给水管网所需水压，室内用水不均匀的建筑，如图 2-10 所示。这种给水方式水箱容积小；水泵出水量稳定，工作效率高；避免室外管网压力降低。

5. 设置无负压变频恒压给水装置的给水方式

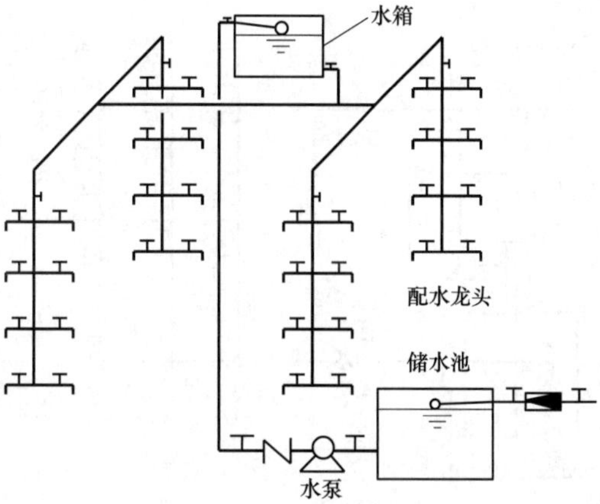

图 2-10　设置储水池、水泵和水箱的给水方式

是指在室外给水管网的水压低于建筑内部给水管网所需的水压，室内用水不均匀时，采用无负压变频恒压给水装置向室内给水系统供水的方式。无负压变频恒压给水装置如图 2-11 所示。这种装置在外网能够满足建筑内部水压、水量时，通过旁通管向室内管网直接供水；当外网不能满足要求时，系统通过压力传感器启动水泵运行。水泵供水时，若外网的水量大于水泵流量，系统保持正常供水；用水高峰期，若外网水量小于水泵流量，调节罐内的水作为补充水源仍能正常供水，此时，空气由真空消除器进入调节罐，消除管网的负压。这种给水方式无需建水池、水箱，与室外管网直接串接加压供水，可充分利用自来水原有的压力。但是，调节罐蓄水量较低，对市政供水系统的依赖度较高，不适用于用水安全要求高的建筑物和消防给水系统。

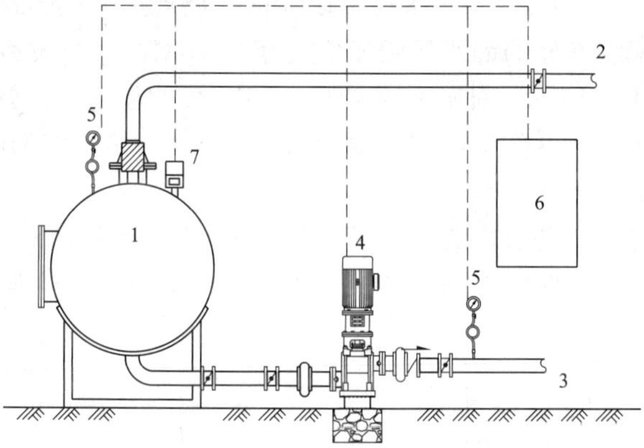

图 2-11　无负压变频恒压给水装置

1—不锈钢水罐；2—市政来水；3—二次管线；4—变频水泵；5　压力传感器；6—电控柜；7—真空消除器

6. 设置气压给水装置的给水方式

是指在给水系统中设置气压给水设备，利用该设备气压罐内气体的可压缩性，协同水泵增压向室内给水系统供水的方式。适用于室外给水管网压力低于室内所需水压、不宜设置高位水箱的建筑（生活给水系统室内用水不均匀，气压给水装置中配置的水泵应为变频泵），如图 2-12 所示。这种给水方式需设置水池供水泵吸水，系统运行时因为气压罐中的水量调节作用，降低了水泵的启动频率，延长了设备的使用寿命。

7. 分区给水方式

当建筑物高度较高时，室外管网只能满足下层供水要求，不能满足上层需要，为充分利用室外管网的压力，将下层和上层分开供水（见图 2-13）。

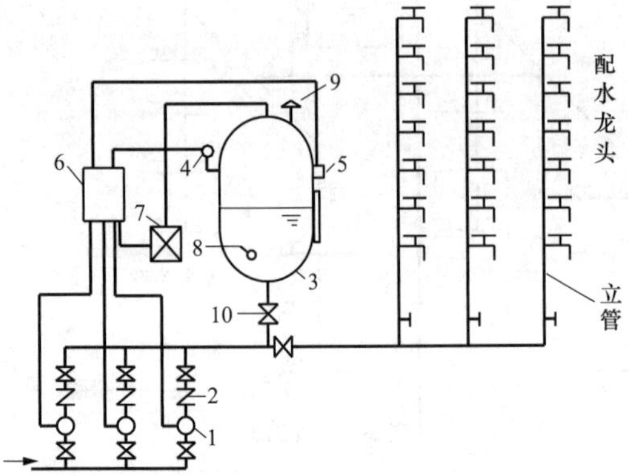

图 2-12　设置气压给水装置的给水方式

1—水泵；2—止回阀；3—气压水罐；4—压力信号器；
5—液位信号器；6—控制器；7—补气装置；
8—排气阀；9—安全阀；10—阀门

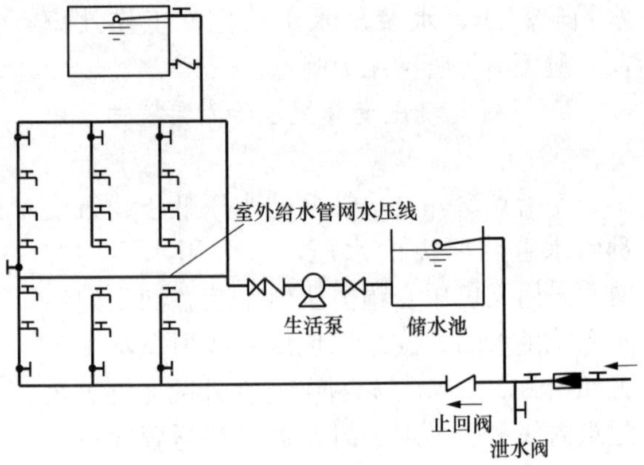

图 2-13　分区给水方式

另外，在高层建筑中，为防止管道系统下部静水压力过大，管道及配件承受的水压大于其工作压力。将高层建筑的给水管网一般按竖向划分几个区域布置，使下层管道系统的静水压力减小，避免下部管道附件承受过大的工作压力，水流喷溅而使用不便，水击形成噪声与振动。我国 GB 50015—2019《建筑给水排水设计标准》规定高层建筑生活给水系统各竖向分区，最低卫生器具配水点处的静水压强不宜大于 0.45MPa，当设有集中热水系统时，分区静水压力不宜大于 0.55MPa，对于水压大于 0.35MPa 的住宅入户管应设置减压设施。一般要求住宅、旅馆、医院其最低卫生器具的静水压力为 0.3～0.35MPa；办公楼、教学楼、商业楼的静水压力为 0.35～0.45MPa。

高层建筑给水系统竖向分区有多种方式。图 2-13 所示为低区利用外网水压直接供水，高区由增压储水设备供水的分区给水方式。图 2-14 所示为其他形式的分区给水方式，

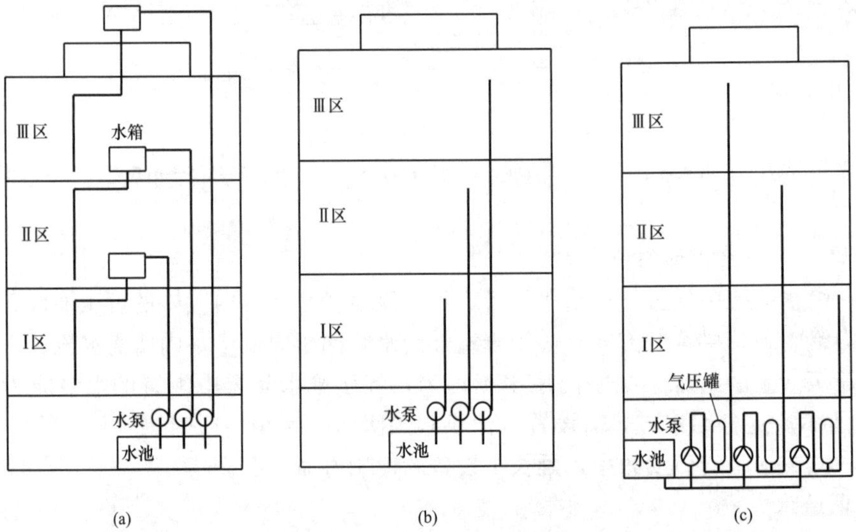

图 2-14　其他形式的分区给水方式

(a) 并联水泵、水箱给水方式；(b) 无水箱并联给水方式；(c) 并联气压装置给水方式

图（a）为分区设置高位水箱，有对应的水泵与输水管供水至水箱，用水点通过水箱供水。适用于各分区不允许同时停水的建筑物，但需设分区水箱，建筑荷载较大。图（b）（c）为各区单独设置水泵或气压给水装置，通过调节水池抽水，升压供水至用水点。适用于高度不超过 100m 的建筑。高区的水泵扬程较高，对输水管的材质和接口的要求较高。用水的安全可靠性较好，不会造成整个建筑物停水。

四、建筑给水管道的布置与敷设

（一）给水管道的布置

室外给水管道的覆土深度，管顶最小覆土深度不得小于土壤冰冻线以下 0.15m，行车道下的管线不宜小于 0.7m。

建筑物的给水引入管，从供水可靠考虑，宜从建筑物用水量最大处或尽量靠近不允许间断供水处引入；当建筑物内卫生用具布置比较均匀时，应在建筑物中部引入，以平衡配水，缩短管网的输水长度。引入管一般设置一条，当建筑物不允许间断供水时，需要设置两条，并应由城市环形管网的不同侧引入。

给水干管宜靠近用水量大或不允许间断供水的用水点，不影响建筑的使用和美观。管道宜沿墙、梁、柱或吊顶内布置。

给水立管一般可设置在管井内或墙角边。对于塑料管距灶边的净距不得小于 0.4m，距燃气热水器的边缘不得小于 0.2m，与供暖管的净距不得小于 0.2m，当条件不许可时应加隔热防护措施。需进入维修管道的管道井，其工作通道净宽不宜小于 0.6m。管道井的井壁、隔断和检修门的耐火极限应符合 GB 50016—2014 的规定。管道井每两层应有横向隔断（建筑高度超过 100m 时，应每层设置），检修门宜开向走廊。

室内给水管道不应穿越变配电房、电梯机房、通信机房、计算机房、网络中心、音像库房等遇水会损坏设备或引发事故的房间，并应避免在生产设备的上方通过。

室内给水管道不得妨碍生产操作、生产安全、交通运输和建筑物的使用。在管道直埋地下时，应当避免被重物压坏或被设备震坏；不允许管道穿过设备基础，特殊情况下，应同有关专业人员协商处理。

室内给水管道不得敷设在烟道、风道、电梯井和排水沟内；不宜穿越橱窗、壁柜、木装修，不宜穿越建筑物的伸缩缝、防震缝和沉降缝，当必须穿过时，要采取相应的措施。

（二）给水管道的敷设

1. 敷设形式

给水管道的敷设形式有明装、暗装两种。明装管道一般沿建筑物的墙、梁、柱敷设，优点是安装、维修方便，造价低。但外露的管道影响美观，表面易结露、积尘。一般用于对卫生、美观没有特殊要求的建筑。暗装管道敷设在管道井、技术层、管沟、墙槽、顶棚或夹壁墙中，直接埋地或埋在楼板的垫层里，其优点是管道不影响室内的美观、整洁，但施工复杂，维修困难，造价高。适用于对卫生、美观要求较高的建筑，如宾馆、高级公寓和要求无尘、洁净的车间、实验室、无菌室等。

2. 敷设要求

室内埋地敷设的生活给水管与排水管道平行敷设时，两管间的最小间距不得小于 0.5m；交叉敷设时，垂直净距不得小于 0.15m。

引入管穿承重墙或基础处应预孔洞，且管顶上部净空高度不得小于建筑物的沉降量，一般不小于 0.1m。给水管道穿越地下室、地下构筑物外墙、屋面、楼板或钢筋混凝土水池（箱）的壁板时应采取防水措施，设置套管。表 2-3 为各类防水套管适用范围，表 2-4 为管道穿越楼板、屋顶、墙所需预留孔洞（或套管）的尺寸。

给水横干管宜敷设在地下室、技术层、吊顶或管沟内，横管需要泄空时，宜有 0.002～0.005 的坡度坡向泄水装置。

给水管道应避免穿越人防地下室，必须穿越时应按人防工程要求设置防爆阀门。

暗装管道在墙中敷设时，也应预留墙槽，以免临时刨槽影响建筑物结构的强度。暗装支管预留墙槽尺寸一般为 60mm×60mm。嵌墙敷设的塑料管、铝塑复合管管径不宜大于 25mm，覆塑铜管、覆塑薄壁不锈钢管管径不宜大于 20mm。

表 2-3　防水套管类型及适用场所

防水套管类型		适　用　范　围	
柔性套管	A 型	用于穿水池壁或内墙	有地震设防要求的地区，管道穿墙处受振动和管道伸缩变形或有严密防水要求的建（构）筑物
	B 型	用于穿建（构）物外墙	
刚性套管	A 型	适用钢管	管道穿墙处不承受振动和管道伸缩变形的建（构）筑物。对有地震设防要求的地区，如采用刚性防水套管，应在池壁或建筑物外墙的管道上就近设置柔性连接
	B 型	适用球墨铸铁管	
	C 型	适用铸铁管	

表 2-4　预留孔洞或套管尺寸　mm

管道名称	穿楼板	穿屋面	穿（内）墙	备注
PVC-U 管	孔洞大于管外径 50～100		与楼板同	
PVC-C 管	套管内径比管外径大 50		与楼板同	为热水管
PP-R 管			孔洞大于管外径 50	
PEX 管	孔洞宜大于管外径 70，套管内径不宜大于管外径 50	与楼板同	与楼板同	
PAP 管	孔洞或套管的内径比管外径大 30～40	与楼板同	与楼板同	
铜管	孔洞比管外径大 50～100		与楼板同	
薄壁不锈钢管	可用塑料套管	须用金属套管	孔洞大于管外径 50～100	
钢塑复合管	孔洞大于管外径 40	与楼板同		

3. 管道的防腐、防冻防结露

在室外明设的塑料给水管道，应有保护措施，避免接受阳光的直接照射。

金属管材一般应采取适当的防腐措施，具体要求见表 2-5。

表 2-5　金属管防腐要求

敷设位置	管材	防腐要求
埋地敷设	铸铁管	管外壁刷冷底子油一遍、石油沥青两道
	钢管	管外壁刷冷底子油一遍、石油沥青两道外加保护层
	钢塑复合管	管外壁刷冷底子油一遍、石油沥青两道外加保护层
	薄壁不锈钢管	管沟、管外加防腐套管或外缚防腐胶带
	薄壁铜管	管外加防腐套管

续表

敷设位置	管材	防腐要求
明装	热镀锌钢管	管外壁刷银粉漆（或调和漆）两道
	铜管	管外壁刷防护漆
腐蚀性环境	金属管	管外壁刷防腐漆或缠绕防腐材料

敷设在可能结冻的室外、房间、地下室、管井及管沟等场所的生活给水管道应有防冻保温措施；当管道内水温低于室内空气的露点温度时，为防止管道外表面产生凝结水，管道应有防冻保温措施。

管道保温一般由绝热材料、防潮层和保护层构成。绝热材料具备绝热保温功能，防潮层具有抗水蒸气渗透、防水和防潮性能，保护层保护绝热层或防潮层表面，使其不受损坏，或因美观需要而设置。管道保温系统各构成材料类型及适用条件见表 2-6。

表 2-6　　管道保温系统构成材料类型及适用条件

材料名称		适用
绝热材料	玻璃棉、超细玻璃棉、泡沫橡塑（PVC/NBR）、酚醛泡沫（PF）、复合硅酸盐、聚乙烯泡沫、岩棉等制品	金属管、塑料管
	聚氨酯泡沫、聚苯乙烯泡沫、泡沫玻璃、硅酸铝、微孔硅酸钙、憎水珍珠岩等制品	金属管
防潮层	不燃性玻璃布复合铝箔、难燃性夹筋双层铝箔、阻燃性夹筋单层铝箔	软质及半软质绝热材料
	阻燃性塑料布	硬质及闭孔型绝热材料
	三元乙丙橡胶防水卷材、沥青胶防水冷胶料玻璃布	软质、半软质及硬质绝热材料
保护层	不锈钢薄板、铝合金薄板、镀锌薄钢板、玻璃钢薄板、玻璃布+防火漆	

保温层厚度应通过计算确定。对于热水管、供回水管、热媒水管其保温层厚度可参照表 2-7 采用。对于水加热器、热水分水集水器、开水器等设备采用岩棉制品、硬聚氨酯发泡塑料保温时，其厚度可为 35mm。

表 2-7　　热水、供回水管、热媒水管保温层厚度表

管径 DN(mm)	热水供回水管				热媒水、蒸汽凝结水		蒸汽管		
	15、20	25～50	65～100	>100	≤50	>50	≤40	50～65	≥80
保温层厚度（mm）	20	30	40	50	40	50	50	60	70

4. 管道的支吊架

室内给排水管道由于自重、温度及外力作用下会产生变形和位移而受到损坏。为此，在水平管道和垂直管道上每隔一定的距离应设管道支架或吊架，将管道位置予以固定。根据支架对管道的制约情况，可分为固定支架和活动支架。

（1）固定支架。在固定支架上，管道被牢牢地固定住，不能有任何位移，管道只能在两个固定支架间膨胀。因此，固定支架不仅承受管道、附件、管内介质及保温结构的质量，同时还承受管道因温度、压力的影响而产生的轴向伸缩推力和变形的应力，并将这些力传递到支撑结构上去，固定支架必须有足够的强度。

（2）活动支架。对管道起支撑作用并允许管道有位移的支架称为活动支架。活动支架起支撑管道及其介质、保温材料等的质量，承受管道移动时的摩擦力。

1）滑动支架。允许管道在支架上自由滑动，支架仅起支撑作用。

2）导向支架。为防止非轴向的力对管道伸缩的影响，限制管道非轴向的位移。

3）吊架：活动性强，吊架的根部只承受垂直方向的力。

4）管卡：小口径立管固定用。立管卡分单、双立管卡两种，分别用于单根立管、并行的两根立管的固定。

图 2-15 为常见管道支架类型。

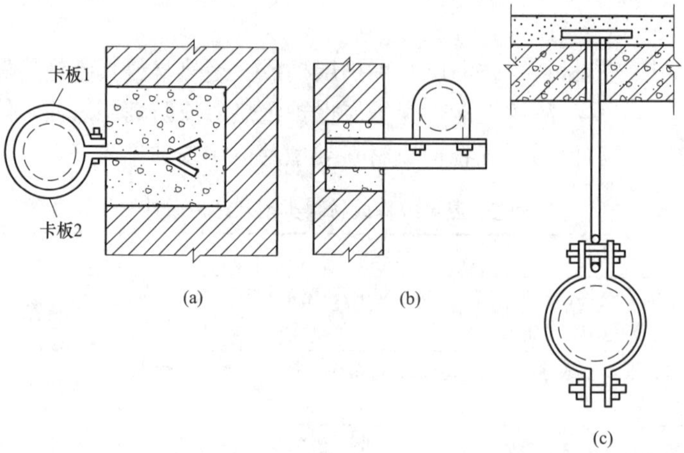

图 2-15 常见管道支架类型
（a）管卡；（b）托架；（c）吊环

为了使管道不产生变形而受到损坏，不同的管道对支吊架的最大安装间距有一定的要求，表 2-8、表 2-9 分别为金属管、塑料管管道支架的最大间距。

表 2-8 金属管管道支架最大间距 m

公称直径 DN		15	20	25	32	40	50	70	80	100	125	150	200	250	300
普通钢管	保温	2	2.5	2.5	2.5	3	3	4	4	4.5	6	7	7	8	8.5
	不保温	2.5	3	3.25	4	4.5	5	6	6	6.5	7	8	9.5	11	12
薄壁不锈钢管	横管	1.0	1.5	1.5	2.0	2.0	2.5	2.5							
	立管	1.5	2.0	2.0	2.5	2.5	3.0	3.0							
铜管	横管	1.2	1.8	1.8	2.4	2.4	2.4	3.0	3.0	3.0	3.0	3.5	3.5		
	立管	1.8	2.4	2.4	3.0	3.0	3.0	3.5	3.5	3.5	3.5	4.0	4.0		

表 2-9 塑料管管道支架最大间距 m

公称外径 De		20	25	32	40	50	63	75	90	110
硬聚氯乙烯管 PVC-U	立管	1.0	1.1	1.2	1.4	1.6	1.8	2.1	2.4	2.6
	横管	0.6	0.65	0.7	0.9	1.0	1.2	1.3	1.45	1.6
聚丙烯冷水管 PP-R	立管	1.0	1.2	1.5	1.7	1.8	2.0	2.0	2.1	2.5
	横管	0.65	0.8	0.95	1.1	1.25	1.4	1.5	1.6	1.9

续表

公称外径 De		20	25	32	40	50	63	75	90	110
氯化聚氯乙烯管 PVC-C	立管	1.0	1.1	1.2	1.4	1.6	1.8	2.1	2.4	2.7
	横管	0.8	0.8	0.85	1.0	1.2	1.4	1.5	1.6	1.7
交联聚乙烯管 PEX	立管	0.8	0.9	1.0	1.3	1.6	1.8			
	横管	0.6	0.7	0.8	1.0	1.2	1.4			

5. 机电抗震设计

为贯彻执行《中华人民共和国建筑法》和《中华人民共和国防震减灾法》，实行以“预防为主”的方针，使建筑给水排水、供暖、通风、空调、燃气、热力、电力、通信、消防等机电工程设施经抗震设防后，减轻地震破坏，防止次生灾害，避免人员伤亡，减少经济损失，做到安全可靠、技术先进、经济合理、维护管理方便，制定了 GB 50981—2014《建筑机电工程抗震设计规范》。

建筑应根据其使用功能的重要性分为甲类、乙类、丙类、丁类四个抗震设防类别。甲类建筑应属于重大建筑工程和地震时可能发生严重次生灾害的建筑，乙类建筑应属于地震时使用功能不能中断或需尽快恢复的建筑，丙类建筑应属于除甲、乙、丁类建筑以外的建筑，丁类建筑应属于抗震次要建筑。甲类建筑在地震破坏后会产生巨大社会影响或造成巨大经济损失。严重次生灾害指地震破坏后可能引发水灾、火灾、爆炸、剧毒或强腐蚀性物质大量泄漏和其他严重次生灾害。乙类建筑属于地震破坏后会产生较大社会影响或造成相当大的经济损失，包括城市的重要生命线工程和人流密集的多层的大型公共建筑等。丁类建筑，其地震破坏不致影响甲、乙、丙类建筑，且社会影响和经济损失轻微。一般为储存物品价值低、人员活动少、无次生灾害的单层仓库等。6 度甲类及 7～9 度的地区的建筑机电工程必须采取所有抗震措施并进行抗震验算，6 度地区甲类以下的建筑机电工程也应按相应章节采取抗震措施，但可不进行抗震验算。

为防止地震时给排水管道系统及消防管道失效或跌落造成人员伤亡及财产损失，根据《建筑抗震设计规范（附条文说明）（2016 年版）》（GB 50011—2010）及 GB 50981—2014 等强制性条文，应对机电管线系统进行抗震加固。于是在抗震设防烈度为 6 度及 6 度以上地区的建筑机电工程必须进行相应的抗震设计。抗震支吊架（见图 2-16～图 2-18）是与建筑体牢固连接，以地震力为主要荷载的抗震支撑设施，由锚固体、加固吊杆、抗震连接构件及抗震斜撑组成。

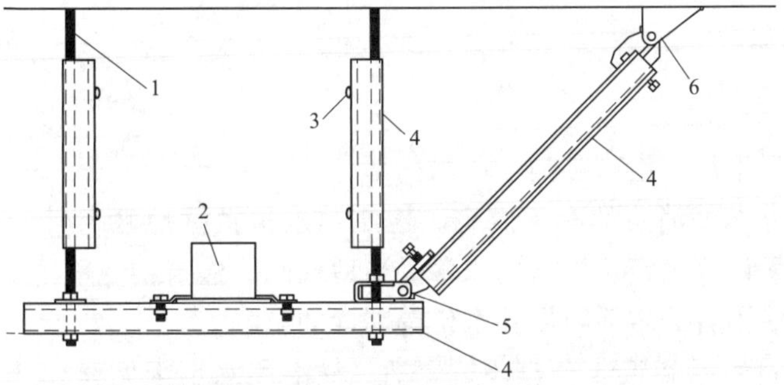

图 2-16 抗震支吊架示意图

1—长螺杆；2—设备或管道等；3—螺杆紧固件；4—C 型槽钢；5—快速抗震连接构件；6—抗震连接构件

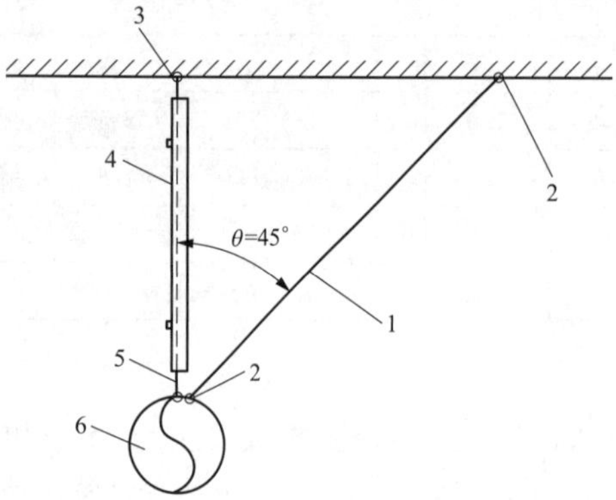

图 2-17 侧向抗震支吊架示意图

1—斜撑；2—抗震连接构件；3—锚固件；4—螺杆紧固件；5—承重吊杆；6—管道

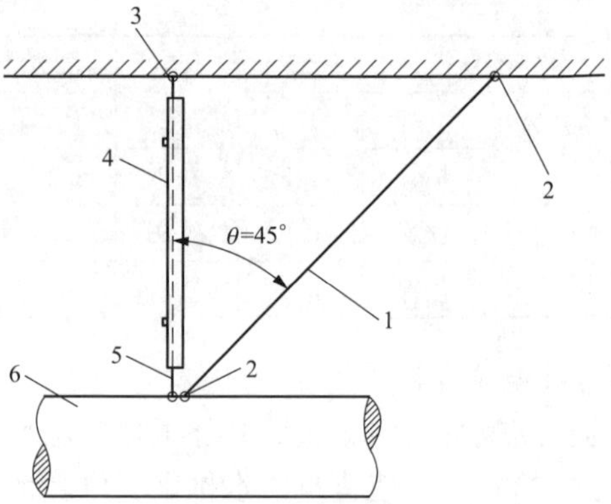

图 2-18 纵向抗震支吊架示意图

1—斜撑；2—抗震连接构件；3—锚固件；4—螺杆紧固件；5—承重吊杆；6—管道

6. 机电管线抗震支撑系统

(1) 依据 GB 50011—2010 第 3.7.1 条：非结构构件，包括建筑非结构构件和建筑附属机电设备，自身及其与结构主体的连接，应进行抗震设计。

(2) 本工程 DN65 及以上管径的给排水、消防、喷淋等管道系统须采用机电管线抗震支撑系统。

(3) 刚性管道侧向抗震支撑最大设计间距不得超过 12m；柔性管道侧向抗震支撑最大设计间距不得超过 6m。

(4) 刚性管道纵向抗震支撑最大设计间距不得超过 24m；柔性管道纵向抗震支撑最大设计间距不得超过 12m。

(5) 抗震支撑最终间距应根据具体深化设计及现场实际情况综合确定。

(6) 各系统由业主选择专业公司设计，深化方案报设计院审核。

7. 机电设备抗震支撑系统

(1) 已设防震基础的机器设备，如水泵等，需设置限位器，以防止机器设备地震时产生过量的移动，甚至倾覆而扭坏管道。

(2) 未设防震基础的机器设备，如水箱等必须与主体结构连接牢固，以防止地震时机器设备在地面上滑动或倾覆，破坏其使用功能或扭坏其连接管道。

五、给水用水量

(一) 给水用水量标准

建筑内用水包括生活、生产和消防用水三部分。

消防用水量详见本书消防的有关内容。生产用水量根据地区条件、工艺过程、设备情况、产品性质等因素计算确定。生活用水量受当地气候、建筑物使用性质、卫生器具和用水设备的完善程度、使用者的生活习惯及水价等因素的影响。

住宅、公共建筑生活和工业企业建筑生活、淋浴用水定额见表 2-10～表 2-12。附设在民用建筑中的停车库，可按 10%～15%轿车车位计洗车用水，轿车洗车用水定额为 10～15 L/(辆·次)。

表 2-10　住宅最高日生活用水定额及小时变化系数

住宅类型		卫生器具设置标准	用水定额（最高日）[L/(人·d)]	小时变化系数
普通住宅	Ⅰ	有大便器、洗涤盆	85～150	3.0～2.5
	Ⅱ	有大便器、洗脸盆、洗涤盆和洗衣机、热水器和沐浴设备	130～300	2.8～2.3
	Ⅲ	有大便器、洗脸盆、洗涤盆、洗衣机、家用热水机组或集中热水供应和沐浴设备	180～320	2.5～2.0
高级住宅别墅		有大便器、洗脸盆、洗涤盆、洗衣机、洒水栓、家用热水机组和沐浴设备	200～350	2.3～1.8

注　1. 当地主管部门对住宅生活用水标准有规定的，按当地规定执行。

2. 别墅用水定额中含庭院绿化用水，汽车洗车水。

表 2-11　集体宿舍、旅馆和其他公共建筑的生活用水定额及小时变化系数

序号	建筑物名称及卫生器具设置标准	单　位	最高日生活用水定额（L）	小时变化系数	每日使用时间（h）
1	单身职工宿舍、学生宿舍、招待所、培训中心、普通旅馆				
	设公用盥洗室	每人每日	50～100	3.0～2.5	24
	设公用盥洗室、淋浴室	每人每日	80～130	3.0～2.5	24
	设公用盥洗室、淋浴室、洗衣室	每人每日	100～150	3.0～2.5	24
	设单独卫生间、公用洗衣室	每人每日	120～200	3.0～2.5	24
2	宾馆客房				
	旅客	每床位每日	250～400	2.5～2.0	24
	员工	每人每日	80～100	2.5～2.0	24
3	医院住院部				
	设公用盥洗室	每床位每日	100～200	2.5～2.0	24
	设公用盥洗室、淋浴室	每床位每日	150～250	2.5～2.0	24
	设单独卫生间	每床位每日	250～400	2.5～2.0	24
	医务人员	每人每班	150～250	2.0～1.5	8
	门诊部、诊疗所	每病人每次	10～15	1.5～1.2	8～12
	疗养院、休养所住房部	每床位每日	200～300	2.0～1.5	24
4	养老院托老所				
	全托	每人每日	100～150	2.5～2.0	24
	日托	每人每日	50～80	2.0	10
5	幼儿园、托儿所				
	有住宿	每儿童每日	50～100	3.0～2.5	24
	无住宿	每儿童每日	30～50	2.0	10
6	教学、实验楼				
	中小学校	每学生每日	20～40	1.5～1.2	8～9
	高等院校	每学生每日	40～50	1.5～1.2	8～9
7	办公楼	每人每班	30～50	1.5～1.2	8～10
8	商场 员工及顾客	每平方米营业厅面积每日	5～8	1.5～1.2	12

续表

序号	建筑物名称及卫生器具设置标准	单　位	最高日生活用水定额（L）	小时变化系数	每日使用时间（h）
9	公共浴室				
	淋浴	每顾客每次	100	2.0～1.5	12
	淋浴、浴盆	每顾客每次	120～150		12
	桑拿浴（淋浴、按摩池）	每顾客每次	150～200		12
10	理发室、美容院	每顾客每次	40～100	2.0～1.5	12
11	洗衣房	每公斤干衣	40～80	1.5～1.2	8
12	餐饮业				
	中餐酒楼	每顾客每次	40～60	1.5～1.2	10～12
	快餐店、职工及学生食堂	每一顾客每次	20～25	1.5～1.2	12～16
	酒吧、咖啡厅、茶座、卡拉OK房	每一顾客每次	5～15	1.5～1.2	8～18
13	电影院、剧院	每观众每场	3～5	1.5～1.2	3
14	会议厅	每座位每次	6～8	1.5～1.2	4
15	体育场				
	运动员淋浴	每人每次	30～40（50）	3.0～2.0	
	观众	每人每场	3	1.2	4
16	健身中心	每人每次	30～50	1.5～1.2	8～12
17	停车库地面冲洗用水	每平方米每次	2～3	1.0	6～8
18	客运站旅客、展览中心观众	每人次	3～6	1.5～1.2	8～16
19	菜市场冲洗地面及保鲜用水	每平方米每日	10～20	2.5～2.0	8～10

注　1. 除养老院、托儿所、幼儿园的用水定额中含食堂用水，其他均不含食堂用水。

2. 除注明外，均不含员工用水，员工用水定额每人每班40～60L。

3. 医疗建筑用水中已含医疗用水。

4. 空调用水应另计。

表2-12　　工业企业建筑生活、淋浴用水定额

<table>
<tr><td colspan="3">生活用水定额L/(班·人)</td><td>小时变化系数</td><td>注</td></tr>
<tr><td colspan="2">管理人员</td><td>40～60</td><td rowspan="2">1.5～2.5</td><td rowspan="2">每班工作时间以8h计</td></tr>
<tr><td colspan="2">车间工人</td><td>30～50</td></tr>
<tr><td colspan="4">工业企业建筑淋浴用水定额</td><td rowspan="7">淋浴用水延续时间为1h</td></tr>
<tr><td colspan="3">车间卫生特征</td><td rowspan="2">每人每班淋浴用水定额（L）</td></tr>
<tr><td>有毒物质</td><td>生产性粉尘</td><td>其他</td></tr>
<tr><td>极易经皮肤吸收引起中毒的剧毒物质（如有机磷、三硝基甲苯、四乙基铅等）</td><td></td><td>处理传染性材料、动物原料（如皮毛等）</td><td rowspan="2">60</td></tr>
<tr><td>易经皮肤吸收或有恶臭的物质，或高毒物质（丙烯腈、吡啶、苯酚等）</td><td>严重污染全身或对皮肤有刺激的粉尘（如炭黑、玻璃棉等）</td><td>高温作业、井下作业</td></tr>
<tr><td>其他毒物</td><td>一般粉尘（如棉尘）</td><td>重作业</td><td rowspan="2">40</td></tr>
<tr><td colspan="3">不接触有毒物质及粉尘、不污染或轻度污染身体（如仪表、金属冷加工、机械加工等）</td></tr>
</table>

（二）最高日用水量与最大时用水量

1. 最高日用水量

建筑内生活用水的最高日用水量可按式（2-2）计算，最高日用水量一般在确定储水池（箱）容积过程中使用。

$$Q_{\mathrm{d}}=\frac{mq_{\mathrm{d}}}{1000} \tag{2-2}$$

式中　Q_{d}——最高日用水量，m^3/d；

m——用水单位数（人数、床位数等）；

q_{d}——最高日生活用水定额，L/(人・d)、L/(床・d)。

最高日用水量一般用于确定水池容积。如生活小区加压泵站储水池的容积，宜按最高日用水量的15%～20%确定。建筑物生活储水池的容积，宜按最高日用水量的20%～25%确定。最大不得大于48h用水量。

2. 最高日最大时用水量

根据最高日用水量可算出最高日最大时用水量：

$$Q_{\mathrm{h}}=\frac{Q_{\mathrm{d}}}{T}K_{\mathrm{h}}=Q_{\mathrm{p}}K_{\mathrm{h}} \tag{2-3}$$

式中　Q_{k}——最高日最大时用水量，m^3/h；

T——建筑物内每天用水时间，h；

Q_{p}——最高日平均小时用水量，m^3/h；

K_{h}——小时变化系数。

最大时用水量一般用于确定水箱水泵联合供水方式中水泵流量和高位水箱容积，也用于市政给水管网和建筑小区给水管道的设计计算。但因为室内配水不均匀性规律不同于小时变化系数，室内给水管道的最大流量为设计秒流量。对于单设水泵或水池水泵系统，水泵的选择流量为设计秒流量。同样地，也利用设计秒流量，计算确定给水管道的管径。

（三）给水管道管径估算

在已知计算给水管段的卫生器具当量数时（单个卫生器具给水当量见表2-1），可按给水管允许负担的当量数估算管径见表2-13。

表2-13　给水当量与管径的关系

给水管允许负担的当量数	管径DN(mm)	给水管允许负担的当量数	管径DN(mm)
1～2	15	11～16	32
3～5	20	17～25	40
6～10	25	26～50	50

六、给水施工图识图

施工图是工程语言、施工依据和编制施工图预算的基础，因此给排水施工图必须以统一的图形符号和文字说明，准确表达设计意图，并用于指导工程施工。

（一）给排水施工图内容

在给排水施工图中，图纸内容应包括图纸目录、设计施工说明、图例、主要设备材料表、平面图、系统轴测图、展开系统原理图、详图与大样图等。

1. 图纸目录

图中目录是以表格形式出现的，表头标明建设单位、工程名称、分部工程名称、设计日期等，表中将全部施工图编号（水施-X），按图名顺序填入。其作用是便于核对图纸数量和查找图纸。

2. 设计施工说明

设计人员在图样上无法表明而又必须要建设和施工单位知道的技术和质量要求，均以文字的形式加以说明，内容包括设计说明和施工说明。

（1）设计说明。一般包括工程设计依据的文件、规范简述；给排水系统概况，主要技术指标。如生活给水最高日用水量、最大时用水量、最高日排水量、最大时热水用水量、冷却水量、耗热量、各消防系统的设计参数及消防用水量、系统控制方法、工艺运转操作说明等。

（2）施工说明。一般包括工程选用的管材、阀门类型、管道敷设要求、设备的基础、管道设备的防腐保温做法、管道容器的冲洗和试压要求等。

3. 图例

施工图中图纸符号所代表的含义。它包括管道类别、给排水管道附件、管道连接、管件、阀门、给水配件、给水设备、给排水设施等。图例一般按照国家颁布的 GB/T 50106—2010《建筑给水排水制图标准》绘制，也有设计人员的特殊表示形式（本书所用图例见附录 A）。

4. 主要设备材料表

也称为设备和主要器材表，表中罗列给排水设计工程中所需的卫生器具、设备、器材和特殊阀门（报警阀、温控阀、减压阀、止回阀、安全阀、泄压阀等）的详细规格型号、技术参数、数量等内容。

5. 平面图

平面图主要确定设备及管道的平面位置、平面定位、常用比例有 1∶100、1∶150 等。图中常见的内容有建筑主要轴线编号、房间名称、卫生器具、用水点、设备的平面布置、给排水管道的平面布置、给排水立管的位置及编号、管线的坡度和坡向、管径等。底层平面图中引入管、排出管、水泵接合器等与建筑物的定位尺寸、穿建筑物外墙的管道标高、防水套管的形式等。图 2-19 为某住宅地下一层部分给排水平面图，图 2-20 为某住宅标准层给排水平面图。

6. 系统轴测图

给排水系统轴测图是一种立体图（常见有 45°方向轴测）。它按比例（1∶100 或 1∶50）分别表明生活冷水、热水、生产给水、消火栓、自喷、污废水、雨水等系统轴测图的管道的走向、管径、仪表和阀门的类型、控制点标高和管道坡度、各系统编号、各楼层卫生器具和工艺用水设备的连接点位置。系统图上如每层（或几层）卫生器具及用水点的连接情况完全相同时，往往绘制一个代表楼层的接管图，其他各层注明同该层。图 2-21、图 2-22 分别为某住宅标准层给水系统轴测图、热水系统轴测图，图 2-23 为某住宅标准层排水系统轴测图。

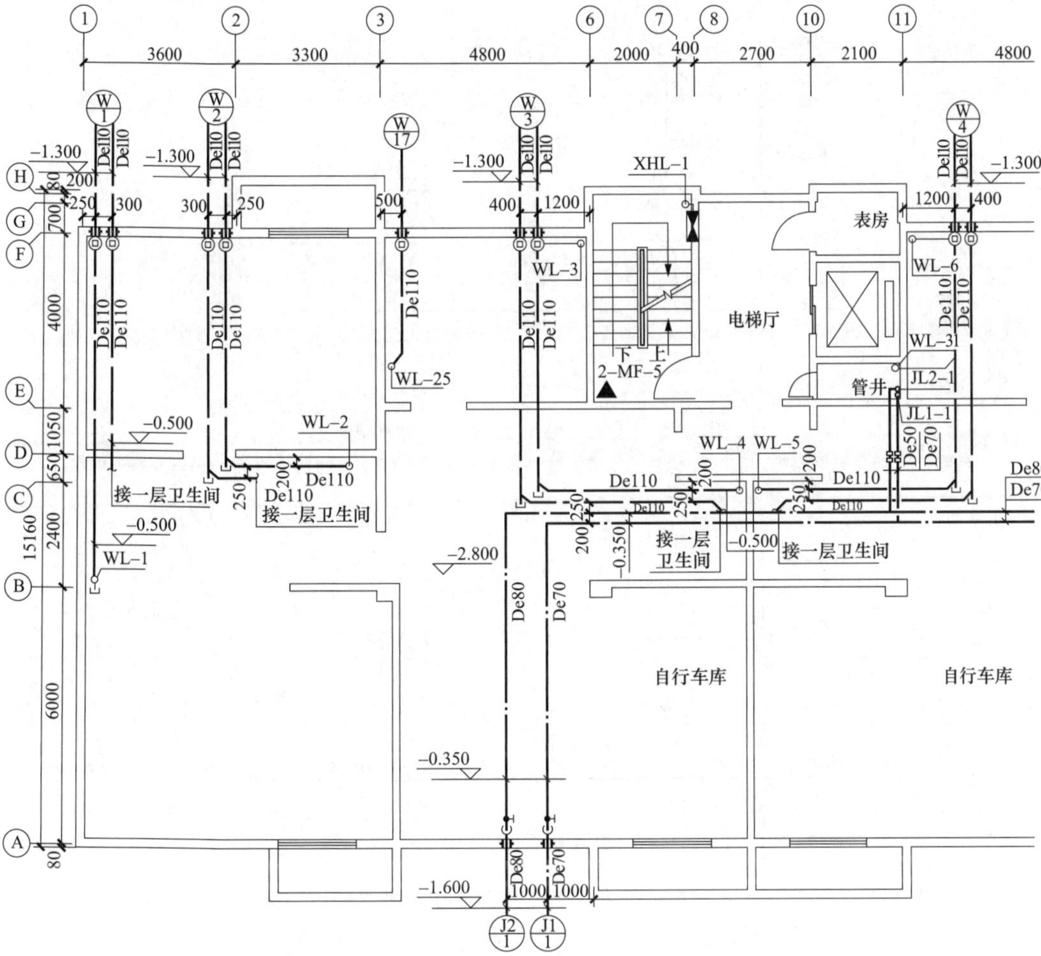

图 2-19　某住宅地下一层部分给排水平面图

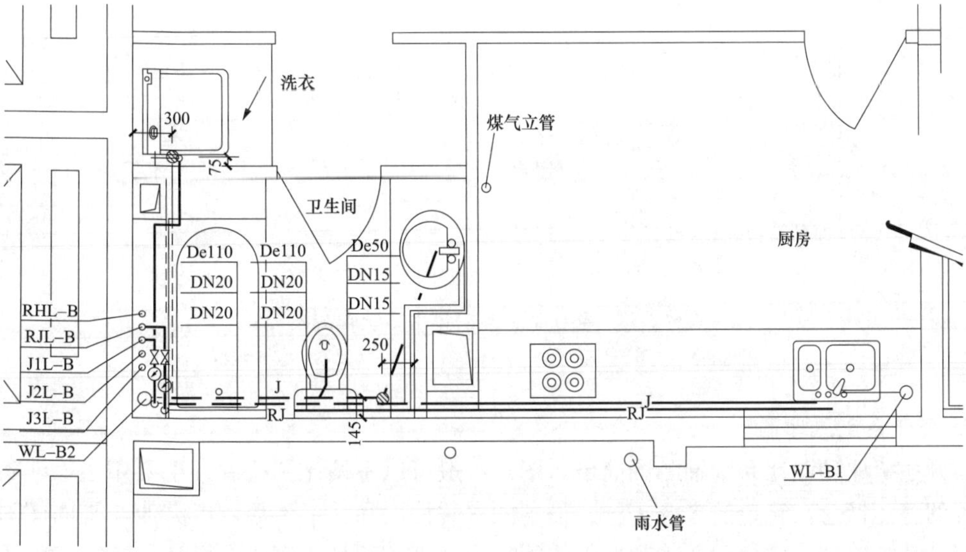

图 2-20　某住宅标准层给排水平面图

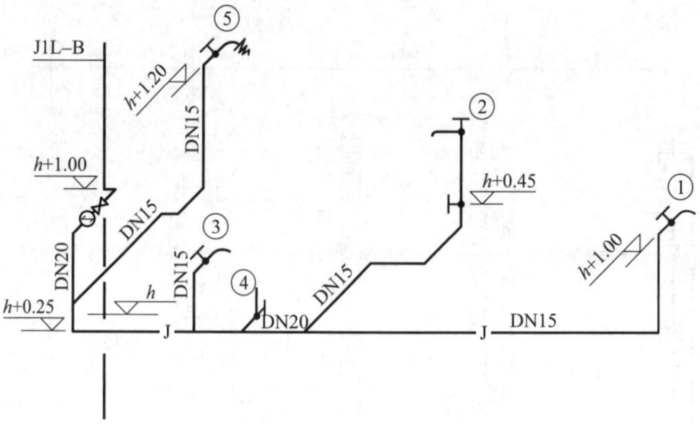

图 2-21 某住宅标准层给水系统轴测图

①—洗涤盆（池）给水水嘴；②—洗脸盆给水栓；③—浴缸给水栓；④—坐便器给水栓；⑤—洗衣机给水栓

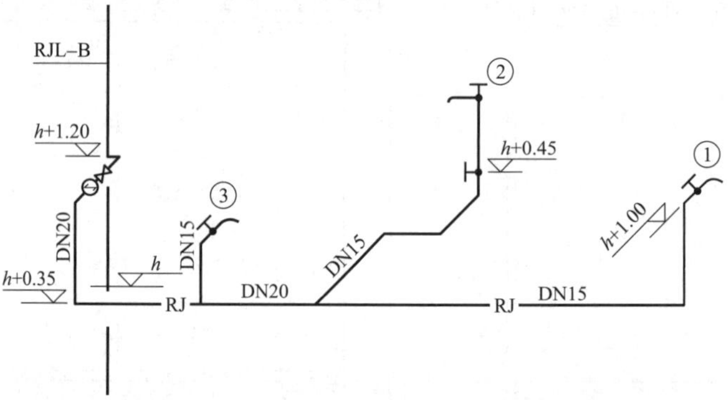

图 2-22 某住宅标准层热水系统轴测图

①—洗涤盆（池）热水水嘴；②—洗脸盆热水给水栓；③—浴缸热水给水栓

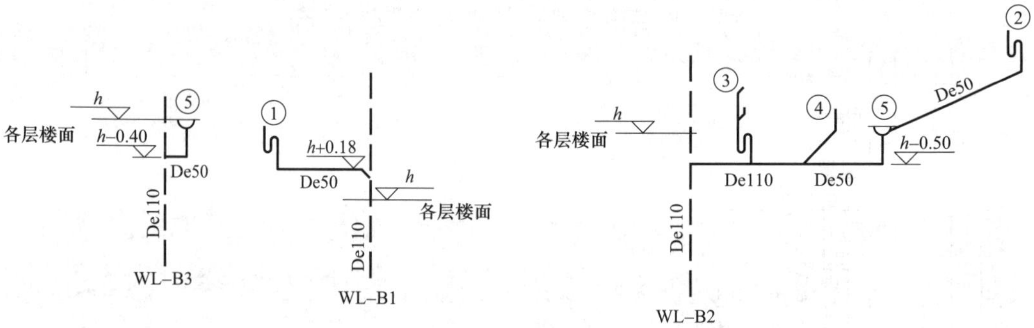

图 2-23 某住宅标准层排水系统轴测图

①—洗涤盆；②—洗脸盆；③—浴盆；④—坐便器；⑤—地漏

7. 展开系统原理图

展开系统原理图比系统轴测图简单，图纸一般可以不按比例绘制。主要用于反映各种管道系统的整体概念，管道的来龙去脉、设备的安装楼层和技术参数，以方便与平面图对照识读。展开系统原理图中标明立管和横管的管径、立管的编号、楼层的标高、层数、仪表及阀门、各系统编号、各楼层卫生间和工艺用水设备的连接、排水立管检查口、通风帽等距该层地面的高度。展开系统原理图上如每层（或几层）卫生器具及用水点的连接情况完全相同时，往往绘制一个代表楼层的接管图，其他各层注明同该层。当给排水施工图使用展开系统原理图表示系统的整体概念时，在平面图上会标注管道的管径、标高。图 2-24 为某住宅给水展开系统原理图。

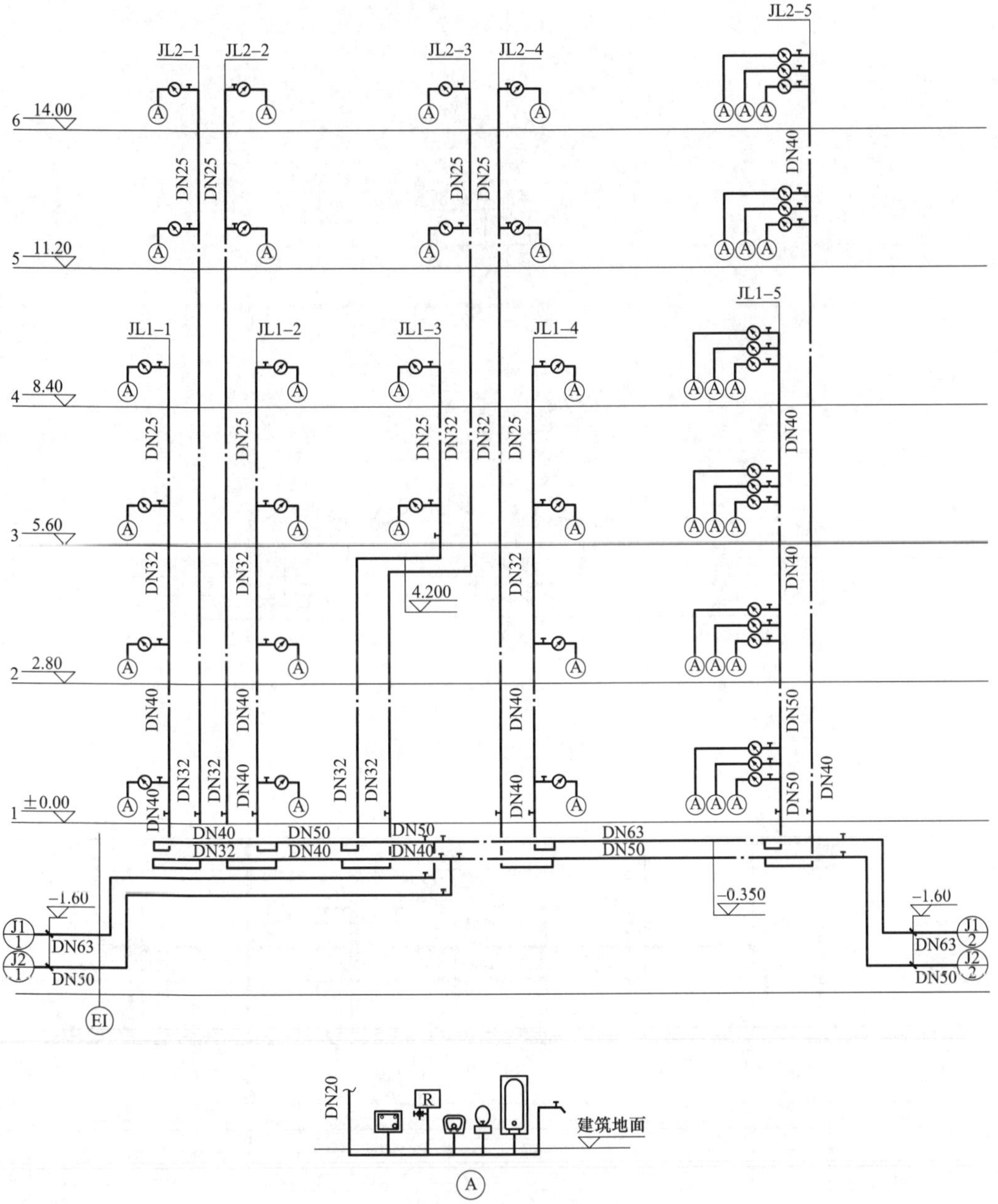

图 2-24　某住宅给水展开系统原理图

8. 详图与大样图

（1）详图也称为放大图或节点图。对于给排水工程中某一关键部位或连接构造比较复杂，在比例较小的平面图、系统图中无法表达清楚时，在给排水施工图中以详图的形式表达。如管道较多的管井、设备较多的水泵房、水池、水箱间、热交换站、卫生间、水处理间等，其比例一般为1∶50。节点详图反映了组合体各部位的详细构造与尺寸。它包括局部放大平面图、剖面图和轴测图等。如图2-25～图2-28所示。

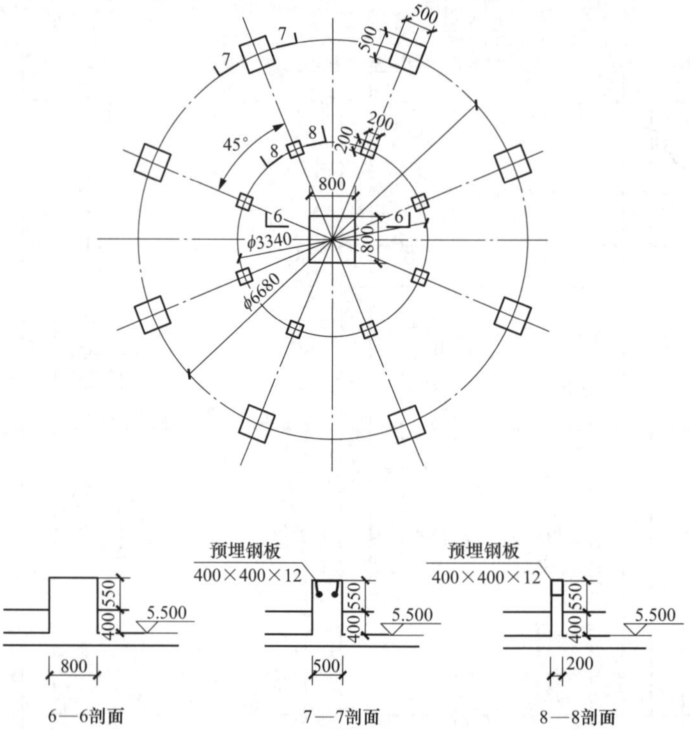

图2-25 某冷却塔基础详图

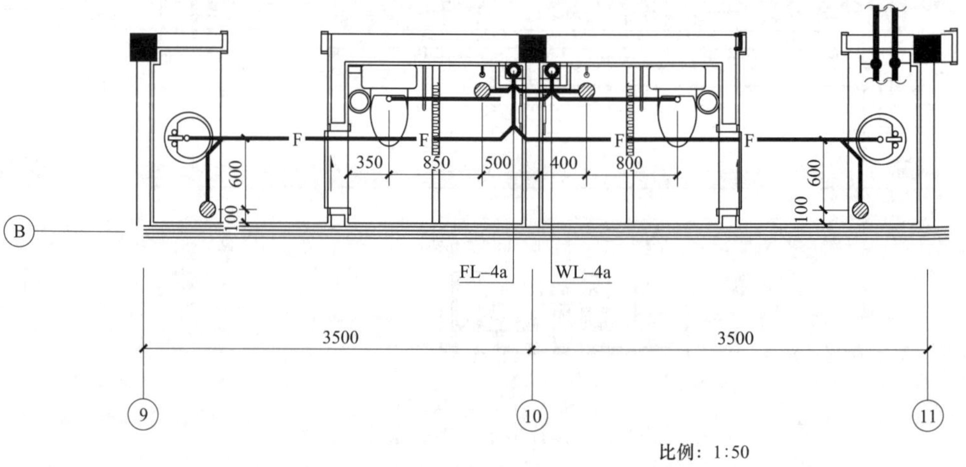

图2-26 标准间排水平面大样图

（2）大样图。给排水施工图中为非标准化的加工件，如管件、零部件、非标准设备等绘

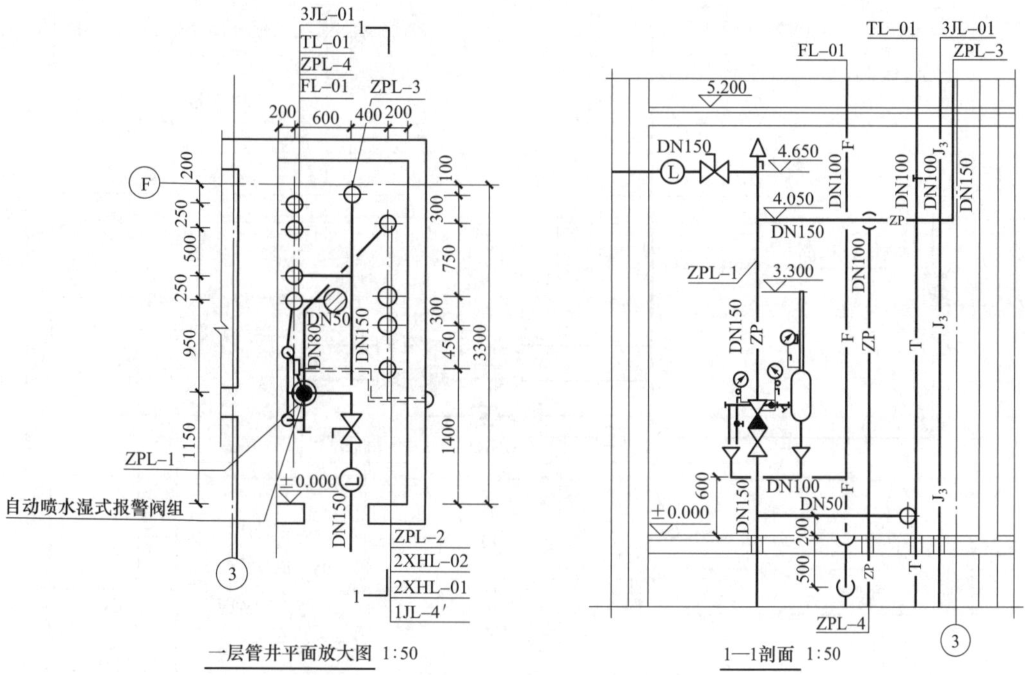

图 2-27　某管井详图

制的加工大样。大样图的比例较大（1∶10、1∶5 等）。

（二）给水施工图识读（见教材给排水附图）

（1）识读给水施工图时，首先要对照图纸目录，确认成套图纸是否完整，图名与图纸目录是否吻合。

（2）识读设计施工说明，要了解本工程给水设计内容，主要技术指标，使用的规范和标准图集。掌握本工程使用的管材、附件、设备的技术参数，作为施工、管理、材料采购、工程预决算的依据和工程质量检查的依据。

（3）识读给水平面图，应根据建筑给排水工程的特点，了解建筑对给水工程的要求，如建筑的用水点布置；注意管道系统与房屋建筑的各种相互关系，如管线在建筑物内的平面位置，管线穿墙、楼板、基础、池壁时与土建的相互要求，防水套管的形式等；掌握给水设施、设备的位置。如给水加压储水设备、水表（井）箱、消防箱、水泵接合器、报警阀、喷头等物的平面定位，灭火器放置地点等；管线的敷设方法，如地沟敷设、吊顶内敷设、管径敷设、隐蔽在墙柱内敷设等对土建的要求；立管位置及编号，平面图上给水附件的类型、位置，以及管线的管径标高等。

（4）识读给水系统轴测图和展开系统原理图，应与平面图对照读图，建立全面、完整的给水工程形象。从系统图或展开系统原理图中掌握设计意图，管道系统的来龙去脉，如直接给水系统的流程：引入管→水表节点→干管→立管→支管→用水点；了解管道设备的设置标高、管径和设备技术参数（展开系统原理图上未标注应结合平面图阅读了解），对某些器具、设备安装还需对照国家相关的标准图集 09S304《卫生设备安装》或生产厂家的产品样本辅助了解。了解施工图中，给水系统附件、仪表等使用的图例符号，掌握它们的类型、规格，

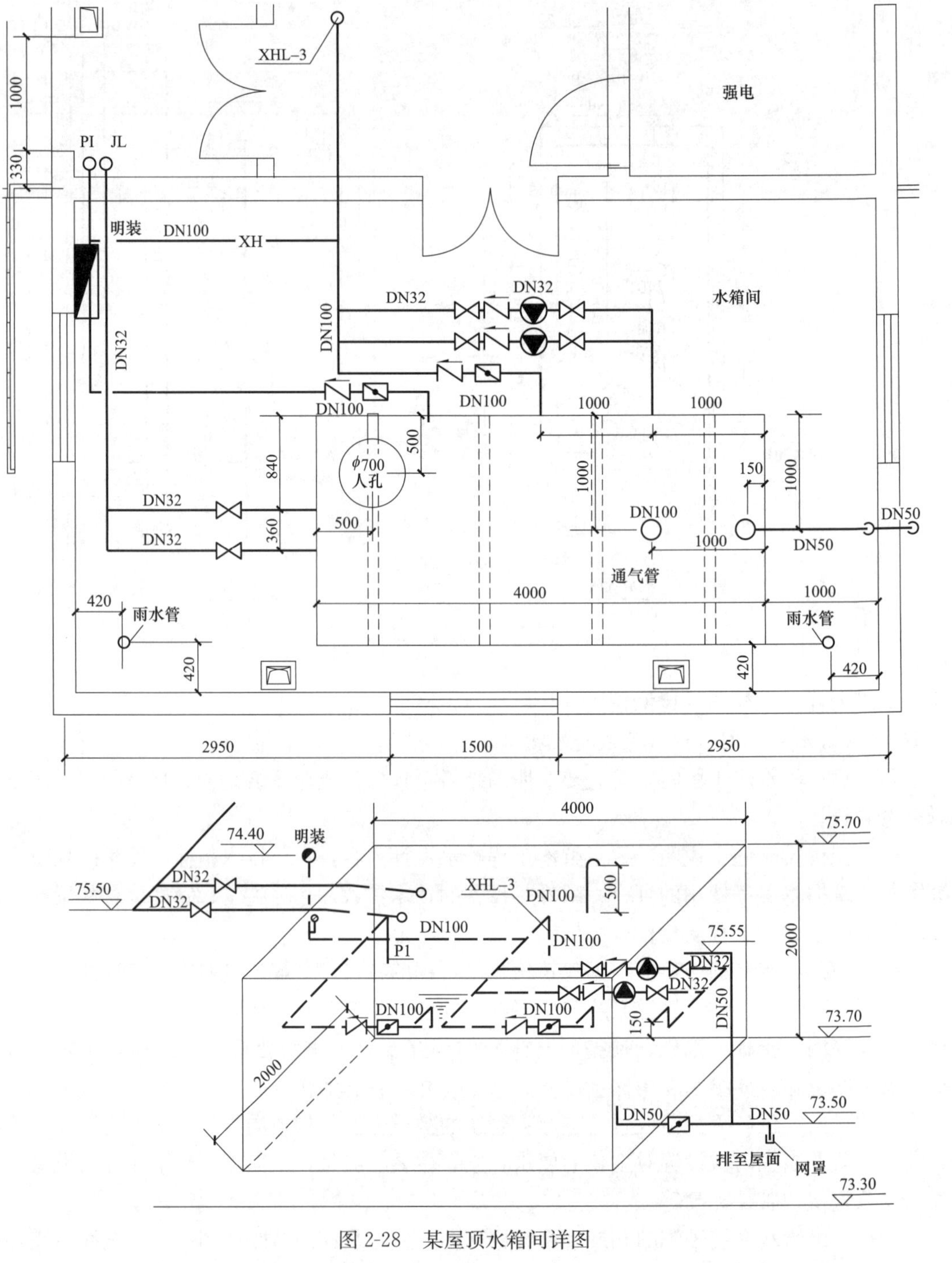

图 2-28 某屋顶水箱间详图

设置位置，以及对电气和装饰专业的配合要求等。

（5）识读给水施工图应注意专业图纸的绘图习惯和制图规定：

1）如看不见的管道（穿墙、埋地管道等）不用虚线，采用原有管线图例的画法。

2）图纸基本按比例绘制，但局部管道不按比例，如立管、阀件，沿墙布置水平管道与墙面的距离、平行水平管道的距离等。

3）管道与用水设备的连接只画到水龙头或角阀，不绘制卫生器具。

4）部分设计人员习惯对管道与设备的连接仅绘制进出管线，文字标注连接设备名称，不画设备的外轮廓线，如水泵、加热器等设备；泵房和设备用房中的设备不列入主要设备材料表，单独在详图中列出等。

5）给水管道的标高为管道的中心标高。

6）大型设备基础可以在土建施工图中表达，由土建工种完成，如冷却塔、制冷机基础等。小型设备基础在给排水施工图中表达，由设备工种完成，如设备、气压罐基础等。

习　题

一、单选题

1. 室外给水管网水压周期性满足室内管网的水量、水压要求时，采用（　　）给水方式。

A. 直接给水　　B. 设高位水箱

C. 设储水池、水泵、水箱联合工作　　D. 设气压给水装置

2. 我国 GB 50015—2019《建筑给水排水设计标准》规定，卫生器具给水配件承受的最大工作压力，不得大于（　　）MPa。当生活给水系统各竖向分区供水时，各分区的静水压力不宜大于（　　）MPa；当有集中热水供应时，分区的净水压力不宜大于（　　）MPa。

A. 0.60，0.45，0.55　　B. 0.55，0.45，0.60

C. 0.55，0.45，0.60　　D. 0.6，0.55，0.45

3. 若室外给水管网供水压力为 300kPa，水量能满足建筑用水需求，建筑所需水压 400kPa，且考虑水质不宜受污染，则应采取（　　）供水方式。

A. 直接给水　　B. 设高位水箱

C. 设储水池、水泵、水箱联合工作　　D. 无负压给水装置

4. 下面关于建筑给水压力和分区的说法，不合理的是（　　）。

A. 建筑高度不超过 100m 的建筑生活给水系统，宜采用垂直分区并联供水或分区减压的供水方式

B. 建筑高度超过 100m 的建筑，宜采用垂直串联的方式

C. 建筑高度超过 100m 的建筑，宜采用垂直并联的方式

D. 卫生器具给水配件承受的最大工作压力，不得大于 0.6MPa

5. 下面哪项是对建筑给水系统供水方式的描述是正确的？（　　）

A. 建筑供水方式分为直接给水、单设水箱给水、单设水泵给水、水泵-水箱给水、气压给水、分区给水、分质给水等几种

B. 建筑供水方式分为明敷和暗敷两种

C. 建筑供水方式分为环状和枝状两种

D. 建筑供水方式分为一路供水和两路供水两种

6. 下面哪项对建筑给水系统管道布置形式的描述是正确的？（　　）

A. 建筑供水方式分为直接给水、单设水箱给水、单设水泵给水、水泵-水箱给水、

气压给水、分区给水、分质给水等几种

B. 建筑供水方式分为明敷和暗敷两种

C. 建筑供水方式分为环状和枝状两种

D. 建筑供水方式分为一路供水和两路供水两种

7. 不常用于建筑给水系统和室外给水系统分界面的是下面哪项？（　　）

A. 引入管上进入室内的第一个阀门

B. 引入管上外墙外第一个阀门井

C. 引入管上外墙外水表节点

D. 引入管上外墙外 1m

8. 以下哪项说法是错误的？（　　）

A. 截止阀安装时无方向性　　B. 止回阀安装时有方向性，不可装反

C. 闸阀安装时无方向性　　D. 旋塞的启闭迅速

9. 管径 DN≥（　　）采用截止阀的部位宜采用闸阀。

A. 50　　B. 32　　C. 65　　D. 80

10. 镀锌钢管规格有 DN15、DN20 等，DN 表示________。

A. 内径　　B. 外径　　C. 公称直径　　D. 其他

二、多选题

1. 建筑给水系统按用途可分（　　）及共用给水系统等几类。

A. 生活给水系统　　B. 生产给水系统　　C. 消防给水系统

D. 中水给水系统　　E. 凝结水系统

2. 当室外给水管网的水压、水量不足，或为了保证建筑的稳定性、安全性，应根据要求而选择设置（　　）等增压、储水设备。

A. 水泵　　B. 气压给水设备　　C. 水箱

D. 膨胀水箱　　E. 水池

三、思考题

1. 室内给水的方式有哪些？各有什么特点？

2. 某地拟建八层住宅，层高 3.0m，以首层室内地面为±0.000mm，室内外高差 500mm，室外市政给水管管道中心标高−1.200m，如拟采用市政水压直接供给的供水方式，问水表节点处需满足的水压是多少？

四、识图训练

1. 【建筑给水】根据下面所给图纸识图填空：

（1）图 2-29 所示在给排水施工图里面，属于________图，一般比例是________。

（2）图 2-29 中坐便器给水管管径为________；洗脸盆给水管管径为________。

（3）图 2-29 中洗脸盆给水角阀的标高为________，离地________高。

（4）图 2-29 中淋浴器给水管管径为________；给水管标高为________。

2. 【建筑给水】根据下面所给图纸识图填空：

（1）图 2-30（a）所示为________，使用范围是________________________________。

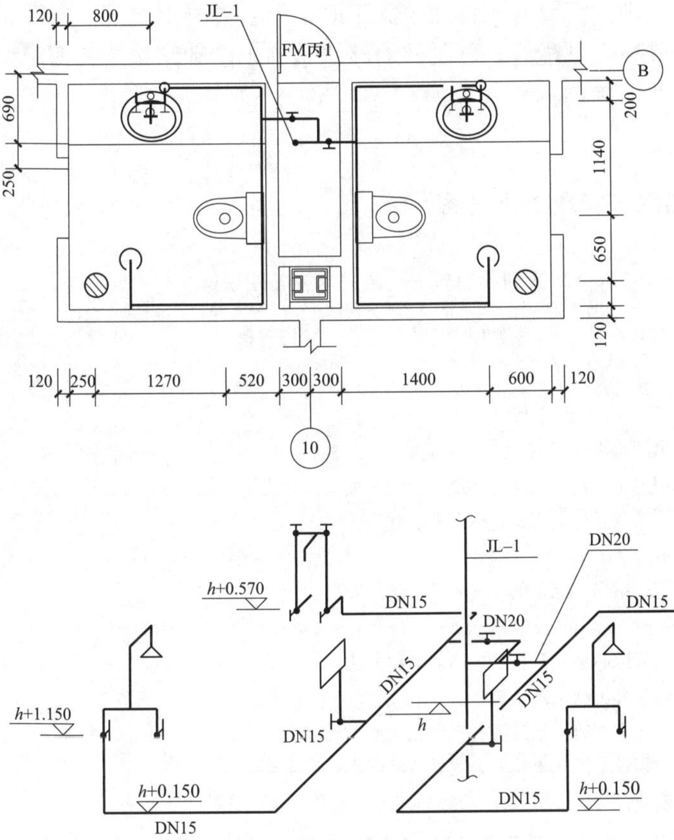

图 2-29　给排水施工图

（2）图 2-30（b）所示为__________，使用范围是____。

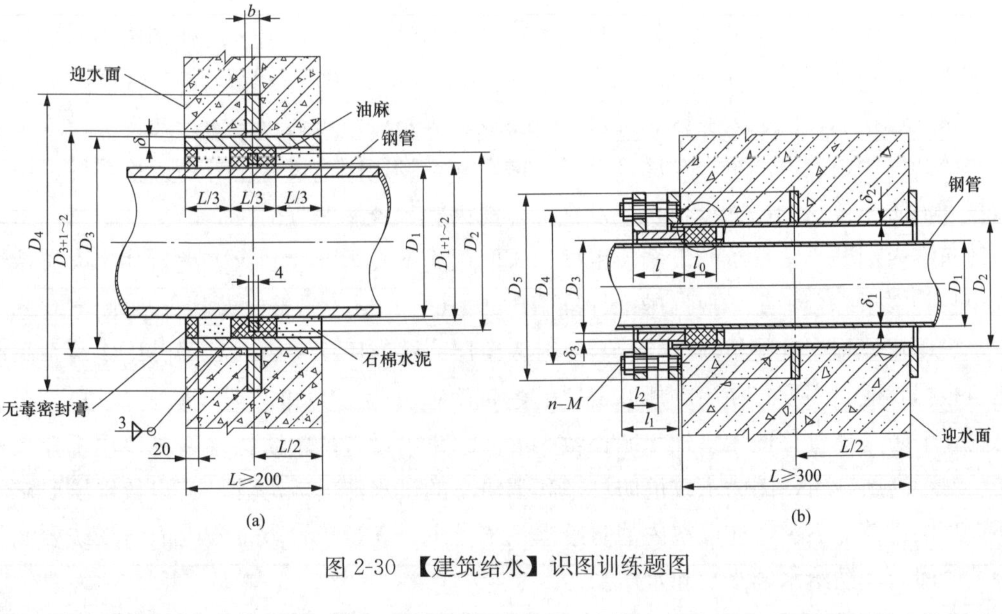

图 2-30　【建筑给水】识图训练题图

(3) 防水套管的预埋，需要在主体建筑施工时，结合混凝土浇筑一次性完成。所以，土建施工人员应与管道安装人员配合，仔细核对给排水施工图和结构施工图，根据建筑构造的类型和管道穿越的位置，确定预埋套管的_________、_________、_________和标高。A型刚性防水套管适用于_________管材。

五、熟读配套图纸，完成以下内容

实训项目单——给排水施工图识读

项目编号	CN1	项目名称	给水施工图识读实训	训练对象	土建类非建筑设备专业
课程名称	建筑设备工程				
实训目的	1. 识读卫生间给水施工图。 2. 了解常用卫生器具的类型、功能，以及平面尺寸、规格。 3. 掌握常用给水管材、附件，以及管道连接方法。 4. 了解管道安装要求。 5. 了解建筑、结构对卫生间器具布置、管道安装的配合要求				
完成任务	1. 统计给水管道的规格和数量，指明连接方法。 2. 统计卫生器具类型及规格数量。 3. 统计给水各类阀门、附件等材料规格及数量。 4. 找出图中管道施工与土建配合之处并补充详细说明。 5. 所有结果应分楼层分别统计，并编写 Excel 表格，供指导教师核查				

任务二 建筑消防给水系统

消防给水系统有市政消防给水系统、建筑（区域）室外消防给水系统、建筑室内消防给水系统，它们之间有着不同的作用，承担着不同的消防任务，同时又是互相协调，紧密协同工作的关系。市政消防给水系统和建筑（区域）室外消防给水系统以室外消火栓系统为代表，城镇（包括居住区、商业区、开发区、工业区等）应沿可通行消防车的街道设置市政消火栓系统。民用建筑、厂房、仓库、储罐（区）和堆场周围应设置室外消火栓系统。用于消防救援和消防车停靠的屋面上，也应设置室外消火栓系统。

建筑室内消防给水系统的设置应根据建筑的用途及其重要性、火灾危险性、火灾特性和环境条件等因素综合确定。根据国家标准 GB 50016—2014《建筑设计防火规范（2018 版）》规定，民用建筑根据其建筑高度和层数可分为单层、多层民用建筑和高层民用建筑。高层民用建筑根据其建筑高度、使用功能和楼层的建筑面积分为一类和二类（见表 2-14）。对低层建筑物，消防车能直接使用室外水源扑救火灾，故室内设置的消防给水系统仅用于扑灭初期火灾。对于高层建筑，因为市政消防设施和消防车的供水能力无法满足其水量水压要求。所以扑灭高层建筑的火灾，应以室内消防给水系统为主，立足于自救，室内消防系统要满足火灾持续时间内消防给水的水量和水压。

表 2-14　民用建筑的分类

名称	高层民用建筑及其裙房		单层、多层民用建筑
	一类	二类	
住宅建筑	建筑高度大于54m的住宅建筑（包括设置商业服务网点的住宅建筑）	建筑高度大于27m，但不大于54m的住宅建筑（包括设置商业服务网点的住宅建筑）	建筑高度不大于27m的住宅建筑（包括设置商业服务网点的住宅建筑）
公共建筑	(1) 建筑高度大于50m的公共建筑。 (2) 建筑高度24m以上部分任一楼层建筑面积大于1000m² 的商店、展览、电信、邮政、财贸金融建筑和其他多种功能组合的建筑。 (3) 医疗建筑、重要公共建筑、独立建造的老年人照料设施。 (4) 省级及以上的广播电视和防灾指挥调度建筑、网局级和省级电力调度建筑。 (5) 藏书超过100万册的图书馆、书库	除一类高层公共建筑外的其他高层公共建筑	(1) 建筑高度大于24m的单层公共建筑。 (2) 建筑高度不大于24m的公共建筑

注　1. 未列入的建筑，其类别应根据本表类比确定。
2. 除本规范另有规定外，宿舍、公寓等非住宅类居住建筑的防火要求，应符合本规范有关公共建筑的规定。
3. 除本规范另有规定外，裙房的防火要求应符合本规范有关高层建筑的规定。

一、建筑消火栓系统

（一）室内消火栓的设置场所

GB 50016—2014 规定：下列建筑或场所应设置室内消火栓系统。

(1) 建筑占地面积大于 $300m^2$ 的厂房和仓库。

(2) 高层公共建筑和建筑高度大于21m的住宅建筑。

注：建筑高度不大于27m的住宅建筑，设置室内消火栓系统确有困难时，可只设置干式消防竖管和不带消火栓箱的DN65的室内消火栓。

(3) 体积大于 $5000m^3$ 的车站、码头、机场的候车（船、机）建筑、展览建筑、商店建筑、旅馆建筑、医疗建筑、老年人照料设施和图书馆建筑等单层、多层建筑。

(4) 特等、甲等剧场，超过800个座位的其他等级的剧场和电影院等，以及超过1200个座位的礼堂、体育馆等单层、多层建筑。

(5) 建筑高度大于15m或体积大于 $10\ 000m^3$ 的办公建筑、教学建筑和其他单层、多层民用建筑。

GB 50016—2014 同时又规定：国家级文物保护单位的重点砖木或木结构的古建筑，宜设置室内消火栓系统。人员密集的公共建筑、建筑高度大于100m的建筑和建筑面积大于 $200m^2$ 的商业服务网点内应设置消防软管卷盘或轻便消防水龙。高层住宅建筑的户内宜配置轻便消防水龙。老年人照料设施内应设置与室内供水系统直接连接的消防软管卷盘，消防软管卷盘的设置间距不应大于30.0m。

（二）室内消火栓用水量

GB 50974—2014《消防给水及消火栓系统技术规范》规定了建筑物的室内、外消火栓用水量。建筑物室内消火栓设计流量不应小于表 2-15。建筑的消防用总量应按室内、外消防用水量之和计算。高层建筑内设有消火栓、自动喷水、水幕、泡沫等灭火系统时，其室内消防用水量应按需要同时打开灭火系统用水量之和计算。

表 2-15　　建筑物室内消火栓设计流量

建筑物名称			高度 h(m)、层数、体积 V(m³)、座位数 n、火灾危险性			消火栓设计流量（L/s）	同时使用消防水枪数（支）	每根竖管最小流量（L/s）
工业建筑	厂房		$h≤24$	甲、乙、丁、戊		10	2	10
				丙	$V≤5000$	10	2	10
					$V>5000$	20	4	10
			$24<h≤50$	乙、丁、戊		25	5	15
				丙		30	6	15
			$h>50$	乙、丁、戊		30	6	15
				丙		40	8	15
	仓库		$h≤24$	甲、乙、丁、戊		10	2	10
				丙	$V≤5000$	15	3	15
					$V>5000$	25	5	15
			$h>24$	丁、戊		30	6	15
				丙		40	8	15
民用建筑	单层及多层	科研楼、试验楼	$V≤10\ 000$			10	2	10
			$V>10\ 000$			15	3	10
		车站、码头、机场的候车（船、机）楼和展览建筑（包括博物馆）等	$5000<V≤25\ 000$			10	2	10
			$25\ 000<V≤50\ 000$			15	3	10
			$V>50\ 000$			20	4	15
		剧场、电影院、会堂、礼堂、体育馆等	$800<n≤1200$			10	2	10
			$1200<n≤5000$			15	3	10
			$5000<n≤10\ 000$			20	4	15
			$n>10\ 000$			30	6	15
		旅馆	$5000<V≤10\ 000$			10	2	10
			$10\ 000<V≤25\ 000$			15	3	10
			$V>25\ 000$			20	4	15
		商店、图书馆、档案馆等	$5000<V≤10\ 000$			15	3	10
			$10\ 000<V≤25\ 000$			25	5	15
			$V>25\ 000$			40	8	15
		病房楼、门诊楼等	$5000<V≤25\ 000$			10	2	10
			$V>25\ 000$			15	3	10
		办公楼、教学楼、公寓、宿舍等其他建筑	高度超过 15m 或 $V>10\ 000$			15	3	10
		住宅	$21<h≤27$			5	2	5

续表

建筑物名称			高度h(m)、层数、体积V(m^3)、座位数n、火灾危险性	消火栓设计流量(L/s)	同时使用消防水枪数（支）	每根竖管最小流量(L/s)
民用建筑	高层	住宅	$27<h\leqslant 54$	10	2	10
			$h>54$	20	4	10
		二类公共建筑	$h\leqslant 50$	20	4	10
			$h>50$	30	6	15
		一类公共建筑	$h\leqslant 50$	30	6	15
			$h>50$	40	8	15
国家级文物保护单位的重点砖木或木结构的古建筑			$V\leqslant 10\ 000$	20	4	10
			$V>10\ 000$	25	5	15
地下建筑			$V\leqslant 5000$	10	2	10
			$5000<V\leqslant 10\ 000$	20	4	15
			$25\ 000<V\leqslant 10\ 000$	30	6	15
			$V>25\ 000$	40	8	20
人防工程	展览厅、影院、剧场、礼堂、健身体育场所等		$V\leqslant 1000$	5	1	5
			$1000<V\leqslant 2500$	10	2	10
			$V>2500$	15	3	10
	商场、餐厅、旅馆、医院等		$V\leqslant 5000$	5	1	5
			$5000<V\leqslant 10\ 000$	10	2	10
			$5000<V\leqslant 125\ 000$	15	3	10
			$V>25\ 000$	20	4	10
	丙、丁、戊类生产车间、自行车库		$V\leqslant 2500$	5	1	5
			$V>2500$	10	2	10
	丙、丁、戊类物品库房、图书资料档案库		$V\leqslant 3000$	5	1	5
			$V>3000$	10	2	10

注　1. 丁、戊类高层厂房（仓库）室内消火栓的设计流量可按本表减少 10L/s，同时使用消防水枪数量可按本表减少 2 支；

2. 消防软管卷盘、轻便消防水龙及多层住宅楼梯间中的干式消防竖管，其消防给水设计流量可不计入室内消防给水设计流量；

3. 当一座多层建筑有多种使用功能时，室内消火栓设计流量应分别按本表中不同功能计算，且应取最大值。

（三）消火栓系统的组成

室内消火栓系统一般由水枪、水龙带、消火栓、消防管道、储水增压设备、稳压设施、消防水泵接合器等组成，如图 2-31 所示。其给水方式也同样有直接给水方式，设水泵、水箱给水方式，设水池、水泵、水箱给水方式等几种形式。

水枪、水龙带、消火栓安装在消火栓箱内，设置消防水泵的室内消火栓系统，消火栓箱内还设置直接启动消防水泵的按钮，图 2-32 所示为室内各类消火栓箱。

常用消防水枪的喷口直径有 13、16、19mm 三种，衬胶水龙带直径有 50、65mm 两种，

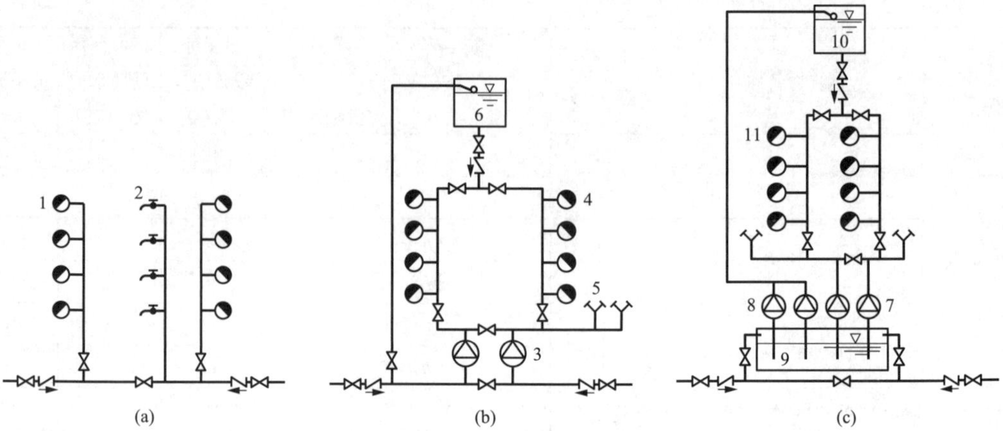

图 2-31 室内消火栓系统

(a) 直接给水方式；(b) 设水泵、水箱给水方式；(c) 设水池、水泵、水箱给水方式

1—消火栓；2—生活给水用水点；3—消防水泵；4—消火栓；5—水泵接合器；6—水箱；7—消防水泵；8—生活水泵；9—水池；10—水箱；11—消火栓

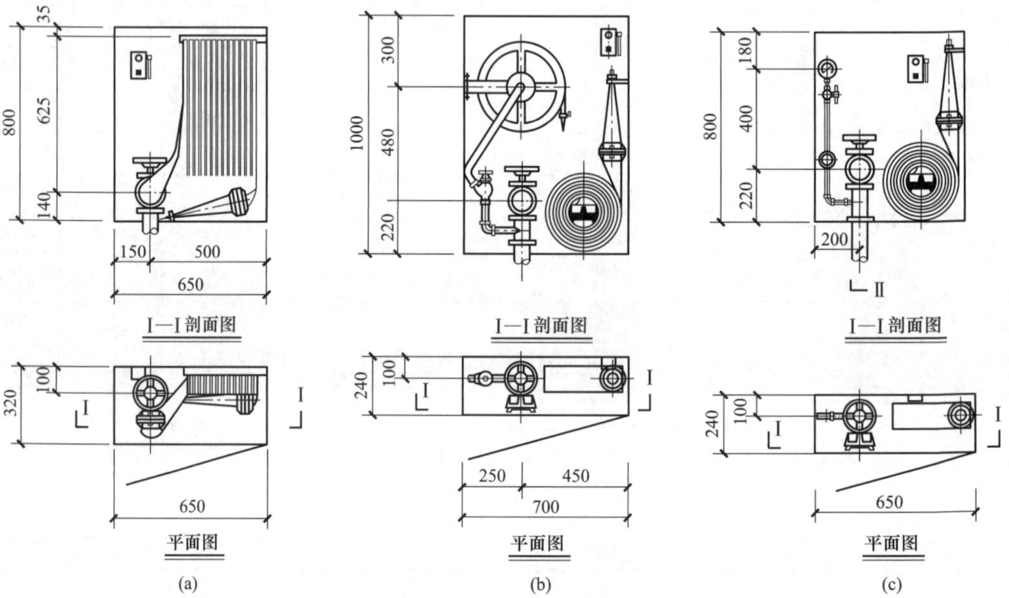

图 2-32 消火栓箱

(a) 单栓消火栓箱；(b) 单栓带自救式消防卷盘消火栓箱；(c) 屋顶试验用消火栓箱

长度有 15、20、25m 三种规格，消火栓直径有 SN50、SN65，类型有单出口、双阀双出口两种。

在高层建筑中为了便于非消防人员的自救，在消火栓箱内配备自救式消防卷盘，如图 2-32 所示，为消火栓箱内配置了消防卷盘。消防卷盘栓口直径为 25mm，胶带内径有 19、25mm，长度为 30m，配 6mm 水枪。

为了消防队员到达火场后能及时扑救火灾，减少火灾损失，超过四层的厂房、库房、高层工业建筑，高层民用建筑的消火栓给水系统和自动喷水灭火系统，均应将室内管网从底层引至室外，配备消防水泵接合器，供消防车向室内管网送水。消防水泵接合器的类型有地上式、地下式、墙面式三种，图 2-33 所示为地上式水泵接合器。

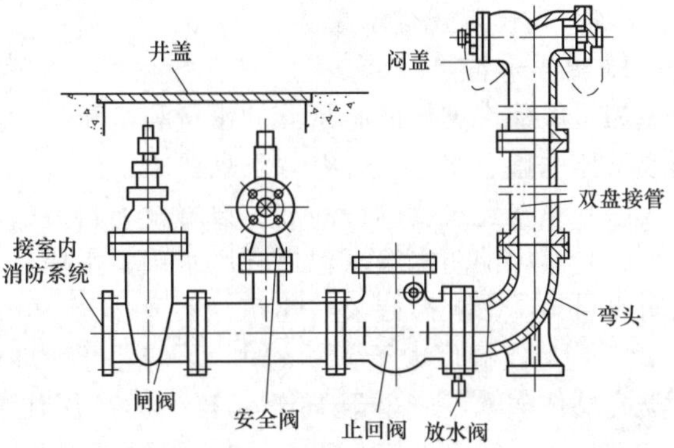

图 2-33　地上式水泵接合器

消防水泵接合器应设置在室外便于消防车使用的地点，距室外消火栓或消防水池的距离宜为 15～40m。

（四）室内消火栓的布置

室内消火栓设置在各层的走道、楼梯、消防电梯前室等明显易取的地点。设有室内消火栓的建筑，如为平屋顶时，在平屋顶上设置试验和检查用的消火栓。消火栓栓口离地面的高度为 1.1m。

消火栓的布置要考虑在任何情况下，当邻近一个消火栓受到火灾威胁不能使用时，另一个消火栓仍能保护任何部位。因此，要保证每一个防火分区同层有 2 支水枪的充实水柱同时到达任何部位（每个消火栓应按一支水枪计算）。建筑物高度小于或等于 24m，且体积小于或等于 5000m^3 的多层库房，可采用 1 支充实水柱到达室内任何部位。

水枪的充实水柱，是指由水枪喷嘴起到射流 90%水柱水量穿过 38cm 圆圈处的一段射流长度。规范规定水枪的充实水柱一般不小于 7m；甲、乙类厂房、超过六层的公共建筑，超过四层的厂房（库房），不应小于 10m；高层厂房（库房）、高架仓库和体积大于 25 000m^3 的商店、体育馆、影剧院、会堂、展览建筑、车站、码头、机场建筑等，不应小于 13m。

室内消火栓的布置间距应由计算确定，规范规定，高层厂房（库房）、高架仓库和甲、乙类厂房，高层建筑中，室内消火栓的间距不应超过 30m。其他单层和多层建筑、高层建筑裙房室内消火栓间距不应超过 50m。

消火栓的保护半径可按下式计算：

$$R = kl_d + l_s \tag{2-4}$$

式中　R——消火栓保护半径，m；

l_d——水龙带的长度，m；

k——水带弯曲折减系数，根据水带转弯数量取 0.8～0.9；

l_s——水枪射流上倾角按 45°计算时，充实水柱的水平投影长度。

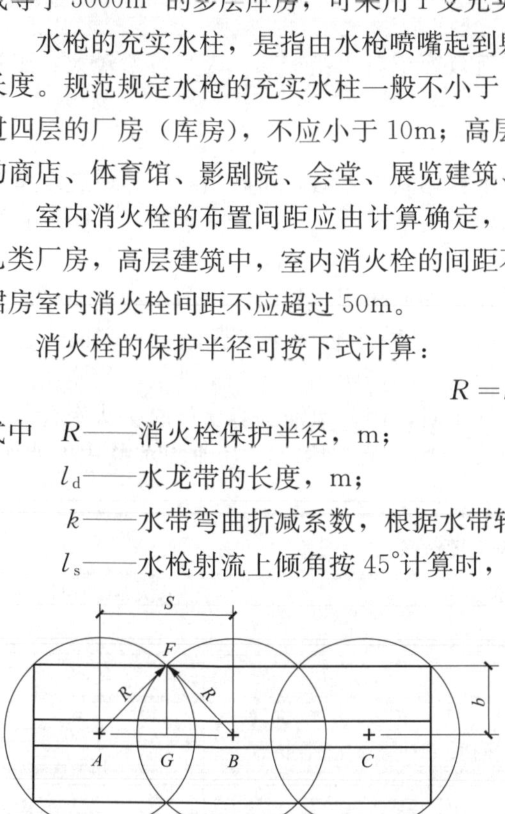

图 2-34　消火栓保护半径计算简图

同时使用水枪为 2 支时，消火栓的布置如图 2-34 所示，消火栓的间距可按下式计算：

$$S = \sqrt{R^2 - b^2} \tag{2-5}$$

式中　S——同层消火栓布置间距，m；

R——消火栓保护半径，m；

b——消火栓最大保护宽度，m。

（五）消防增压储水装置

1. 消防水箱

为了保证火灾初期有足够的水量和水压，设置临时高压的消防给水系统，要设置消防水箱或气压水罐、水塔，并符合下列要求：

（1）应在建筑物的最高部位设置重力自流的消防水箱。

（2）室内消防水箱（包括气压水罐、水塔、分区给水的分区水箱），应储存火灾初期的消防水量。①一类高层公共建筑，不应小于 $36m^3$，但当建筑高度大于 100m 时，不应小于 $50m^3$；当建筑高度大于 150m 时，不应小于 $100m^3$；②多层公共建筑、二类高层公共建筑和一类高层住宅，不应小于 $18m^3$；当一类高层住宅建筑高度超过 100m 时，不应小于 $36m^3$；③二类高层住宅，不应小于 $12m^3$；④建筑高度大于 21m 的多层住宅，不应小于 $6m^3$；⑤工业建筑室内消防给水设计流量当小于等于 25L/s，不应小于 $12m^3$；大于 25L/s 时，不应小于 $18m^3$；⑥总建筑面积大于 10 000m^2 且小于 30 000m^2 的商店建筑，不应小于 $36m^3$，总建筑面积大于 30 000m^2 的商店，不应小于 $50m^3$，当与第①条不一致时应取大值。

（3）高位消防水箱的设置高度应保证最不利点消火栓静水压力。当建筑物高度不超过 100m 时，一类高层公共建筑最不利点静水压力不应低于 0.10MPa；当建筑物高度超过 100m 时，高层建筑最不利点消火栓静水压力不应低于 0.15MPa；高层住宅、二类高层公共建筑、多层公共建筑，不应低于 0.07MPa，多层住宅不宜低于 0.07MPa；工业建筑不应低于 0.10MPa，当建筑体积小于 20 000m^3 时，不宜低于 0.07MPa；自动喷水灭火系统等自动水灭火系统应根据喷头灭火需求压力确定，但最小不应小于 0.10MPa 当高位消防水箱不能满足上述静压要求时，应设增压、稳压措施。

（4）当用气压水罐代替消防水箱时，水罐的有效容积与水箱相同，因其容量较大，工程中很少应用。

2. 消防水池

（1）消防水池的设置条件。当生产、生活用水量达到最大时，市政给水管道、进水管或天然水源不能满足室内外消防用水量；市政给水管道为枝状或只有一条进水管（二类居住建筑除外），且消防用水量之和超过 25L/s。

（2）消防水池的容积。当室外给水管网能保证室外消防用水量时，消防水池的有效容积应满足在火灾延续时间内室内消防用水量要求；当室外给水管网不能保证室外消防用水量时，消防水池的有效容积应能满足在火灾延续时间内室内消防用水量和室外消防用水量不足部分之和的要求，在火灾发生情况下能保证连续补水时，消防水池的容量可减去火灾延续时间内补充的水量。各类建筑物的火灾延续时间见表 2-16。消防用水与其他用水共用的水池，要有确保消防用水量不被作他用的技术措施。

表 2-16 不同建筑的火灾延续时间

建筑	场所与火灾危险性	火灾延续时间（h）
消火栓系统	居住区、工厂、戊类仓库	2.00
	甲、乙、丙类物品仓库	3.00
	高层建筑中的商业楼、展览馆、综合楼、建筑高度大于 50m 的财贸金融楼、图书馆、书库、重要的档案楼、科研楼和高级旅馆等	3.00
	其他公共建筑	2.00
自动喷水灭火系统		根据不同系统定

（3）消防水池的设置要求。对于低层和多层建筑消防水池的容积如超过 500m^3 时，应分成两个；对于高层建筑消防水池的容积如超过 500m^3 时，应分成两个能独立使用的消防水池。

消防水池的补水时间不宜超过 48h，缺水地区或独立的石油库可延长到 96h。

供消防车取水的消防水池，保护半径不应大于 150m；供消防车取水的消防水池应设取水口，其取水口与建筑物的距离宜按规范执行；供消防车取水的消防水池应能保证消防车的吸水高度不超过 6m。

3. 稳压装置

当高位消防水箱不能满足最不利点消火栓最低静水压力要求时，考虑设置稳压装置。

消防系统的稳压装置是维持系统一定压力，能够自动检测运行的装置。该装置的作用是在火灾初起时，消防水泵启动前，满足消火栓系统和自喷系统的水压要求，使消防给水管道系统最不利点始终保持消防所需的压力，如图 2-35 所示。常用的稳压装置一般有隔膜式气压罐加稳压水泵、单设稳压水泵两种类型。

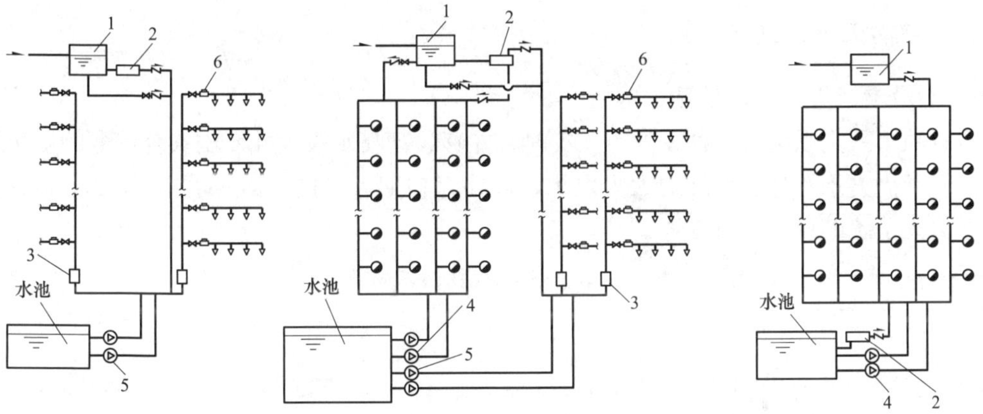

图 2-35　设增压稳压设备的消防系统

1—消防水箱；2—增压稳压设备；3—湿式报警阀；4—消火栓系统消防泵；5—自动喷水系统消防泵；6—水流指示器

（1）稳压水泵加气压水罐的增压稳压装置。由隔膜式气压罐、水泵、电控箱、仪表、管道附件等组成。平时管道系统如有少量渗漏等泄压情况，气压罐内的水在空气压力的作用下自动补水，气压罐水位处于低水位时，稳压水泵启动充水稳压。一旦发生火灾，消火栓或喷头启动管道系统大量缺水系统压力下降，发出报警信号，立即启动消防水泵，稳压泵停止，直至消防水泵停止运转，手动恢复稳压设施的控制功能，如图 2-36 所示。该装置具备两项功能：①使消防给水管道系统最不利点始终保持消防所需压力；②使气压水罐内始终储有 30s 消防水量，且隔膜式气压罐的容积不小于 450m^3。

（2）单设稳压水泵的稳压装置。稳压泵的布置如图 2-37 所示。稳压泵的开启与关闭由装在消防水泵出水管上的压力开关自动控制，当压力下降低于消防管网工作压力 0.07MPa 时，稳压水泵开启。当恢复至工作压力时，稳压泵关闭。当压力下降至低于消防管网工作压力 0.10MPa 时，消防水泵开启，稳压水泵停止工作。该装置简单，但稳压水泵运行频繁，设备的使用寿命不如稳压水泵加气压水罐的增压稳压装置。

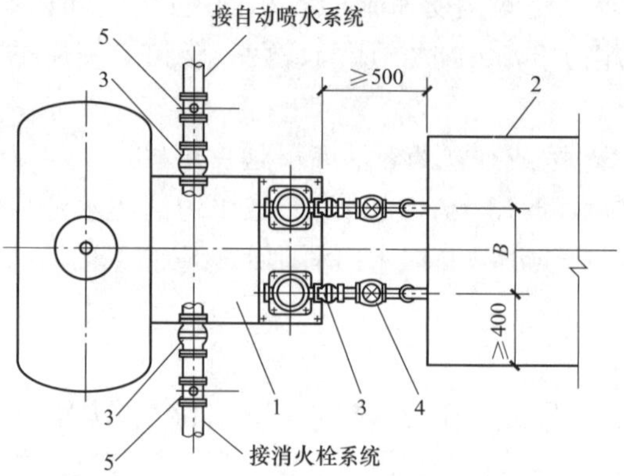

图 2-36 稳压水泵加气压水罐的设备

1—立式增压稳压设备；2—高位水箱或水池；3—可曲挠橡胶接头；4—截止阀；5—碟阀

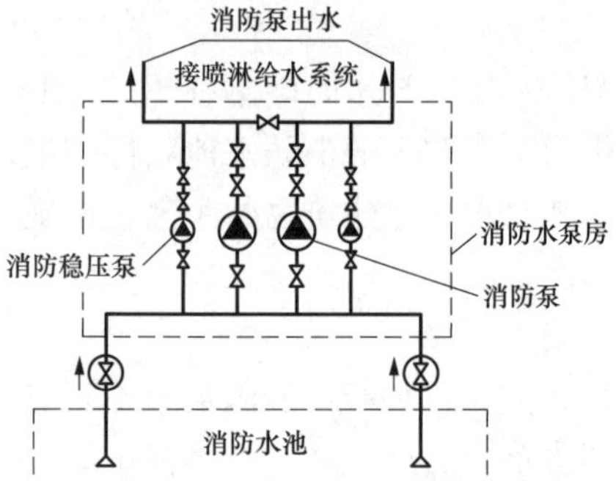

图 2-37 消防稳压泵布置示意图

二、自动灭火系统

（一）自动灭火系统的设置场所

自动喷水灭火系统是一种在发生火灾时，能够自动喷水灭火并发出火警信号的消防灭火设施。自动灭火系统具有良好的灭火效果，对扑灭初期火灾的有效率在97%以上。各类自动喷水灭火系统的设置场所见表2-17。

表 2-17 自动喷水灭火系统的设置场所

类型	设置场所
自动喷水灭火系统	（1）不小于50 000纱锭的棉纺厂的开包、清花车间；不小于5000锭的麻纺厂的分级、梳麻车间；火柴厂的烤梗、筛选部位；泡沫塑料厂的预发、成型、切片、压花部位；占地面积大于1500m^{2}的木器厂房；占地面积大于1500m^{2}或总建筑面积大于3000m^{2}的单层、多层制鞋、制衣、玩具及电子等厂房；高层乙、丙类厂房；飞机发动机试验台的准备部位；建筑面积大于500m^{2}的丙类地下或半地下厂房
	（2）每座占地面积大于1000m^{2}的棉、毛、丝、麻、化纤、毛皮及其制品的仓库；每座占地面积大于600m^{2}的火柴仓库；邮政楼中建筑面积大于500m^{2}的空邮袋库；总建筑面积大于500m^{2}的可燃物品地下仓库；可燃、难燃物品的高架仓库和高层仓库；设计温度高于0℃的高架冷库和高层仓库；每座占地面积大于1500m^{2}或总建筑面积大于3000m^{2}的其他单层或多层丙类物品仓库。 注：单层占地面积不大于2000m^{2}的棉花库房，可不设置自动喷水灭火系统
	（3）特等、甲等或超过1500个座位的其他等级的剧院；超过2000个座位的会堂或礼堂；超过3000个座位的体育馆；超过5000人的体育场的室内人员休息室与器材间等
	（4）任一楼层建筑面积大于1500m^{2}或总建筑面积大于3000m^{2}的展览、商店、餐饮和旅馆建筑，以及医院中同样建筑规模的病房楼、门诊楼、手术部；建筑面积大于500m^{2}的地下或半地下商店
	（5）设置有送回风道（管）的集中空气调节系统且总建筑面积大于3000m^{2}的办公建筑等
	（6）设置在地下、半地下或地上四层及四层以上或设置在建筑的首层、二层和三层且任一层建筑面积大于300m^{2}的地上歌舞娱乐放映游艺场所（游泳场所除外）
	（7）藏书量超过50万册的图书馆

续表

类型	设置场所
水幕系统	(1) 特等、甲等或超过1500个座位的其他等级的剧院和超过2000个座位的会堂或礼堂的舞台口，以及与舞台相连的侧台、后台的门窗洞口
	(2) 应设防火墙等防火分隔物而无法设置的局部开口部位
	(3) 需要冷却保护的防火卷帘或防火幕的上部
水喷雾灭火系统	(1) 单台容量在40MVA及以上的厂矿企业油浸电力变压器、单台容量在90MVA及以上的油浸电厂电力变压器，或单台容量在125MVA及以上的独立变电站油浸电力变压器
	(2) 飞机发动机试验台的试车部位
雨淋式灭火系统	(1) 火柴厂的氯酸钾压碾厂房；建筑面积大于100m²生产、使用硝化棉、喷漆棉、火胶棉、赛璐珞胶片、硝化纤维的厂房
	(2) 建筑面积超过60m²或储存量超过2t的硝化棉、喷漆棉、火胶棉、赛璐珞胶片、硝化纤维的仓库
	(3) 日装瓶数量超过3000的液化石油气储配站的灌瓶间、实瓶库
	(4) 特等、甲等或超过1500个座位的其他等级的剧院和超过2000个座位的会堂或礼堂的舞台的葡萄架下部
	(5) 建筑面积大于等于400m²的演播室，建筑面积大于等于500m²的电影摄影棚
	(6) 乒乓球厂的轧坯、切片、磨球、分球检验部位

根据本规范要求难以设置自动喷水灭火系统的展览厅、观众厅等人员密集的场所和丙类生产车间、库房等高大空间场所，应设置其他自动灭火系统，并宜采用固定消防炮等灭火系统。

（二）自动喷水灭火系统的分类与组成

1. 分类

图2-38为自动喷水灭火系统常见的分类。自动喷水系统从喷头的开启形式可分为闭式自动喷水系统和开式自动喷水系统；从报警阀的形式可分为湿式系统、干式系统、预作用系统、雨淋系统等；从对保护对象的功能可分为暴露防护型（水幕或冷却）和控灭火型。暴露防护，是利用向暴露在火灾中的建筑或设备直接喷射水或水雾来实现驱除或减少火焰传递的热量。

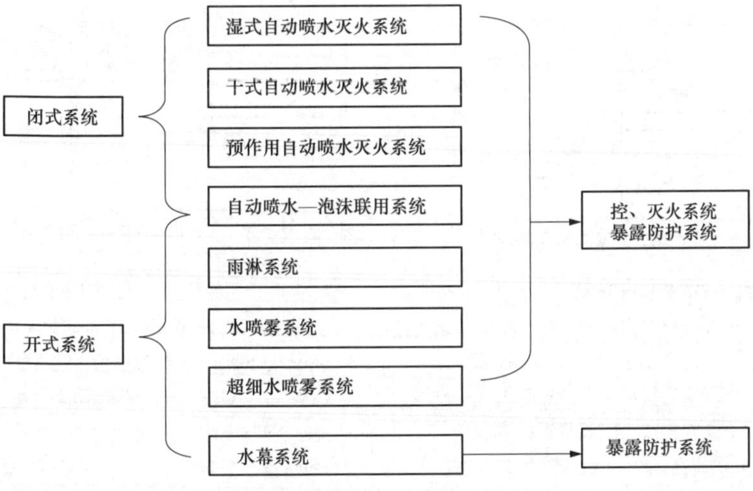

图2-38　自动喷水灭火系统的分类

2. 组成与工作原理

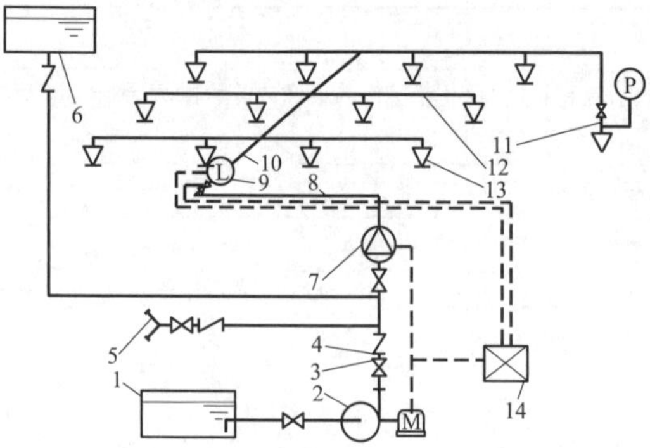

图 2-39 湿式系统

1—水池；2—水泵；3—止回阀；4—闸阀；
5—水泵接合器；6—消防水箱；7—湿式报警阀组；
8—配水干管；9—水流指示器；10—配水管；
11、12—配水支管；13—闭式洒水喷头；14—报警控制器；
P—压力表；M—驱动电机；L—水流指示器

（1）湿式自动喷水灭火系统。湿式自动喷水灭火系统的组成如图 2-39 所示。准工作状态时，管道内充满压水。火灾时，建筑物内温度上升，当室温升高到足以打开闭式喷头上的闭锁装置时，喷头即自动喷水灭火，同时报警阀门通过水力警铃和流水指示器发出报警信号、压力开关启动相应给水管路上阀门或消防水泵组。适用于常年温度不低于 4℃且不高于 70℃的建筑物和场所。

（2）干式自动喷水灭火系统。干式自动喷水灭火系统的组成如图 2-40 所示。准工作状态时，报警阀上部配水管道内充满用于启动系统的有压气体，报警阀下部充满压力水。火灾时，闭式喷头的闭锁装置熔化脱落，管网排气充水灭火。适用于室温低于 4℃或高于 70℃的建筑物和场所。

（3）预作用喷水灭火系统。预作用喷水灭火系统的组成如图 2-41 所示。准工作状态时，配水管道内不充水，而充以有压或无压的气体。火灾时，由感烟（或感温、感光）火灾探测器报警，同时发出信息开启报警信号，报警信号延迟 30s 证实无误后，自动启动预作用阀门而向喷水管网中自动充水，转为湿式系统。当火灾温度继续升高，闭式喷头的闭锁装置脱落，喷头即自动喷水灭火。适用于室温低于 4℃或高于 70℃或不允许有水渍损失的建筑物。

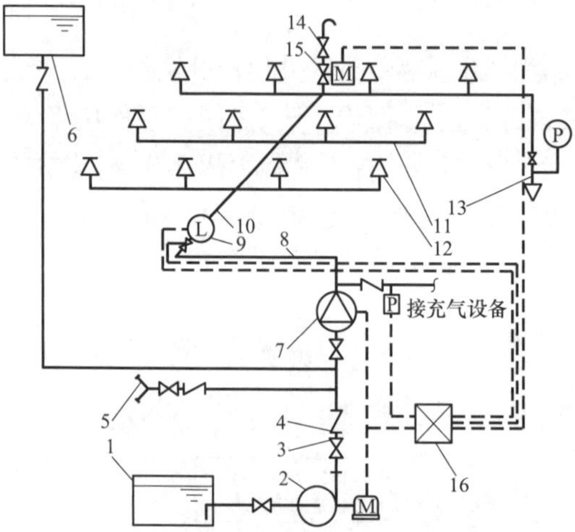

图 2-40 干式系统

1—水池；2—水泵；3—止回阀；4—闸阀；
5—水泵接合器；6—消防水箱；7—干式报警阀组；
8—配水干管；9—水流指示器；10—配水管；
11—配水支管；12—闭式喷头；
13—末端试水装置；14—快速排气阀；
15—电动阀；16—感温报警控制器

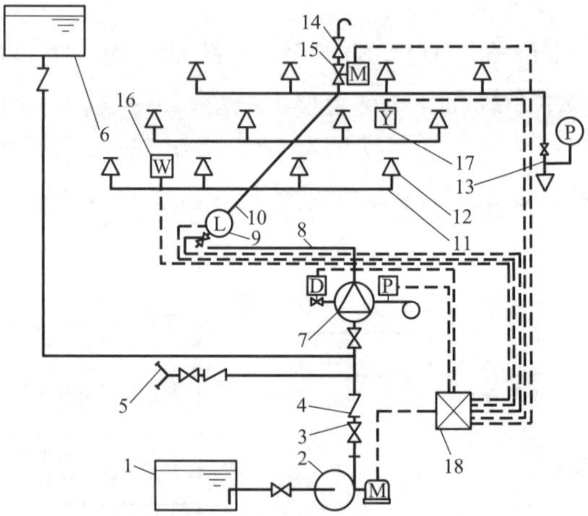

图 2-41 预作用系统

1—水池；2—水泵；3—止回阀；4—闸阀；
5—水泵接合器；6—消防水箱；7—预作用报警阀组；
8—配水干管；9—水流指示器；10—配水管；
11—配水支管；12—闭式洒水喷头；13—末端试水装置；
14—快速排气阀；15—电动阀；16—感温探测器；
17—感烟探测器；18—报警控制器

（4）重复启闭预作用喷水灭火系统。重复启闭预作用系统能在扑灭火灾后自动关阀，复燃时再次开阀喷水的预作用系统。

（5）雨淋系统。雨淋系统的组成如图2-42、图2-43所示。准工作状态时，配水管道内无水。火灾时，自动报警系统或传动管控制，自动开启雨淋阀和启动供水泵后、通过管网向开式洒水喷头供水灭火。适用于火灾发生时燃烧猛烈、蔓延迅速闭式喷头开放不能及时使喷水有效覆盖着火区域的某些严重危险建筑物或场所，如舞台和葡萄架等。

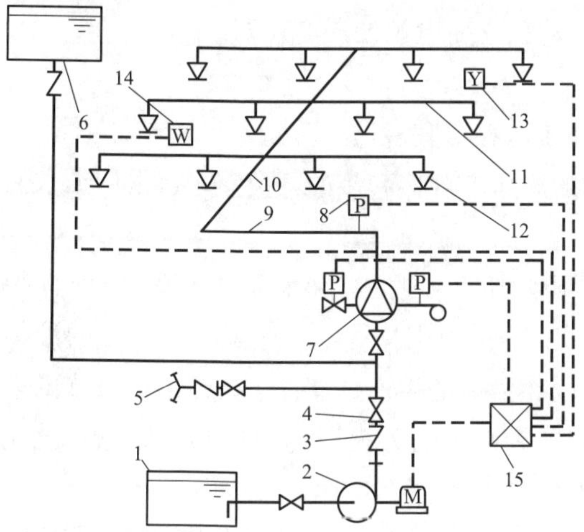

图2-42　电启动雨淋系统

1—水池；2—水泵；3—止回阀；4—闸阀；5—水泵接合器；6—消防水箱；7—雨淋报警阀组；8—压力开关；9—配水干管；10—配水管；11—配水支管；12—开式洒水喷头；13—感烟探测器；14—感温探测器；15—报警控制器

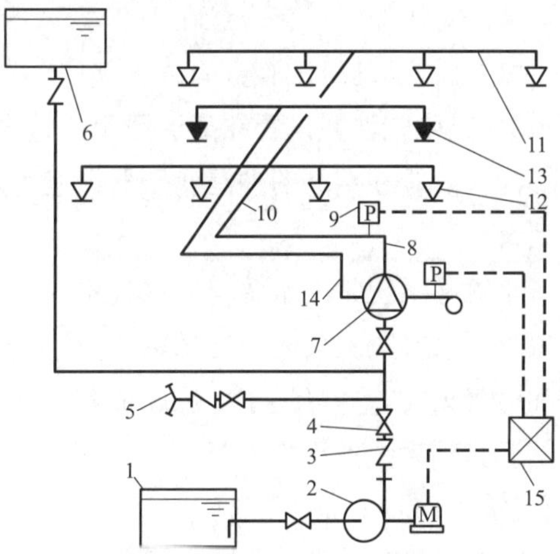

图2-43　充液（水）传动管启动雨淋系统

1—水池；2—水泵；3—止回阀；4—闸阀；5—水泵接合器；6—消防水箱；7—雨淋报警阀组；8—配水干管；9—压力开关；10—配水管；11—配水支管；12—开式洒水喷头；13—闭式喷头；14—传动管；15—报警控制器

雨淋系统与湿式、干式和预作用自动喷水灭火系统最大的区别是采用开式喷头，系统一旦动作，保护面积内将全部喷水。后者因为喷头开放速度明显慢于火灾燃烧速度，而对火势发展迅猛、蔓延迅速的火灾无效。

（6）水幕系统。下列部位宜设置水幕系统：

1）特等、甲等剧场、超过1500个座位的其他等级的剧场、超过2000个座位的会堂或礼堂和高层民用建筑内超过800个座位的剧场或礼堂的舞台口及上述场所内与舞台相连的侧台、后台的洞口。

2）应设置防火墙等防火分隔物而无法设置的局部开口部位。

3）需要防护冷却的防火卷帘或防火幕的上部。

注：舞台口也可采用防火幕进行分隔，侧台、后台的较小洞口宜设置乙级防火门、窗。

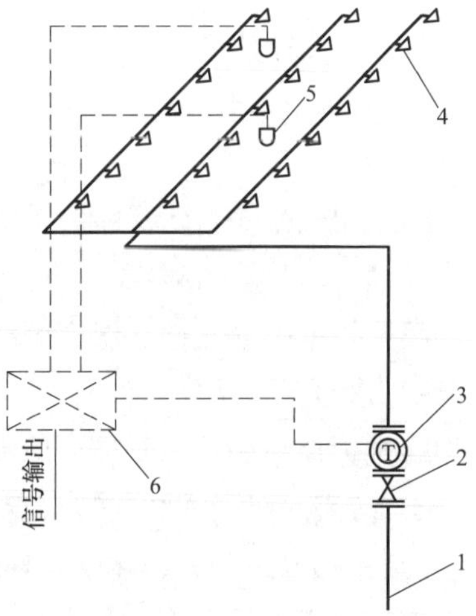

图2-44　水幕系统

1—供水管；2—闸阀；3—控制阀；4—水幕喷头；5—火灾探测器；6—火灾报警控制箱

水幕系统的组成如图2-44所示。火灾时，利用感温雨淋阀或人工操作的通用阀组控制开式洒水喷头或水幕喷头喷水。用于挡烟阻火的称为防火分隔水幕。用于冷却分隔物的称为防护冷却水幕，直接将水喷向被保护对象。水幕一般安装在舞台口、防火卷帘，以及需要设水幕保护的门、窗、孔、洞。水幕系统还有另一种类型，即利用湿式系统，在工程实践中以加密喷头的形式出现。

（7）水喷雾系统。下列场所应设置自动灭火系统，并宜采用水喷雾灭火系统：

1）单台容量在40MVA及以上的厂矿企业油浸变压器，单台容量在90MVA及以上的电厂油浸变压器，单台容量在125MVA及以上的独立变电站油浸变压器。

2）飞机发动机试验台的试车部位。

3）充可燃油并设置在高层民用建筑内的高压电容器和多油开关室。

注：设置在室内的油浸变压器、充可燃油的高压电容器和多油开关室，可采用细水雾灭火系统。

水喷雾系统是由水源、供水设备、管道、雨淋阀组、过滤器和水雾喷头等组成，向保护对象喷射水雾灭火或防护冷却的灭火系统。适用于扑救固体火灾，闪点高于60℃的液体火灾和电气火灾，并可用于可燃气体和甲、乙、丙类液体的生产、储存装置或装卸设施的防护冷却。自动系统的灭火原理是冷却降温，而水喷雾系统的灭火原理是冷却、窒息、乳化和稀释。

冷却，是指同体积的水以水雾滴形态喷出比直射流形态喷时表面积大几百倍，当水雾滴喷射到燃烧表面，因为换热面积大而吸收大量的热迅速汽化，使燃烧表面迅速降温。

窒息，是指水雾滴受热汽化后形成原体积1680倍的水蒸气，使燃烧物周围空气含氧量降低，燃烧因缺氧而受抑或中断。

乳化，是指水雾滴喷射到燃烧液体表面时，水雾滴在液体表面的冲击搅拌，使不溶于水的液体表层乳化，由于乳化层的不燃性，造成燃烧中断。

稀释，是指水雾滴稀释了水溶性液体，使液体的燃烧速度降低而较易扑灭火灾。

（三）主要组件

1. 喷头

（1）闭式喷头。闭式喷头是闭式自动喷水灭火系统的关键组件，系通过热敏释放机构的动作而喷水。喷头由喷水口、温感释放器和溅水盘组成。

喷头根据感温元件、温度等级、溅水盘形式等进行分类。

1）按感温元件分。目前，我国生产的有两种感温元件作为闭式喷头的闭锁装置：一是易熔合金锁片喷头；二是玻璃球喷头，常用闭式喷头类型及适用场所见表2-18。

2）按溅水盘形式分。溅水盘形式有直立型、下垂型、边墙型、吊顶型等。

3）按感温级别分。在不同环境温度场所内设置喷头时，喷头公称动作温度应比环境最高温度高30℃左右。如玻璃球喷头的公称动作温度有57、68、79、93、141℃等几个级别。

4）按喷头的热敏性能分。有标准响应喷头和快速响应喷头，前者对火反应有热滞后现象，后者对火反应敏感，开启速度快。

（2）开式喷头不是热敏元件的喷头，分为开式洒水喷头、水幕喷头、水雾喷头等。

表 2-18　常用闭式喷头类型及适用场所

系列	喷头类别	安装方式	适用场所
玻璃球式喷头	直立型	喷头安装在配水管上方	设置场所无吊顶、水管沿梁下布置，上、下方均需保护的场所
	下垂型	喷头安装在配水管下方	设置场所有吊顶、水管在吊顶内布置，吊顶下方均需保护的场所
	吊顶型	喷头朝下隐蔽安装在吊顶内	设置场所有吊顶，水管在吊顶内布置，吊顶下方均需保护、美观要求较高的建筑
	上、下通用型	喷头安装在配水管上、下方	设置场所无吊顶，上、下方均需保护的场所
易熔合金锁片喷头	直立型	喷头安装在配水管上方	设置场所无吊顶、水管沿梁下布置，上、下方均需保护的场所
	下垂型	喷头安装在配水管下方	设置场所有吊顶、水管在吊顶内布置，吊顶下方均需保护的场所
	干式下垂型	喷头安装在配水管下方	适用于干式或预作用式系统
	边墙型	垂直式喷头安装在配水管上方，水平式水平安装	安装空间狭小，或层高小的走廊、房间

2. 报警阀

火灾发生时，随着闭式喷头的开启喷水，报警阀也自动打开发出水流信号报警，其报警装置有水力警铃和电动报警器两种。前者用水力推动打响警铃，后者用水压启动压力继电器或水流指示器发出报警信号。

(1) 湿式报警阀。接通或关断报警水流，喷头动作后，报警水流驱动水力警铃和压力开关报警；防止水倒流。适用于湿式自动喷水灭火系统立管上安装。如图 2-45 所示，平时准工作状态时，阀瓣上下充满水，水压强近似相等。闭式喷头灭火时，阀瓣上面压力下降，下部水压开启阀瓣，供水管路向配水干管和动作喷头供水，同时水流向信号设施，水力警铃报警。

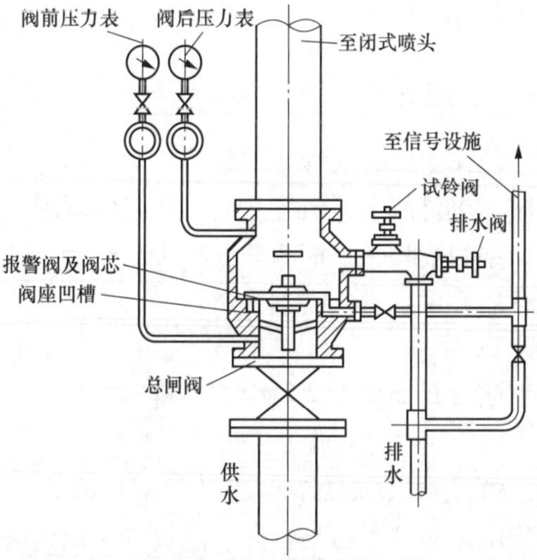

图 2-45　湿式报警阀

（2）干式报警阀。接通或关断报警水流，喷头动作后报警水流驱动水力警铃和压力开关报警；防止水倒流。适用于干式自动喷水灭火系统立管上安装。如图 2-46 所示，平时准工作状态时，阀瓣上面配水管内的总空气压力大于阀瓣下面供水水压，报警阀处于关闭位置。火灾发生，闭式喷头打开，空气泄出，管道内空气压力下降至低于供水压力时，阀瓣打开，下部的水向配水干管和动作喷头供水，同时水流向信号设施，启动压力开关和水力警铃报警。

（3）雨淋报警阀也称为雨淋阀，在雨淋、水喷雾、水幕等开式系统中用于接通或关断向配水管道的供水。常见的隔膜式雨淋阀如图 2-47 所示，阀瓣上方为自由空气，阀瓣用锁定机构扣住，锁定机构的动力由供水压力提供。火灾时，启动装置使锁定机构上作用的供水压力迅速降低，从而使阀瓣脱扣、开启，供水进入喷淋管道。雨淋阀的启动方式有充液（水）传动管启动（带闭式喷头的传动控制系统。发生火灾时，室内温度上升，闭式喷头打开放水，传动管网内水压骤降，雨淋阀自动打开，所有开式喷头自动喷水灭火）、电启动（带火灾探测器的电动工作系统）和气压式启动等，如图 2-48 所示。雨淋阀具有手动和自动两种操作方式。

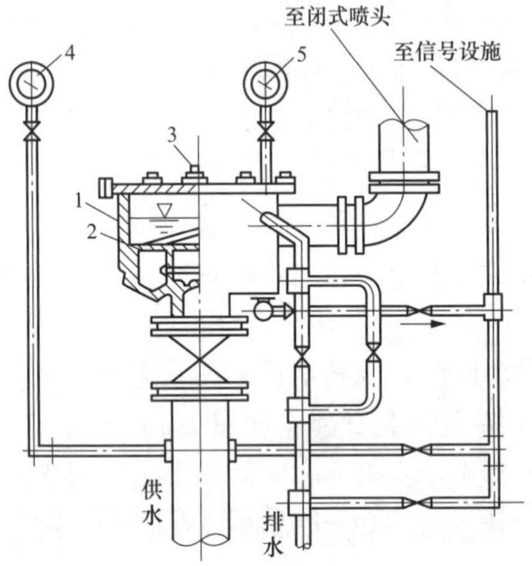

图 2-46 干式报警阀

1—阀体；2—差动双盘阀板；3—充气塞；
4—阀前压力表；5—阀后压力表

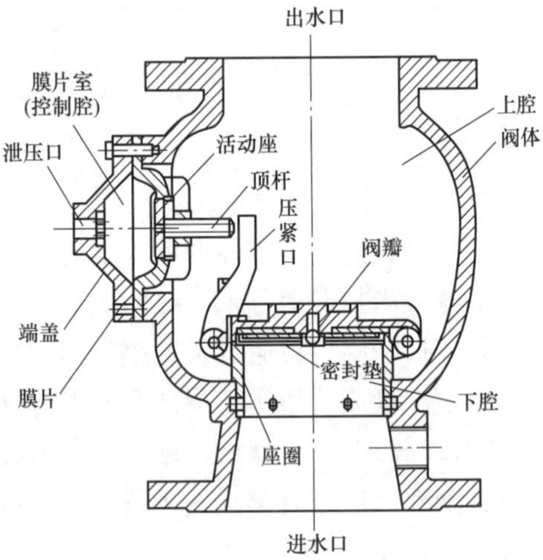

图 2-47 隔膜式雨淋阀

（4）预作用阀。适用于预作用系统立管上安装。

一般主要由雨淋阀和湿式报警阀上下串接而成，其工作原理与雨淋阀相似。平时靠供水压力为锁定机构提供动力，把阀瓣扣住。探测器火喷头动作后，锁定结构上作用的供水压力迅速降低，使阀瓣脱扣、开启，供水进入喷淋管道。

3. 水流指示器

水流指示器一般安装在闭式自动喷水系统中，是将水流信号转换成电信号，准确指示火灾发生部位的装置。

根据 GB 50084—2017《自动喷水灭火系统设计规范》第 6.3.1 条规定，除一个报警阀仅控制一个防火分区或一层的喷头外，每个每层、防火分区均要求设置水流指示器。水流指示器常见的类型有叶片（浆片）式，如图 2-49 所示。火灾时，喷头喷水，管道内水流动，

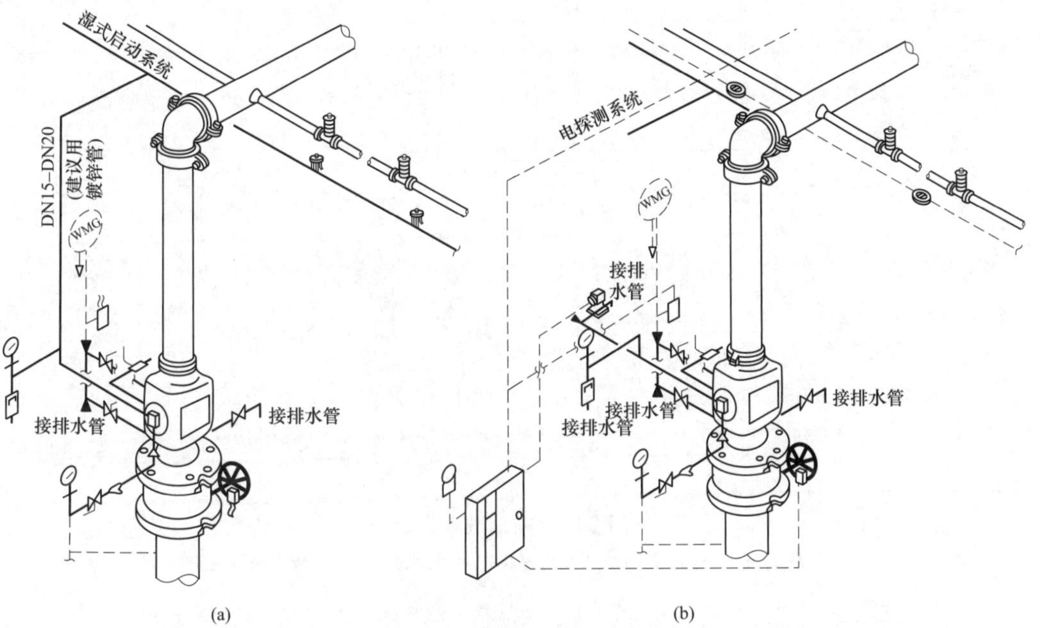

图 2-48　雨淋阀启动方式

(a) 充液（水）传动管启动雨淋阀；(b) 电启动雨淋阀

冲击浆片向水流方向偏移倾斜，动作杆挤压小型开关，电触点闭合，给出电接点信号。当水流停止，浆片和动作杆复位，小型开关触点断开，电接点信号消除。

4. 压力开关

雨淋系统和水幕系统采用开式喷头，平时报警阀后管路中没有水，系统启动后的管道充水阶段，管内的水流速度较快，容易损坏水流指示器，故常用压力开关。因此，压力开关在开式自动喷水系统中的作用与水流指示器相同，如图 2-42、图 2-43 所示。另外，压力开关还能根据最不利喷头的工作压力，调节消防系统中稳压泵的启停压力。

5. 末端试水装置

为了检测系统的可靠性和干式、预作用系统的充水时间，每个报警阀组控制的管网最不利点都要安装末端试水装置。末端试水装置的组成，如图 2-50 所示。末端试水装置的作用是测试系统能否在开放一只喷头的最不利条件下可靠报警并正常启动。

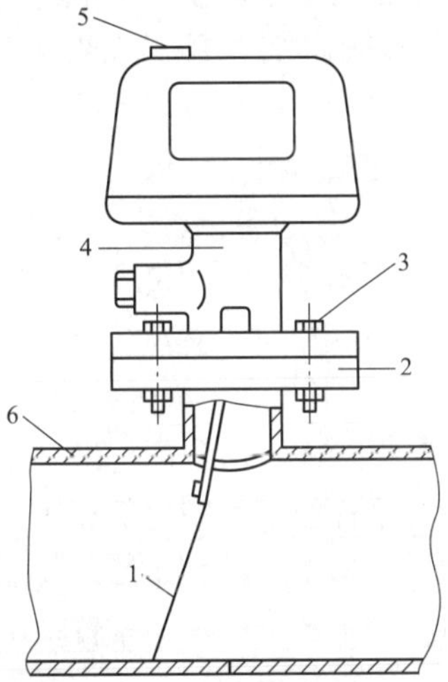

图 2-49　水流指示器

1—浆片；2—法兰底座；3—螺栓；4—本体；5—接线孔；6—喷水管道

自动喷水灭火系统、水喷雾灭火系统、泡沫灭火系统和固定消防炮灭火系统等，均应设置消防水泵接合器。下列建筑的室内消火栓给水系统也应设置消防水泵接合器：①高层民用建筑；②设有消防给水的住宅、超过五层的其他多层民用建筑；③超过 2 层或建筑面积大于 10 000m^2 的地下或半地下建筑（室）、室内消火栓流量大于 10L/s 平战结合的人防工程；④城市隧道工程。

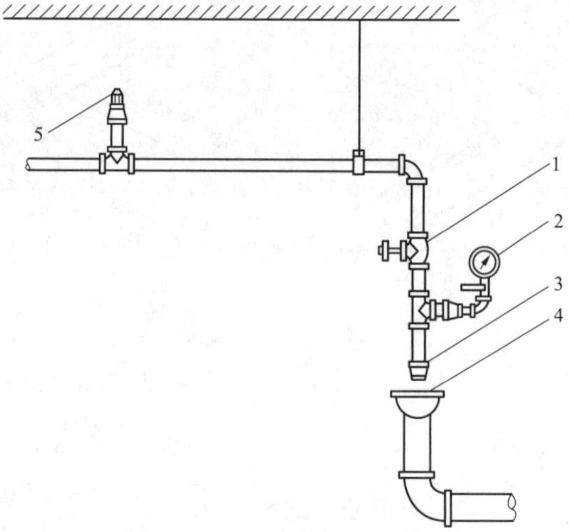

图 2-50 末端试水装置

1—截止阀；2—压力表；3—试水接头；4—排水漏斗；5—最不利处喷头

三、消防给水施工图识读（阅读图 2-51～图 2-57）

1. 消防给水施工图的组成与内容

消防给水施工图一般由平面图、系统图及详图三个主要部分组成，此外还包括常规的图纸目录、设计与施工说明（消防专篇）、主要设备材料表。

（1）消火栓和自动喷水系统平面图。平面图主要表明消防设施的平面位置，管线进出和平面连接情况，一般包括：

1）房间名称、立管位置及编号、消防设施（消火栓、消防箱、自动喷水设施等）安装位置、类型、定位尺寸及安装方式。

2）引入管的位置，供水总管的走向、位置及采用的标准图号（或详图号）。

3）干、立、支管的位置、走向、管径。

平面图一般包括标准层平面图、顶层平面图、底层平面图。

平面图常用的比例有 1∶100、1∶150 等。

（2）系统图。系统图一般采用正轴测图绘制，有时也有用展开图的方式来表达，是表示消防给水系统的空间布置情况、消防设施与管道空间连接形式，设备、管道附件等空间关系的立体（高程关系）图。标有立管编号、管道标高、各管段管径、水平干管的坡度、消防设施、阀件的位置、型号规格等。可了解消防给水系统的全貌。系统图可以按一定的比例绘制，但不标注比例。

（3）详图。详图主要表示消防给水系统节点与设备的详细构造及安装尺寸要求。平面图和系统图中表示不清，又无法用文字说明的地方，如消防水泵房内消防水池和消防水泵、屋顶消防水箱的构造与接管情况、稳压水泵装置的安装方式等可用详图表示。如果选用的是国家标准图集，可给出标准图号，不出详图。常用的比例是 1∶10、1∶50，但不标注比例。

（4）设计、施工说明。说明设计图纸无法表示的问题，如水源情况、建筑物的性质、消防用水量标准、采用系统形式、系统的控制模式和标准、管道的敷设方式、防腐保温、水压试验要求，施工中需要参照的有关专业施工图号或采用的标准图号等。

2. 消防给水施工图示例

为了更好地了解消防给水施工图的组成及主要内容，掌握识读施工图的方法与技巧，现以一套2层楼并含地下两层的给排水施工图的部分内容为例进行简单介绍。

该消防给水施工图完整时包括设计与施工说明、地下一二层给排水及自动喷淋平面图（比例为1∶150），一二层及屋顶给排水及自动喷淋平面图（比例为1∶100）、消火栓系统图和自动喷淋系统图，消防泵房详图（比例为1∶50）。

该建筑根据建筑的性质在消防上，用水作为灭火介质的系统设置了室内消火栓系统和湿式自动喷淋系统。

识读施工图基本方法：看图时，首先熟悉设计与施工说明的内容，然后识读系统流程。从最底层平面图开始，按系统从供水管入口开始，沿水流方向，按供水干、立、支管顺序到消防设备，再在消防泵房详图里具体识图中的设备和管线连接。在识读过程中，平面图要与系统图要对照一起看。

对建筑设计、装饰及建筑工程等专业的学生而言，识读过程中要重点关注管道穿楼板、墙的位置及施工要求。对于工程造价类专业的学生，则需要进一步关注细节，如阀门的种类、规格、数量、管道材料、设备参数等，同时还要根据常规的支吊架设置要求估算支吊架型式、数量。

习　题

一、单选题

1. 室内消防系统设置（　　）的作用是使消防车能将室外消火栓的水从接入室内。

A. 消防水箱　　B. 消防水泵　　C. 水泵接合器　　D. 消火栓箱

2. 室内消火栓栓口距地板面的高度为（　　）m。

A. 0.8　　B. 1.0　　C. 1.1　　D. 1.2

3. 屋顶消防水箱的作用是（　　）的消防用水量。

A. 火灾延续时间内　　B. 灭火过程中全部

C. 灭火过程中部分　　D. 火灾初期

4. 湿式自动喷洒灭火系统用于室内常年温度不低于（　　）的建筑物内。

A. 0℃　　B. 4℃　　C. 10℃　　D. −5℃

5. 仅用于防止火灾蔓延的消防系统是（　　）。

A. 消火栓灭火系统　　B. 闭式自喷灭火系统

C. 开式自喷灭火系统　　D. 水幕灭火系统

6. 在设计阶段，给排水专业在消防上的任务主要是（　　）。

A. 给建筑物定性，划分防火分区和疏散线路

B. 按规范和建筑物性质进行各灭火系统设计

C. 按规范和建筑物性质进行防烟和排烟设计

D. 按规范和建筑物性质进行报警、疏散指示以及灭火设施的控制系统设计

7. 图2-51所示节点在自动喷淋系统里面的名称是（　　），图中5和1分别是（　　）。

A. 末端放水装置，系统末端喷头，闸阀

B. 末端试水装置，最不利处喷头，截止阀

C. 末端试水装置，每层末端喷头，截止阀

D. 末端放水装置，每层末端喷头，闸阀

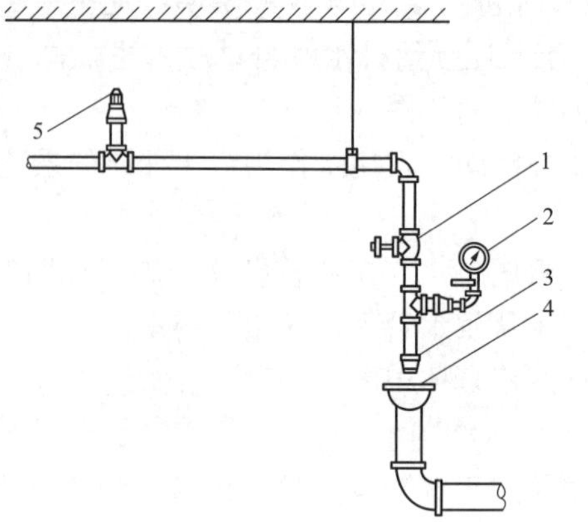

图 2-51 节点示意

8. 闭式喷头是闭式自动喷水灭火系统的关键组件，它能通过热敏释放机构的动作而喷水。喷头由喷水口、温感释放器和溅水盘组成。按感温级别有 57、68、79、93、141℃。感温级别按喷头标准动作温度划分，喷头标准动作温度应比环境最高温度高（　　）℃左右。

A. 30　　B. 20　　C. 40　　D. 15

9. 一座豪华酒店的标准客房内设置湿式自动喷水系统的喷头，该喷头采用热敏元件为玻璃泡，该玻璃泡内充装液的颜色是（　　）。

A. 黄色　　B. 红色　　C. 绿色　　D. 橙色

10. 江、河、湖、海水等天然水源作为消防水源时，其设计枯水流量保证率应根据城乡规模和工业项目的重要性、火灾危险性和经济合理性等综合因素确定，宜最低为（　　）以上。

A. 85%　　B. 90%　　C. 98%　　D. 100%

11. 根据现行国家的消防有关规范，设置临时高压给水系统的一类高层办公楼，建筑高度 90m，高位消防水箱的有效容积应不小于（　　）。

A. $18m^3$　　B. $36m^3$　　C. $12m^3$　　D. $50m^3$

12. 根据现行国家的消防有关规范，符合下列哪项条件时，消防给水系统应分区供水（　　）?

A. 系统工作压力大于 1.6MPa　　B. 消火栓栓口处静压大于 1.0MPa

C. 消火栓栓口处静压大于 0.5MPa　　D. 消火栓栓口处静压大于 0.8MPa

二、识图题

1. 图 2-52 为某办公楼自动喷水灭火系统的原理图，读图后思考并回答下列问题：

(1) 可见该原理图是一个__________灭火系统。

(2) 图中消防水池位置在__________层，有效容积__________ m^3；消防水池的最低水

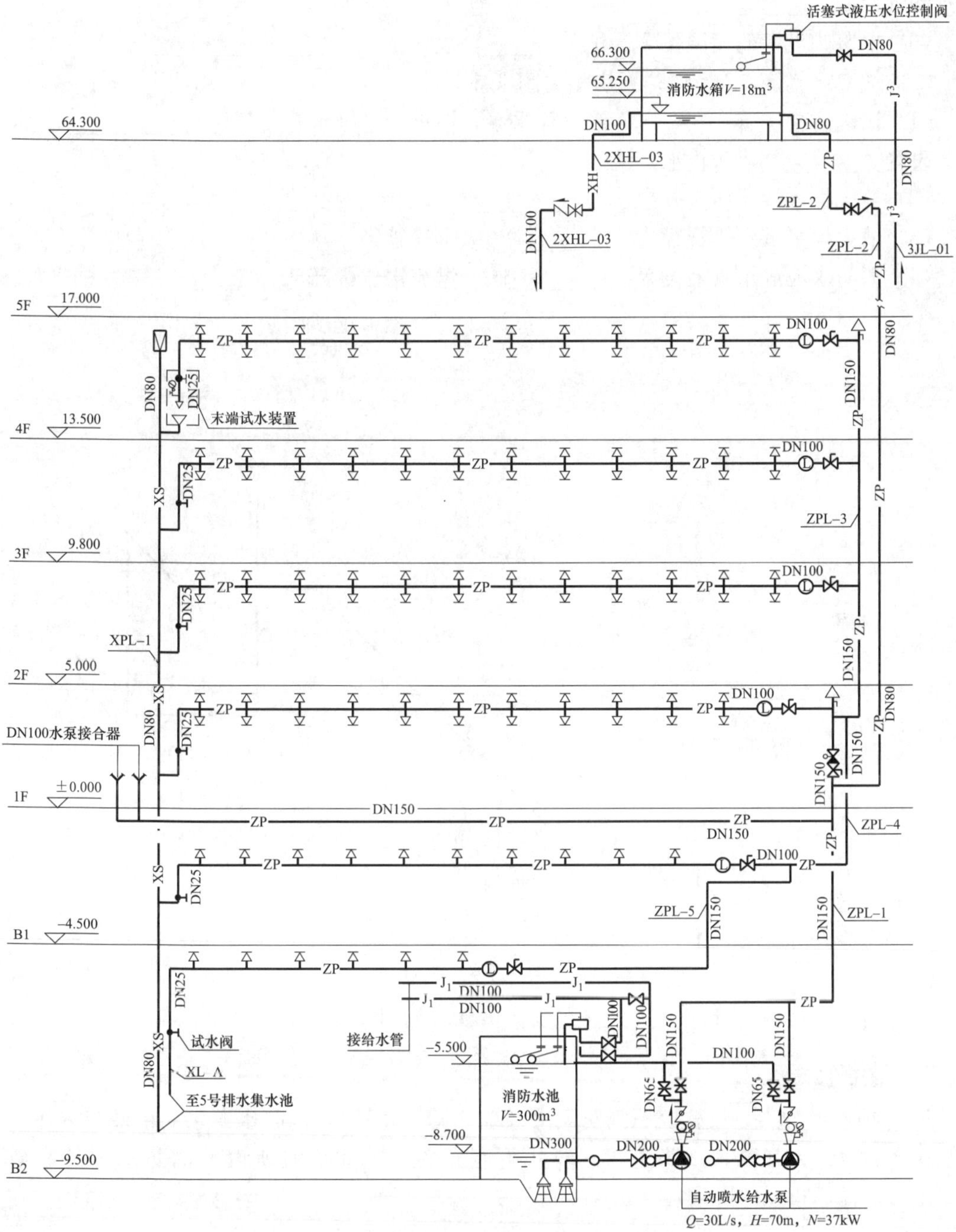

图 2-52　某办公楼自动喷水灭火系统原理图

位是＿＿＿＿＿，最高水位是＿＿＿＿＿，该水池的面积是＿＿＿＿＿ m²。

（3）图中喷淋水泵的三个基本参数是＿＿＿＿＿、＿＿＿＿＿、＿＿＿＿＿。

（4）图中水流指示器的规格是＿＿＿＿＿，数量是＿＿＿＿＿个。

（5）末端试水装置的数量是＿＿＿＿＿个，位置在＿＿＿＿＿层末端。本系统末端放水装置的管径是__________。

(6) 报警阀设置的楼层位置为__________，规格是____________________。

2. 图 2-53～图 2-57 为消防泵房相关图纸。

(1) 该消防泵房有__________消火栓水泵，消火栓泵吸水管管顶标高__________，水泵出口设置__________，防止水倒流。

(2) 消火栓系统泄压阀开启压力__________。

(3) 消火栓泵试水管管径为__________，吸水管管径__________。

(4) 消防水池进水管上设置__________阀，溢流水位标高__________。

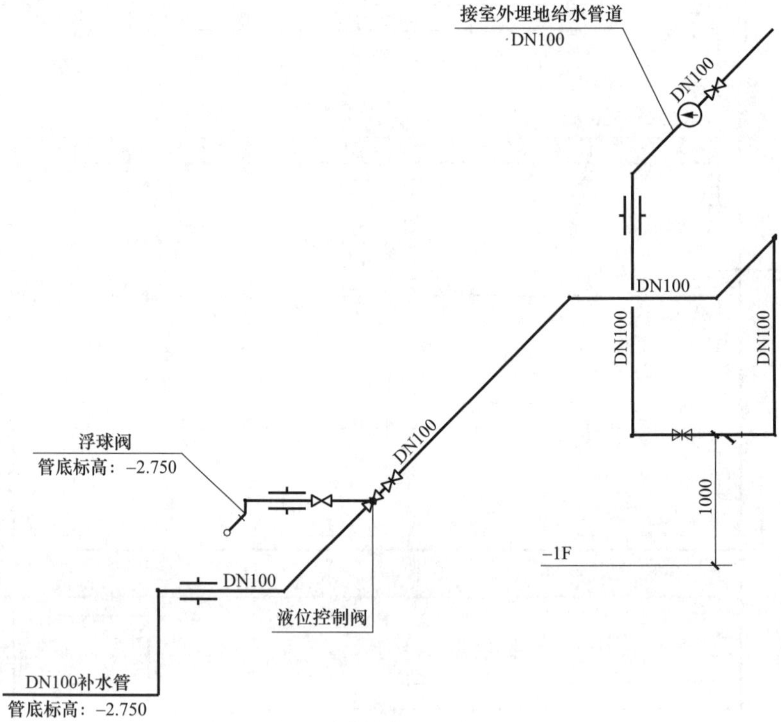

图 2-53 消防泵房系统图

三、简述题

1. 一幢多层酒店，设置以下消防灭火系统（见表 2-19），消防水源采用市政自来水，室外水压不低于 0.1MPa，两路进水，环状管网布置，求地下室所设的消防水池的有效容积（不考虑任何折减的因素）。

表 2-19 某多层酒店消防灭火系统

灭火系统	用水标准（L/s）	火灾延续时间（h）
室外消火栓系统	25	2
室内消火栓系统	15	2
自动喷淋系统	30	1

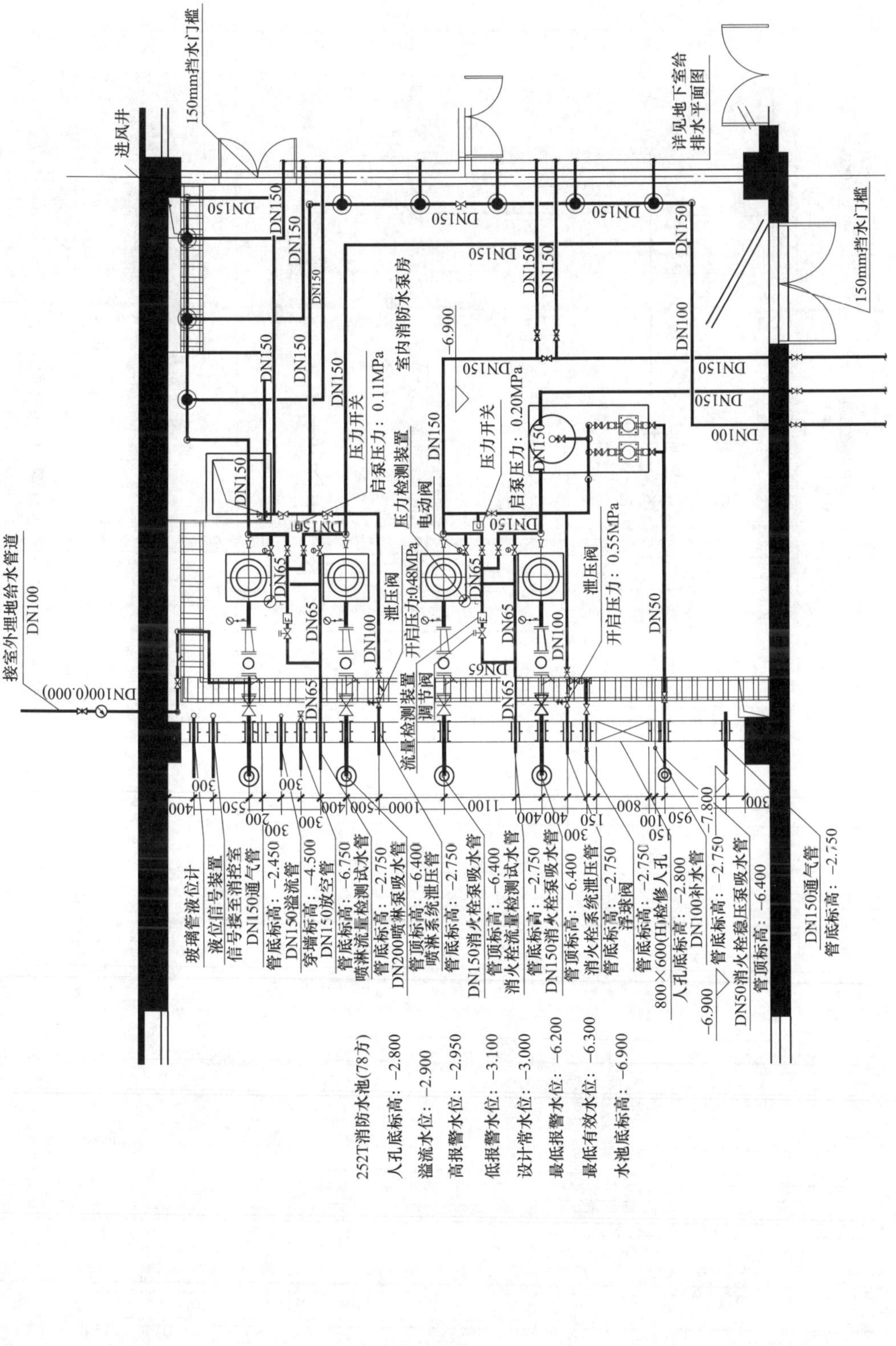

图 2-54　消防泵房布置平面图

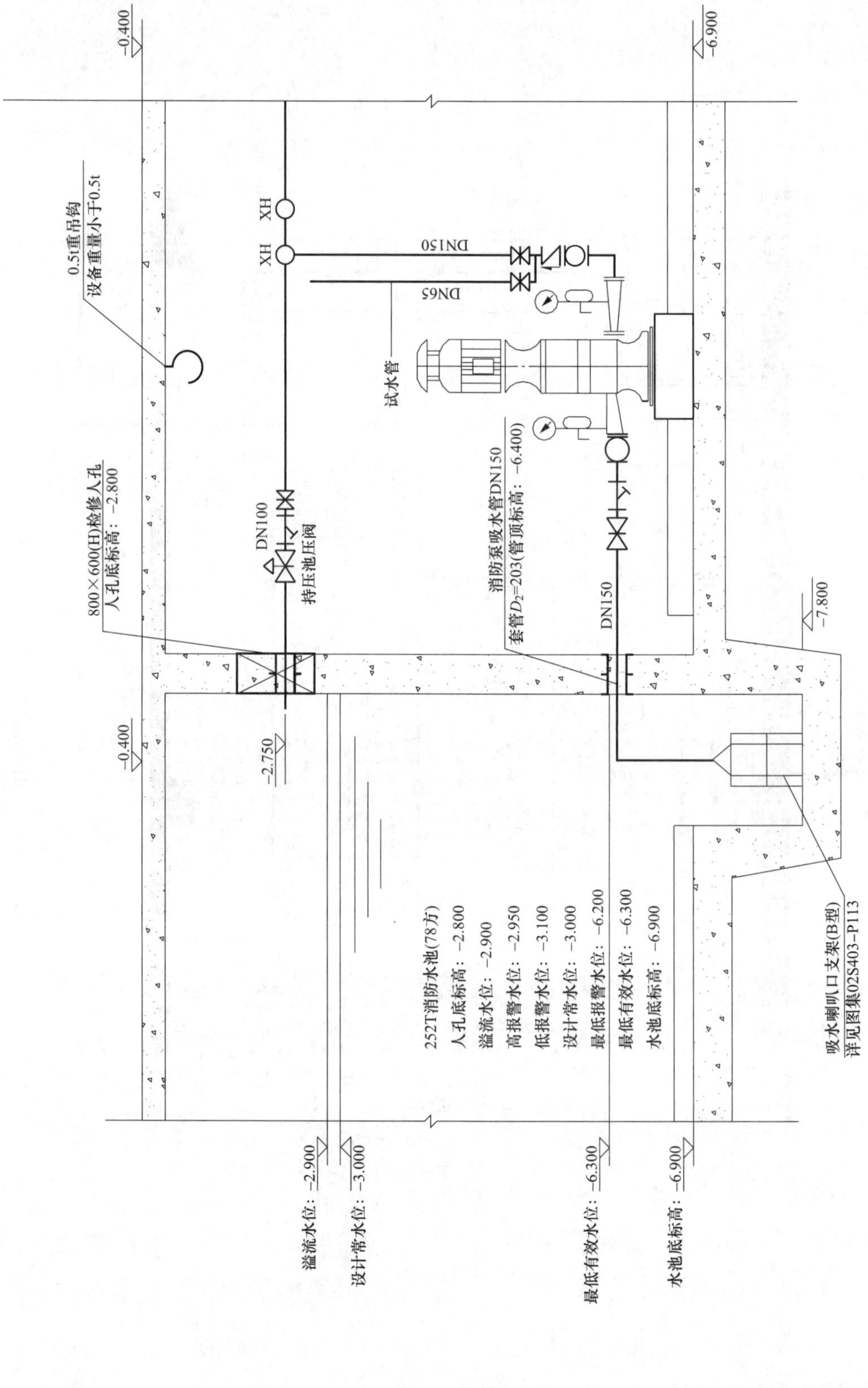

图 2-55　室内消火栓水泵安装剖面图（1∶50）

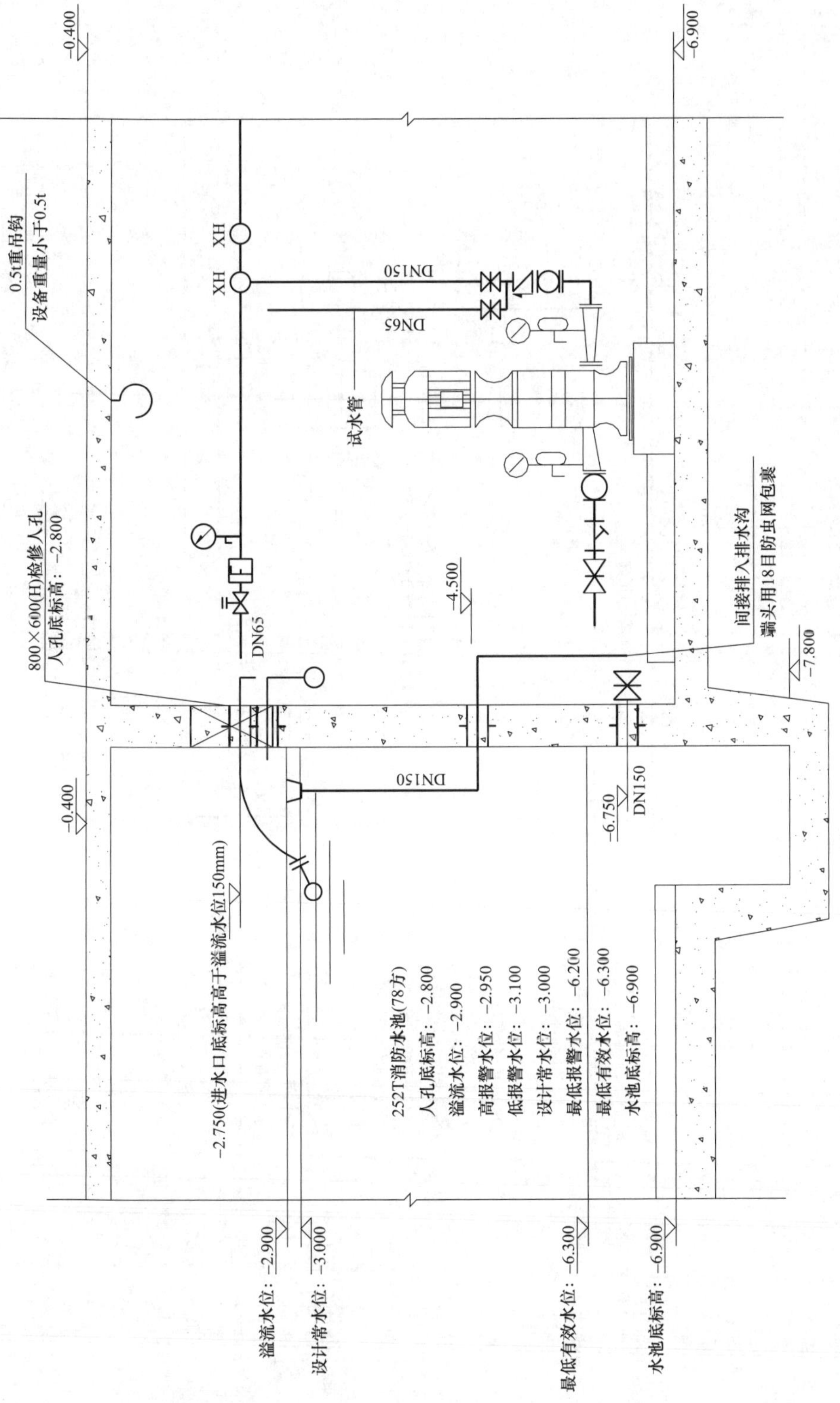

图 2-56　消防水池进水溢流安装剖面图（1：50）

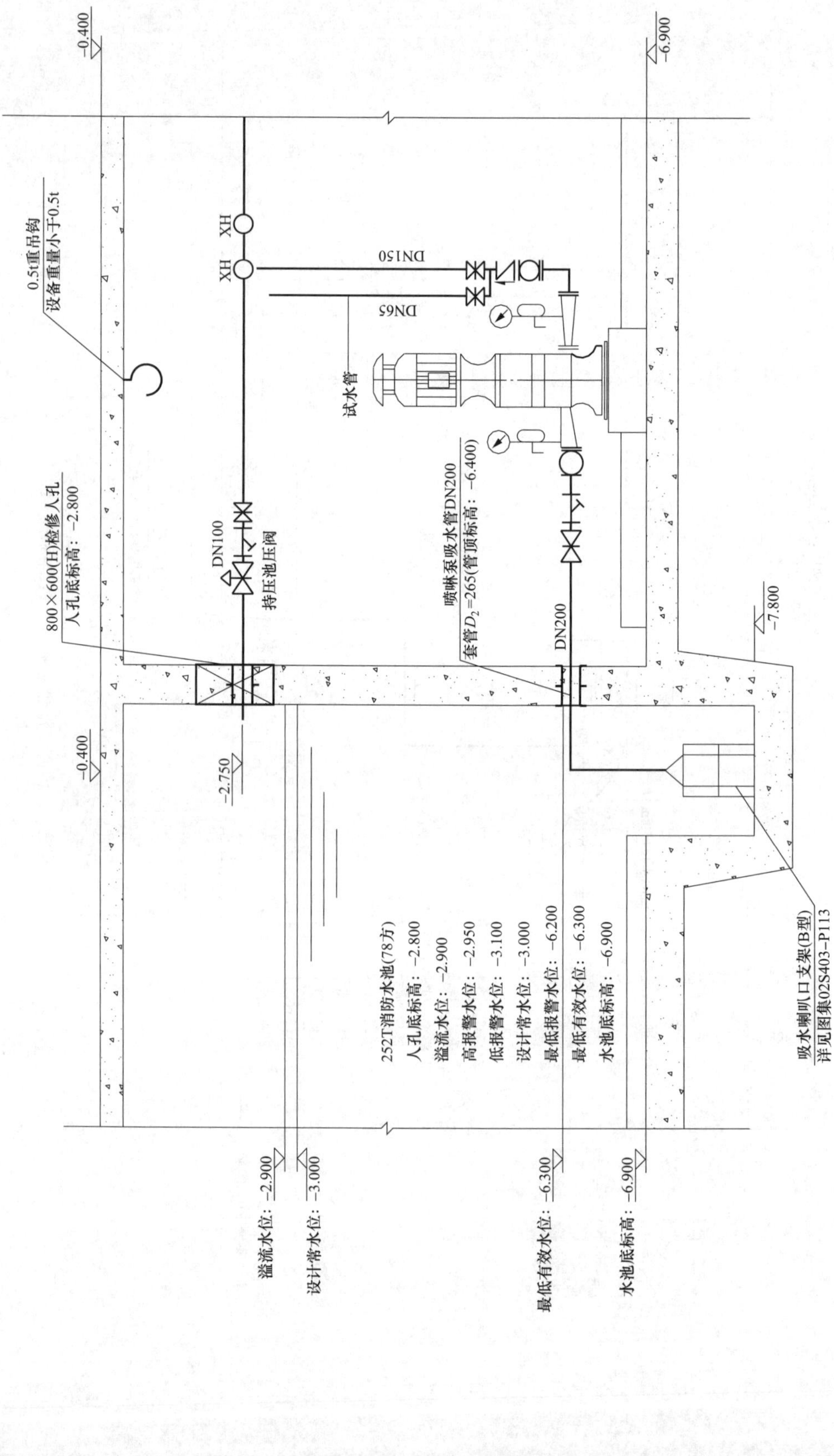

图 2-57 喷淋水泵安装剖面图（1：50）

2. 名词解释：①消防水源；②临时高压消防给水系统；③防火分区；④防烟分区。

3. 消防水池和屋顶消防水箱的作用各是什么？

4. 查阅有关规范，论述在怎样的情况下必须设置“屋顶消防水箱”，需注明查阅规范名称及条文原文。

四、熟读配套图纸，完成以下内容

实训项目单 1——消防施工图识读

项目编号	CN2	项目名称	消防施工图识读实训	训练对象	土建类非建筑设备专业
课程名称	建筑设备工程				
实训目的	（1）识读消防施工图。 （2）了解常用的消防系统及各类消防系统的应用。 （3）掌握消火栓、喷头等消防设备的类型、功能，以及平面尺寸、规格。 （4）掌握常用消防管材、附件，以及管道连接方法。 （5）了解消防管道安装要求。 （6）了解消火栓、喷头等消防设备布置、管道安装的配合要求				
完成任务	（1）统计消防管道的规格和数量，指明连接方法。 （2）统计消火栓、喷头等消防设备型号、规格参数及数量。 （3）统计消防管道各类阀门、附件等材料规格及数量。 （4）画出图中管道施工与土建配合之处并补充详细说明。 （5）所有结果应分楼层分别统计，并编写 Excel 表格，供指导教师核查				

实训项目单 2——消防泵房、水箱间施工图识读

项目编号	CN3	项目名称	消防水泵房、水箱间施工图识读实训	训练对象	土建类非建筑设备专业
课程名称	建筑设备工程				
实训目的	（1）识读水泵安装工程流程图。 （2）掌握离心水泵常用管材、附件，以及管道的连接方法。 （3）了解管道安装要求。 （4）熟悉水泵吸水管与压水管管道连接的要求				
完成任务	（1）统计水泵房管道规格及数量、指明连接方式。 （2）统计水泵房各类阀门、附件等材料型号、规格参数及数量。 （3）画出图中管道施工与土建配合之处并补充详细说明。 （4）所有结果应分楼层分别统计，并编写 Excel 表格，供指导教师核查				

任务三　建筑热水给水系统

一、分类与组成

1. 热水供应系统的分类

建筑热水供应系统，按照热水供应范围的大小可分为局部热水供应系统、集中热水供应系统和区域热水供应系统三类。

(1) 局部热水供应系统。即采用各种小型加热器，供局部范围内的一个或几个用水点使用的热水系统。系统中常用的加热设备有小型煤气加热器、电加热器、蒸汽加热器、太阳能热水器及小型锅炉等。适用于标准的普通多层/高层住宅、办公楼、集体宿舍等。

(2) 集中热水供应系统。即在锅炉房、热交换站或加热间将水集中加热，并通过热水管网输送至一幢或多幢建筑各用水点的热水系统。适用于热水用量较大，用水点集中的建筑，如宾馆、医院、商务楼、高级住宅等。

(3) 区域热水供应系统。水在热电站、区域性的锅炉房或热交换站集中加热，通过城市热力管网送至建筑群的各个建筑中，然后经过室内热水管网送至各用水点的热水系统。适用于严寒地区或寒冷地区。

2. 热水供应系统的组成

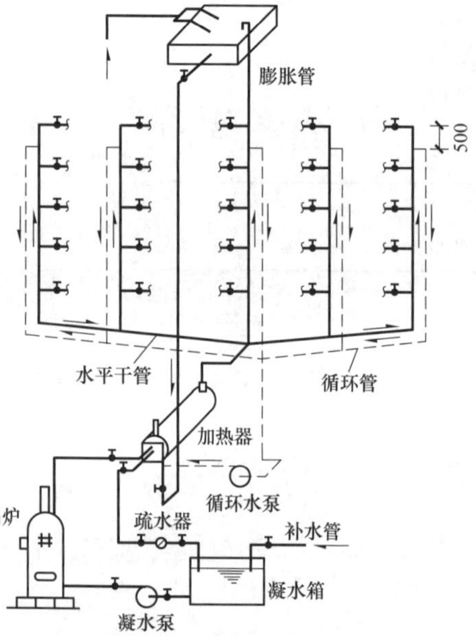

图 2-58　热媒为蒸汽的集中热水供应系统

建筑热水供应系统中，集中热水供应系统应用较普遍，其主要由下列各部分组成，如图 2-58 所示。

(1) 热水制备系统（第一循环系统）。热水制备系统由热源、水加热器和热媒管网组成。由锅炉生产的蒸汽或热媒热水通过热媒管网送到水加热器加热冷水，经过热交换蒸汽变成冷凝水，靠余压送到冷凝水池，冷凝水和新补充的软化水经冷凝循环泵再送回锅炉加热成蒸汽（热媒水经过热交换温度降低，经循环水泵送回锅炉加热）。

(2) 热水供应系统（第二循环系统）。热水供应系统由水加热器、循环水泵、热水箱（罐）、热水配水管网和回水管网等组成。被加热到一定温度的热水，由水加热器流出经配水管网送至各个热水配水点，而水加热器的冷水由屋顶水箱或给水管网补给。为保证各用点随时都有规定水温的热水，在立管和水平干管，甚至支管设置回水管，使一定量的热水经过循环水泵流回水加热器以补充管网所散失的热量。考虑管网中的水因温度变化引起的膨胀，需采取措施消除热水体积膨胀引起的超压问题。

(3) 附件。包括蒸汽、热水的控制附件及管道的连接附件。如：温度自动调节器、疏水器、减压阀、安全阀、膨胀罐、管道补偿器、自动排气阀等，其余基本与生活给水系统相同。

二、热水加热方式

热水的加热方式有直接加热和间接加热之分。

1. 直接加热

直接加热方式有以下两种。①利用以燃气、燃油、燃煤为燃料的热水锅炉，把冷水直接加热到所需要的温度。②将热媒直接与被加热水混合制备热水，图 2-59 为喷射式加热器直接加热，图 2-60 为汽水混合加热器直接加热。直接加热方式设备简单、热效率高、但噪声大，而且由于热媒水不能回收使水质处理费用提高。蒸汽直接加热方式适用于噪声无严格要求的公共浴室、洗衣房、工矿企业等用户。热水锅炉（或热水机组）直接加热热效率高且节能，但需配置热水箱，如图 2-61 所示。

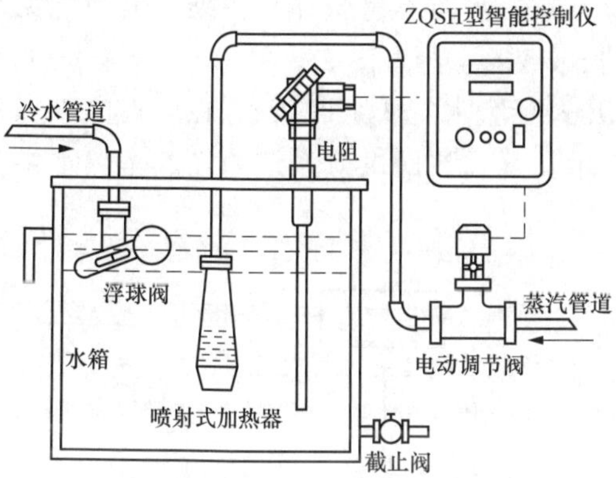

图 2-59　喷射式加热器直接加热

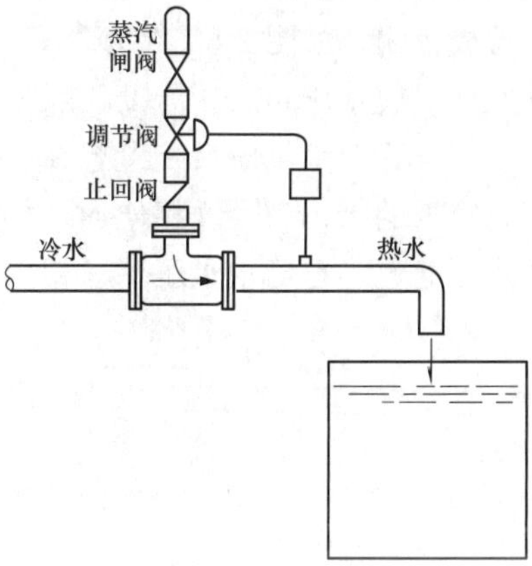

图 2-60　汽水混合加热器直接加热

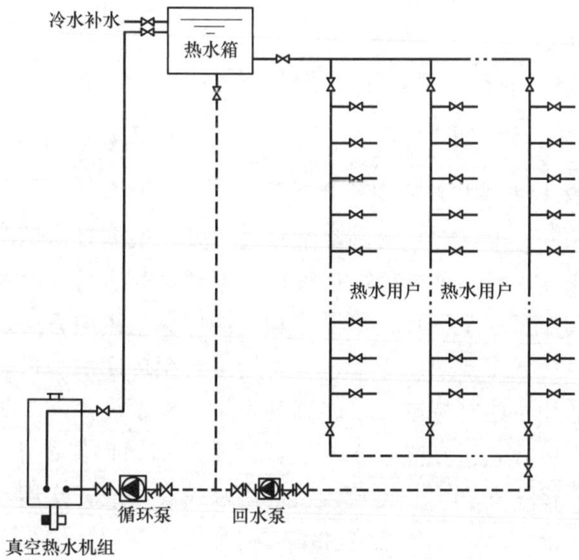

图 2-61　热水锅炉直接加热

2. 间接加热也称二次换热

间接加热是指热媒在水加热器中与被加热水不直接接触，通过传热面把冷水加热。蒸汽间接加热的优点是回收的冷凝水可重复利用，水处理费用低，噪声低，蒸汽不会对热水产生污染，供水安全稳定。热水间接加热的优点是加热锅炉无需承受热水供应系统工作压力，运行安全、可靠。间接加热方式适用于要求供水稳定、安全，噪声要求低的宾馆、住宅、医院、写字楼等建筑，其系统流程如图 2-58 所示。

三、热水供应方式

按热水供应系统是否敞开，可分为闭式热水供应系统和开式热水供应系统。

1. 闭式和开式热水供应方式

（1）闭式热水供应系统的热水管网不与大气相通，在所有配水点关闭后，系统与大气隔绝，形成密闭，如图 2-62 所示。闭式热水供应方式的水质不易受外界污染，但为避免水加热膨胀而引起水压超高，需设置隔膜式压力膨胀罐或安全阀。

（2）开式热水供应系统设有高位热水箱（开式膨胀水箱或膨胀管），在所有配水点关闭后，系统内的水仍与大气相连通，如图 2-63 所示。开式热水供应系统的优点是热水供应系统的水压稳定，与给水水压基本相当。

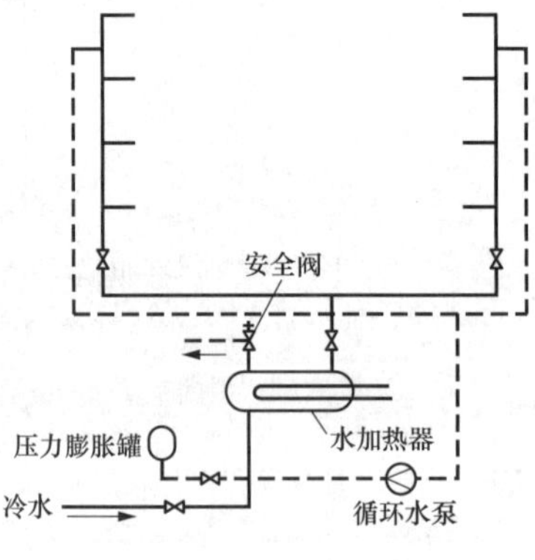

图 2-62 闭式系统

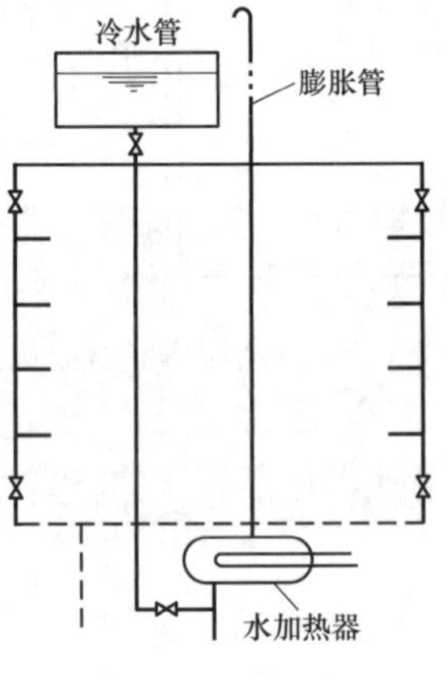

图 2-63 开式系统

2. 全循环、半循环和无循环热水供应方式

为维持管网中热水的温度，热水管网除配水管道外，根据具体情况设置不同形式的回水管道，当配水管道停止配水时，使管网中仍维持一定的循环流量，以补偿管网热损失，防止热水温度降低过多。其形式有全循环、半循环和无循环热水供应方式之分，如图 2-64 所示。

（1）全循环热水供应方式。热水干管、立管均设置循环回水管道，以保证用水点随时获得设计温度的热水。适用于建筑标准要求较高的宾馆、医院、疗养院等建筑。

（2）半循环热水供应方式。在热水干管设置回水管道，仅保证干管中热水的设计温度，适用于对水温度不甚严格，支管、分支管较短，用水较集中或一次用水量较大的建筑，如某些工业企业的生产和生活用水，一般住宅和集体宿舍等。

（3）无循环热水供应方式。指不设回水管道的热水管网，适用于连续用水的建筑，如公共浴室、某些工业企业的生产和生活用热水等。

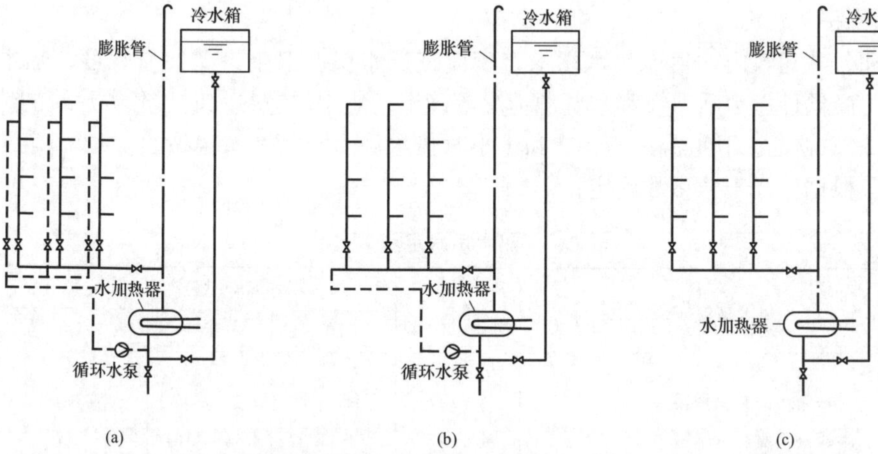

图 2-64　全循环、半循环和无循环热水供应方式

(a) 全循环热水供应方式；(b) 半循环热水供应方式；(c) 无循环热水供应方式

四、热水水质、水温及用水量标准

1. 热水水质

生活用热水的水质应符合现行的国家标准 GB 5749—2022《生活饮用水卫生标准》的要求。生产用热水的水质应满足生产工艺的要求。由于水在加热后钙镁离子受热析出，在设备和管道内结垢，水中的溶解氧也会因受热逸出，并加速金属管材的腐蚀，因此对集中热水供应系统加热前的水质是否需软化和进行水质处理应根据原水水质、热水用水量、水温等因素，经技术经济比较确定。

2. 热水水温

生活用热水水温应满足生活使用的各种需要。水温过高，会加速热水系统的设备、管道结垢，并易烫伤人体；水温过低，满足不了用水要求。因此，需要规定锅炉和水加热器出口的最高温度和配水点的最低温度，见表 2-20、表 2-21。

表 2-20　热水锅炉、热水机组或水加热器出口的最高水温和配水点的最低水温　℃

水质处理情况	热水锅炉、热水机组或水加热器出口的最高水温	配水点的最低水温
原水水质无需软化处理，原水水质需水质处理且有水质处理	75	50
原水水质需水质处理但未进行水质处理	60	50

表 2-21　盥洗用、沐浴用和洗涤用的热水水温　℃

用水对象	热水水温
盥洗用（包括洗脸盆、盥洗槽、洗手盆用水）	30～35
沐浴用（包括浴盆、淋浴器用水）	37～40
洗涤用（包括洗涤盆、洗涤池用水）	≈50

3. 热水用水定额

住宅和公共建筑内，生活热水用水定额应根据水温、卫生设备完善程度、热水供应时间、当地气候条件、生活习惯和水资源情况等确定。集中供应热水时，各类建筑的热水用水定额按表 2-22 确定。卫生器具的一次和 1 小时热水用水定额及水温按表 2-23 确定。生产用热水定额应根据生产工艺参数确定。

表 2-22 热水用水定额

序号	建筑物名称	单位	各温度时最高日用水定额（L）			
			50℃	55℃	60℃	65℃
1	住宅					
	有自备热水供应和淋浴设备	每人每日	49～98	44～88	40～80	37～73
	有集中热水供应和淋浴设备	每人每日	73～122	66～110	60～100	55～92
2	别墅	每人每日	86～134	77～121	70～110	64～101
3	单身职工宿舍、学生宿舍、招待所、培训中心、普通旅馆					
	设公用盥洗室	每人每日	31～94	28～44	25～40	23～37
	设公用盥洗室、淋浴室	每人每日	49～73	44～88	40～60	37～55
	设公用盥洗室、淋浴室、洗衣室	每人每日	61～98	55～88	50～80	46～73
	设单独卫生间、公用洗衣室	每人每日	73～122	66～110	60～100	55～92
4	宾馆、客房					
	旅客	每床位每日	147～196	132～176	120～160	110～146
	员工	每人每日	49～61	44～55	40～50	37～56
5	医院住院部					
	设公用盥洗室	每床位每日	55～122	50～110	45～100	41～92
	设公用盥洗室、淋浴室	每床位每日	73～122	66～110	60～100	55～92
	设单独卫生间	每床位每日	134～244	121～220	110～200	101～184
	门诊部、诊疗所	每病人每日	9～16	8～14	7～13	6～12
	疗养院、休养所住房部	每床位每日	122～196	110～176	100～160	92～146
6	养老院	每床位每日	61～86	55～77	50～70	46～64
7	幼儿园、托儿所					
	有住宿	每儿童每日	25～49	22～44	20～40	19～37
	无住宿	每儿童每日	12～19	11～17	10～15	9～14
8	公共浴室					
	淋浴	每顾客每日	49～73	44～66	40～60	37～55
	淋浴、浴盆	每顾客每日	73～98	66～88	60～80	55～73
	桑拿浴、(淋浴、按摩池)	每顾客每日	85～122	77～110	70～100	64～91
9	理发室、美容院	每顾客每日	12～19	11～17	10～15	9～14
10	洗衣房	每千克干衣	19～37	17～33	15～30	14～28
11	餐饮厅					
	营业餐厅	每顾客每日	19～25	17～22	15～20	14～19
	快餐店、职工及学生食堂	每顾客每日	9～12	8～11	7～10	7～9
	酒吧、咖啡厅、茶座、卡拉 OK 房	每顾客每日	4～9	4～9	3～8	3～8
12	办公楼	每人每班	6～12	6～11	5～10	5～9

续表

序号	建筑物名称	单位	各温度时最高日用水定额（L）			
			50℃	55℃	60℃	65℃
13	健身中心	每人每次	19～31	17～28	15～25	14～23
14	体育场（馆） 运动员淋浴	每人每次	31～43	28～39	25～35	23～34
15	会议厅	每座位每次	2～4	2～4	2～3	2～3

表 2-23　卫生器具的一次和1小时热水用水定额及水温

序号	卫生器具名称	一次用水量（L）	小时用水量（L）	使用水温（℃）
1	住宅、旅馆、别墅、宾馆			
	带有淋浴器的浴盆	150	300	40
	无淋浴器的浴盆	125	250	40
	淋浴器	70～100	140～200	37～40
	洗脸盆、盥洗槽水嘴	3	30	30
	洗涤盆（池）	—	180	50
2	集体宿舍、招待所、培训中心、营房			
	淋浴器：有淋浴小间	70～100	210～300	37～40
	无淋浴小间	—	450	37～40
	盥洗槽水嘴	3～5	50～80	30
3	餐饮业			
	洗涤盆（池）	—	250	50
	洗脸盆　工作人员用	3	60	30
	顾客用	—	120	30
	淋浴器	40	400	37～40
4	幼儿园、托儿所			
	浴盆：幼儿园	100	400	35
	托儿所	30	120	35
	淋浴器：幼儿园	30	180	35
	托儿所	15	90	35
	盥洗槽水嘴	1.5	25	30
	洗涤盆（池）	—	180	50
5	医院、疗养院、休养所			
	洗手盆	—	15～25	35
	洗涤盆（池）	—	300	50
	浴盆	125～150	250～300	40
6	公共浴室			
	浴盆	125	250	40
	淋浴器：有淋浴小间	100～150	200～300	37～40
	无淋浴小间	—	450～540	37～40
	洗脸盆	5	50～80	35
7	办公楼　洗手盆	—	50～100	35
8	理发室、美容院　洗脸盆	—	35	35

续表

序号	卫生器具名称	一次用水量（L）	小时用水量（L）	使用水温（℃）
9	实验室 洗脸盆 洗手盆		 60 15～25	 50 30
10	剧场 淋浴器 演员用洗脸盆	 60 5	 200～400 80	 37～40 35
11	体育场馆　淋浴器	30	300	35
12	工业企业生活间 淋浴器：一般车间 脏车间 洗脸盆或盥洗槽水龙头：一般车间 脏车间	 40 60 3 5	 360～540 180～480 90～120 100～150	 37～40 40 30 35
13	净身器	10～15	120～180	30

五、加热设备

加热设备，是指两种不同温度的流体进行热量交换的设备。在热水供应系统中，加热设备制备热水方式有为一次换热和二次换热之分。一次换热是热源将冷水通过一次性热交换达到所需温度的热水，其主要加热设备有燃煤、燃油、燃气热水机组和电加热热水机组等。二次换热是热源先生产出热媒（蒸汽或高温热水），然后热媒通过换热器进行第二次热交换，用于第二次热交换的水加热设备根据构造的不同有容积式水加热器、半容积式水加热器、半即热式水加热器和快速水加热器等。而且根据热媒的不同，又有汽—水热交换器（热媒为蒸汽）和水—水热交换器（热媒为高温水）两种类型。

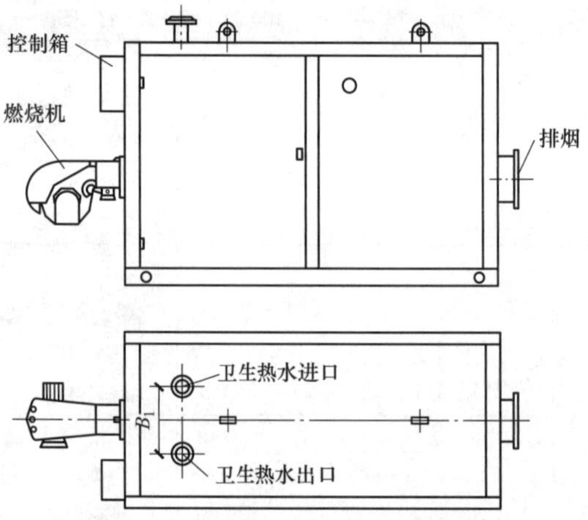

图 2-65　燃气热水机组外形图示意图

1. 燃气、燃油热水机组

燃气热水机组外形示意图如图 2-65 所示，该机组可直接使用城市低压管网燃气、天然气、城市煤气、液化气（燃油机组与其相似，尺寸略有不同）。该类机组具有构造简单，体积小，热效率高，正常工作温度低，使用安全可靠、排污总量少的优点。符合目前国家对环境的要求，应用较广。

在热水供应系统中，直接加热热水机组独立供水方式，较难调节系统的冷热水量和控制压力平衡，一般采用热水机组加储热水箱的方式。

2. 水加热器

(1) 容积式水加热器。容积式水加热器是一种间加热器设备，主要由壳体和并联在一起的 U 形弯管管束组成，蒸汽或高热水热媒自管内流过，被加热水在管外，壳体的大小根据储水容量确定。其特点是被加热水流通截面大、水流速度低，除了换热外还有储存热水的作用。该类设备外形有立式和卧式之分。图 2-66 为卧式容积式水加热器构造示意图。容积式水加热器的优点是具有较大的储存和调节能力，被加热水通过时压力损失较小，出水水温较为稳定，但体积庞大，需设在设备用房宽裕的场所。适用于热水系统用水量大，要求供水可靠，供水水温、水压稳定，需储存一定的调节水量。

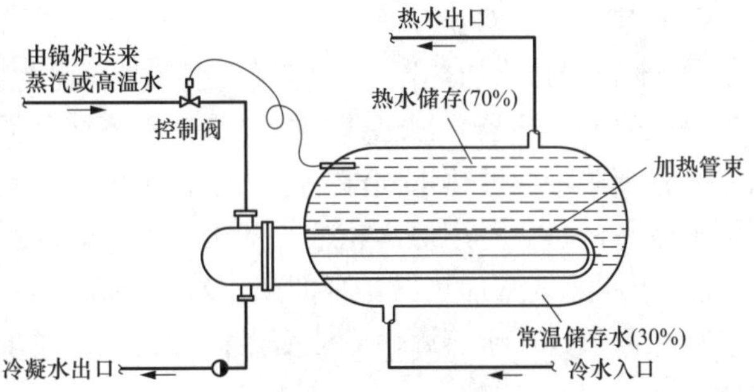

图 2-66　卧式容积式水加热器构造示意图

(2) 快速水加热器。快速水加热器通过增加热媒和被加热水流动中的湍流脉动运动，减薄传热边界层，提高传热系数，强化传热效果。快速水加热器体积小，加热速度快，但水量的调节能力差。适用于用水均匀的水系统（如供暖和空调系统，否则应配置储热水器）；冷水的总硬度低，系统设有储热设备，且设备用房面积较小的场所。

图 2-67 为板式快速水加热器，主要由传热板片、固定盖板、活动盖板、定位螺栓及压紧螺栓组成，板片之间用垫片进行密封。其工作原理是不同温度的流体交错在多层紧密排列的薄壁金属板间流动换热。由于板片表面的特殊结构，能使流体在低流速下发生强烈湍动，从而强化了传热过程。板式换热器结构紧凑，拆洗方便，传热系数高，适应性大，节省材料，但板片间流通截面狭窄，易形成水垢和沉积物，造成堵塞，密封垫片耐热性差时易渗漏。

图 2-68 为螺旋板式水加热器。是由两张平行金属板卷制两个螺旋通道组成的表面式换热器，两种流体分别在螺旋板两侧流动换热。螺旋板式换热器结构紧凑，传热系数一般高于管壳式换热器，与板式换热器相比，流通截面较宽，不易堵塞。其主要缺点是不能拆卸清洗。

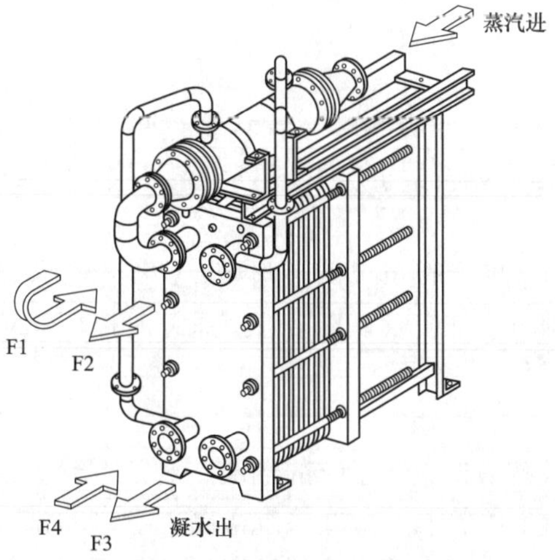

图 2-67　板式快速水加热器

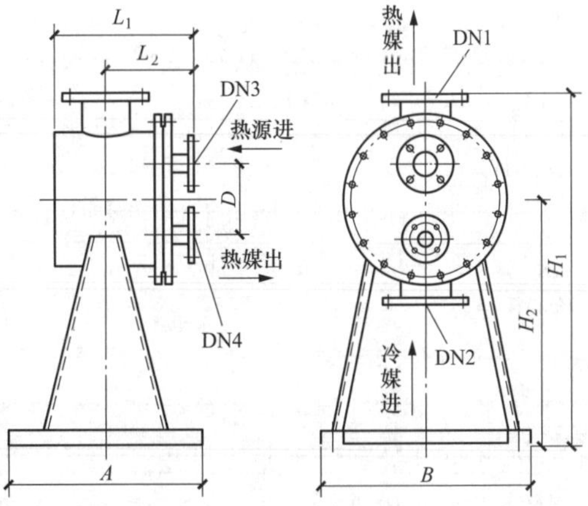

图 2-68　螺旋板式水加热器

(3) 其他水加热器。

1) 半容积式水加热器。半容积式水加热器是热水储罐和快速换热器的组合。被加热水首先进入快速换热器并被迅速加热，然后由下降管强制送至储热水罐的底部，再向上流动，以保持整个储罐内的热水同温。适用于热源供应能满足小时用水耗热量要求，供水水温、水压要求较平稳，设备用房面积较小的机械循环热水系统。

2) 半即热式水加热器。半即热式水加热器是带有超前控制，具有少量储存容积的快速式水加热器。适用于热源供应能满足设计秒流量要求，设备用房面积较小，用水比较均匀的场所。

3. 加热设备的布置要求

(1) 燃油燃气热水机组的布置要求。

1) 机组不宜露天布置，机组设备间宜与其他建筑物分离独立设置。当机组设备间设在高层和裙房内时，不能直接设置在人员密集的场所内或在其上、下和邻贴。机组设备间设在高层和多层建筑内时，应布置在靠外部位，并设置对外的安全出口。

2) 机组前方宜留出不少于机组长度 2/3 的检修空间，后方宜留出 0.8～1.5m 的空间，两侧通道宽度宜为机组宽度，且不得小于 1.00m，机组最上部部件（烟窗可拆部分除外）至安装房间最低净距不得小于 0.80m。机组安装位置宜有高出地面 50～100mm 的安装基座。

(2) 水加热器的布置要求。①加热器间宜靠近用热水的负荷中心；加热器间可与锅炉房合建在一个建筑物内，但宜与锅炉间分隔开；加热器间设在地下室时，应设置安装检修用的运输孔和通道。加热器间的高度应满足设备、管道的安装和运行要求，并保证检修时能起吊搬运设备。辅助设备（如水泵、分水器、水软化设备等）可单设用房与水加热器间贴邻或设在加热器间内。加热器间应有排除地面积水和设备及管道泄水的措施。②容积式、半容积式水加热器在平面布置时其前端应有满足检修时抽出加热盘管所需的空地或条件。加热器侧面离墙、柱之净距及加热器之间净距一般不小于 0.7m，后端离墙、柱净距不小于 0.5m。

六、热水管道的布置和敷设

热水管道的布置和敷设要求与冷水管道基本相同。但需要考虑热水系统的温度控制和由于水温高带来的体积膨胀、管道伸缩补偿、排气、保温等特殊问题。

1. 管道的敷设

(1) 热水管道可根据建筑、工艺要求暗设或明设。暗设管道布置在管道竖井、预留沟槽、吊顶、找平层、垫层内，一般不得直接敷设在建筑物结构层内。热水管明设要求与冷水管基本相同。

(2) 室外热水管道一般在管沟内敷设，当不可能时，也可采用预制直埋式保温管敷设。

(3) 热水管道穿过建筑物的楼板、墙壁和基础时应加套管，以防管道胀缩时损坏建筑结构和管道设备。

2. 热水系统的排气

在热水的加热过程中，水中含气容易分离，且容易聚集在系统的上部。对于下行上给管网，气体可通过最高配水龙头排出，若系统为上行下给管网，应在系统最高点设自动排气装置。为保证排气和泄水，热水横管宜设大于等于 0.003 与水流方向的坡度，并在管网的最低处设泄水阀门，以便检修时泄空。

3. 热水系统的温度控制

热水系统一般采用自动温度调节器来控制热水的供水温度。自动温度调节器一般由阀门和温包构成，使用时温包安装在水加热器的上部（容积式），或热水管道上（快速水加热器）。阀门安装在热媒管道上，温包感受热水温度后，自动调节阀门开启度控制热媒的流量，如图 2-69 所示。

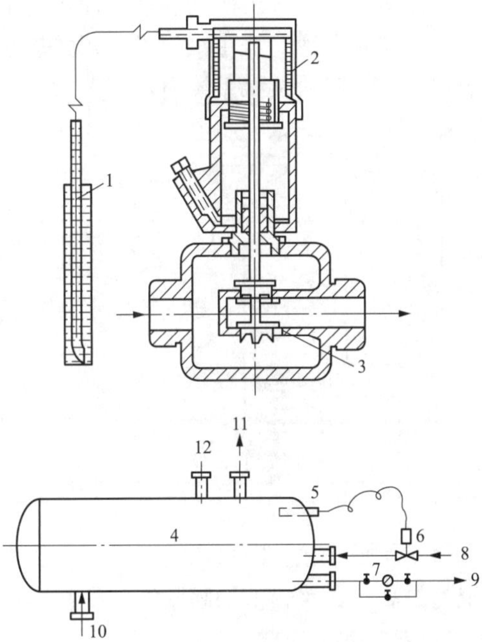

图 2-69　热水系统温度控制

1—温包；2—感温元件；3—调节阀；4—加热设备；5—温包；6—自动调节阀；7—疏水器；8—蒸汽；9—凝水；10—冷水；11—热水；12—装设安全阀

4. 热水管道的补偿器

热水系统中随着输送热水温度的升高，管道出现热伸长，如果这个热伸长量不予补偿，会使管道承受巨大应力，管路产生挠曲，接头破裂漏水。因此在较长的直线热水管路上，每隔一定距离设置补偿器。对热水管道温度伸缩所用的补偿方式有两种：

（1）自然补偿。利用管道敷设的自然弯曲、转折等吸收管道的伸缩变形，对于较短的管道，采用方法，各不设伸缩器，如图 2-70 所示。

（2）伸缩器补偿。在较长的直线热水管道上，不能采用自然补偿时，需采用设置伸缩器（套筒伸缩器、方形伸缩器、波形管伸缩器、多球橡胶软接头）补偿管道的伸缩变形，如图 2-71 所示为波形管伸缩器。

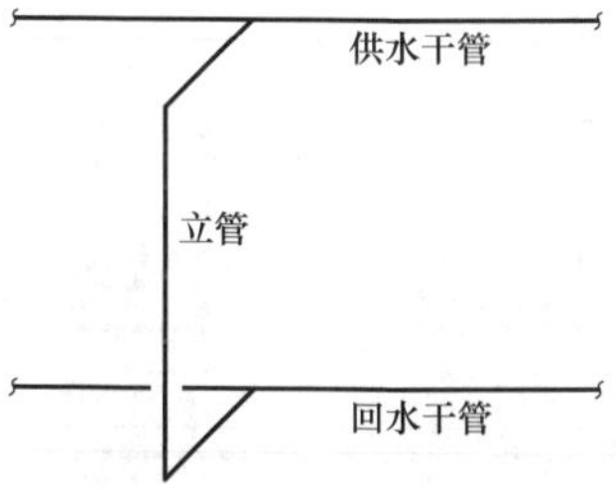

图 2-70　管道转折补偿

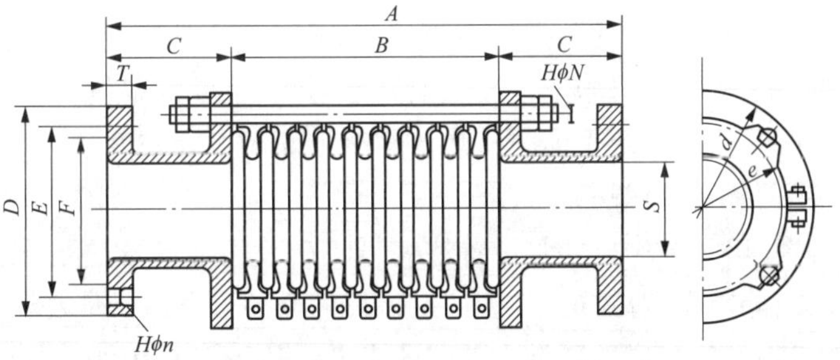

图 2-71　波形管伸缩器

5. 热水体积膨胀补偿

冷水被加热后，水温的升高导致水的体积膨胀，若此时卫生设备不用水，膨胀水量必然会增加系统压力，使管道、设备超压运转。工程中常用的解决措施：设释压阀、膨胀管疏导膨胀的水体积，或采用膨胀水罐、膨胀水箱容纳膨胀的水体积。

（1）膨胀管。用于高位冷水箱向水加热器供应冷水的开式系统，如图 2-72 所示。在加热器上引出膨胀管连至建筑物高位冷水箱上，热水膨胀后，其膨胀的热水排至高位冷水箱。

（2）释压阀。设置在闭式系统的水加热器上，当热水系统压力超过释压阀设定的压力时，释压阀开启，排出部分热水，使压力下降。

（3）膨胀水罐。膨胀水罐用于闭式热水系统，一般设置在热水供水总管上或水加热器冷水进水管上，吸收热水系统内水升温时的体积膨胀量，如图 2-73 所示。

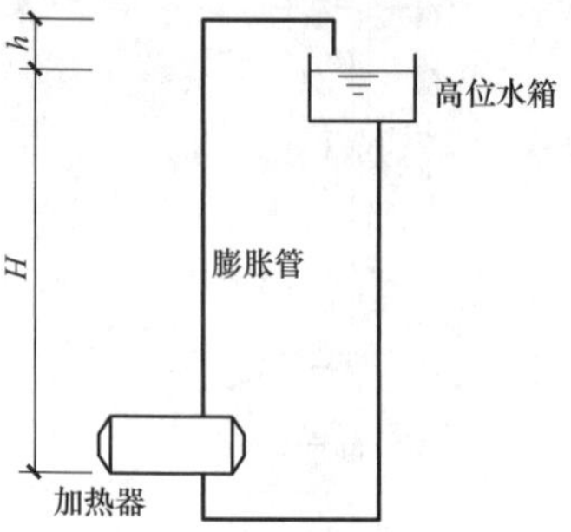

图 2-72 膨胀管的设置

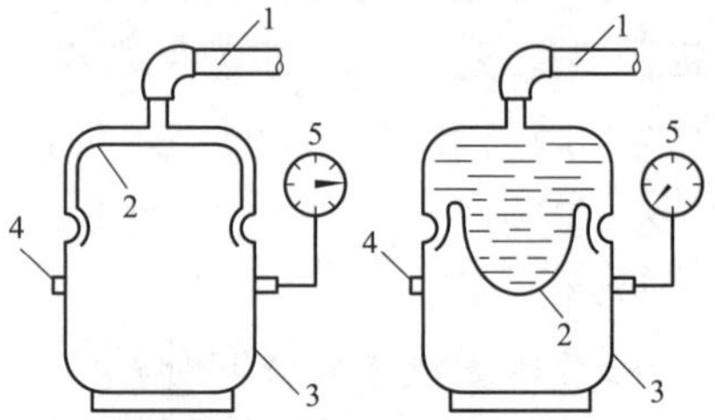

图 2-73 闭式隔膜膨胀水罐

1—系统接口；2—隔膜；3—壳体；4—气压调整口；5—压力表

（4）膨胀水箱。膨胀水箱设于开式热水系统，在机械循环的热水系统中膨胀水箱设置在系统的最高点，水箱上的膨胀管连接在循环水泵的吸入口侧。

6. 管道和设备的保温

热水供应系统中为减少介质在输送过程中的热散失及避免由于管道或设备外表面温度过高而导致的烫伤，提高系统运行的经济性和安全性，需对管道和设备进行保温处理。热水供应系统中的水加热设备，储热水器，热水箱，热水供水干、立管，机械循环的回水干、立管均应保温。

七、热水给水施工图识读

1. 消热水给水施工图的组成与内容

热水给水施工图一般由平面图、系统图及详图三个主要部分组成，此外，还包括常规的图纸目录、设计与施工说明（消防专篇）、主要设备材料表。

（1）热水系统平面图。热水系统平面图主要表明消防设施的平面位置，管线进出和平面连接情况，一般包括：

1）房间名称、立管位置及编号、热水用水点及热水设备的（消火栓、消防箱、自动喷水设施等）安装位置、类型、定位尺寸及安装方式。

2）设备的位置，供水总管的走向、位置及采用的标准图号（或详图号）。

3）干、立、支管的位置、走向、管径。

平面图一般包括标准层平面图、顶层平面图、底层平面图。

平面图常用的比例有 1∶100、1∶150 等，如图 2-74、图 2-75 所示。

（2）系统图。系统图一般采用正轴测图绘制，有时也有用展开图的方式来表达，是表示热水系统的空间布置情况、热水设备及设施与管道空间连接形式，设备、管道附件等空间关系的立体（高程关系）图。标有立管编号、管道标高、各管段管径、水平干管的坡度、热水设备和设施、阀件的位置、型号规格等。可了解消防给水系统的全貌。系统图可以按一定的比例绘制，但不标注比例。热水系统图如图 2-76 所示。

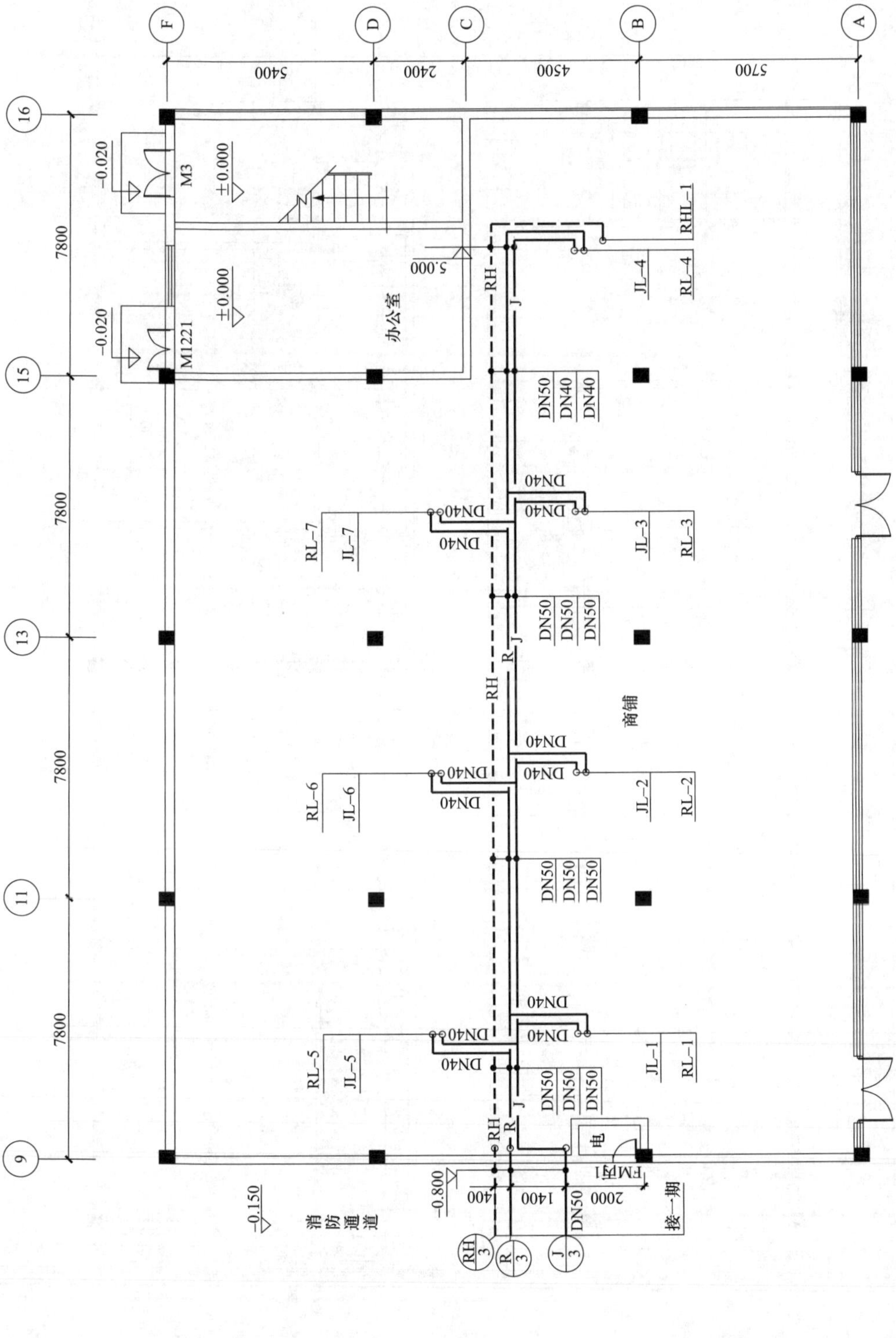

图 2-74　一层给水平面图

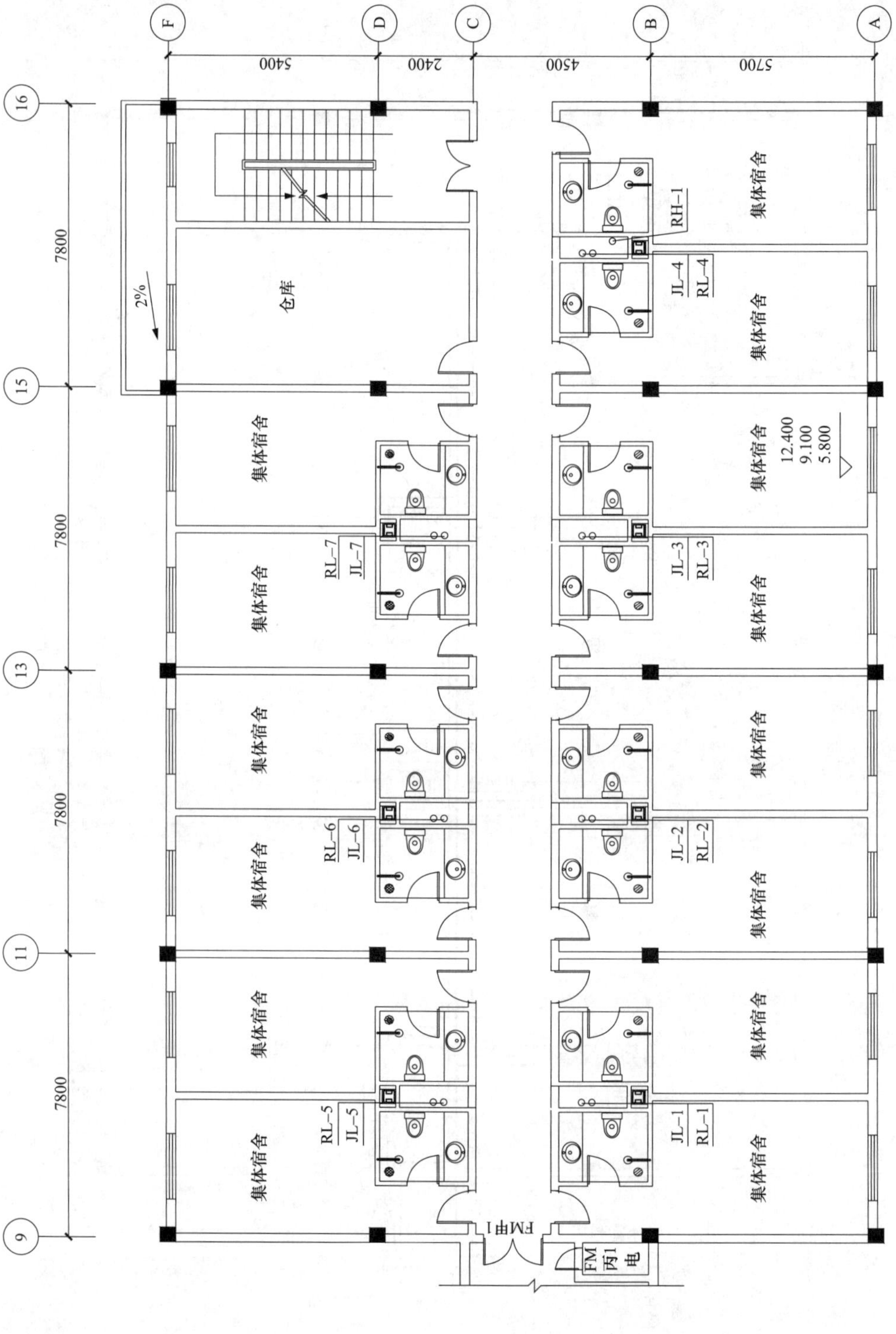

图 2-75 标准层给水平面图

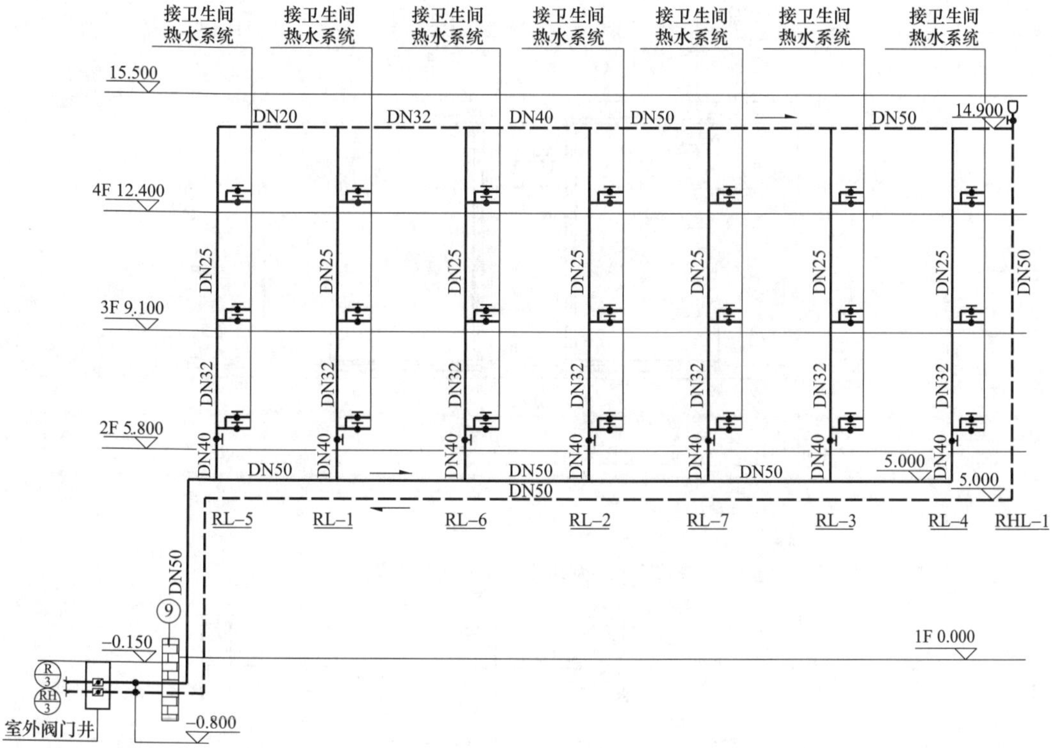

图 2-76　热水系统图

(3) 详图。详图主要表示热水系统节点与设备的详细构造及安装尺寸要求。平面图和系统图中表示不清，又无法用文字说明的地方，如热交换间、储热设备间等加热和换热设备、循环水泵、储热设备等的构造与接管的安装方式等可用详图表示。如果选用的是国家标准图集，可给出标准图号，不出详图。常用的比例是 1∶10、1∶50，但不标注比例。

(4) 设计、施工说明。说明设计图纸无法表示的问题，如水源情况、建筑物的性质、消防用水量标准、采用系统形式、系统的控制模式和标准、管道的敷设方式、防腐保温、水压试验要求，施工中需要参照的有关专业施工图号或采用的标准图号等。

2. 热水系统施工图示例

该套完整的热水系统施工图包括设计与施工说明、一层和标准层热水平面图（比例为 1∶100)、热水系统图，热交换间详图（比例为 1∶50)。

识读施工图基本方法：看图时，首先熟悉设计与施工说明的内容，然后识读系统流程。从最底层平面图开始，按系统从供水管入口开始，沿水流方向，按供水干、立、支管顺序到消防设备，再在热交换间、储热间等详图里具体识图中的设备和管线连接。在识读过程中，平面图与系统图对照一起看，如图 2-77、图 2-78 所示。

对建筑设计、装饰及建筑工程等专业的学生而言，识读过程中要重点关注管道穿楼板、墙的位置及施工要求。对于工程造价类专业的学生，则需要进一步关注细节，如阀门的种类、规格、数量，管道材料、设备参数等，同时还要根据常规的支/吊架设置要求估算支/吊架型式、数量。

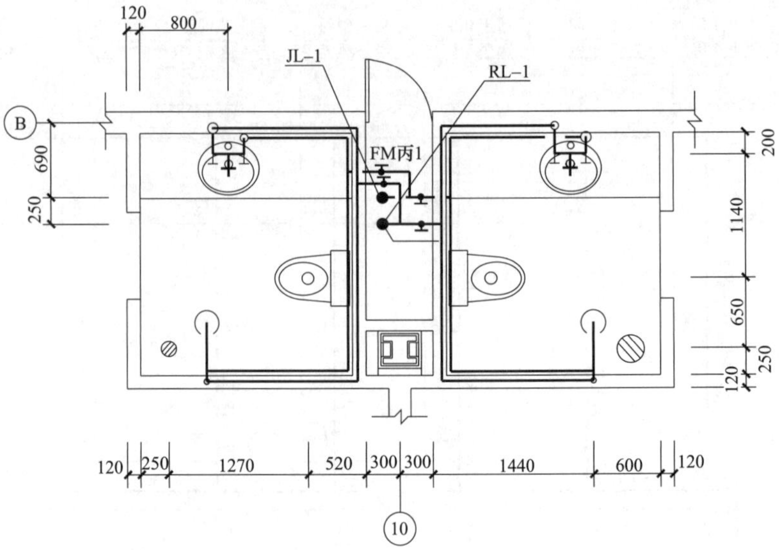

图 2-77 卫生间给水平面放大图

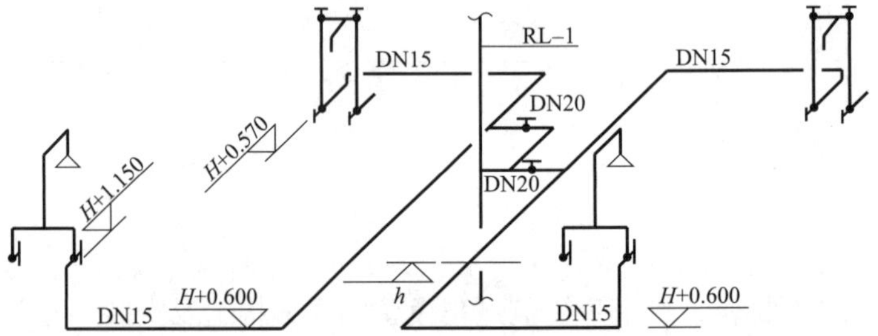

图 2-78 卫生间热水管道放大轴测图

习 题

一、单选题

1. 按热水供应范围，平层住宅套内一厨五卫设置一套热水系统，它属于下面哪类系统？（ ）

A. 局部热水供应系统　　B、集中热水供应系统

C. 区域热水供应系统　　D. 户式热水供应系统

2. 容积式水换热器不得在下面哪类建筑中使用？（ ）

A. 学校建筑　　B. 宾馆建筑

C. 医院建筑　　D. 住宅建筑

3. 用于热水加热的能源有可再生能源和传统能源两种，下面关于这两种能源在生活热水制备上的说法不合理的是哪项？（ ）

A. 可再生能源常用的有太阳能和空气能

B. 传统能源常用的有燃油和燃气

C. 一个生活热水系统的能源，首先选用传统能源

D. 一个生活热水系统的能源，首先选用可再生能源

4. 以下有关集中热水供应系统热源选择的叙述中哪一项是错误的？（　　）

A. 采用汽锤用汽设备排出废气作为热媒加热的，应设除油器除去废汽中的废油

B. 在太阳能资源较丰富的地区，利用太阳能为热源时，不需要设辅助加热装置

C. 在做经济技术比较时，可选择电蓄热设备为集中热水供应系统的热源

D. 采用蒸汽直接通入水箱中加热时，应采取防止热水倒流至蒸汽管道的措施

5. 海南某温泉度假酒店，采用城市自来水供应酒店集中生活热水，需加热至55℃供水、当地无城市热力管网，电力供应有保证、本着节能、环保、安全的原则合理选择热源，下列可作为优先选项的是哪一项？（　　）

A. 电　　B. 太阳能

C. 自备燃油锅炉　　D. 空气源热泵

二、多选题

下列关于加（储）热设备的布置，哪几项不正确？（　　）

A. 空气源热泵机组的风机噪声大，应置于密闭的设有隔离材料的房间内

B. 开式系统中冷水补给水箱最高设计水位应高于热水箱最高设计水位

C. 太阳能集热器的布置应保证每天 4 小时的日照时间

D. 热水机组一般露天布置，以使气流条件良好

三、识图题

图 2-79 是建筑热水系统，管道布置形式是____________，为了保证热水供水

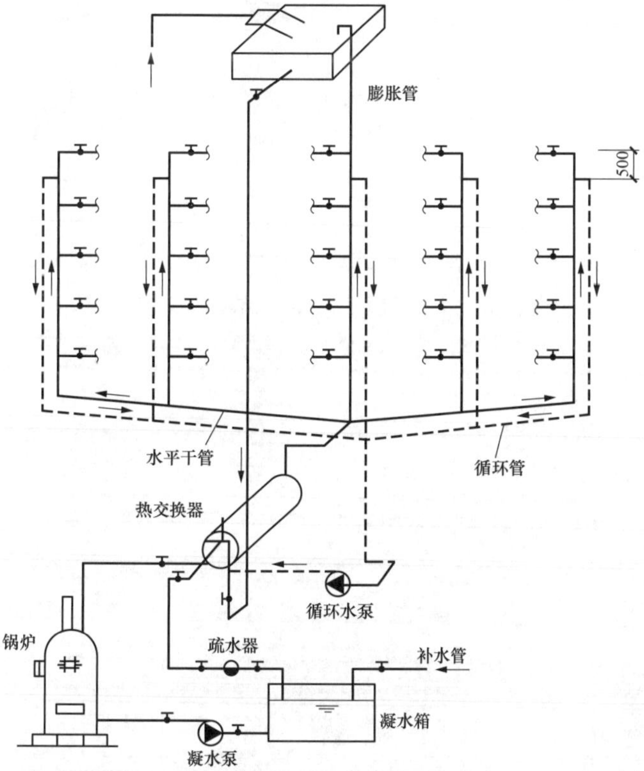

图 2-79　建筑热水系统

系统的供水温度，补偿管路的热量损失，热水系统应设置__________________，图中的循环方式是__________________，从完整程度来分，属于__________________，从加热方式来分，属于__________________。

四、熟读配套图纸——生活热水给水施工图识读

<table>
<tr><td>项目编号</td><td>CN1</td><td>项目名称</td><td>生活热水给水实训</td><td>训练对象</td><td>土建类非建筑设备专业</td></tr>
<tr><td>课程名称</td><td colspan="5">建筑设备工程</td></tr>
<tr><td>实训
目的</td><td colspan="5">1. 识读卫生间给排水施工图。
2. 了解常用卫生器具的类型、功能，以及平面尺寸、规格。
3. 掌握常用给排水管材、附件，以及管道连接方法。
4. 了解管道安装要求。
5. 了解建筑、结构对卫生间器具布置、管道安装的配合要求</td></tr>
<tr><td>完成任务</td><td colspan="5">1. 统计给排水管道的规格和数量，指明连接方法。
2. 统计卫生器具类型及规格数量。
3. 统计给排水各类阀门、附件等材料规格及数量。
4. 找出图中管道施工与土建配合之处并补充详细说明。
5. 所有结果应分楼层分别统计，并编写 Excel 表格，供指导教师核查</td></tr>
</table>

模块三　建筑排水工程

建筑排水是室内卫生质量的重要工程保证措施之一。排水系统的安全问题，包括材料的安全，排水能力的安全，是近几年来市场经济发展的结果，也是大家对室内卫生质量要求的结果，是追求健康的表现。

任务一　建筑排水系统的分类、组成及排水量

一、排水系统的分类

建筑排水系统的任务，是将建筑物内部用水设备产生的污（废）水，屋面的雨雪水加以收集后，通过排水管道及时畅通地排至室外排水管网中去。

建筑内部的排水系统根据接纳的污水、废水的性质，可以分为以下三类：

1. 生活排水系统

用以排放人们日常生活中所产生的生活污水（粪便污水）和生活废水（盥洗、沐浴、洗涤及空调凝结水等）。

2. 生产污（废）水排水系统

用以排放工业生产过程中产生的污水和废水。其中生产废水，是指未受污染或轻微污染及水温稍有升高的水（如循环冷却水）。生产污水，是指被生产过程污染的水。生产污（废）水成分复杂，一般应按排水的水质分别设置管道排出，以便处理、回收和利用。

3. 雨雪水排水系统

用以排放建筑物屋面上的雨水和雪水的排水系统。

二、排水体制

将污水、废水和雨水分别设置管道系统排出建筑物外的称为分流制，将污水和废水合用一管道系统排出的，则称为合流制。合流制的优点是工程总造价比分流制少，而分流制的优点是有利于污水和废水的分别处理和再利用。室内排水系统选择分流制还是合流制，应综合考虑污（废）水性质、污染程度、室外排水体制、处理和再利用要求等因素后确定，但需遵守以下规定。

（1）新建居住小区应采用生活污水与雨水分流排水系统。是指当城市有污水处理厂，市政设有较完善的污水、雨水管道系统时，将生活小区内的建筑排水分成生活排水与雨水两个排水系统，与市政排水管网直接衔接。但是，当城市无污水处理厂、市政没有污水管道时，居住小区的污水应自行处理（化粪池处理或其他水处理设备）后排入城市雨水管道。

（2）在下列情况下，宜采用生活污水与生活废水分流的排水系统：

1）建筑物使用性质对卫生标准要求较高，为防止臭气串味时。

2）城市无污水处理厂，生活污水需经化粪池处理后才能排入市政排水管道时。

3）生活废水需回收利用，如设有中水系统时。

（3）下列建筑排水应单独排至水处理或回收构筑物：

1）公共饮食业厨房含有大量油脂的洗涤废水，防止食用油脂在管道内凝结，堵塞管道。

2）洗车台冲洗水，以免管道内产生易燃、易爆气体。

3）含有大量致病菌，放射性元素超过排放标准的医院污水。

4）水温超过40℃的锅炉、水加热器等加热设备的排水，以免加速管材的老化和引起管接头的破坏。

5）用作中水水源的生活排水，因为粪便污水一般不作中水水源。

（4）建筑物的雨水管道应单独设置，在缺水或严重缺水地区，宜设置雨水储存池。

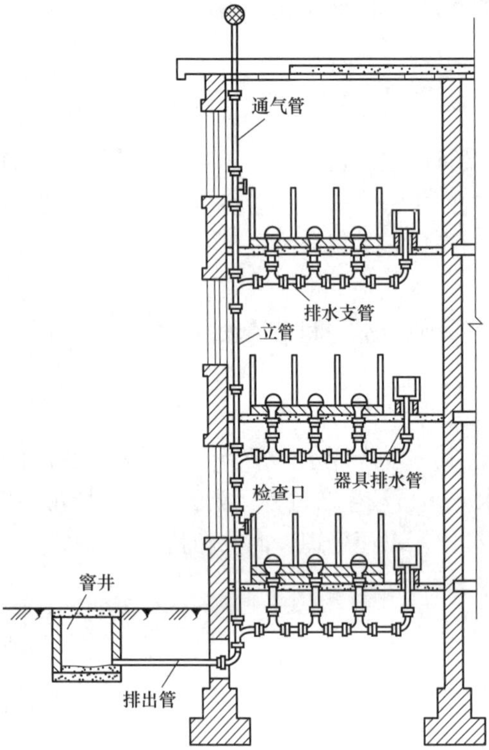

图3-1 建筑排水系统

三、排水系统的组成

一般建筑物内部排水系统由下列各部分组成，如图3-1所示。

1. 污（废）水受水器

是指各种卫生器具、收集工业生产污（废）水的设备及雨水斗等。

2. 排水管道

排水管道包括卫生器具排水管、排水横支管、排水立管、排水横干管与排出管等。

卫生器具排水管，是指连接1个卫生器具的排水管段，除自带水封的坐式大便器和部分地漏、蹲式大便器外，其上均应设水封装置（存水弯），以防止排水管道中的有害气体及蚊蝇昆虫进入室内。

排水横支管，是指连接卫生器具排水管至排水立管的水平排水管段。

排水立管，是指接受各层横支管的污水并排至横干管或排出管的垂直排水管段。

排水横干管，是指连接若干根排水立管至排出管的水平排水管段。

排出管，是指建筑物内至室外检查井（窨井）的排水横管管段。

3. 通气管

通气管又称透气管，有伸顶通气管、专用通气立管、环形通气管等类型。通气管是与大气相同的管道，设置目的是使排水系统内空气流通，排出管道中的有害气体，平衡管内压力，防止水封破坏，保证水流畅通。

4. 清通设备

在排水管道系统中，用于疏通管道的配件或构筑物。常见的有检查口、清扫口、检查井等，室内管道常用检查口和清扫口，较长的室内埋地敷设管道常用室内检查口井。

5. 污水提升设备

是指污、废水集水池（井、坑）及设置在内的污水抽升设备。用于民用建筑的地下室、人防建筑、设备层等污（废）水不能自流排至室外的场所。

四、排水量

1. 排水量定额

生活污水排水定额与生活给水用水定额基本相同。居住小区生活排水小时变化系数与其相应的生活给水系统小时变化系数相同，生活污水平均时流量和最高时流量的计算方法与生活给水也相同。

同样公共建筑生活排水定额和小时变化系数与公共建筑生活给水定额和小时变化系数也相同。

生产污水的排水定额、最大时排水量应按生产工艺设计要求计算确定。

卫生器具排水的流量、排水管管径，按表 3-1 确定。这里为了计算方便，同建筑给水一样，采用当量折算的方法，既把一个污水盆的排水流量 0.33L/s 作为一个排水当量，而其他卫生器具的排水当量以此为基准进行折算。

表 3-1　卫生器具排水的流量、当量和排水管管径

序号	卫生器具名称	排水量（L/s）	当量	排水管管径（mm）
1	洗涤盆、污水盆（池）	0.33	1.0	50
2	餐厅、厨房洗菜盆（池）			
	单格洗涤盆（池）	0.67	2.0	50
	双格洗涤盆（池）	1.00	3.0	50
3	盥洗槽（每个水嘴）	0.33	1.00	50～75
4	洗手盆	0.10	0.3	32～50
5	洗脸盆	0.25	0.75	32～50
6	浴盆	1.00	3.00	50
7	淋浴器	0.15	0.45	50
8	大便器			
	高水箱	1.50	4.50	100
	低水箱			
	冲落式	1.50	4.50	100
	虹吸式、喷射虹吸式	2.00	6.00	100
	自闭式冲洗阀	1.50	4.50	100
9	医用倒便器	1.50	4.50	100
10	大便槽　≤4 个蹲位	2.50	7.50	100
	>4 个蹲位	3.00	9.00	150
11	小便器　自闭式冲洗阀	0.10	0.30	40～50
	感应式冲洗阀	0.10	0.30	40～50

续表

序号	卫生器具名称	排水量（L/s）	当量	排水管管径（mm）
12	小便槽（每米长） 自动冲洗水箱	0.17	0.50	
13	化验盆（无塞）	0.20	0.60	40～50
14	净身器	0.10	0.30	40～50
15	饮水器	0.05	0.15	25～50
16	家用洗衣机	0.50	1.50	50

注 家用洗衣机排水软管直径为30mm，有上排水的家用洗衣机排水软管内径为19mm。

2. 排水管道的充满度、速度和坡度

为使排水管道在良好的水力条件下工作，排水管道系统必须满足充满度、水流速度和坡度这三个水力要素的规定。

（1）管道充满度 h/D 。是指排水管道内水深 h 与管径 D 的比值。排水管道内的污水是在非满管流动的情况下自流排出室外的，管道顶部未充满水。其目的在于排出管道内的臭气和有害气体、容纳超过设计的高峰流量，以及减少管道内气压波动，因此，规定了排水管道的最大设计充满度。建筑内部塑料管排水横干管的最小坡度和最大充满度见表3-2。铸铁管的最小坡度和最大充满度见表3-3。

表3-2　排水横干管最小坡度和最大充满度

外径（mm）	最小坡度	最大充满度
110	0.004	0.5
125	0.0035	0.5
160	0.003	0.6
200	0.003	0.6

表3-3　铸铁排水管道的最小坡度和最大充满度

管径（mm）	标准坡度	最小坡度	最大设计充满度
50	0.035	0.025	0.5
75	0.025	0.015	
100	0.020	0.012	
125	0.015	0.010	
150	0.010	0.007	0.6
200	0.008	0.005	

（2）水流速度。污、废水在排水管道内的水流速度对管道的正常工作有很大的影响。为使悬浮在污水中的杂质不致沉落在管底，须有一个最小保证流速（或称自清流速）；因此在工程中盲目地放大排水管径用于防止管道堵塞的做法是不可取的。另外，为了防止管壁因受污水中坚硬杂质长期高速流动的摩擦而损坏和防止过大的水流冲击，也有一个最大允许流速。

（3）管道坡度。排水管道的坡度应满足流速和充满度的要求，一般情况下应采用标准坡度。建筑排水塑料管排水横支管的标准坡度为0.026，最小坡度见表3-2；铸铁排水管道的坡度见表3-3。

3. 排水管道的管径估算

单个卫生器具排水管的管径按表3-1确定。排放多个卫生器具污水的排水横管和排水立管的管径，根据建筑物的性质、通气系统的设置条件、排水管道负荷的当量总数，可按表3-4估算。

表3-4　排水管道允许负荷的卫生器具当量值　mm

建筑物性质	排水管道名称		允许负荷的当量总数			
			50	75	100	150
住宅、公共居住建筑的小卫生间	横支管	无器具通气管	4	8	25	
		有器具通气管	8	14	100	
		底层单独排出	3	6	12	
	横干管			14	100	1200
	立管	仅设伸顶通气管	5	25	70	
		有通气立管			900	1000
集体宿舍、旅馆、医院、办公楼、学校等公共建筑的盥洗室、厕所	横支管	无环形通气管	4.5	12	36	
		有环形通气管			120	
		底层单独排出	4	8	36	
	横干管			18	120	2000
	立管	仅设伸顶通气管	6	70	100	2500
		有通气立管			1500	
工业企业生活间、公共浴室、洗衣房、实验室、影剧院、体育场	横支管	无环形通气管	2	6	27	
		有环形通气管			100	
		底层单独排出	2	4	27	
	横干管			12	80	1000
	立管	仅设伸顶通气管	3	35	60	800

习　题

一、单选题

1. 下面哪一类水不属于生活污水（　　）。

A. 洗衣排水　　B. 大便器排水　　C. 雨水　　D. 厨房排水

2. 水温超过（　　）℃的锅炉、水加热器等加热设备的排水应降温，以免加速管材的老化和引起管接头的破坏。

A. 20　　B. 25　　C. 30　　D. 40

3. 清通设备不包含：（　　）。

A. 地漏　　B. 检查口　　C. 清扫口　　D. 检查井

4. 下列选项中，合流制不将（　　）合用一个管渠系统内排除。
A. 雨水　B. 生活污水　C. 工业废水　D. 冷却水
5. 设置排水管道最小流速的原因是（　　）。
A. 减少管道磨损
B. 防止管中杂质沉淀到管底
C. 保证管道最大充满度
D. 防止污水停留
6. 建筑排水塑料管排水横支管的标准坡度为（　　）。
A. 0.004　B. 0.0035　C. 0.003　D. 0.026
7. 洗涤盆、污水盆（池）的排水量为（　　）。
A. 0.33　B. 0.25　C. 0.32　D. 0.2
8. 生活污水不包括（　　）排出的水。
A. 厕所　B. 浴室　C. 厨房　D. 造纸厂

二、多选题

1. 建筑内部的排水系统根据接纳的污水、废水的性质，可以分为（　　）。
A. 生活排水系统　B. 生产污（废）水排水系统
C. 雨雪水排水系统　D. 厨房排水
2. 下列（　　）情况下，宜采用生活污水与生活废水分流的排水系统。
A. 建筑物使用性质对卫生标准要求较高，为防止臭气串味时
B. 城市无污水处理厂，生活污水需经化粪池处理后才能排入市政排水管道时
C. 生活废水需回收利用，如设有中水系统时
D. 任何时候
3. 下列建筑排水（　　）应单独排至水处理或回收构筑物。
A. 公共饮食业厨房含有大量油脂的洗涤废水，防止食用油脂在管道内凝结，堵塞管道
B. 洗车台冲洗水，以免管道内产生易燃、易爆气体
C. 含有大量致病菌，放射性元素超过排放标准的医院污水
D. 用作中水水源的生活排水，因为粪便污水一般不作中水水源
4. 排水管道包括（　　）。
A. 卫生器具排水管　B. 排水横支管
C. 排水立管　D. 排水横干管与排出管等
5. （　　）不是通气管设置目的。
A. 使排水系统内空气流通　B. 平衡管内压力
C. 防止水封破坏　D. 排出管道中的有害气体
6. 以下器具排水管管径是正确的（　　）。
A. 洗脸盆 DN40　B. 浴盆 DN40
C. 大便器 DN100　D. 单个小便器 DN32

任务二　建筑排水管道的布置与敷设

一、排水管道的布置原则

室外排水管道的埋设深度，要考虑管顶承受荷载情况，车行道下管线的管顶覆土深度不宜小于0.7m；生活污水排出管的埋设深度不得高于土壤冰冻线0.15m，且管顶覆土深度不宜小于0.3m。

室内排水管道布置应力求以最佳水力条件排至室外管网；不影响、妨碍房屋的使用和室内各种设备的正常运行；便于管道系统安装和维护管理，满足经济和美观的要求。此外，还应遵守以下规定：

（1）卫生器具至排出管的距离应最短、转弯最少。

（2）排水立管宜设在靠近排水量最大的排水点。

（3）架空管道不得敷设在对生产工艺或卫生有特殊要求的生产厂房内，以及食品、贵重商品仓库、通风小室和变配电间和电梯机房内。

（4）排水管道不得穿过沉降缝、伸缩缝、变形缝、烟道和风道。

（5）排水埋地管道，不得布置在可能受重物压坏处或穿越生产设备基础。

（6）排水立管不得穿越卧室、病房等对卫生、安静有较高要求的房间，并不宜靠近与卧室相邻的内墙。

（7）排水管道不宜穿越橱窗、壁柜。

（8）塑料排水立管应避免布置在易受机械撞击处，如不能避免时，应采取保护措施。

（9）塑料排水管应避免布置在热源附近，如不能避免，并导致管道表面受热，温度大于60℃时，应采取隔热措施。塑料排水立管与家用灶具边净距不得小于0.4m。

（10）排水管外表面如有可能结露，应根据建筑物的性质和使用要求，采取防结露措施。

（11）排水管道不得布置在遇水会引起燃烧、爆炸的原料、产品和设备的上面；不得穿越生活饮用水池的上方。

（12）排水横管不得布置在食堂、饮食业厨房的主副食操作烹调备餐的上方。当受条件限制不能避免时，应采取防护措施。

二、排水管道的敷设

根据建筑物的性质及对卫生、美观等方面要求的不同，建筑排水管道的敷设方法与给水管道系统基本相同有明设和暗设两种方法。

1. 排水管道

一般宜地下埋设或在地面上、楼板下明设，如建筑有特殊要求时，可在管槽、管道井、管窿、管沟或吊顶内暗设，但应便于安装和维修。在室外气温较高、全年不冻结的地区，可沿建筑物外墙敷设。

2. 排水管道安装

（1）为改善排水管道内水力条件，避免管道在转弯和接口处堵塞，排水系统各管道之间连接处的水流转角不得小于90°，并应遵守以下规定：

排水立管与排出的连接，宜采用两个 45°弯头或弯曲半径不小于 4 倍管径的 90°弯头。排水管应避免轴线偏置，当受条件限制时，宜用乙字管或两个 45°弯头连接。卫生器具排水管与排水横管垂直连接，应采用 90°斜三通。排水横管与立管连接，宜采用 45°斜三通、45°斜四通和顺水三通或顺水四通。图 3-2 为塑料排水管常用三通、弯头管件。

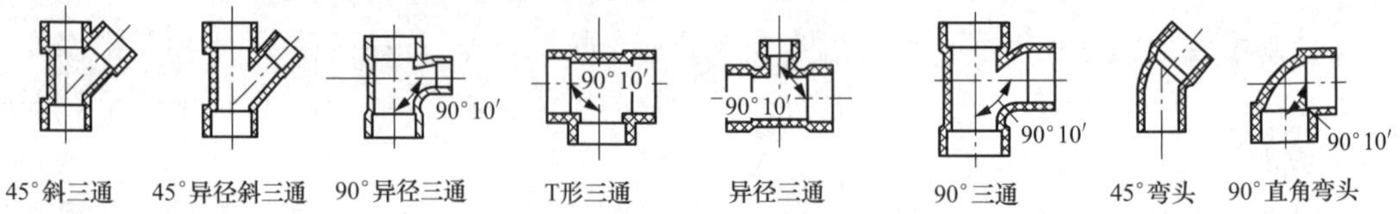

图 3-2 PVC-U 排水管常用三通、弯头管件

（2）常用的塑料排水管材，因为线膨胀系数较大，应根据环境温度变化、管道布置位置及管道接口形式等考虑设置伸缩节，消除管道的热胀冷缩应力。硬聚氯乙烯（PVC-U）管伸缩节的类型和常见的设置位置如图 3-3、图 3-4 所示。

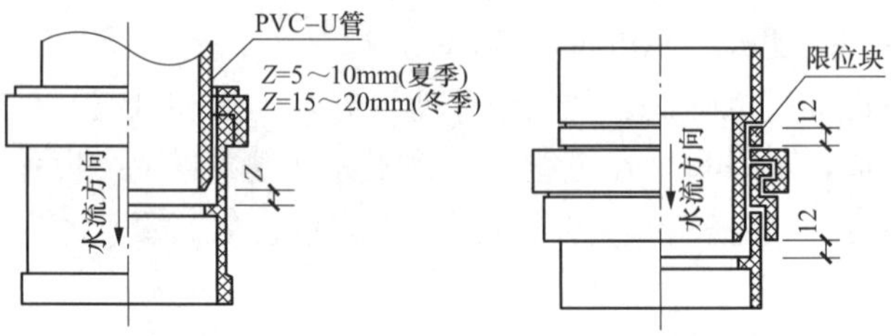

图 3-3 PVC-U 排水管伸缩节大样

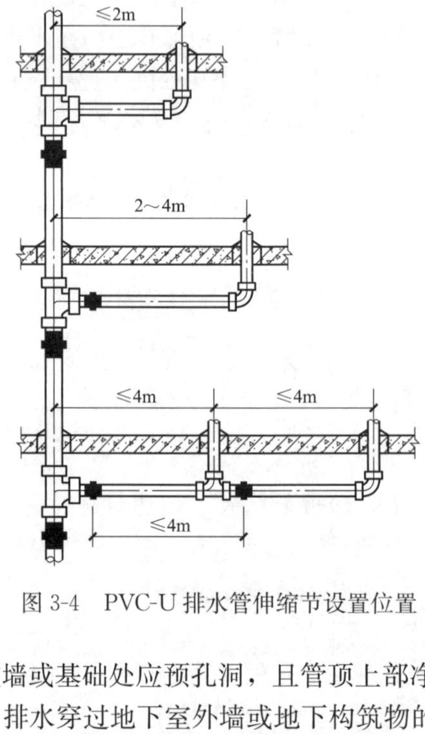

图 3-4 PVC-U 排水管伸缩节设置位置

（3）排水排出管穿承重墙或基础处应预孔洞，且管顶上部净空高度不得小于建筑物的沉降量，一般不小于 0.15m。排水穿过地下室外墙或地下构筑物的墙壁处，应预留孔洞或预埋

防水套管，预留孔洞和防水套管的尺寸、类型见表 3-5 和表 3-6，措施与给水系统基本相同。

表 3-5　　连接处至立管管底的距离 h_1

立管连接卫生器具的层数	垂直距离	
	仅设伸顶通气	设通气立管
≤4	0.45	按配件最小安装尺寸确定
5～6	0.75	
7～12	1.20	
13～19	底层单独排出	0.75
≥20		1.20

表 3-6　　塑料排水管道支、吊架最大间距

管径（mm）	40	50	75	90	110	125	…	160
立管（m）	—	1.20	1.50	2.00	2.00	2.00	…	2.00
横管（m）	0.40	0.50	0.75	0.90	1.10	1.25	…	1.60

（4）排水系统中，水流在污水立管内的流动速度大于在排出管内的流动速度，使立管的底部产生一定的正压，导致靠近立管底部的卫生器具水封破坏，器具内产生冒水泡、污水满溢现象，严重影响使用。为此，应遵守以下规定：

1）连接在排水立管上的最低横支管与立管底部要有一定的距离，如图 3-5 所示的 h_1，h_1 要符合表 3-5 的要求。排水支管连接在排出管或排水横干管上时，如图 3-6 所示，要求 $L \geq 3.0\text{m}$。否则，排水支管应单独排至室外检查井或采取有效的防反压措施。

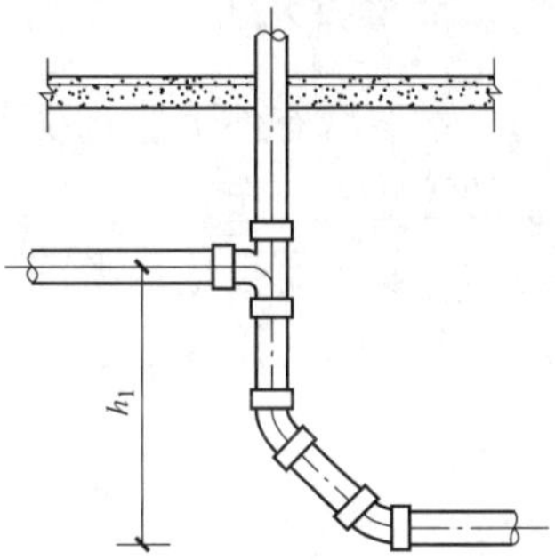

图 3-5　最低横支管与立管的连接

2）竖支管接入横干管竖直转向管段时，如图 3-6 所示，要求垂直距离 $h_2 \geq 0.6\text{m}$。

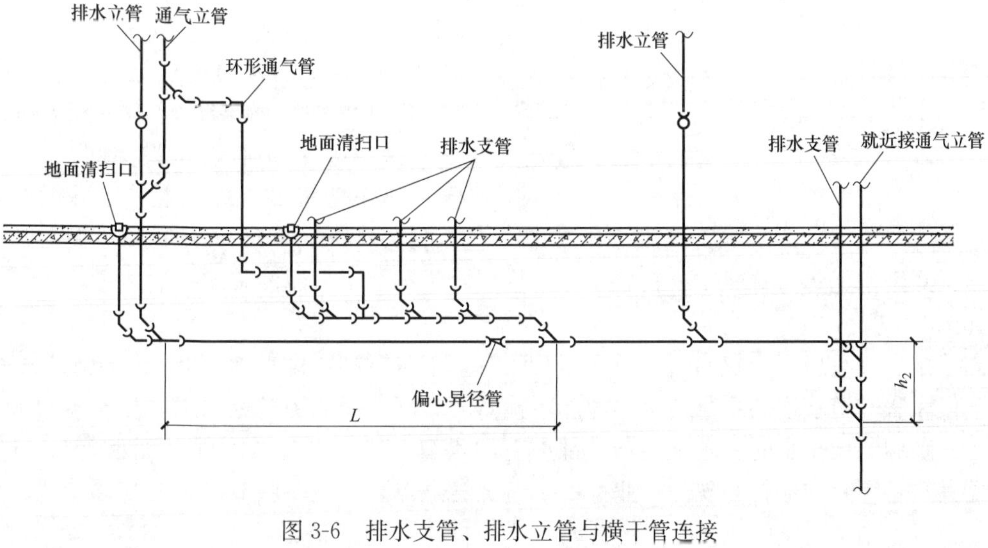

图 3-6　排水支管、排水立管与横干管连接

（5）排水管道的支承有固定支承和滑动支承两种，固定支承用于控制管道的膨胀方向，横管及分层立管的自重。滑动支承用于辅助消除排水管道的线膨胀应力。图 3-7 为 PVC-U 塑料排水管道的固定、滑动两用管卡。塑料排水管道的最大支承间距见表 3-6 的规定。

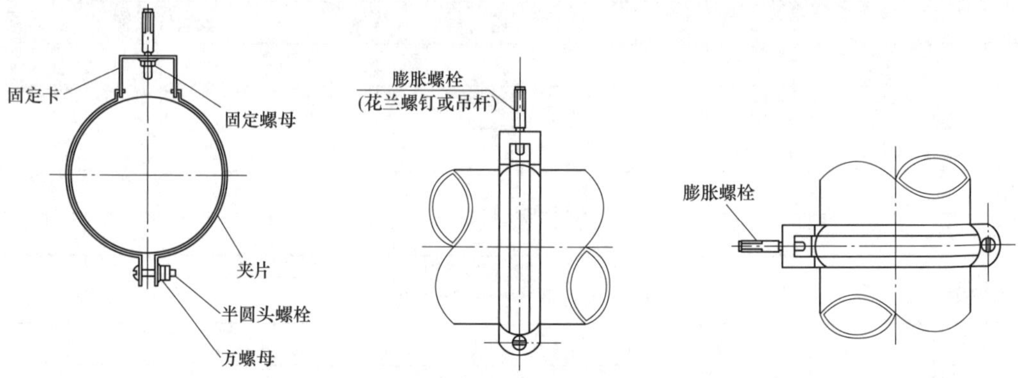

图 3-7　PVC-U 塑料排水管道的固定、滑动两用管卡

三、同层排水

是指本层所有卫生器具排水管不穿越楼板进入下层空间，所有器具排水管均敷设在本层楼面上的排水管道布置方法。一般用于住宅厨房和卫生间排水。住宅作为商品，属于业主的私有空间，业主有拒绝他人进入的权利。这给卫生间在使用、维修、改造和物业管理方面带来问题。为了避免影响下层住户，方便物业，一部分新建住宅排水管道采用同层布置，即同层排水。

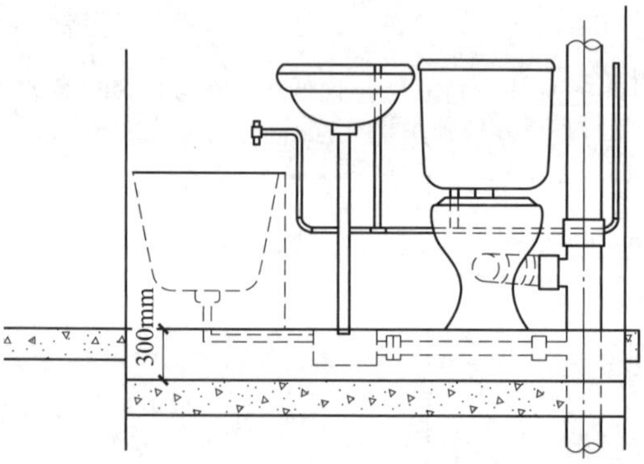

图 3-8　降板法同层排水

同层排水管道布置的方法如下。

（1）卫生间和厨房不设地漏，大便器采用后出水型；这是因为考虑住宅的卫生间、厨房一般不经常从地面排水，防止地漏水封得不到补充而导致水封功能丧失，有害气体通过地漏串入室内。但这种方法在给水管道或附件损坏时，容易出现水患。

（2）厨房不设地漏，将卫生间楼板下降 300mm 左右，作为管道敷设空间，如图 3-8 所示。下沉楼板采用现浇混凝土并做好防水层，按设计标高和坡度沿下沉楼板面敷设排水管道，并用水泥焦渣等轻质材料填实作为垫层，垫层上用水泥砂浆找平后再做防水层和面层，如图 3-9 所示。

同层排水具有房屋产权明晰；卫生器具的布置不受限制；排水噪声低；渗漏水几率小等优点。但无法知道管道的运行情况，增加了检修的难度。因此为避免水患，从安全用水的角度考虑，采用同层排水时要求卫生器具都应有溢水口。给水管道的附件（配水龙头、阀门、卫生器具软管等）均应符合现行行业标准，避免管道爆裂、接口脱节（松动）而造成水患。

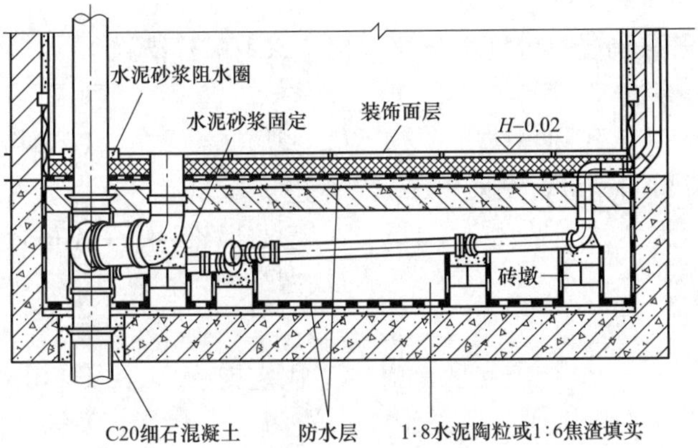

图 3-9　降板同层排水管道安装示意图

习　题

一、单选题

1. 对排水管道布置的描述，（　　）是不正确的？

A. 排水管道布置长度力求最短　　B. 排水管道不得穿越橱窗

C. 排水管道可穿越沉降缝　　D. 排水管道尽量少转弯

2. 排出管穿越承重墙应预留洞口，管顶上部净空一般不得小于（　　）m。

A. 0.15　　B. 0.1　　C. 0.2　　D. 0.3

3. 室外排水管道的埋设深度，要考虑管顶承受荷载情况，车行道下管线的管顶覆土深度不宜小于（　　）m。

A. 0.3　　B. 0.5　　C. 0.7　　D. 1.0

4. 常用的塑料排水管材，因为线膨胀系数较大，应根据环境温度变化、管道布置位置及管道接口形式等考虑设置（　　），消除管道的热胀冷缩应力。

A. 检查口　　B. 伸缩节　　C. 地漏　　D. 支架

5. 为改善排水管道内水力条件，避免管道在转弯和接口处堵塞，排水系统各管道之间连接处的水流转角不得小于（　　）度。

A. 60　　B. 90　　C. 120　　D. 150

二、多选题

1. 同层排水的优点是（　　）。

A. 减少卫生间楼面留洞

B. 安装在楼板下的横支管维修方便

C. 排水噪声低

D. 卫生间楼面不需下沉

2. 建筑物内排水管道布置符合要求的是（　　）。

A. 排水管布置在食堂备餐台上方

B. 排水管道不穿橱窗

C. 排水管道布置在配电柜上方

D. 塑料排水管表面受热温度高于60℃时应采取隔热措施

3. 排水管道不得穿过（　　）。

A. 沉降缝　　B. 伸缩缝　　C. 变形缝　　D. 烟道和风道

4. 排水立管与排出的连接，宜采用（　　）连接。

A. 两个45°弯头　　B. 弯曲半径不小于4倍管径的90°弯头

C. 90°弯头　　D. 四个45°弯头

5. 排水管道有（　　）。

A. 弹性支承　　B. 抗震支承　　C. 固定支承　　D. 滑动支承

任务三　排水附件、通气系统、检查井与污水局部处理和提升装置

一、排水附件

1. 地漏

地漏主要设置在卫生间、浴室、盥洗室、厕所、公共食堂等其他需要排除地面排水的房间，主要用以排除地面积水。地漏一般由铸铁、不锈钢、塑料、铜等材料制成，在地面排水口处盖有篦子，用以阻挡杂物进入排水管道。常用地漏的规格有DN50、DN75、DN100、DN150等。

地漏设置应布置在不透水地面最低处，易溅水卫生器具附近，地漏面应比地面低10mm，周围地面应有不小于0.01的坡度坡向地漏。地漏应安装在楼板预留孔洞内，孔洞直径D(DN+100)，如安装在地面上，先安装地漏后做地面，如图3-10所示。

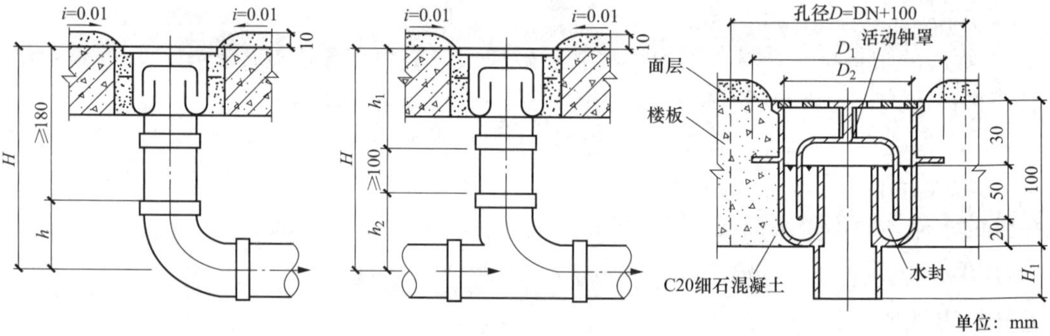

图3-10　带水封地漏安装

地漏包括不带水封（直通式）和带水封地漏两种，前者需加设存水弯，后者水封深度不小于50mm。带水封地漏常见的类型有专门排除地面积水的钟罩式、防溢式、侧墙式、网格式地漏等；排除地面积水和洗衣机废水的带洗衣机排水插口的地漏；排除地面积水、洗衣机废水、洗脸盆和浴盆废水的多通道地漏；用于同层排水的直埋式地漏（将排水管和地漏预埋在填层内）；用于人防地下室洗消间的防爆地漏等。常见地漏如图3-11、图3-12所示。

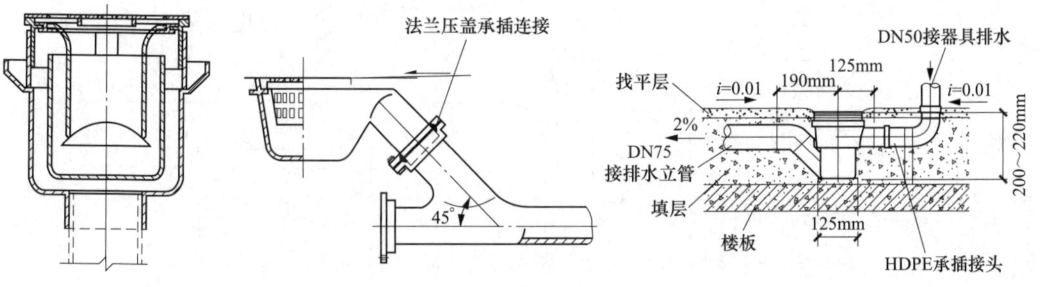

(a) (b) (c)

图 3-11 地漏

(a) 防溢地漏；(b) 食堂、浴室用网格式地漏；(c) 直埋式多通道地漏全埋安装

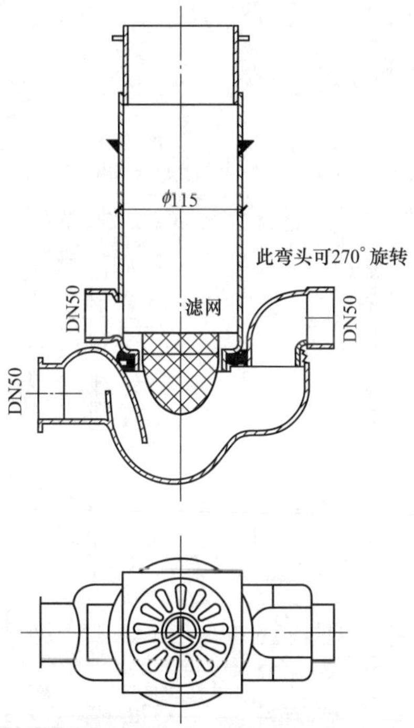

图 3-12 悬挂式多通道地漏

2. 水封装置

也称为存水弯，是在卫生器具内部或器具排水管上设置的一种内有水封的排水附件。

水封，是指存水装置中有一定高度的水柱，如图 3-13 所示。按 GB 50015—2019 的要求，在存水弯内存有 50～100mm 深的水，图 3-13 中 h 为存水高度。其原理是利用一定高度的静水压力来抵抗排水管内的气压变化，隔绝和防止排水管内有害气体和小虫等通过卫生器具进入室内污染环境。

存水弯有带清通丝堵和不带清通丝堵两种；按照外形的不同，还可分为 P 形、S 形和卫

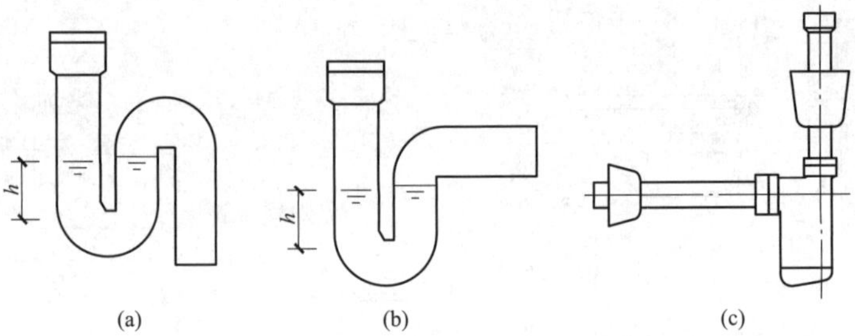

图 3-13　水封装置

（a）S形水封；（b）P形水封；（c）卫生器具（洗脸盆）专用水封

生器具（洗脸盆）专用水封等。

3. 清通设备

一般指检查口、清扫口、检查井及自带清通门的弯头、三通、存水弯等设备，用以疏通排水管道，如图 3-14 所示。

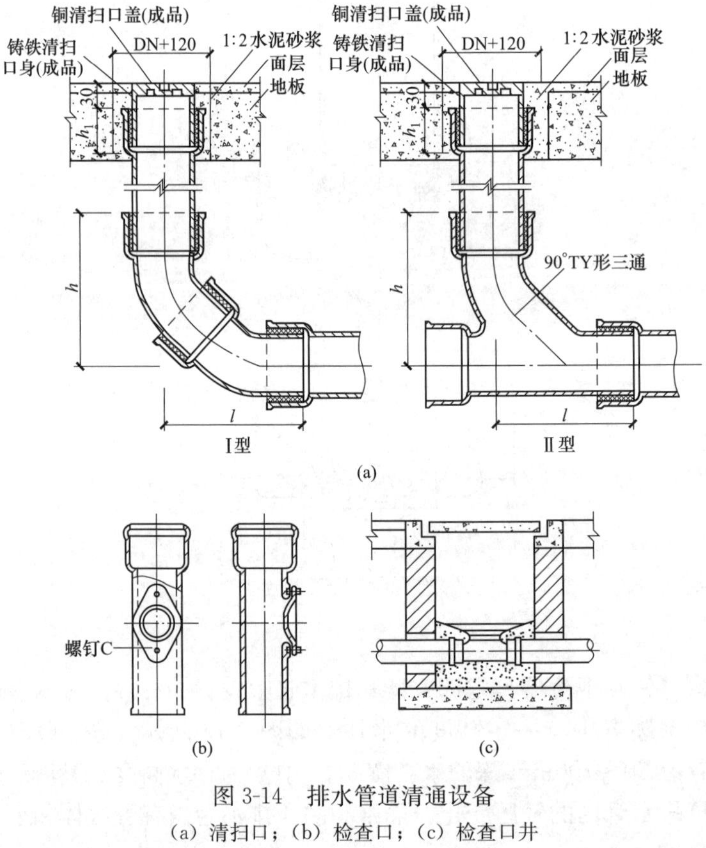

图 3-14　排水管道清通设备

（a）清扫口；（b）检查口；（c）检查口井

（1）检查口是带有可开启检查盖的配件。装设在排水立管、较长的排水横管中间、弯头及存水弯处，用于排水管的检查和清通。

检查口的间距：

1）铸铁排水管立管不宜高于 10m，最低层和有卫生器具的最高层必须设置。

2）塑料排水管立管宜每六层设置一个，但最低层和有卫生器具的最高层必须设置。

检查口中心高度距操作地面一般为 1.0m，检查口的朝向应便于检修。配合装修暗装的立管，在检查口处应安装检修门，如图 3-15 所示。

（2）清扫口是带螺栓盖板的弯头或带堵头的配件和三通配件。装在横管上，用于排水横管的清扫。

清扫口的位置设置：

1）连接 2 个或 2 个以上大便器、3 个或 3 个以上其他卫生器具的铸铁排水横管上。

2）连接 4 个及 4 个以上大便器的塑料排水横管上。

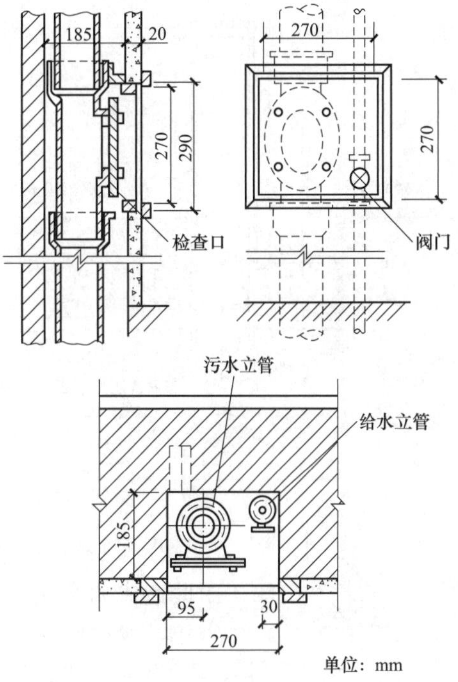

图 3-15　管道检修门

3）水流偏转角大于 45°的排水横管上。

设置在横管端部的清扫口与管道相垂直的墙面距离不得小于 150mm，若在横管的始端设置堵头代替清扫口时，其与墙面距离不得小于 400mm，也可利用带清扫口的弯头配件代替清扫口。若横管较长时，每隔一定距离也应设置地面清扫口，清扫口开口应与地面相平，如图 3-14 所示。

（3）室内检查口井是砖砌的井。用于埋地横管上设置检查口时，保证排水管检查口正常使用的构筑物。生活排水管道不宜在室内设检查井，当必须设置时，应采取密闭措施。如图 3-15 所示。

4. 阻火装置

在高层建筑中，为防止塑料排水管材受高温熔化后引起的火灾贯穿蔓延，对 De≥110mm 排水塑料排水在穿越楼面、防火墙时，要求设置阻火装置。阻火装置的类型有阻火圈和防火套管两种类型。

阻火圈的构造如图 3-16 所示，当火灾致使塑料管局部破坏后，阻火膨胀材料受热急剧膨胀封闭管洞。

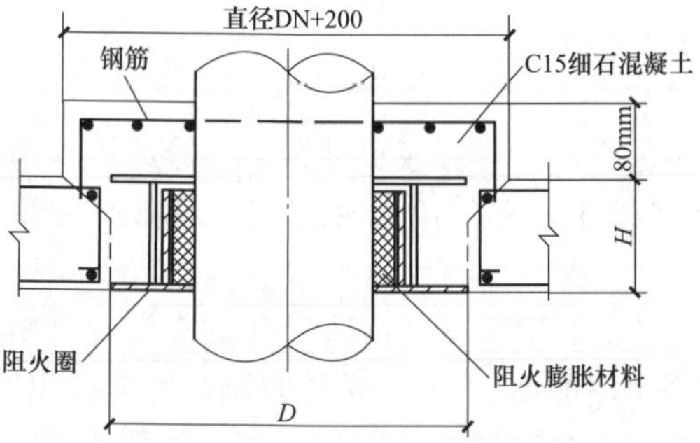

图 3-16　阻火圈的构造

防火套管的构造如图 3-17 所示，火灾发生时，塑料管遇热熔化塌落，在套管内的部分形成堵塞物堵住穿越防火分区的管洞。

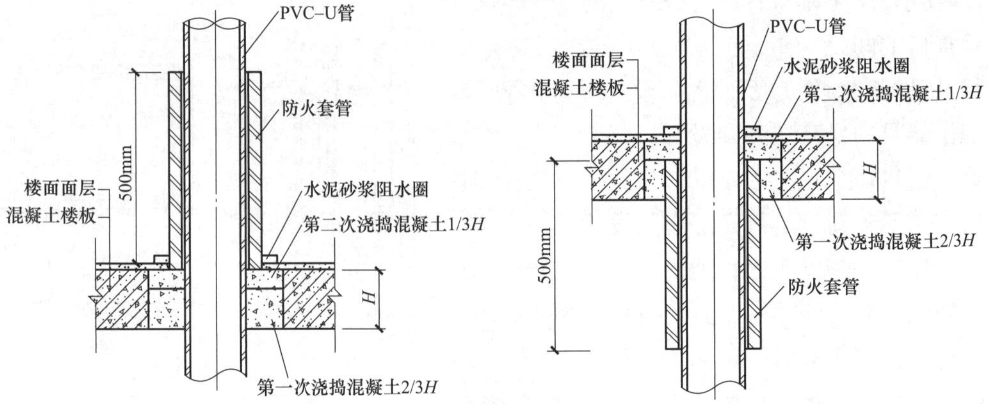

图 3-17 防火套管的构造

5. 消能装置

在高层建筑中排水立管高度大，水流落差大，水的流动速度快。由此造成的水流和立管底部产生的正压值也相应增大（塑料管由于自重小，噪声弊端尤其明显）。为减少这部分能量，在立管中每隔 6 层左右设置消能装置。PVC-U 排水立管上的简易消能装置，如图 3-18 所示。

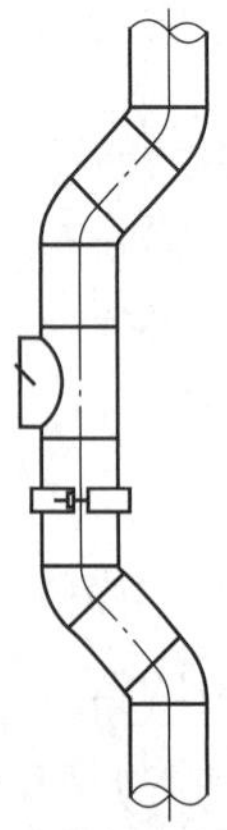

图 3-18 消能装置

二、通气系统

卫生器具排水时，立管内的空气由于受到水流的抽吸或压缩，造成管内气流压力变化，这个压力变化幅度如果超过了存水弯水封的静水压力，就会破坏水封，导致有害气体通过卫生器具侵入室内。因此，为了平衡排水系统中的压力，就必须设置通气管与大气相通，以泄放管内正压或通过补给空气来减小负压，使排水管内气流压力接近大气压力，保护卫生器具水封，使排水管内水流畅通，排除管道中的有害气体，减轻废气对管道的锈蚀（高层建筑中的排水管道采用柔性接口的机制排水铸铁管）。

目前，国内建筑中经常采用的通气系统有下列几种形式：

1. 伸顶通气管

排水立管与最上层排水横管连接处向上延伸出屋面的管道。仅设伸顶通气管的排水系统也称为单立管排水系统。在低层和多层建筑排水系统中，多采用此种方式，以排除污浊气体，同时向排水立管内补充新鲜空气。

伸顶通气管应高出屋面 0.3m 以上，且应大于最大的积雪厚度，通气管端应设置风帽或网罩。对于经常有人停留的平屋面，通气管口应高出屋面 2m。当受条件限制需侧向接出时，通气管口不能设置在建筑物挑出部分（如屋檐檐口、阳台和雨篷等）的下面。周围 4m 以内有门窗时，通气管口应高出门窗 0.6m 或引向无门窗的一侧。

2. 辅助通气管

随着建筑高度的增加，高层建筑内呈现排水立管长、水量大、流速快、建筑标准高等特点，排水管道内气压波动剧烈，单靠单立管排水系统已不能克服高层建筑排水立管中出现的如水封被破坏等弊病，需在原有排水系统中增加辅助通气管系统。目前，常用辅助通气管系统包括专用通气立管、主通气立管、副通气立管、环形通气管、器具通气管、结合通气管等形式，如图 3-19 所示。

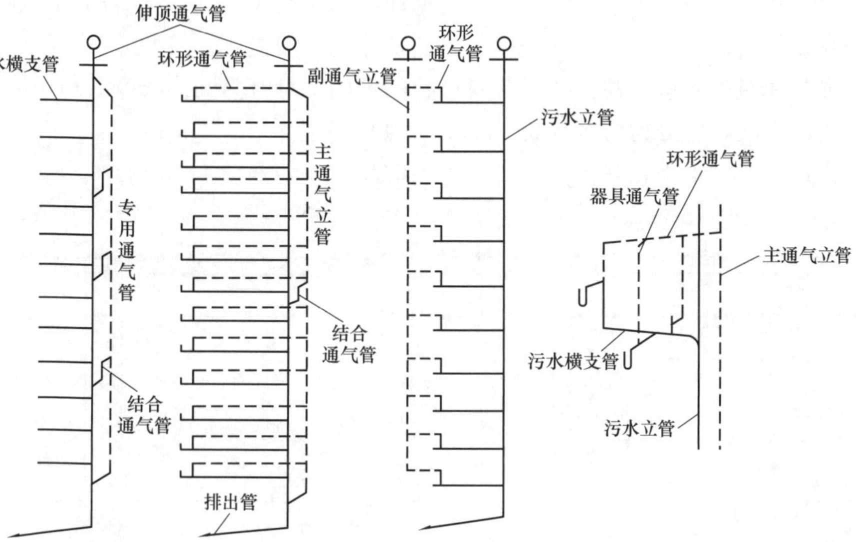

图 3-19　排水管道的通气系统

（1）专用通气立管。仅与排水立管连接，为排水立管内的空气流通而设置的垂直通气管。适用于 10 层及 10 层以上每层接入的卫生器具数量不超过 3 个的高层建筑或建筑卫生标准较高的建筑。

通常，把一根生活排水立管和一根专用通气立管组成的排水系统称为双立管排水系统。把一根生活污水立管和一根生活废水立管共用一根专用通气立管的排水系统称为三立管排水系统。前者适用于污水、废水合流的各类高层建筑，后者适用于生活污水和生活废水需要分别排出的各类高层建筑。专用通气立管应每隔两层设置结合通气管与排水立管连接。

（2）器具通气管。卫生器具出口端接至主通气立管或环形通气管管段。每个卫生器具都设置通气管的通气方式通气效果最佳，尤其是能防止器具自吸破坏水封作用。但造价最高，建筑上管道隐蔽处理较困难，适用于卫生标准较高的高层建筑。

（3）环形通气管。在多个卫生器具的排水横管上，从最始端卫生器具的下游端接至主通气立管或副通气立管的通气管段。适用于排水横管上卫生器具的数量超过允许负荷，或卫生标准较高的建筑。如连接 4 个及 4 个以上卫生器具且横支管的长度大于 12m 的排水横管；连接 6 个及 6 个以上大便器的污水横支管；设有器具通气管的排水系统。

（4）主通气立管。连接环形通气管和排水立管，为使排水支管和排水立管内的空气流通而设置的垂直通气管。适用于每层设置了环形通气管的高层建筑。主通气立管应每隔 8～10 层设结合通气管与排水立管连接。

（5）副通气立管。仅与环形通气管连接，为使排水支管内的空气流通而设置的垂直通气管。适用于排水立管不高，但每层设置了环形通气管的建筑。

（6）结合通气管。连接数根通气立管或排水立管的顶端部分，并延伸至室外接通大气的通气管段。适用于受建筑平面功能布置的影响，伸顶通气管不允许或不可能单独延伸出屋面的建筑。

三、检查井

排水检查井是室内排出管与室外排水管道连接的排水构筑物，主要用于清通室外埋地排水管道。检查井由井基、井身、井盖座、井盖及井内流槽组成。按照井身材料的不同，可分为砖砌检查井和混凝土检查井；按照井身形状的不同，可分为圆形检查井与矩形检查井；按照排水对象的不同，可分为污水检查井与雨水检查井。

雨水检查井与污水检查井的区别在于流槽的高度，如图 3-20 所示。

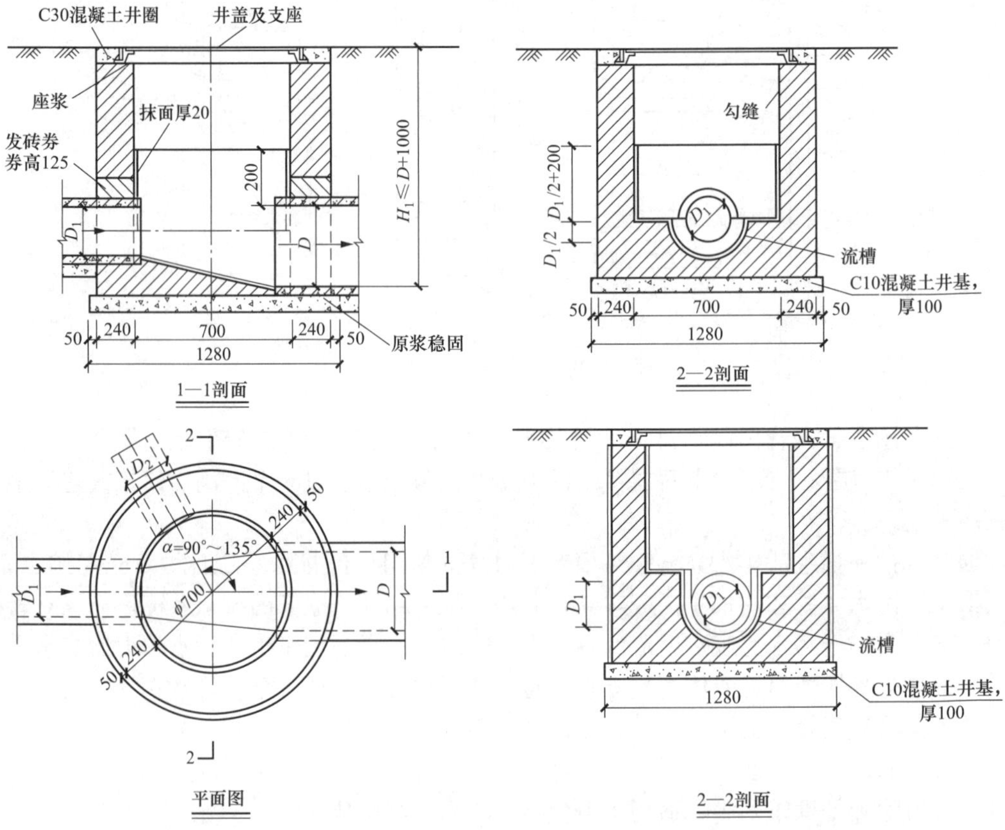

图 3-20 砖砌检查井（2—2 剖面上图为雨水检查井，下图为污水检查井）

污水检查井流槽的高度与管顶平，检查井内上、下游管道的衔接应采用水面平接或管顶平接两种方式。水面平接，是指上游管段末端与下游管段起始端的水面标高相同；管顶平接，是指上游管段末端与下游管段起始端的管顶标高相同。排水工程中，检查井上、下游管道管径相同时一般采用水面平接；检查井上、下游管道管径不同时，采用管顶平接。

室外排水检查井的位置设置：室内排出管连接处；排水管道转弯处和汇合处；管径或坡度改变处和跌水处；直线管道每隔一定距离处。直线管道处检查井的最大间距：DN150 管道，间距不大于 20m；DN200～300 管道，间距不大于 30m。

雨水检查井，相同直径的管道连接时，流槽顶与管中心平；不同直径的管道连接时，流槽顶与小管中心平。室内雨水敞开式系统的检查井应做高流槽，槽顶应高出管顶200mm，如图3-21所示。

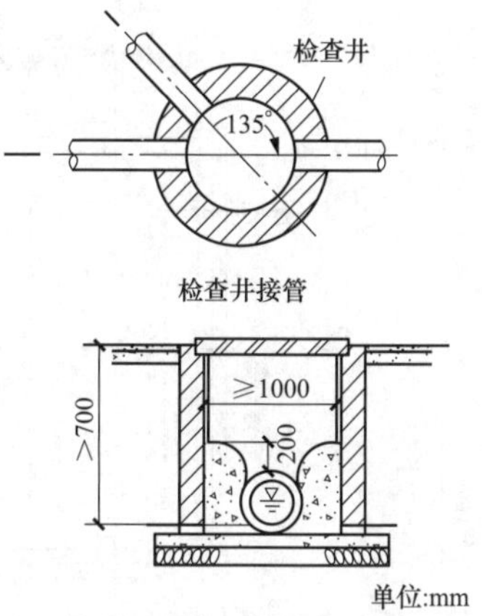

图3-21　检查井

四、污废水的局部处理

在建筑内部污水水质未达到国家规定的GB/T 31962—2015《污水排入城镇下水道水质标准》时，未经处理不允许直接排入市政排水管网或水体，应设置局部处理构筑物予以处理，如化粪池、隔油池、降温池、沉砂池、毛发聚集器。

1. 化粪池

建筑内部的粪便污水含有大量的杂质、纸屑等悬浮物和病原体，易使管道堵塞、细菌繁殖而影响环境。

化粪池是较简单的利用沉淀和厌氧发酵原理去除生活污水中悬浮性有机物的最低级处理构筑物。污水在化粪池中停留12～24h后，池中的悬浮物去除率达60%；沉于池底的悬浮物在池中储存90d以上的时间，通过自然发酵、脱水、熟化后，使污水中的污泥浓缩，污水中的细菌及病毒去除率达25%～75%。因此，目前仍是我国广泛采用的一种分散、过渡性的污水处理设施。但是化粪池去除有机物的能力差，出水呈酸性，有恶臭，仍不符合卫生排放要求。

化粪池一般用砖或钢筋混凝土砌筑，外形有圆形和矩形两种，对于矩形化粪池，按其构造有双格和三格之分。双格化粪池第一格的容量为总容量的75%，三格化粪池第一格的容量为总容量的60%，其余两格的容量各为总容量的20%。图3-22为6～10号三格矩形砖砌化粪池的平面构造。表3-7为污废分流系统，清掏周期为180d时，1～8号化粪池的使用人数选用表。

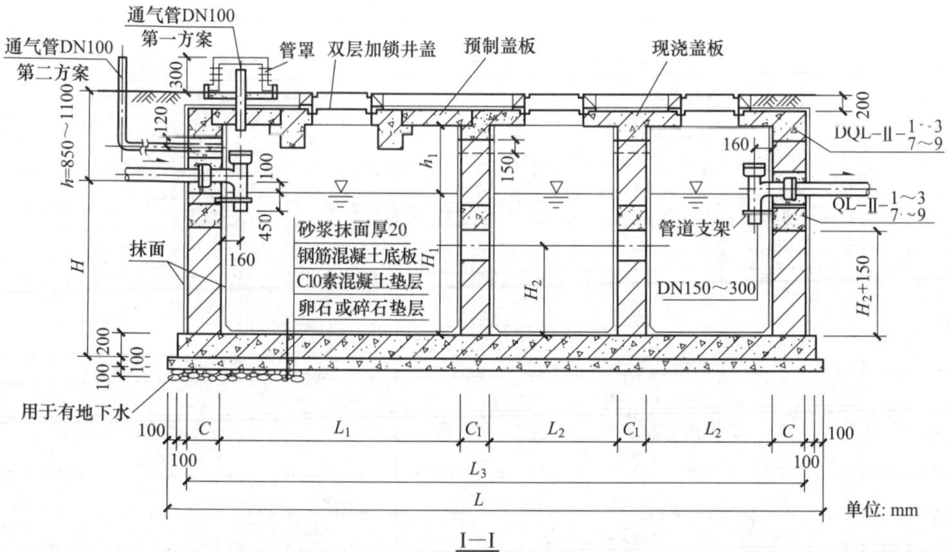

图3-22　三格矩形砖砌化粪池平面构造（一）

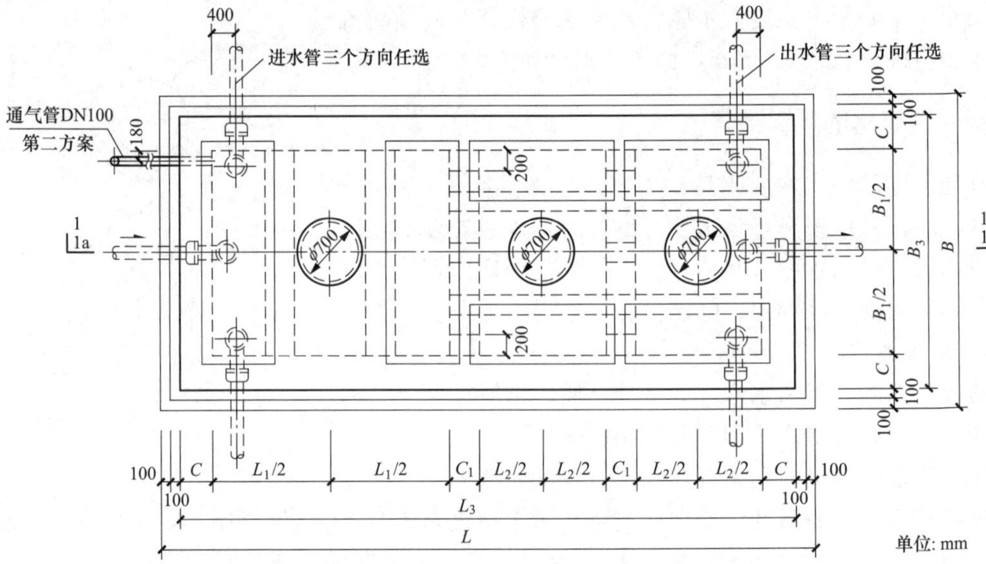

图 3-22 三格矩形砖砌化粪池平面构造（二）

化粪池应设在室外，外壁距建筑物外墙不宜小于 5m，并不得影响建筑物基础；化粪池外壁距地下水取水构筑物外壁宜有不小于 30m 的距离。当受条件限制，化粪池不得不设置在室内时，必须采取通气、防臭、防爆等措施。化粪池宜设置在接户管的下游端，便于机动车清掏的位置。

表 3-7 粪便污水单独排入化粪池的使用人数选用表

型号	有效容积（m^3）	污水停留时间（h）	住宅、旅馆、饭店		学校、办公楼	
			清掏周期 180d		清掏周期 180d	
			20L/(人・d)	30L/(人・d)	20L/(人・d)	30L/(人・d)
1	2	12	58	57	100	100
		24	53	44	91	77
2	4	12	117	114	200	200
		24	105	89	182	154
3	6	12	175	171	300	300
		24	158	133	273	231
4	9	12	263	257	450	450
		24	237	200	409	346
5	12	12	350	343	600	600
		24	316	267	546	462
6	16	12	467	457	800	800
		24	421	356	727	615
7	20	12	583	571	1000	1000
		24	526	444	909	769
8	25	12	729	714	1250	1250
		24	658	566	1136	962

2. 隔油池

隔油池是含油污水的除油装置。用于防止含有植物油和动物油脂的公共食堂和饮食业污水凝固附着在排水管道壁面上，致使管道过水断面减小或堵塞；防止含有少量汽油、柴油等轻质油的汽车修理、清洗行业的污水进入排水管道后产生挥发性气体，危害人身安全。除油装置还可以回收废油脂，变废为宝。隔油池一般用砖或钢筋混凝土砌筑。汽车修理、清洗行业污水系统使用的为隔油沉淀池。

为了使积流下来的油脂有重复利用的条件，粪便污水和其他污水不得排入隔油池内。隔油池的清掏周期不宜大于6d，以免污水中的有机物因发酵产生臭味而影响环境卫生。

为了便于清通，隔油池应设置活动盖板，进水管应考虑有清通的可能。

对于含油污水量较小的场所，采用小型隔油器设置在污水收集器下部，除油效果也同样较好。按构造的不同，小型隔油具有带网筐、带滤芯、带自动刮油装置和滤芯之分，按安装位置有地上式和悬挂式之分，图3-23为地上式带网筐隔油具及其安装示意图。

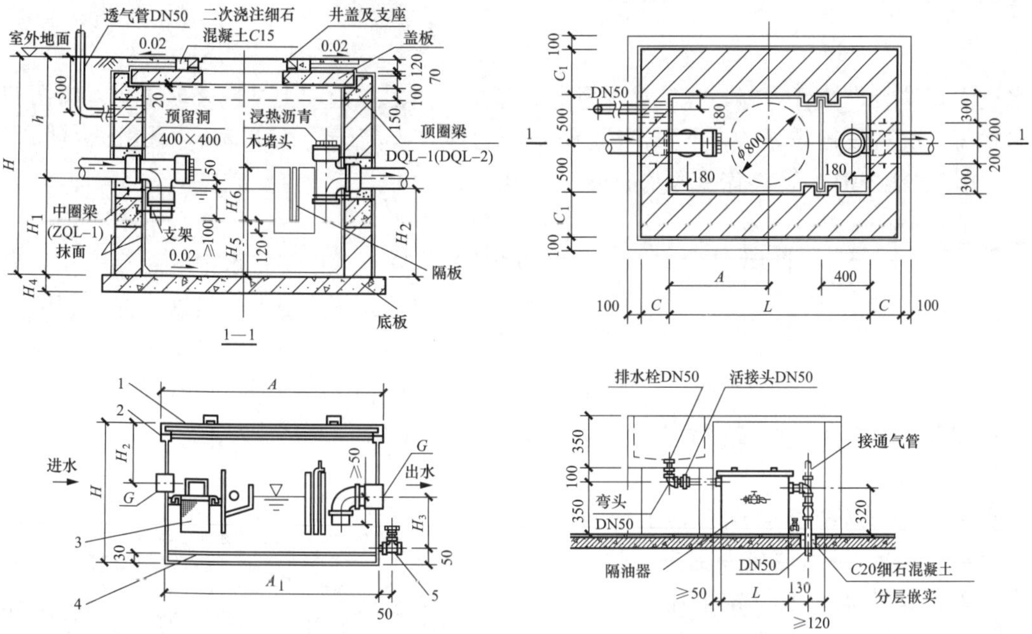

图3-23　地上式带网筐隔油具及其安装示意图（单位：mm）

1—盖板；2—垫片；3—网筐；4—箱体；5—闸阀

3. 降温池

当排水水温高于40℃时，会产生大量气体，给排水管道的维护管理和管道的接口、密封及使用寿命带来影响。因此，规范规定：温度高于40℃的废水，应首先考虑将所含的热量回收利用，如不可能或回收不合理时，在排入城市排水管道之前应设降温池。降温池应设置在室外。

降温池一般用砖或钢筋混凝土砌筑，按构造分有隔板式和虹吸式，隔板式适用于有冷却废水降温的场合，虹吸式适用于冷却废水较少主要依靠自来水冷却降温的场合。为了节约用水，冷却水应尽量利用低温废水。砖砌隔板式、虹吸式降温池的构造如图3-24所示。

降温池应设通气管，通气管排出口设置位置应负荷安全、环保的要求，降温池有压高温

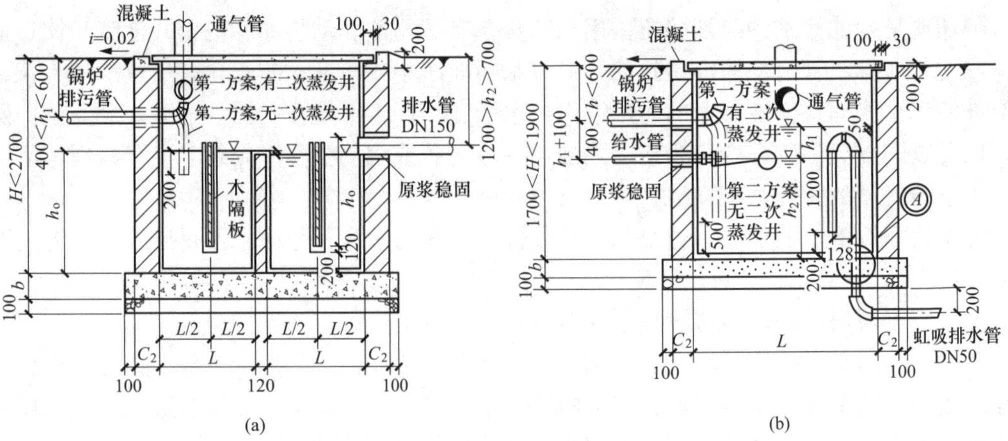

图 3-24 降温池（单位：mm）

（a）隔板式；（b）虹吸式

污水进水管易装设消音设施，有二次蒸发时，管口应露出水面向上并应采取防止人烫伤的措施（如将二次蒸发筒设置在不影响交通和安全的地方，高于地面 2.5m，且用铁丝固定绑扎）。无二次蒸发时，管口宜浸入水面 200mm 以下。

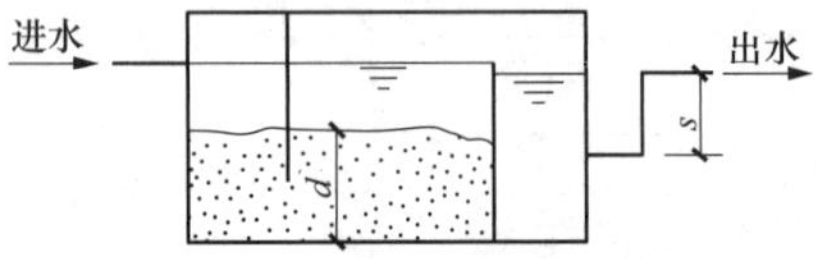

图 3-25 小型沉砂池的构造

4. 沉砂池

沉砂池是依靠重力作用将水中的悬浮颗粒分离的构筑物。其目的是去除污水中大密度、大颗粒的无机杂质，如砂粒、煤渣等。阻止污水中杂质排入城市排水管道。小型沉砂池的构造如图 3-25 所示。图 3-25 中沙坑深度 $d \geqslant 150$mm，水封深度 $s \geqslant 100$mm。

5. 毛发聚集器

理发室、公共浴室的排水管上应设置毛发聚集器（井），游泳池循环水泵的吸水口端应设置毛发聚集器。毛发聚集器应设置在便于清掏的位置。如图 3-26 所示为毛发聚集器与地漏结合的构造安装平面图。

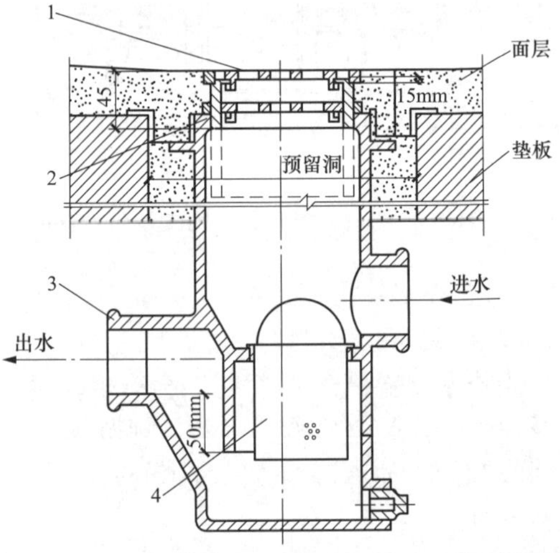

图 3-26 毛发聚集器与地漏结合的构造安装平面图

1—地漏箆子；2—调节体；3—壳体；4—网筐

五、污、废水提升装置

居住小区污水管道、建筑物地下室生活排水、地下室地坪排水等不能以重力自流排入市政污水管道时，应设置污、废水提升装置。地下室地坪排水的提升一般设置集水坑与污水泵，如图 3-27 所示；小区污水、地下室生活排水的提升一般设置污水集水池与污水泵，如图 3-28 所示。

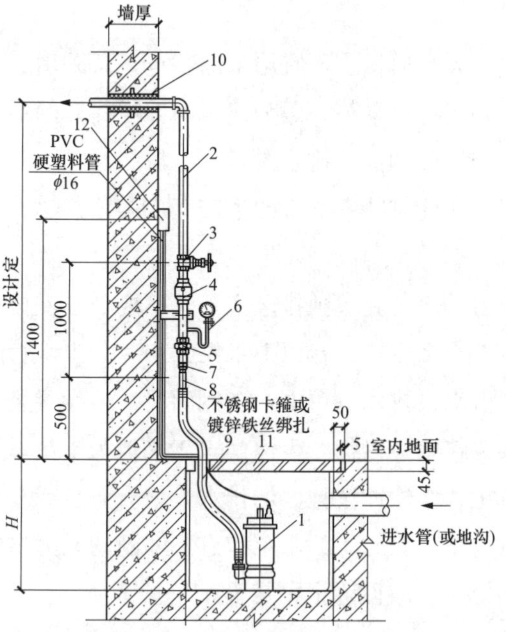

图 3-27　地下室地坪废水提升（单位：mm）

1—潜水泵；2—排出管；3—闸阀；4—止回阀；5—活接头；6—压力表；7—异径接头；8—短管；9—橡胶软管；10—防水套管；11—钢盖板；12—控制开关

平面图　　　　I—I 剖面图

图 3-28　室外污水池的污水提升（单位：mm）

1—潜水排污泵；2—自耦装置；3—电源电缆；4—液位自动控制装置；5—排出管；6—单泵出水管；7—爬梯；8—闸阀；9—止回阀；10—压力表；11—异径管；12—法兰；13—角钢；14—井盖、井座；15、16—防水套管；17—钢套管；18—阀门井；19—污水池；20—控制柜

1. 污水泵

污水泵应具备耐腐蚀、大流通量、不宜堵塞的特点，常采用的污水泵有潜水排污泵、液下排水泵、立式污水泵和卧式污水泵等。因为建筑内部需提升的污水较少，为少占用建筑面积，所以应优先选用潜水排污泵和液下排水泵。

污水泵不得设在对卫生环境有特殊要求的生产厂房和公共建筑内，且不得设在有安静和防振要求的房间内。

污水泵的排出管为压力排水，宜单独排至室外，不要与自流排水合用排出管，排出管的横管段应有坡度坡向出口。当 2 台或 2 台以上水泵共用一条出水管时，应在每台水泵出水管上装设阀门和止回阀；单台水泵排水有可能产生倒灌时，应设置止回阀。

为了保证排水，公共建筑内应以每个生活污水集水池为单位设置一台备用泵，平时宜交互运行。地下室、设备机房、车库冲洗地面的排水，如有 2 台或 2 台以上污水泵时可不设备用泵。当集水池不能设事故排出管时，污水泵应有不间断的动力供应；若能关闭污水进水管时，可不设不间断动力供应，但应设置报警装置。

2. 集水池（坑）

集水池宜设在地下室或最低层卫生间、淋浴间的地板下面或邻近位置；地下厨房集水坑宜设置在厨房邻近处，但不宜设置在细加工和烹炒间内；消防电梯井集水池应设在电梯邻近处，但不能直接设在电梯井内，池底宜低于电梯井底部 0.7m 以上；车库地面排水集水池应设在使排水管、沟尽量简洁的地方；收集地下车库坡道处的雨水集水井应尽量靠近坡道尽头处。

集水池的构造：因生活污水中有机物易分解成酸性物质，腐蚀性强，所以生活污水集水池内壁应采取防腐防渗漏措施。集水池底应有不小于 0.05 的坡度坡向泵位，并在池底设置自冲管。集水坑的深度及其平面尺寸应按水泵类型而定。集水池应设置水位指示装置，必要时应设置超警戒水位报警装置，将信号引至物业管理中心。集水池如设置在室内地下室时，池盖应密封，并设通气管系统；室内有敞开的集水池时，应设强制通风装置。

3. 污水提升器（见图 3-29）的应用

适合于别墅、地下室的娱乐厅、多功能厅、健身房、桑拿会所、洗衣房和佣人房的排水、户外坡道提升泵站、大型建筑和地铁地下室等依靠重力无法自排的场合。整套设备密闭，一体化，无气味和污物外泄的可能，无须额外控制系统，直接采用城市供电提供电源，安装操作简单，适用场所广泛。

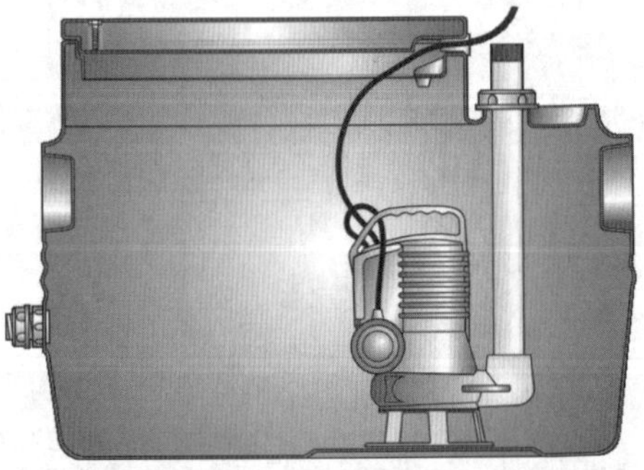

图 3-29　污水提升器

习 题

一、单选题

1. 高层建筑排水系统的好坏在很大程度上取决于（　　）。

A. 排水管径是否足够　B. 通气系统是否合理　C. 是否进行竖向分区　D. 同时使用的用户数量

2. 当横支管悬吊在楼板下，接有 4 个大便器，顶端应设（　　）。

A. 清扫口　B. 检查口　C. 检查井　D. 窨井

3. 检查口中心距地板面的高度一般为（　　）m。

A. 0.8　B. 1.0　C. 1.2　D. 1.5

4. 不上人屋面伸顶通气管应高出屋面（　　）m，且应大于最大的积雪厚度。

A. 0.3　B. 0.5　C. 0.7　D. 2.0

5. 分流制住宅生活排水系统的局部处理构筑物是（　　）。

A. 隔油池　B. 沉淀池　C. 化粪池　D. 检查井

6.（　　）属于生活污水。

A. 洗衣水　B. 造纸排出的水　C. 雨水　D. 雪水

7. 塑料排水管立管宜每（　　）层设置一个检查口，但最低层和有卫生器具的最高层必须设置。

A. 3　B. 4　C. 5　D. 6

8. 按 GB 50015—2019 的规定：温度高于（　　）℃的废水，应首先考虑将所含的热量回收利用，如不可能或回收不合理时，在排入城市排水管道之前应设降温池。

A. 30　B. 40　C. 50　D. 60

9. 对于经常有人停留的平屋面的伸顶通气管，通气管口应高出屋面（　　）m。

A. 0.5　B. 1　C. 2　D. 3

10. 毛发聚集器设置场合不包含：（　　）。

A. 理发室的排水管　B. 公共浴室的排水管　C. 游泳池循环水泵的吸水口端　D. 厨房的排水管道上

二、多选题

1. 在高层建筑中，为防止塑料排水管材受高温熔化后引起的火灾贯穿蔓延，对 De≥110mm 的塑料排水管在穿越楼面、防火墙时，要求设置（　　）。

A. 伸缩节　B. 阻火圈　C. 防火套管　D. 检查口

2. 污水排水检查井上、下游管道室外衔接采用（　　）。

A. 管顶平接　B. 水面平接　C. 管底平接　D. 管中心平接

3. 排水通气管的类型有（　　）。

A. 伸顶通气管　B. 主通气立管　C. 器具通气管　D. 环形通气管　E. 通气帽

4. 常用的地漏规格有（　　）。

A. DN32　　B. DN50　　C. DN75　　D. DN150

5. 污、废水的局部处理装置有（　　）。

A. 化粪池　　B. 隔油池　　C. 降温池　　D. 沉砂池等

任务四　屋面雨水排水系统

降落在屋面的雨水和融化的雪水，必须妥善地予以迅速排除，否则会造成屋面积水四处溢流、屋面漏水等水患。

屋面雨水系统按雨水管道的设置位置可分为外排水系统、内排水系统；按设计流态可划分为重力流雨水系统、压力流雨水系统。系统的选择应根据建筑结构形式、气候条件及生产使用要求，在技术经济合理的条件下，屋面雨水应尽量采用外排水系统。

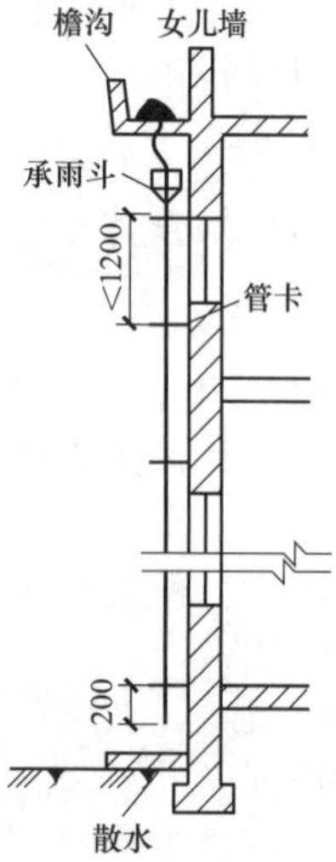

图 3-30　檐沟外排水（单位：mm）

一、雨水系统分类

（一）按雨水管道的设置位置

1. 外排水系统

（1）檐沟外排水系统。由檐沟、承雨斗、雨水立管（水落管）等组成，如图 3-30 所示。檐沟外排水系统是目前使用最广泛的屋面雨水排除系统，适用于一般多层居住建筑、屋面面积较小、体形不复杂的多层公共建筑和单跨的工业建筑。目前，水落管常采用 UPVC 排水塑料管，水落管的布置间距应按汇水面积计算，一般 DN100 的塑料水落管汇水面积不超过 $250m^2$。因考虑风力作用下的侧墙兜水，计算屋面雨水汇水面积时，宜将高层建筑高出群房屋面、窨井及地下车库出入口等处侧墙面积的 1/2 计入下方屋面（地面）雨水汇水面积内。

（2）天沟外排水系统。由天沟、承雨斗、雨水立管等组成，如图 3-31 所示。天沟外排水是由天沟汇集雨水，雨水斗置于天沟内，屋面雨水经天沟、雨水斗和排水立管排至地面或雨水管。天沟布置以伸缩缝、沉降缝、变形缝为分水线，单斗的天沟长度不宜超过 50m，坡度不小于 0.003，天沟一般伸出山墙 0.4m，天沟的最小净宽度 DN100 的雨水斗为 300mm、DN150 的雨水斗为 350mm，天沟外排水适合工业厂房、多跨度厂房、库房等汇水面积大的建筑屋面的雨水排除。

2. 内排水系统

将雨水管道系统设置在建筑物内部的称为屋面雨水内排水系统，如图 3-32 所示，其由雨水斗、连接管、悬吊管、立管、排出管、检查井等组成。屋面雨水内排水系统用于不宜在室外设置雨水立管的多层、高层民用建筑，大屋面民用和公共建筑，大跨度、多跨工业建筑。按每根雨水立管连接的雨水斗的个数，可以分为单斗和多斗雨水排水系统。

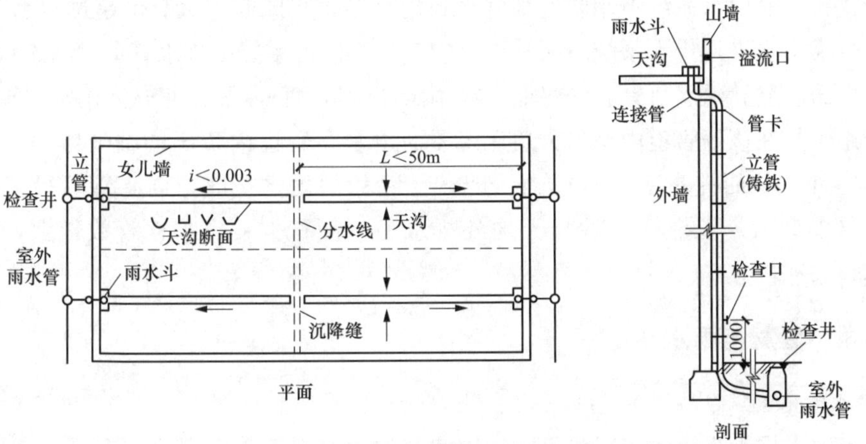

图 3-31　天沟外排水

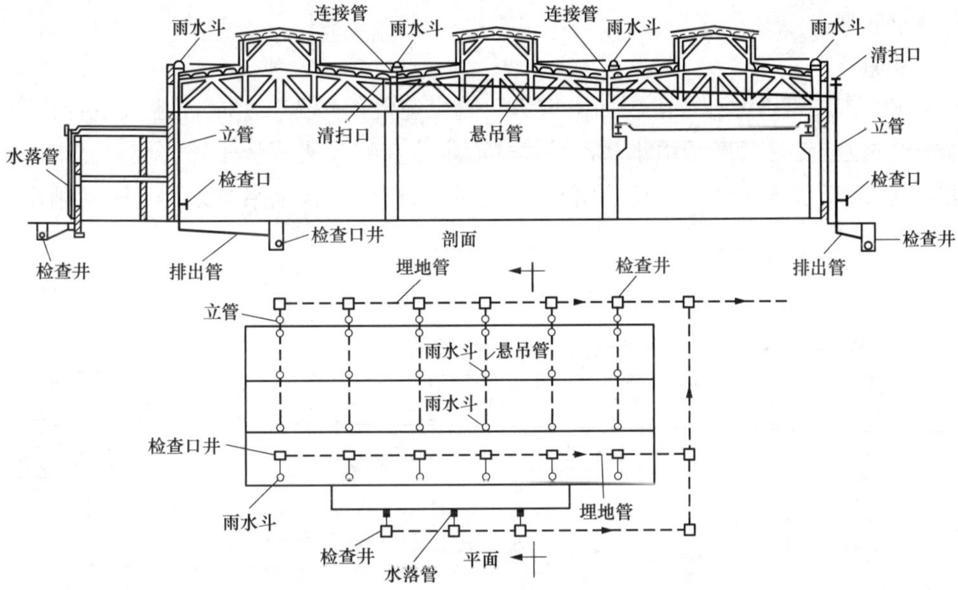

图 3-32　内排水系统

（二）按设计流态

1. 重力流雨水系统

重力流雨水系统是屋面雨水经雨水斗进入排水系统后，以汽水混合状态依靠重力作用顺着立管面排除，由于管内是汽水混合物，所以管径都较大。多层住宅和体量与之相似的一般民用建筑，其屋面面积较小，建筑四周排水出路多，立管的设置比较容易服从建筑立面的要求，常采用重力流排水。高层建筑，汇水面积较小，增加一根雨水立管，便有可能成倍地增加雨水管系的宣泄能力，因此最好采用重力排水，以降低对管材的承压能力要求。

2. 虹吸式压力流雨水系统

虹吸式压力流雨水系统采用防漩涡虹吸式雨水斗，当屋面雨水高度超过雨水斗高度时，极大地减少了雨水进入排水系统时所夹带的空气量，使得系统中排水管道呈满流状态，利用建筑物屋面的高度和雨水所具有的势能，在雨水连续流经雨水悬吊管转入雨水立管跌落时形成虹吸作用，并在该处管道内呈最大负压。屋面雨水在管道内负压的抽吸作用下以较高流速被排至室外，从而提高了排水能力，即在排除相同雨水量时，雨水管管径可缩小或减少雨水立管的数量。工业厂房的长天沟外排水汇水面积大，排水立管数量少，应采用压力流排水。

二、雨水管材与雨水斗

1. 雨水管管材

重力流雨水排水系统的多层建筑宜采用建筑排水塑料管，高层建筑宜采用承压塑料管、金属管，不得采用污、废水系统的排水管材。对于压力流雨水排水系统宜采用内壁较光滑的带内衬的承压排水铸铁管、承压塑料管和钢塑复合管等，其管材工作压力应大于建筑物净高度产生的静水压。

2. 雨水斗

雨水斗的作用是迅速地排除屋面雨雪水，减少空气的掺入，并能将粗大杂物拦阻下来。目前，常用的为 65 型、87 型雨水斗，平箅式雨水斗和虹吸式雨水斗等。重力流雨水排水系统采用 65 型、87 型雨水斗，平箅式雨水斗等，压力流雨水排水系统采用虹吸式雨水斗。雨水斗受日照强烈，材质宜为金属，如图 3-33 所示。

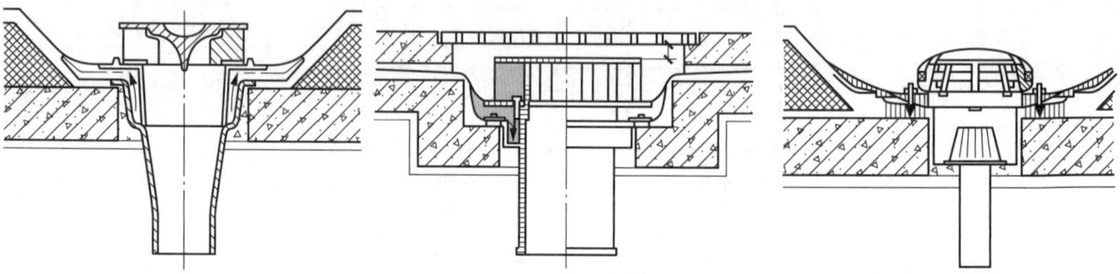

(a) (b) (c)

图 3-33 雨水斗

(a) 65 型雨水斗；(b) 87 型雨水斗；(c) 虹吸式雨水斗

三、雨水管道布置要求

(1) 建筑屋面各汇水范围内，雨水排水立管不宜少于 2 根。

(2) 高层建筑裙房屋面的雨水应单独排放；阳台排水系统应单独设置，不得接入屋面重力流雨水排水系统或压力流雨水排水系统；阳台雨水立管底部应间接排水。

(3) 屋面排水系统应设置雨水斗。不同设计排水流态、排水特征的屋面雨水排水系统应选用相应的雨水斗；对于屋面雨水管道如按压力流设计时，同一系统的雨水斗宜在同一水平面上。

（4）屋面雨水排水管的转向处宜做顺水连接，并应根据管道直线长度、工作环境、选用管材等情况设置必要的伸缩装置。

（5）重力流雨水排水系统中长度大于15m的雨水悬吊管，应设检查口，其间距不宜大于20m，且应布置在便于维修的操作处；有埋地排出管的屋面雨水排出管系，立管底部应设清扫口。

（6）寒冷地区应尽量采用内排水系统；雨水管应牢固地固定在建筑物的承重结构上。

（7）雨水口及汇水面低于室外雨水检查井地面标高时（如汽车坡道上的雨水口），收集的雨水应排入室内雨水集水坑（池），采用污水泵压力流雨水排水系统排出；不得以重力流雨水排水系统直接排入室外雨水检查井。雨水检查井的最大间距可按表3-8确定。

表3-8　　**雨水检查井最大间距**

管径（mm）	最大间距（m）	管径（mm）	最大间距（m）
150（160）	20	400（400）	40
200～300（200～315）	30	≥500	50

习　题

一、单选题

1. 建筑屋面各汇水范围内，雨水排水立管不宜少于（　　）根。

A. 1　　B. 2　　C. 3　　D. 4

2. 内排水系统，由（　　）等组成。

A. 雨水斗、连接管、悬吊管、立管、排出管、检查井

B. 雨水斗、连接管、悬吊管、立管、排出管、检查口

C. 雨水斗、连接管、横支管、立管、排出管、检查口

D. 雨水斗、横支管、清扫口、立管、排出管、检查井

3. 单斗的天沟长度不宜超过50m，坡度不小于（　　）。

A. 0.002　　B. 0.0022　　C. 0.0025　　D. 0.003

4.（　　）是目前使用最广泛的屋面雨水排除系统。

A. 内排水系统　　B. 天沟外排水系统

C. 檐沟外排水系统　　D. 虹吸式压力流雨水排水系统

5. 重力流雨水排水系统的多层建筑宜采用（　　）。

A. 建筑排水塑料管　　B. 承压塑料管

C. 金属管　　D. 承压排水铸铁管

二、多选题

1. 屋面雨水系统按雨水管道的设置位置可分为（　　）。

A. 外排水系统、内排水系统　　B. 内、外混合排水系统
C. 压力流雨水排水系统　　D. 重力流雨水排水系统

2. 目前，常用的雨水斗有（　　）等。

A. 65 型雨水斗　　B. 87 型雨水斗
C. 平箅式雨水斗　　D. 虹吸式雨水斗

任务五　排水施工图的识读

一、排水管道施工图的构成

在排水施工图中，主要涉及以下排水系统设计施工内容。

1. 排水工程设计、施工说明

主要内容包括排水量、排水方式；排水采用的管材及连接方式，排水系统的防腐做法，灌水、通水、通球试验要求。卫生器具安装时标准图集的采用及图纸上未标识的其他施工要求等。

2. 排水平面图

主要内容包括建筑轴线建筑平面的功能；卫生器具的平面位置、类型；排水立管和排水系统的编号；排出管的平面位置、标高；排水横干管、横支管的平面走向、位置；排水地沟、集水坑（池）、排水检查井及局部污水处理构筑物的位置、类型等，如图 3-34、图 3-35 所示。

3. 排水系统图

主要内容包括排水系统的编号、立管编号（或仅有立管编号）、管径和检查口的位置；排水横支管的走向及与卫生器具的关系，清扫口的类型及位置，管径、标高及坡度、坡向（也可在施工说明中叙述所采用的标准坡度）；排水横干管的位置、标高、坡向及排出管的标高、管径、坡度等，如图 3-36 所示。

4. 室内排水详图与大样图

对于排水工程中设备多、管线较复杂、不标准的局部排水处理构筑物及污水提升设施等的关键部位，当采用比例较小的平面图、系统图无法表达清楚时，在排水施工图中以详图或大样图的形式表达。图 3-37 为某公共卫生间排水详图，图 3-38、图 3-39 分别为潜水排污泵、集水坑平面大样图、剖面图。住宅标准的卫生间管线的布置安装、标准的局部排水构筑物、地漏、雨水斗布置安装一般可采用国家或地区的标准图集。

5. 排水展开系统原理图

排水展开系统原理图一般可以不按比例绘制。主要用于反映排水管道系统的整体概念，管道的来龙去脉、设备的安装楼层，以方便与平面图对照识读。展开系统原理图中标明立管和横管的管径、立管的编号、楼层的标高、层数、各系统编号、原理图上如每层（或几层）卫生器具及排水点的连接情况完全相同时，往往绘制一个代表楼层的接管图，其他各层注明同该层。当排水施工图使用展开系统原理图表示系统的整体概念时，在系统详图中会标注管道的管径、标高。图 3-40、图 3-41 分别为某住宅卫生间污水排水展开系统原理图和厨房污水排水展开系统原理图接点。

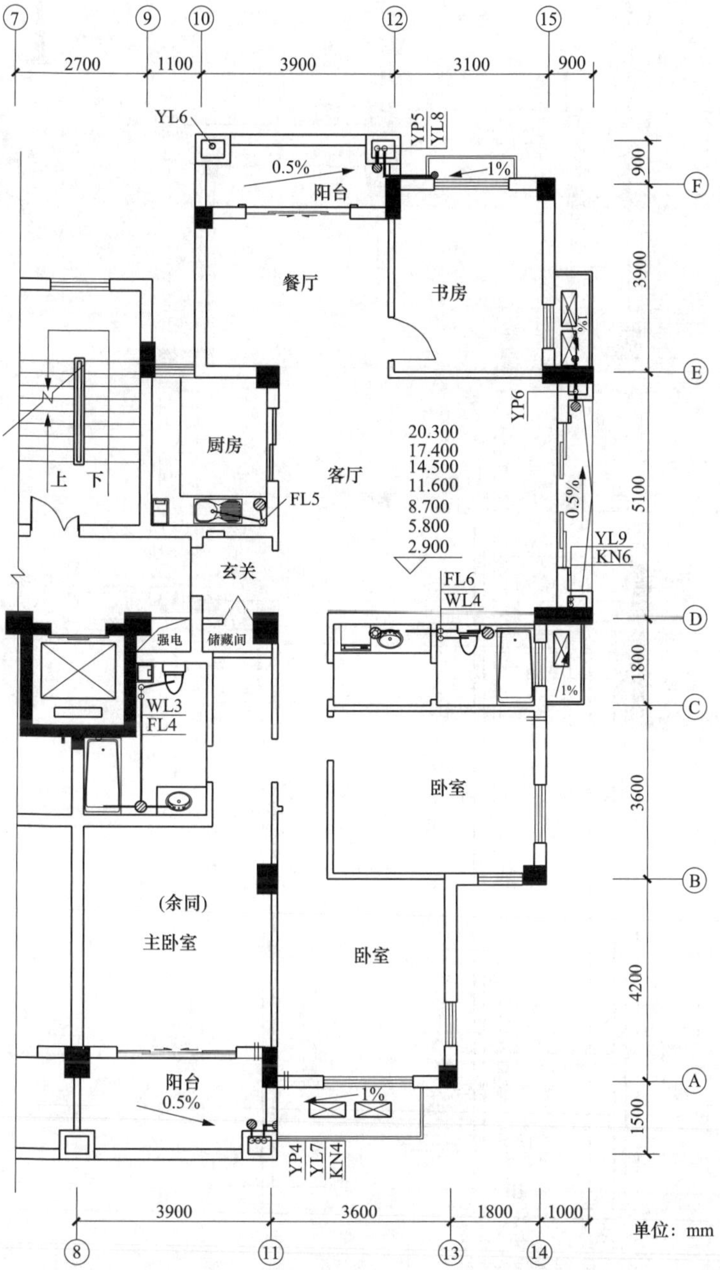

图 3-34　某住宅标准层排水平面

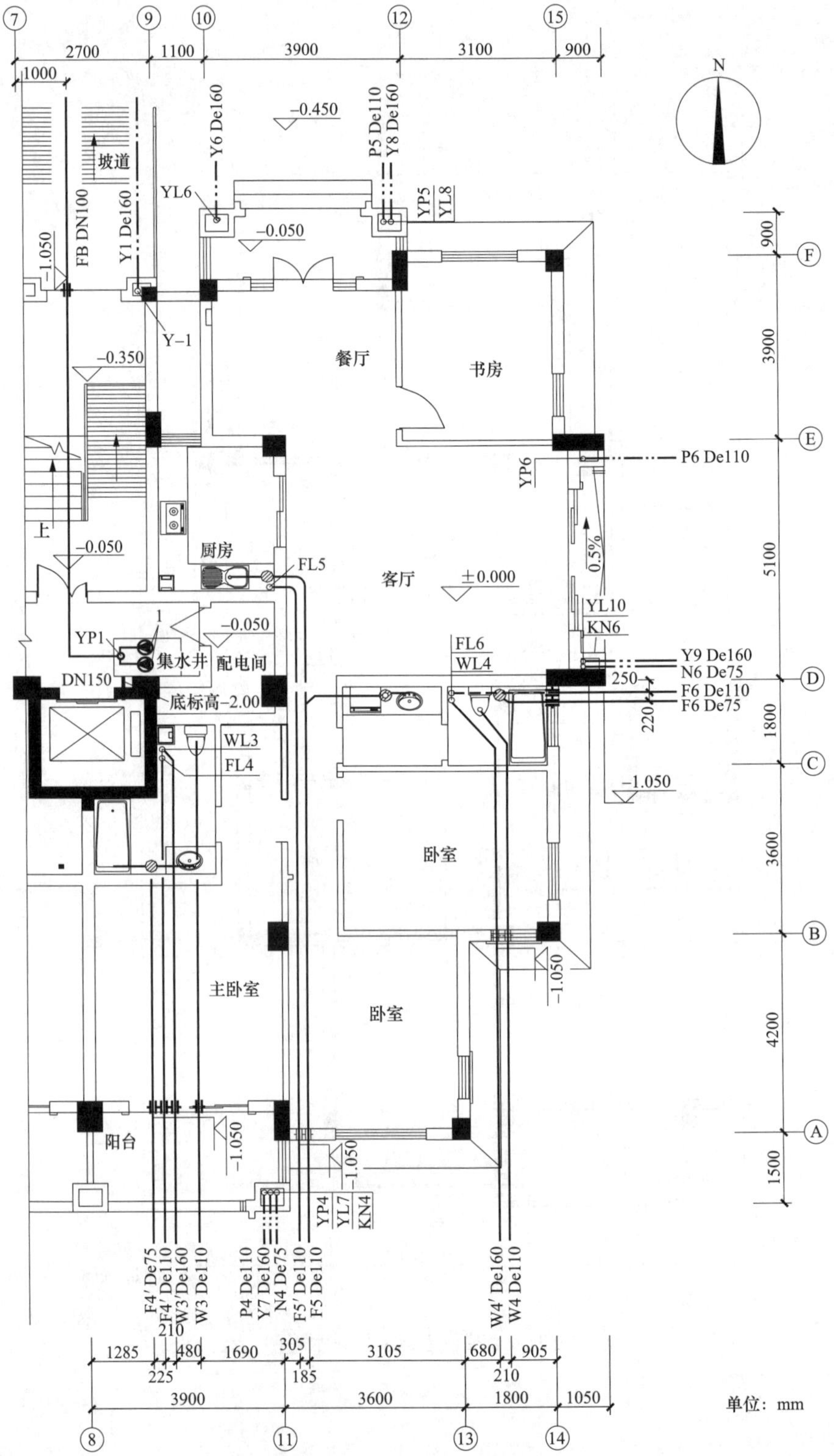

图 3-35　某住宅底层排水平面

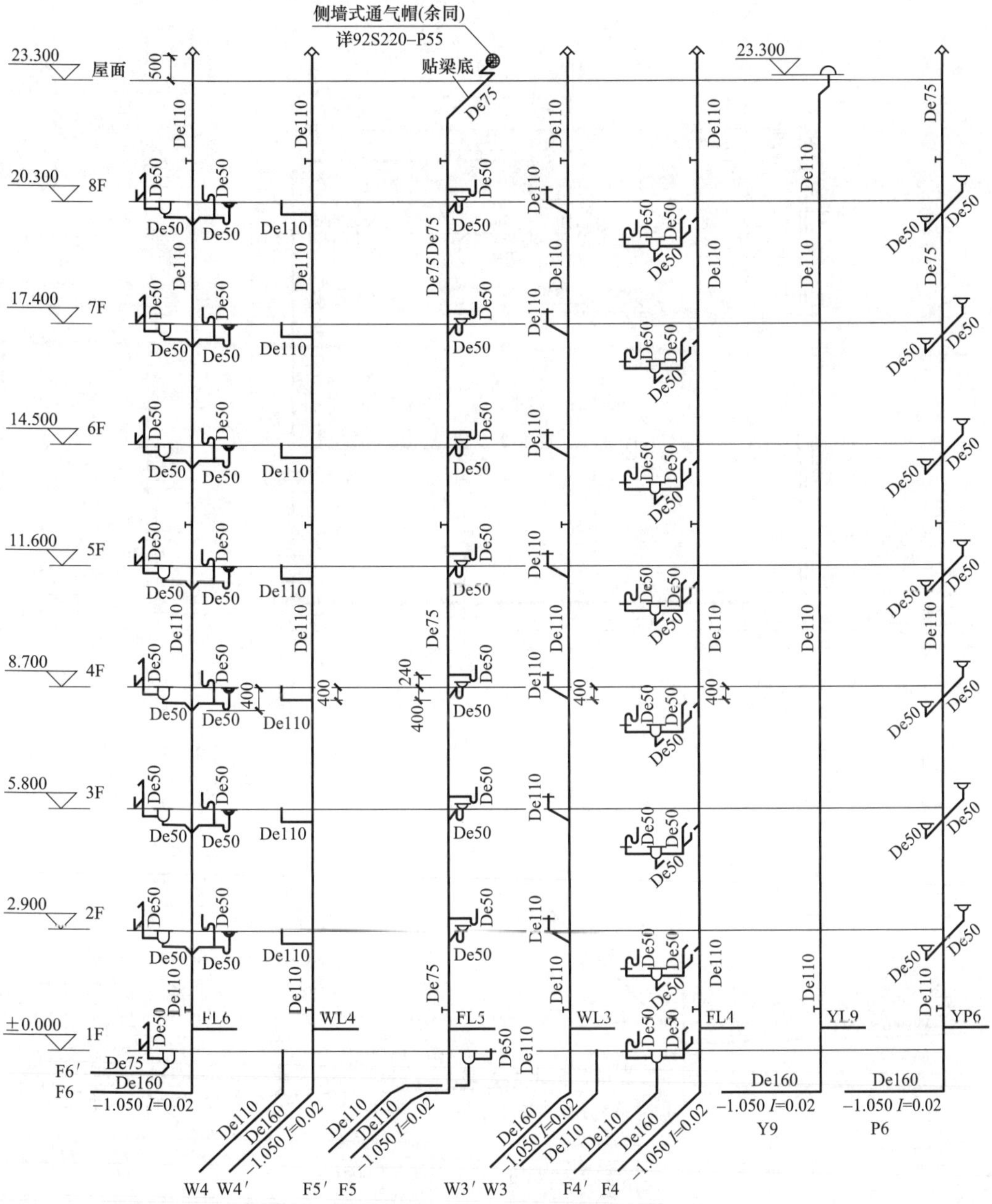

图 3-36　某住宅排水系统图

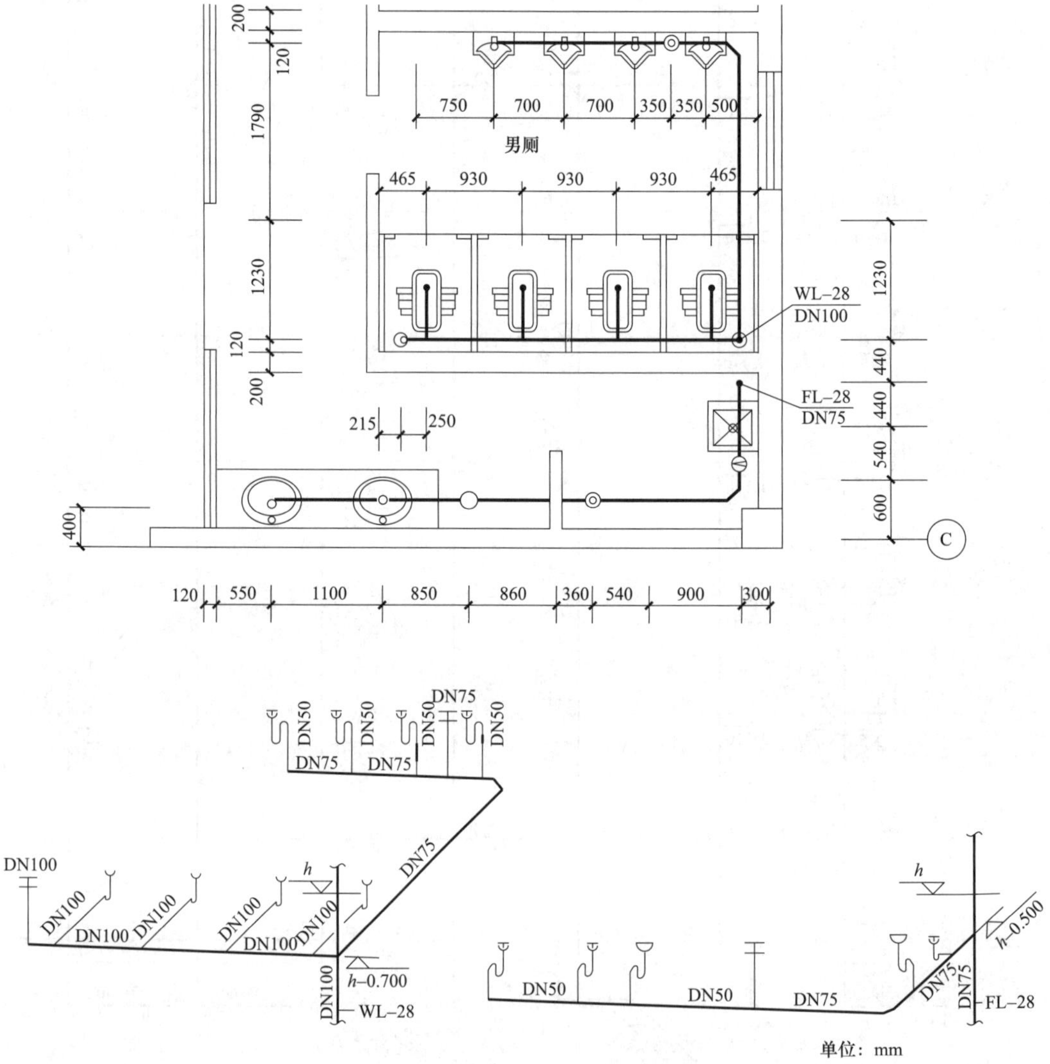

图 3-37 某公共卫生间排水详图

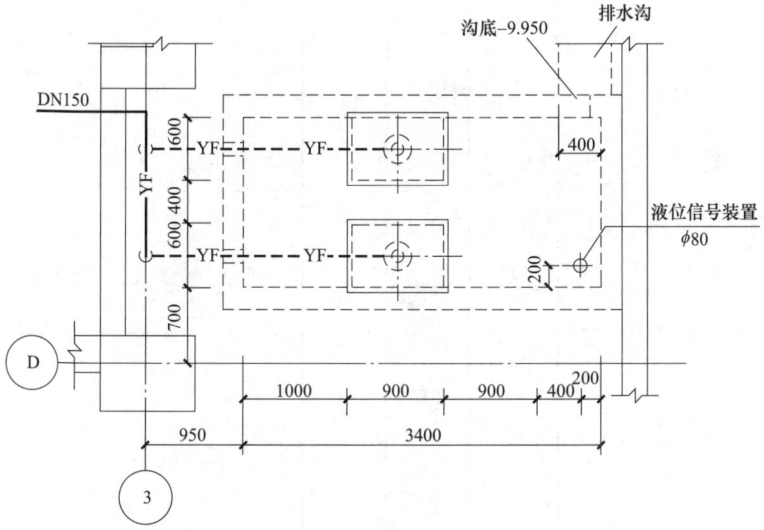

图 3-38　潜水排污泵、集水坑平面大样图

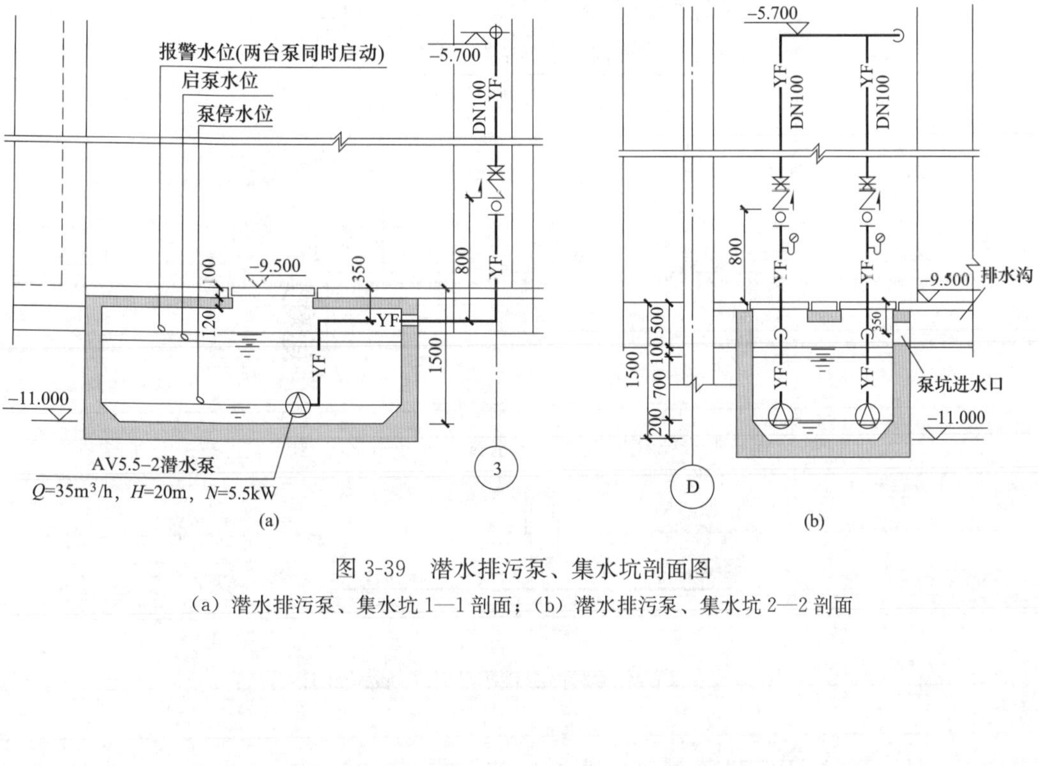

图 3-39　潜水排污泵、集水坑剖面图

(a) 潜水排污泵、集水坑 1—1 剖面；(b) 潜水排污泵、集水坑 2—2 剖面

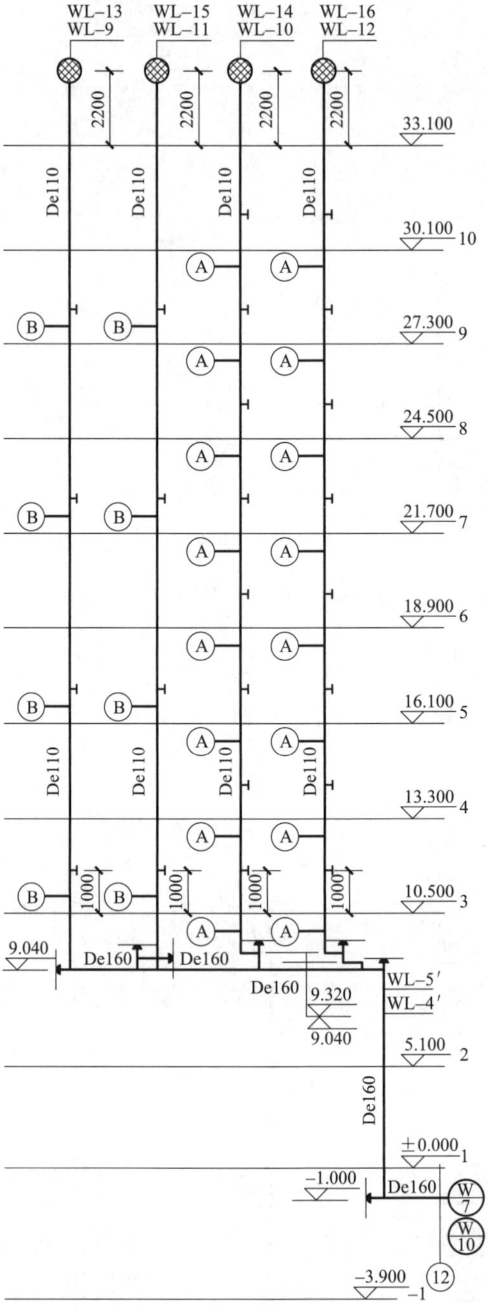

图 3-40 某住宅卫生间污水排水展开系统原理图

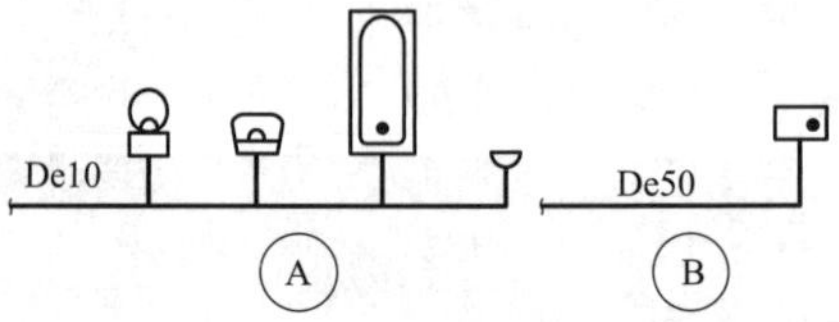

图 3-41 某住宅厨房污水排水展开系统原理图接点

二、排水施工图识读

(1) 识读排水施工图时，首先要对照图纸目录，确认成套图纸是否完整，图名与图纸目录是否吻合。

(2) 识读设计施工说明，要了解本工程排水设计内容，施工使用的规范和标准图集。掌握本工程使用的排水管材、附件、卫生器具、设备的类型和技术参数，作为施工、管理、材料采购、工程预/决算的依据和工程质量检查的依据。

(3) 识读排水平面图，应了解建筑对排水工程的要求；注意管道系统与房屋建筑的各种相互关系，如管线在建筑物内的平面位置，管线穿墙、楼板、基础、屋面时与土建的相互要求，防水套管的形式等；确认管线的敷设方法，如地沟敷设、吊顶内敷设、管井敷设、隐蔽敷设等对土建的要求；卫生器具的定位尺寸，排水立管位置、编号，排水系统的编号，以及与建筑小区或设置排水管网的连接形式、管径、坡度等。

(4) 识读排水系统轴测图和展开系统原理图，应与平面图对照读图，建立全面、完整的排水系统形象。从系统图或展开系统原理图中掌握管道系统的来龙去脉，如按水流方向的流程：卫生器具排水管 → 排水横支管 → 排水立管 → 排水横干管 → 排出管 → 室外排水管网；了解管道设置标高，管径和卫生器具的排水形式（是否同层排水），立管上排水附件的设置位置，排水横管的标高。对某些污水提升设备和卫生器具的安装还需对照国家相关的标准图集。了解施工图中，排水系统附件使用的图例符号，掌握它们的类型、规格、设置位置等。

(5) 识读排水施工图应注意专业图纸的绘图习惯：

1）在排水工程中，常将安装在下层空间而为本层使用的管道绘制在本层平面上（如在下层的排水横支管）。看不见的管道（穿墙、埋地管道等）不用虚线，采用原有管线图例的画法。

2）除原理图外图纸基本按比例绘制，但局部管道不按比例，如立管、沿墙布置水平管道与墙面的距离、与给水管道平行的距离等。

3）在系统图中管道与卫生器具的连接只画存水弯或器具排水管，不绘制卫生器具；在原理图中画到卫生器具，但不绘制存水弯等。当卫生器具布置每层相同时，往往只绘制一层，其余楼层只注明与某层相同即可。

4）展开系统原理图中排水立管与横支管的连接以接点编号注明，各编号排水横支管与卫生器具的连接往往以接点大样的形式绘出。

5）排水管道的标高为管内底标高。标高的标注点在底层平面图上一般在穿墙位置处，系统图上一般为横支管或横干管的最低点。

6）排水管道的支架和伸缩接的设置一般在图纸中不会直接绘出，仅说明采用的施工规范和标准图集。

习　题

一、熟读给排水配套图纸

实训项目单——排水施工图识读

项目编号	CN1	项目名称	排水施工图识读实训	训练对象	土建类非建筑设备专业
课程名称	建筑设备工程				
实训目的	1. 识读卫生间排水施工图。 2. 了解常用卫生器具的类型、功能，以及平面尺寸、规格。 3. 掌握常用排水管材、附件及管道连接方法。 4. 了解管道安装要求。 5. 了解建筑、结构对卫生间器具布置、管道安装的配合要求				
完成任务	1. 统计排水管道的规格和数量，指明连接方法。 2. 统计卫生器具类型及规格数量。 3. 统计排水各类附件等材料规格及数量。 4. 找出图中管道施工与土建配合之处并补充详细说明。 5. 所有结果应分楼层分别统计，并编写 Excel 表格，供指导教师核查				

二、认真识读下列图纸，并回答问题

1. 阅读右侧图纸回答下列问题：

(1) 室外排水体制是指__________，室内排水体制一般是指__________。排水体制的选择取决于污（废）水性质、污染程度、室外排水的情况、污/废水的处理和再利用要求等因素，该图的排水体制是__________。

(2) 该图建筑排水系统一层是否可以接入上部立管排出管，是根据__________，如不能满足则底层单排。

2. 阅读下面的卫生间排水系统图（见图 3-42）和大样图（见图 3-43 和图 3-44），回答下列问题：

(1) 该卫生间大样图所示的排水系统，其排水体制为__________，该卫生间排水管接至的立管标号是__________，图 3-42 所示排水系统为__________层的排水。图 3-43 中蹲便器排水管的管径__________，洗脸盆的存水弯在本层地坪__________接入。图 3-43 中地漏管径是__________，存水弯为__________。根据卫生间大样图上所注的管径形式，可以看出该排水管的材料是__________。

(2) 对 De≥110mm 排水塑料管在穿越楼面、防火墙、管井、管窿壁时，要求设置耐火极限不宜小于管道贯穿部位建造构建的耐火极限的__________，该装置有__________和__________两种类型。

(3) 阅读该套图纸的排水系统图如图 3-45 所示，其排水系统有__________和__________等几种（填排水管道类型）。

(4) 阅读该套图纸的排水系统图（见图 3-45），图 3-45 所示的雨水立管总共有

__________根（填排水管道类型）。

（5）建筑中，__________雨水与__________雨水应分别设立管排入室外雨水管道。

（6）屋面雨水系统分外排水和内排水系统，其中 GB 50015—2019 规定，外排水系统的雨水立管最小管径为__________，内排水系统的雨水立管最小管径为__________。

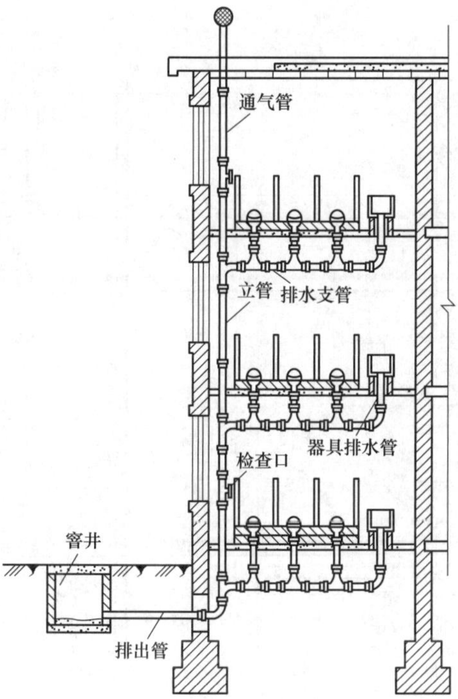

图 3-42　卫生间排水系统图

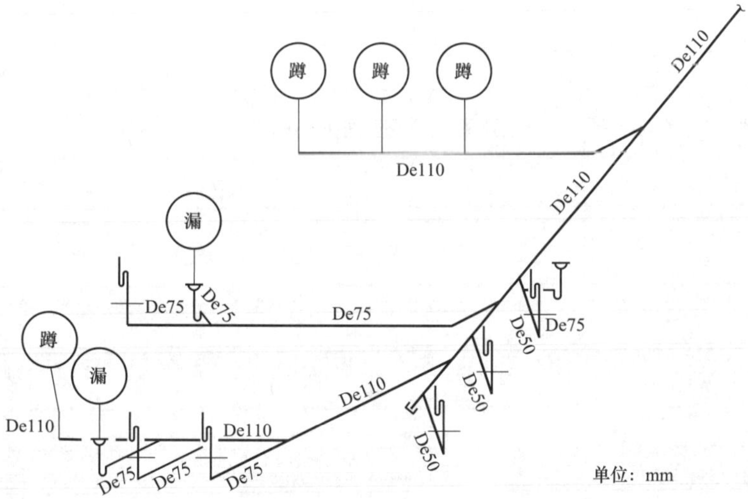

图 3-43　卫生间大样图 1

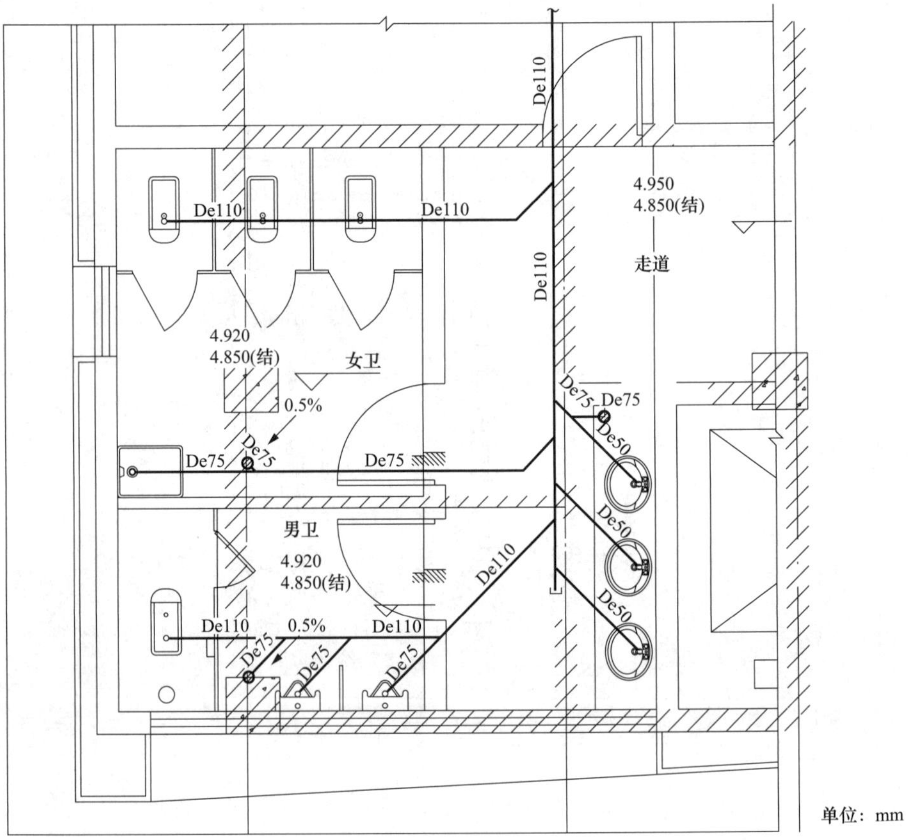

图 3-44 卫生间大样图 2

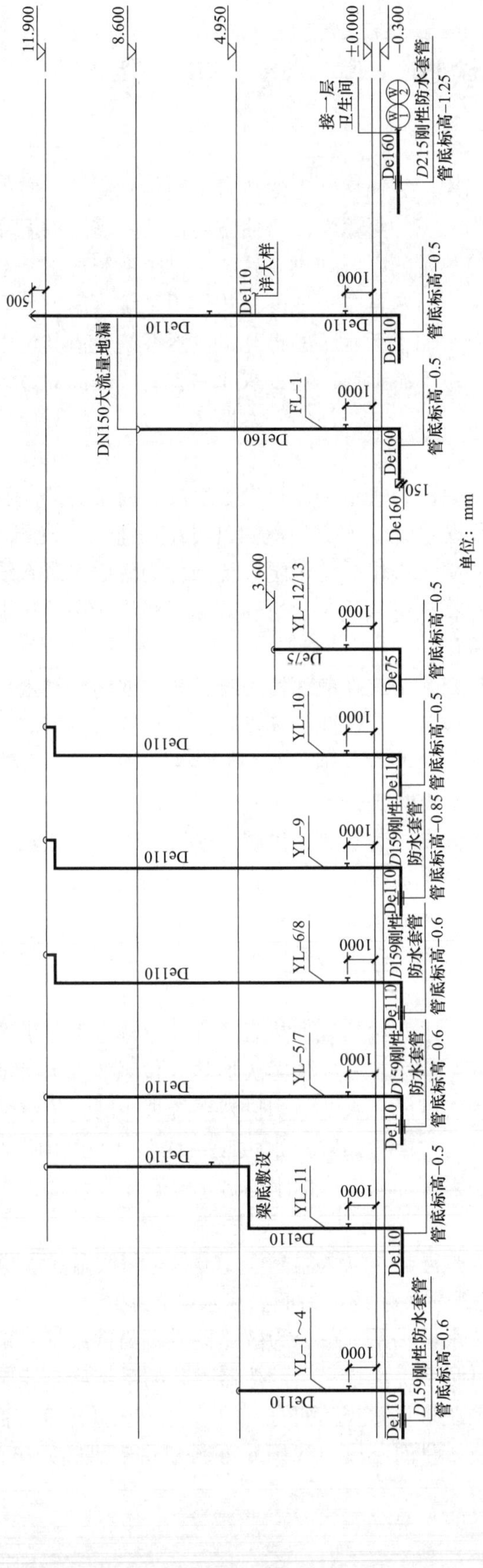
11.900
8.600
4.950
±0.000
-0.300
3.600
接一层
卫生间
De160
D215刚性防水套管
管底标高-1.25
De110
详大样
500
1000
管底标高-0.5
DN150大流量地漏
FL-1
De160
150
YL-12/13
De75
YL-10
YL-9
D159刚性防水套管
管底标高-0.85
YL-6/8
管底标高-0.6
YL-5/7
YL-11
梁底敷设
YL-1~4
单位：mm

图 3-45　排水系统图

模块四 供 暖 工 程

冬季的室外温度低于室内温度，因而房间里的热量不断传到室外，室内温度随着室外气温的降低而降低，这将影响室内人员的舒适性。为使室内保持所需要的温度，必须对室内损失的热量进行补充。向室内供给热量的系统即供暖系统。供暖系统过去基本以热水集中供热的形式应用在黄河以北的城市，农村常常是分散的户式供暖系统。南方地区多采用空调系统进行夏季制冷和冬季供热。随着人们生活水平的提高，供暖系统凭借其优于空调系统的舒适性，近年来已经逐渐推广到长江中下游地区。在以东北三省为代表的北方地区，供暖是普通居民生活必不可少的民生工程。目前，在长江中下游地区，供暖系统只应用在对生活水平有较高要求的居民家中。

一个完整的供暖系统一般由热源、管道和散热设备组成。通常将热源和散热设备都在一个房间内的供暖系统称为局部供暖系统，如家用电热红外取暖器等。热源与供暖房间分离，一个热源可以为多个房间甚至一幢大楼供热的供暖系统则称为集中供暖系统。

集中供暖系统需要通过热媒将热量从热源输送到散热器。按所用的热媒不同，集中供暖系统可分为热水供暖系统和蒸汽供暖系统。

蒸汽供暖系统利用蒸汽为热媒。蒸汽在散热器中凝结放热变为凝结水后返回热源，在热源中（一般为锅炉）再次被加热成蒸汽，如此循环供暖。由于蒸汽温度高，因此散热器工作时易产生气味且易烫伤人。此外，蒸汽在管道流动过程中易出现“跑、冒、漏、滴”现象，因而在民用建筑中基本不使用，只有在工矿企业中有少量应用。

按照供热系统末端设备的不同，分为散热器供暖、热风供暖、地板辐射供暖等。热风供暖系统利用蒸汽或热水通过加热设备加热空气，再将空气送入室内进行供暖，其使用原理与通风系统较接近，且也只有在工矿企业中少量应用。

本书对蒸汽供暖系统和热风供暖系统不再做单独介绍，仅对应用广泛的热水供暖系统进行详细介绍。

热水供暖系统以热水为热媒。水经过热源加热后通过管道输送到各供暖房间的末端散热设备（如散热器），放出热量后经管道流回热源再次加热。按系统中热水循环动力的不同，可分为重力（自然）循环系统和机械循环系统。当供暖系统很小时，依靠供回水的密度差形成的压头使水在系统中循环，称为“重力循环热水供暖系统”。由于作用动力很小，自然循环热水供暖系统只能应用于小型系统。系统中的水通过水泵提供循环动力，称为“机械循环热水供暖系统”。

热水供暖系统按水温可分为高温热水（水温高于 100℃）和低温热水供暖系统（水温低于 100℃）两大类。一般民用建筑供暖系统均为低温热水供暖系统。

按散热设备的形式分类，热水供暖系统可分为散热器供暖与低温热水地面辐射供暖两大类。一般未经特别说明，热水供暖系统均指采用散热器供暖的系统，是我国传统的供暖系统形式。低温热水地面辐射供暖系统（供水温度低于 60℃）在 20 世纪 90 年代末开始在我国东北地区推广，并迅速得到普及，目前已成为我国北方新建住宅供暖系统的主流供暖形式，并已在长江中下游地区（如上海）等地得到一定的应用。

由于中央空调水系统的工作原理与设置要求与热水供暖系统基本相同，因此掌握热水供暖系统的原理与特点具有十分重要的意义。

任务一　机械循环热水供暖系统

机械循环热水供暖系统采用散热器，这种传统的供暖系统在我国有数十年的应用历史，目前现行国家规范 GB 50736—2012《民用建筑供暖通风与空气调节设计规范》规定，散热器集中供暖系统宜按 75℃/50℃连续供暖进行设计，且供水温度不宜高于 85℃，供回水温差不宜低于 20℃。高温水供暖系统一般宜在生产厂房中应用，设计高温水热媒的供/回水温度大多采用 110～130℃/70～90℃。

机械循环热水供暖系统设置了循环水泵，靠水泵的机械能，使水在系统中强制循环。机械循环热水供暖系统不仅可用于单幢建筑物中，也可用于多幢建筑物，甚至可发展为区域热水供暖系统。

一、机械循环热水供暖系统的工作原理及形式

图 4-1 是一个机械循环热水供暖系统工作原理图。水在热水锅炉 1 中被加热后，经过供水十管 4 进入散热器 2 散热，然后经回水干管 5 通过水泵 7 加压送入热水锅炉 1，完成一个供暖循环。热水始终在管道和设备等封闭系统中流动，因此机械循环热水供暖系统是一个闭式系统。由于热水被加热后体积会膨胀，在封闭系统中会引起压力上升，导致设备甚至管道损坏，因此闭式系统需要设置膨胀水箱来容纳水受热膨胀后多余的容积。

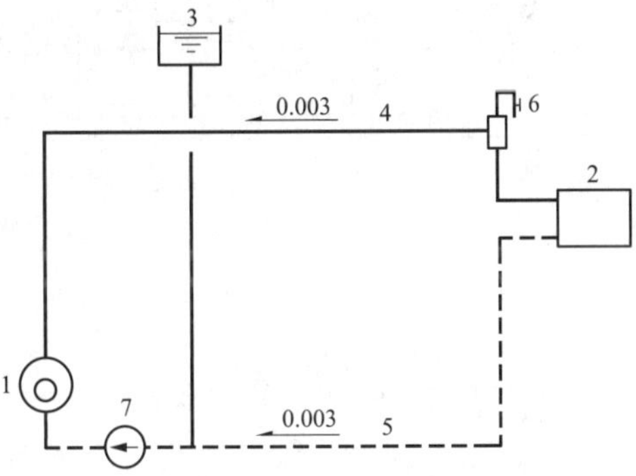

图 4-1　机械循环热水供暖系统工作原理图

1—热水锅炉；2—散热器；3—膨胀水箱；4—供水干管；5—回水干管；6—集气罐；7—水泵

机械循环膨胀水箱连接在回水干管水泵吸水口一侧。膨胀水箱及膨胀管中的水不参与循环，因此膨胀管与回水管连接点处的水压保持恒定，与水泵是否运转无关。该连接点也称定压点。由于膨胀水箱的安装高度高于系统任一点，这种连接方式就可以保证系统无论在运行或停止时，系统内任一点的压力都超过大气压力，从而保证系统内不会出现负压，避免热水汽化或吸入空气等现象的出现。由此可见，膨胀水箱在机械循环热水供暖系统中不仅承担容纳水受热膨胀多余的容积，而且还起到定压，保证系统内任一点不出现负压的作用。

循环水泵一般设在锅炉进口前的回水总管上，这样可使水泵处于系统水温较低的条件下更可靠地工作，同时能够使顶层水系统压力提高，使系统不出现负压。

要保证热水供暖系统的正常工作，系统里各部位不允许有空气存在。一旦管道里存留了空气，就会把这段管道的流通断面堵塞，严重时可能形成气塞使水停止流动。因此，热水供暖系统中，排除空气对保证系统正常运行十分重要。机械循环热水供暖系统需要通过专用的排气装置（如集气罐）排气。排气装置一般设在系统最高点。为利于排气，供水水平干管一

般沿水流方向有上升的坡度（抬头走），使气泡随水流方向流动汇集到系统的最高点。供水及回水干管的坡度宜采用0.003，不得小于0.002。回水干管的坡向应使系统水能顺利排出。

按供、回水干管布置位置不同，机械循环热水供暖系统常见的型式有上供下回式双管和单管热水供暖系统和下供下回式双管热水供暖系统等。按供回水干管为立管还是横管，机械循环热水供暖系统又可分为垂直式和水平式。一般系统未特别指明的系统均为垂直式。

1. 机械循环上供下回式热水供暖系统

上供下回式管道布置合理，是最常用的一种布置型式，如图4-2所示。为便于对比区分，图4-2中集中绘出了单管和双管各种形式。图4-2左侧为双管式系统，有两根立管，上下层散热器并联连接。图4-2右侧为单管式系统，上下层散热器串联连接。

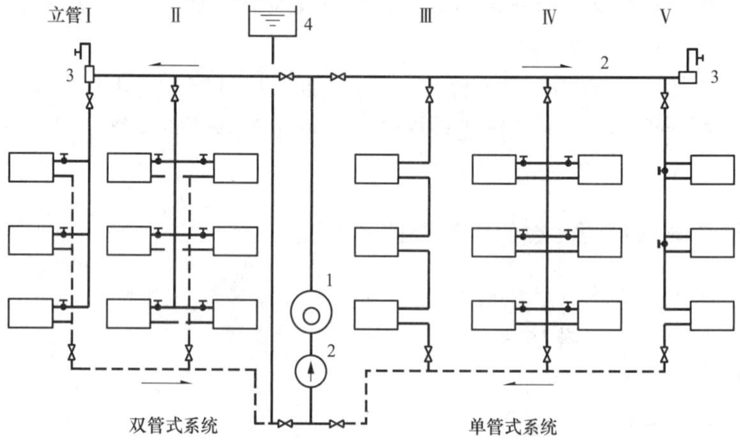

图4-2 机械循环上供下回式热水供暖系统

1—热水锅炉；2—循环水泵；3—集气装置；4—膨胀水箱

图4-2左侧立管Ⅰ、Ⅱ为双管式系统，各层散热器通过支管并联在立管上，如不考虑水管的冷却作用，则进入各层散热器的水温相同。一般供水立管上端、回水立管下端应设阀门，供水支管设阀门，以利于调节和维修。支管与散热器的连接有同侧和异侧两种方式，立管可单面连接散热器，也可两面连接散热器。因各层散热器与锅炉的垂直距离不同，通过各楼层散热器环路的由冷热水密度差引起的“附加循环作用压力”也不同。楼层越高，散热器与锅炉的垂直距离越大，则附加循环作用压力越大，因而常常出现上层过热、下层过冷的现象，称为“垂直失调”现象。该系统多用于低层建筑。

图4-2右侧立管Ⅲ是单管顺流式系统，其特点是立管中全部的水顺次流过各层散热器。顺流式系统型式简单、施工方便、造价低，在我国北方住宅建筑中被广泛应用。它最大的缺点是不能进行局部调节。

图4-2右侧立管Ⅳ是单管跨越式系统。立管的一部分水量流进散热器，另一部分立管水量通过跨越管与散热器流出的回水混合后再流入下层散热器。与顺流式相比，散热器面积比顺流式系统大，同时在散热器支管上安装了阀门，使系统造价增高，因此只用于房间温度要求较严格，需要进行局部调节散热器散热量的建筑上。

在高层建筑（通常超过六层）中，也可采用跨越式与顺流式相结合的系统型式——上部几层采用跨越式，下部采用顺流式（图4-2右侧立管Ⅴ所示）。通过调节设置在上层跨越管段上阀门开启度，在系统试运转和运行时，调节进入上层散热器的流量，可适当减轻供暖系统中经常会出现的上热下冷的现象。

另外，自2012年开始，集中供暖的新建建筑和既有建筑节能改造必须设置热量计量装置，并具备室温调控功能。通常采用在散热器支管设置温控阀的方式调节室内空气温度。用于热量结算的热量计量装置必须采用热量表。

2. 机械循环下供下回式双管系统

系统的供水和回水干管都敷设在底层散热器下面。在设有地下室的建筑物，或在平屋顶建筑顶棚下难以布置供水干管的场合，常采用下供下回式系统，如图4-3所示。

与上供下回式系统相比，它有如下特点：

（1）在地下室布置的供水干管，管路直接散热给地下室，无效热损失小。

（2）在施工中，每安装好一层散热器即可开始供暖，给冬季施工带来很大的方便。

（3）排除系统中空气较困难。

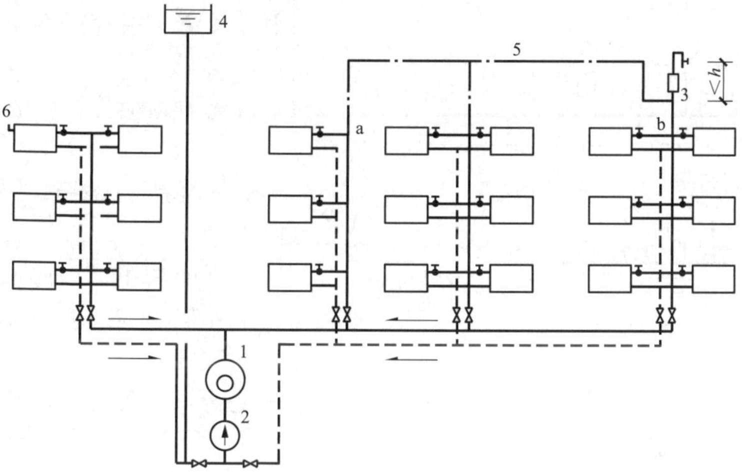

图4-3　机械循环下供下回式系统

1—热水锅炉；2—循环水泵；3—集气罐；4—膨胀水箱；5—空气管；6—冷风阀

下供下回式系统排除空气的方法主要有两种：通过顶层散热器的冷风阀手动分散排气（见图4-3左侧），或通过专设的空气管手动或自动集中排气（见图4-3右侧）。从散热器和立管排出的空气，沿空气管送到集气装置，定期排出系统外。集气装置的连接位置应比水平空气管低，防止立管水通过空气管串流。通过专设空气管集中排气的方法，通常只在作用半径小或系统压降小的热水供暖系统中使用。

3. 水平式单管系统

水平式系统多为单管，在系统较小时也有采用双管的形式（如分户供暖系统）。按供水管与散热器的连接方式，同样可分为顺流式［见图4-4（a）］和跨越式［见图4-4（a）］两类。

水平式系统的排气方式要比垂直式上供下回系统复杂。它需要在散热器上设置冷风阀分散排气［见图4-4（a）和图4-5（b）］，或在同一层散热器上部串联一根空气管集中排气［见图4-4（b）和图4-5（b）］。对较小的系统，可用分散排气方式。对散热器较多的系统，宜用集中排气方式。

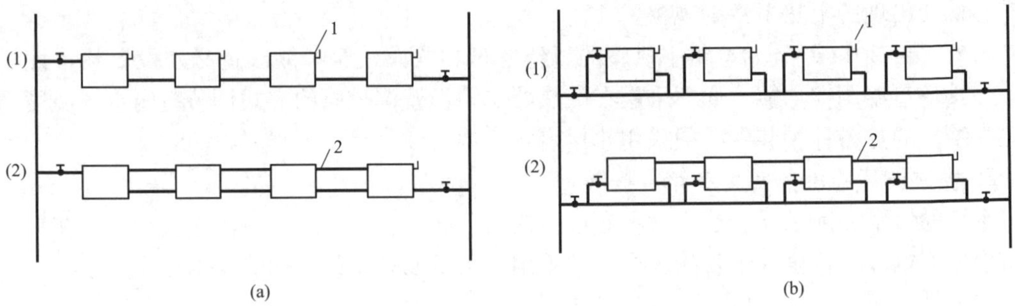

图 4-4　单管水平

（a）顺流式；（b）跨越式

1—冷风阀；2—空气管

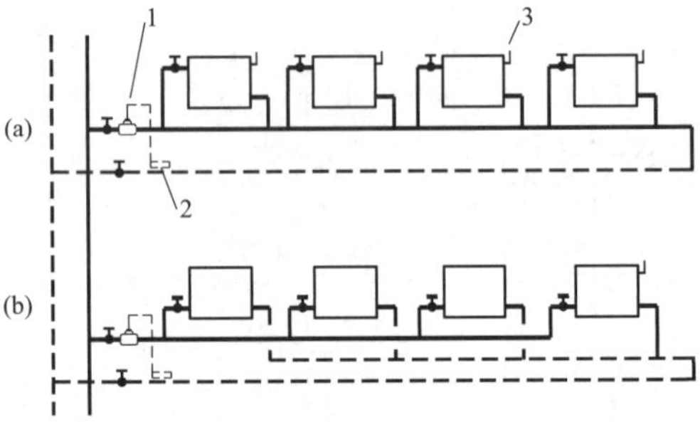

图 4-5　分户供暖水平单、双管系统

（a）水平单管跨越式；（b）水平双管

1—热表；2—热表回水温度传感器；3—放气阀

水平式系统与垂直式系统相比，具有如下优点：

（1）系统的总造价，一般要比垂直式系统低。

（2）管路简单，无穿过各层楼板的立管，施工方便。

（3）有可能利用最高层的辅助空间（如楼梯间、厕所等），架设膨胀水箱，不必在顶棚上专设安装膨胀水箱的房间。这样不仅降低了建筑造价，而且还不影响建筑物外形的美观。

（4）易于实现分户供暖。水平式系统也是在国内应用较多的一种型式。但单管水平式系统串联散热器很多时，运行时易出现水平失调，即前端过热面末端过冷的现象。

4. 分户供暖水平式系统

随着我国对建筑节能的要求不断提高，对供暖进行分户热计量的要求被写进了规范，热水供暖系统也随之出现了分户供暖系统。除水平式单管系统外，水平式双管系统由于可在实现分户供暖的同时对每一组散热器（通常住宅一个普通房间只有 1 组散热器）进行调节控制，因而在新建建筑中也得到了越来越多的应用。

分户热计量系统应便于分户管理及分户分室控制、调节供热量，这对建筑结构和供暖设计同时提出了新的要求。

分户供暖系统在每户的入口需设置热计量装置，其系统常见形式如图 4-5 所示。

另有一种便于集中调节的供暖系统为水平放射式双管系统。这种系统在每户入口设置分集水器，通过从分集水器引出的散热器支管呈放射状埋地敷设至各房间散热器。散热器的调节集中在分集水器上，如图 4-6 所示。

图 4-5 和图 4-6 各类系统中，每组散热器的入口支管上应设置温控阀以控制室内温度，防止室内过热导致能量浪费。

5. 高层建筑热水供暖系统

热水供暖系统高度超过 50m 时，宜竖向分区设置。高层建筑供暖系统，目前通常采用分层式和双水箱分层式两种。

分层式供暖系统在垂直方向分成两个或两个以上的系统。其下层系统通常与室外管网直接连接，其高度取决于室外热网的压力和散热器的承压能力；而上层系统则通过热交换器进行供热，从而与室外热网相隔绝。当高层建筑但热气承压能力较低时，这种连接方式比较可靠，如图 4-7（a）所示。

当热水温度不高，使用热交换器明显不经济合理时，则采用双水箱分层式系统，如图 4-7（b）所示。

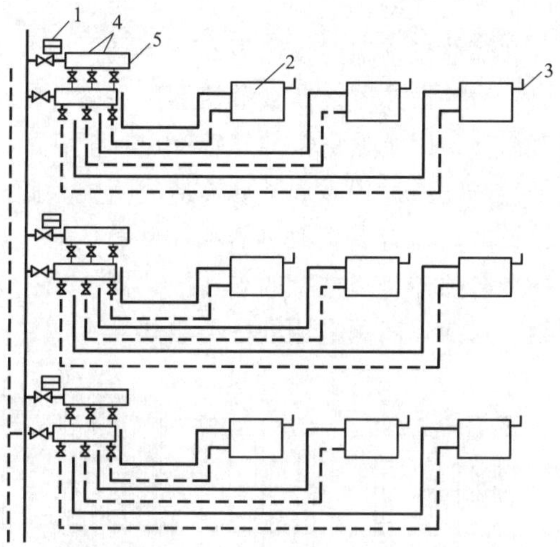

图 4-6　分户水平放射式系统

1—热表；2—散热器；3—放气阀；4—分集水器；5—调节阀

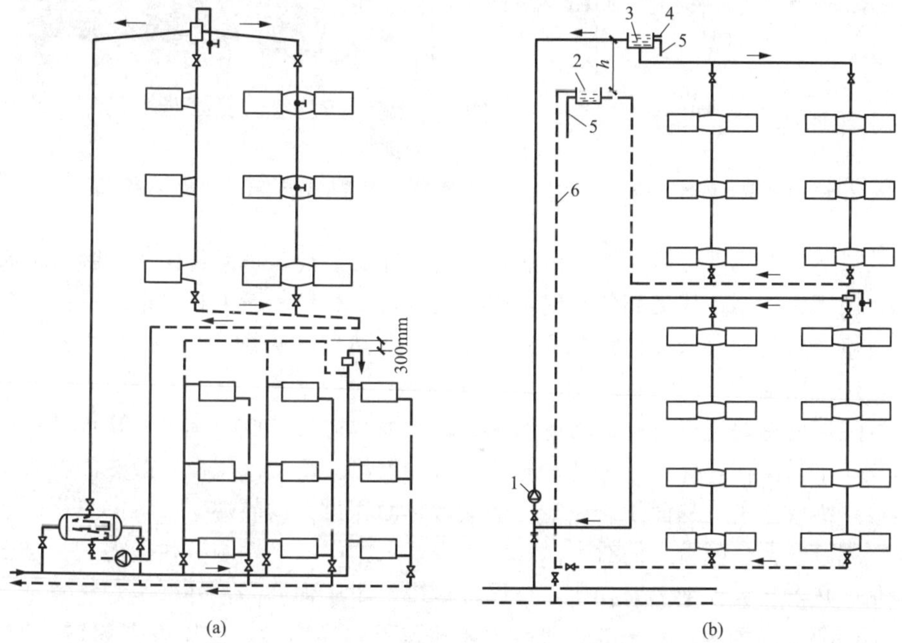

图 4-7　分层式供暖系统

（a）采用热交器；（b）采用双水箱

1—加压泵；2—回水箱；3—进水箱；4—溢流管；5—信号管；6—回水箱溢流回水管

二、散热设备及辅助设备

1. 散热器类型及安装

散热器按其制造材质分为铸铁、钢制和其他材质（铝、塑料、混凝土等）散热器。按其结构形状分为管型、翼型、柱型、平板型等。按其传热方式分为对流型（对流换热占60%以上）和辐射型（辐射换热占60%以上）。

（1）铸铁散热器。铸铁散热器过去被广泛应用。因为它具有结构比较简单、防腐性好、使用寿命长，以及热稳定性好等优点；但它的突出缺点是金属耗量大，制造安装和运输劳动繁重，生产铸造过程对周围环境造成污染。此外，其外形不如钢制散热器美观。我国应用较多的铸铁散热器有翼型散热器和柱型散热器。

柱型散热器是呈柱状的单片散热器。根据散热面积的需要，可把各个单片组对在一起形成一组。目前，我国常用的柱型散热器有四柱和二柱 M132 型两种［见图 4-8（a）、（b）］。

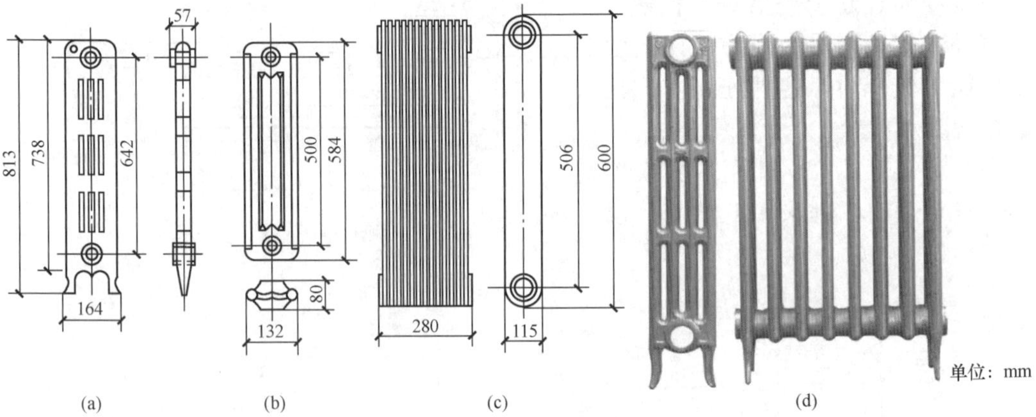

图 4-8　铸铁散热器

（a）四柱型散热器；（b）二柱 M132 型散热器；（c）长翼型散热器；（d）散热器实物图

柱型散热器与翼型散热器相比，传热系数高，外观美观，易清除积灰，容易组成需要的散热面积，被广泛应用于住宅和公共建筑中。其主要缺点是制造工艺复杂。

翼型散热器分为圆翼型和长翼型两种。长翼型散热器［见图 4-8（c）］外表面具有许多竖向肋片，外壳内部为一扁盒状空间。

翼型散热器的主要优点是制造工艺简单，耐腐蚀，造价较低。其主要缺点是承压能力较低，易积灰，不易清扫，外形不美观。此外，这种散热器每片（每根）散热面积大，设计选用时不易恰好组成所需要的面积，往往会造成散热面积过大的弊端。

（2）钢制散热器。随着人们对生活环境美观要求的提高，钢制散热器得到了越来越多的应用。钢制散热器与铸铁散热器相比，金属耗量少，耐压强度高，外形美观、整洁，布置上较易适应不同要求的场合。钢制散热器的主要缺点是容易腐蚀，使用寿命比铸铁散热器短。目前，我国生产的钢制散热器主要有光面管（排管）散热器、闭式钢串片对流散热器、板式散热器、钢制柱式散热器等。

近年来钢制柱式散热器发展迅速，出现了多种新型结构，同时更加注重外形的美观。各种不同类型的散热器互相吸取优点进行了改进，如有的散热器在柱式散热器的基础上增设斜鳍片，提高了换热能力，有的板式散热器背后设置了钢串片。总体而言，钢制散热器向着美观、减小占地、增大单位体积换热能力的方向发展。

光面管（排管）散热器用钢管焊接制成，是一种最简易的散热器，由于钢管外表面没有翼片或翅片增加散热面积，因此散热能力较差，过去只在工厂里有使用。但随着人民生活水平的提高，对于散热器美观程度的要求近年有一种做成毛巾架、楼梯扶手等形状、外涂彩色油漆的光面管散热器由于能和室内装潢理想配合，也得到了一定的应用，如图 4-9 所示。

闭式钢串片对流散热器是由钢串片上冲孔后直接套在钢管上。由于钢串片表面积大而厚度薄，因而散热面积非常大。每个串片两端折边 90°形成封闭形，这样就形成了许多封闭的垂直空气通道，造成烟囱效应，增强了对流放热能力。闭式钢串片的外形如图 4-10 所示。

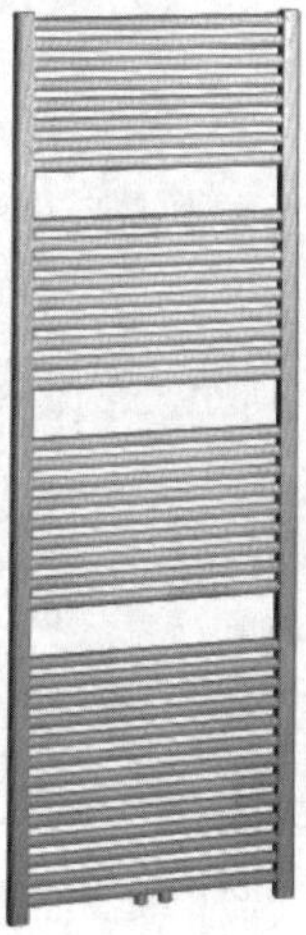

图 4-9 毛巾架散热器

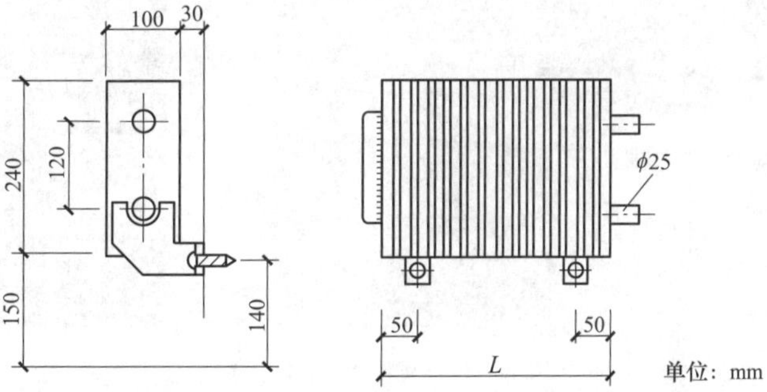

图 4-10 闭式钢串片对流散热器

闭式钢串片散热器体积小、质量轻、承压高，但使用时间长有时会出现串片与钢管的套接处接触不良的现象，从而影响散热器的传热效果。

板式散热器的特点是其正面为光滑平面或带凹凸槽的平面，由于外形美观，因此得到了越来越多的应用。板式散热器种类很多，图 4-11 是一种普通板式散热器，它由面板、背板、对流片、进出口接头、放水阀门固定套及上下支架组成。面板、背板的材料由厚度 1.2mm

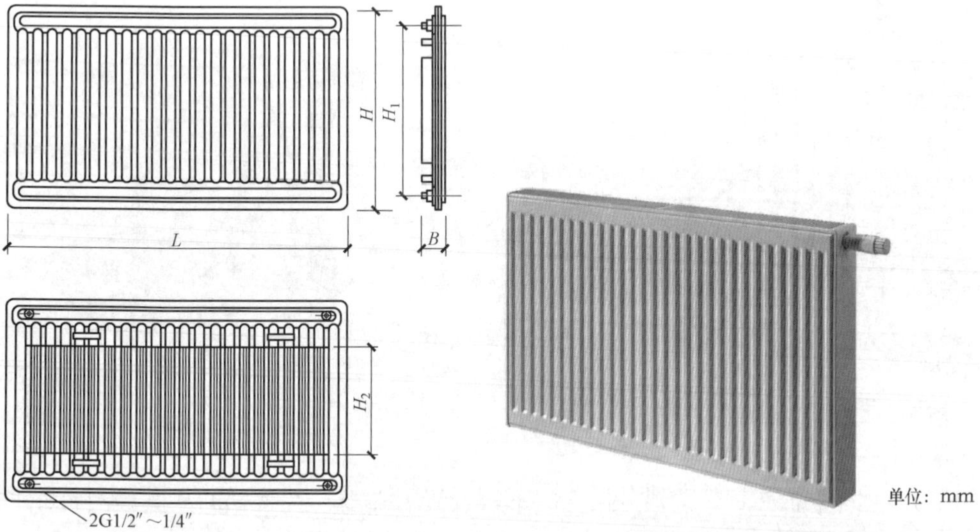

图 4-11 板式散热器

冷轧钢板冲压成型。对流片多采用0.5mm的冷轧钢板冲压成型。散热器的主要水道呈圆弧形或梯形等形式，直接压制在面板上，水平联箱压制在背板上，经复合滚焊形成整体。为增大散热面积，在背板后面点焊上对流片。

图4-12为某品牌带闭式钢串片的板式散热器的背面局部照片。其正面用一块钢板将串片遮盖，上部加了百叶散热通气口，使其显得美观大方。图4-13为内置串片的板式散热器局部图。这种板式散热器有不同长度、高度规格，最矮的与踢脚线相仿，最高的可达1.8m。

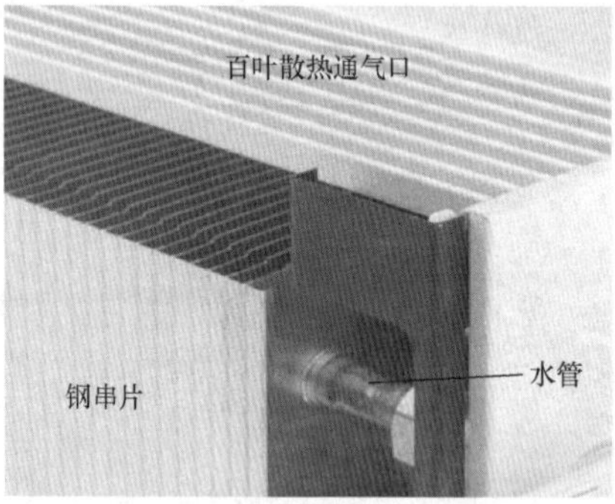

图4-12 板式散热器背面闭式钢串片局部照片

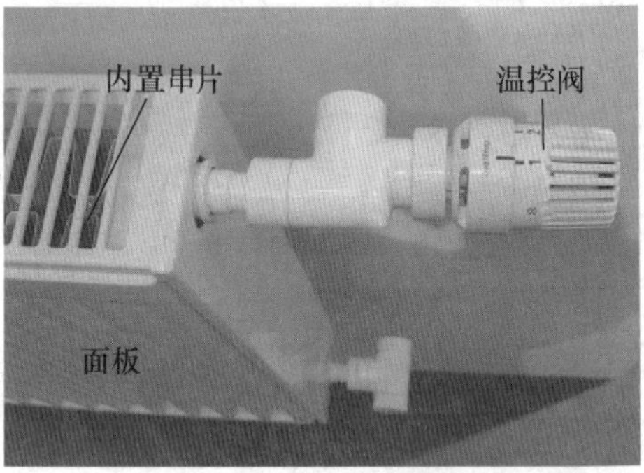

图4-13 内置串片的板式散热器局部图

钢制柱式散热器的构造和铸铁柱型散热器相似（见图4-14），每片也是有几个中空立柱。柱式散热器的传热系数远高于钢串片和板式散热器，同时外观也美观得多，但制造工艺较复杂。

（3）散热器布置要求。

1）散热器一般应安装在外墙的窗台下（见图4-15），使室内空气温度分布更均匀。

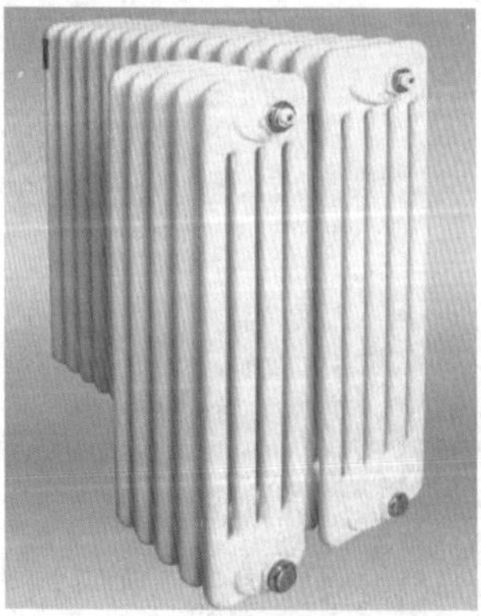
图4-14 钢制柱式散热器

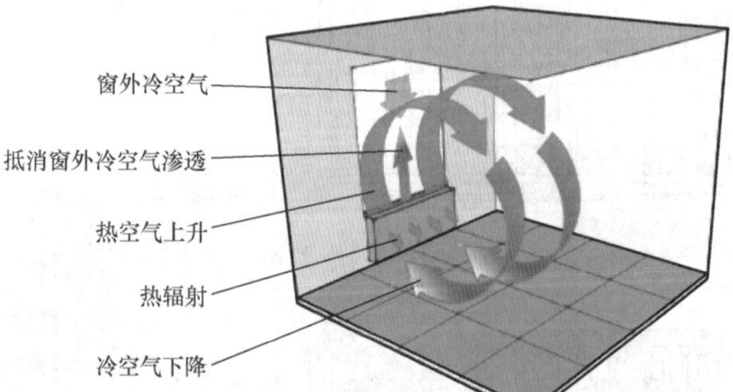

图4-15 散热器的安装

2）为防止冻裂散热器，两道外门之间不得设置散热器。在楼梯间或其他有冻结危险的场所，其散热器应由单独的立、支管供热，且不得装设调节阀。

3）散热器一般应明装，布置简单。内部装修要求较高的民用建筑可采用暗装。

4）在楼梯间布置散热器时，考虑楼梯间热流上升的特点，应尽量布置在底层或按一定的比例分布在下部各层。

5）有特殊要求的场合，如幼儿园、养老院等地方散热器必须暗装或加防护罩。

2. 膨胀水箱

在供暖系统中，一般应设置膨胀水箱来收储受热后膨胀的水量，同时解决系统的定压和补水问题。在多个供暖建筑物的同一供热系统中仅能设置一个膨胀水箱；当建筑物内有空调设施时，空调水系统应单独设置膨胀水箱；但当为独立热源仅供一栋建筑物时，可与供暖膨胀水箱合用。膨胀水箱分开式高位膨胀水箱和闭式低位膨胀水箱气压罐两种。

开式高位膨胀水箱构造简单，适用于中小型低温热水供暖系统。一般用钢板制成，通常是圆形或矩形。图 4-16 为方形膨胀水箱构造图。箱上连有膨胀管、溢流管、信号管、排水管及循环管等管路。

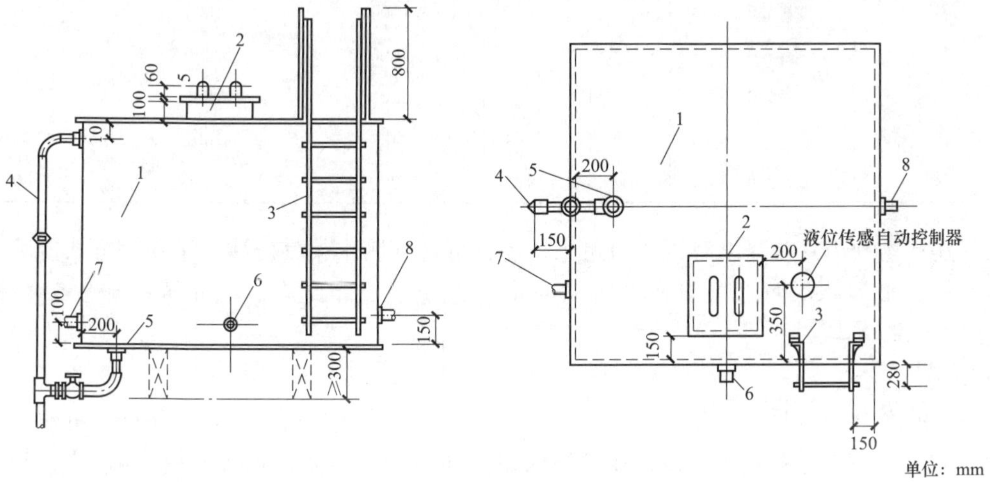

图 4-16 方形膨胀水箱构造图

1—膨胀水箱；2—人孔；3—扶梯；4—溢流管；5—排水管；6—循环管；7—膨胀管；8—信号管

膨胀管：重力循环系统时，接在供水主立管的顶端兼作排气用；机械循环系统时接至系统定压点，一般宜接在水泵吸入口前，如安装有困难时，也可接在供暖系统中回水干管任何部位。膨胀管通过非供暖房间时，应做保温。

循环管：接至系统定压点前的水平回水管上，该点与电压点之间应保持 1.5~3m 的距离。冬季停止运行时，部分热水可经膨胀管和循环管流过水箱，以防止水箱里的水结冰。但当水箱水没有冻结可能时，可不设循环管，通过非供暖房间应保温。

溢流管：当水膨胀使系统水的体积超过溢水管口时，水自动溢流排出，一般可接至附近下水道。

信号管：用来检查膨胀水箱是否存水，一般应接到管理人员容易观察到的地方（如接回锅炉房或建筑物底层的卫生间等）。

排水管：用来清洗水箱时放空存水和污垢，它可与溢流管一起接至附近的下水道。

在膨胀管、循环管和溢流管上严禁安装阀门，以防止系统超压，使水箱水冻结或水从水箱溢出。

方形膨胀水箱的型号及规格见表 4-1（国标号 T905）。

表 4-1 方形膨胀水箱的型号及规格

型号	公称容积（m^3）	有效容积（m^3）	外形尺寸（mm）		
			长	宽	高
1	0.5	0.61	900	900	900
2	0.5	0.63	1200	700	900
3	1.0	1.15	1100	1100	1100
4	1.0	1.20	1400	900	1100
5	2.0	2.27	1800	1200	1200
6	2.0	2.06	1400	1400	1200
7	3.0	3.50	2000	1400	1400
8	3.0	3.20	1600	1600	1400
9	4.0	4.22	2000	1600	1500
10	4.0	4.27	1800	1800	1500
11	5.0	5.18	2400	1600	1500
12	5.0	5.35	2200	1800	1500

当建筑物顶部安装高度有困难时可采用闭式低位膨胀水箱气压罐。采用该方式能解决系统中水的膨胀问题，而且可与锅炉自动补水和系统稳压相结合。气压罐一般安装在锅炉房内。

3. 排气装置

系统的水被加热时，会分离出空气。此外，在系统停止运行时，通过不严密处也会渗入空气，充水后，也会有些空气残留在系统内。如前所述，系统内积存空气，就会形成气塞，影响水的正常循环。

热水供暖系统排除空气的装置，可以是手动的，也可以是自动的。目前，国内常见的排气装置，主要有集气罐、自动排气阀和冷风阀等。

（1）集气罐。集气罐用直径 ϕ100～250mm 的短管制成，它有立式和卧式两种（见图 4-17）。集气罐的工作原理：集气罐的直径比它所连接的管道直径大很多，热水由管道流入集气罐时流速立刻降低，水中的气泡受浮力作用浮升到集气罐上部。

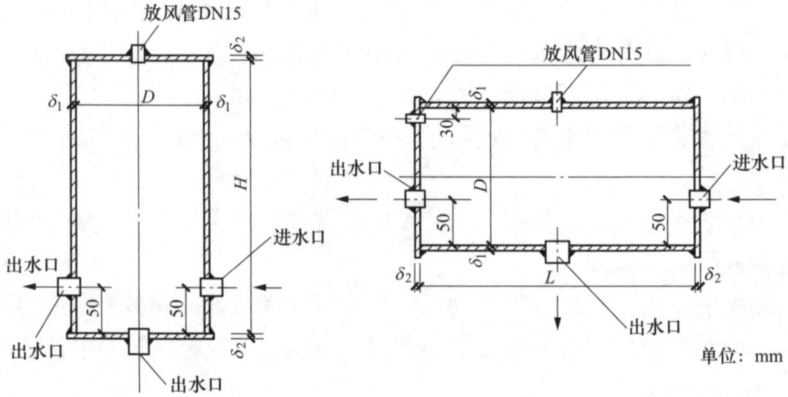

图 4-17 集气罐

在机械循环上供下回式系统中，集气罐应设在系统各环路的供水干管末端的最高处。在系统运行时，定期手动打开阀门将热水分离出来并将聚集在集气罐内的空气排除。

(2) 自动排气阀。供暖系统中已普遍采用自动排气阀取代集气罐。目前，国内生产的自动排气阀型式较多。其工作原理：很多都是依靠水对浮体的浮力，通过杠杆机构传动，使排气孔自动启闭，实现自动阻水排气的功能。

下面仅介绍一种型式：

图 4-18 为 B11X-4 型立式自动排气阀。当阀体 7 内无空气时，水将浮子 6 浮起，通过杠杆机构 1 将排气孔 9 关闭；而当空气从管道进入，积聚在阀体内时，空气将水面压孔打开，使空气自动排出。空气排除后，水再将浮子浮起，排气孔重新关闭。

自动排气阀必须垂直安装及必须保持其内部的浮筒处于垂直状态，以免影响排气。排气口有顶排和侧排两种，排气阀最好跟隔断阀一起安装，当需要拆下自动排气阀检修时，以保证水系统的密闭。

(3) 冷风阀。冷风阀（见图 4-19）多用在水平式和下供下回式系统中，它旋紧在散热器上部专设的丝孔上，以手动方式排除空气。

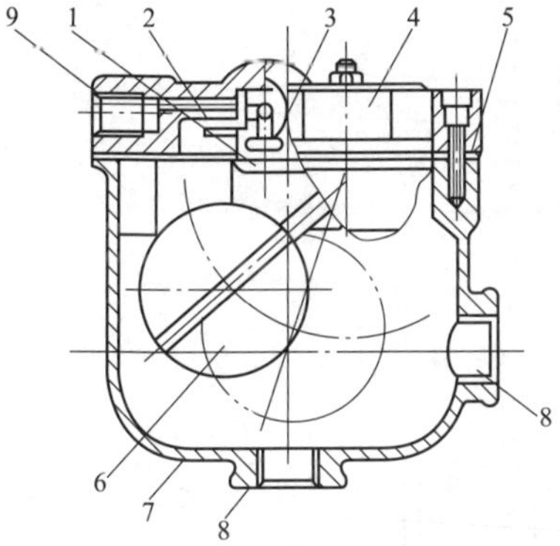

图 4-18 B11X-4 型立式自动排气阀

1—杠杆机构；2—垫片；3—阀堵；4—阀盖；5—垫片；6—浮子；7—阀体；8—接管；9—排气孔

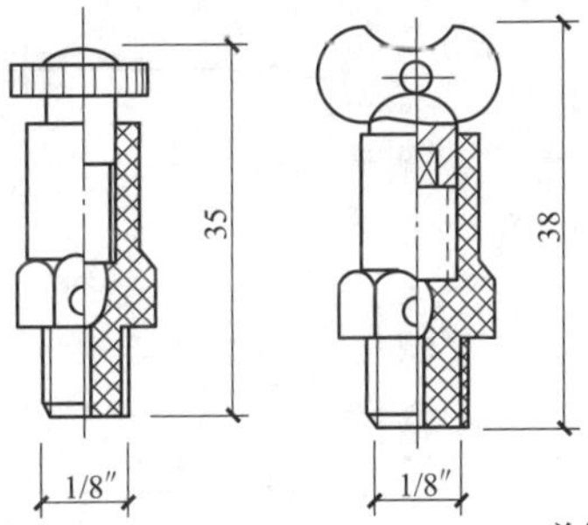

图 4-19 冷风阀

4. 散热器温控阀

散热器温控阀是一种自动控制散热器散热量的设备，它由两部分组成：①阀体部分；②感温元件控制部分（见图 4-20）。当室内温度高于给定的温度时，感温元件受热，其顶杆就压缩阀杆，将阀口关小；进入散热器的水流量减小，散热器散热量减小，室温下降。当室内温度下降到低于设定值时，感温元件开始收缩，其阀杆靠弹簧的作用，将阀杆抬起，阀孔开大，水流量增大，散热器散热量增加，室内温度开始升高，从而保证室温处在设定的温度值上。温控阀控温范围在 13～28℃，控温误差为±1℃。

散热器温控阀具有恒定室温，节约热能的主要优点。在欧美国家得到广泛应用，近年在我国也得到了越来越多的应用。散热器温控阀主要用在双管热水供暖系统上。

5. 热量表

热量表是进行热量测量与计算，用于计费结算的计量仪器。一套完整的热量表由热水流量计、供水和回水温度传感器及积算仪组成。积算仪用于根据测量的水流量和温度数据，通过热量计算方程计算出用户使用的热量。图 4-21 是一种户用热量表的照片。图 4-22 是楼栋入口热量表的安装示意图。

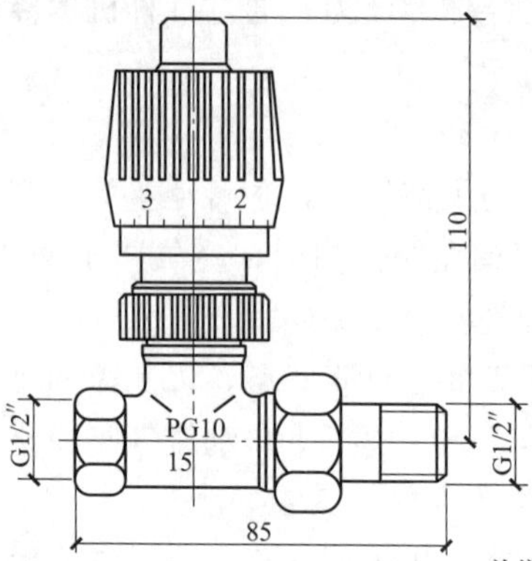

图 4-20 散热器温控阀外形图

图 4-21 户用热量表

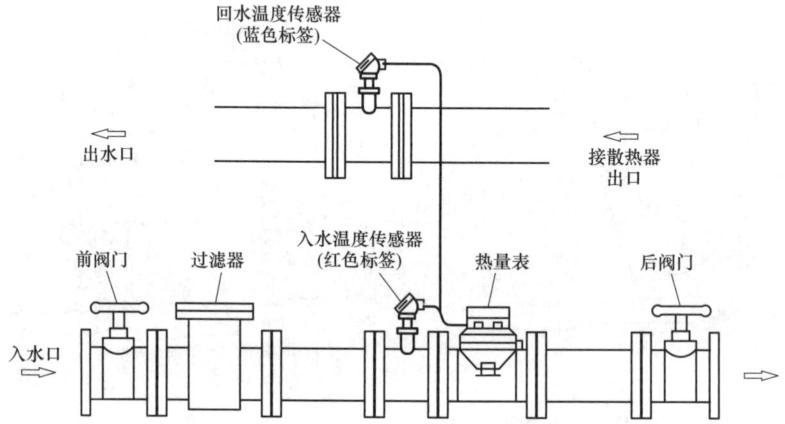

图 4-22 楼栋入口热量表安装示意图

6. 平衡阀

平衡阀适用于供暖系统和空调水系统的水力工况平衡。平衡阀安装于小区热力入口的外网管路上，可以有效地保证管网静态水力平衡。当外网供回水温度保持不变时，消除小区内个别住宅楼室温过低（如远离热源环路）或过高（如靠近热源环路）的弊病，同时实现节能的目标。平衡阀有静态平衡阀（数字锁定平衡阀）和动态平衡阀（自力式压差控制阀、自力式流量控制阀）。

静态平衡阀具有良好的调节、截止功能，还具有开度显示和开度锁定功能。在供暖和空调系统中使用可以达到节能的效果。但是当系统压差发生变化时，不能随系统变化而改变阻力系数，若需适应，则需要重新进行手动调节。

动态平衡阀运行前一次性调节，可使系统流量自动恒定在要求的设定值，其特点：①能使系统流量自动平衡在要求的设定值；②能自动消除水系统中因各种因素引起的水力失调现象，保持用户所需流量、克服冷热不均，提高供热、空调的室温合格率；③能有效克服大流量、小温差的不良运行方式，提高系统能效，实现经济运行。若要实现水力平衡和负荷调节合二为一，应选用带电动自动控制功能的动态平衡法。

自力式压差控制阀是自动恒定压差的水力工况平衡用阀。应用于集中供热、中央空调等水系统中，有利于被控系统各用户和末端装置的自主调节，尤其适用于分户计量供暖系统和变流量空调系统。

自力式流量控制阀是自动恒定流量的水力工况平衡用阀。可按需求设定流量，并将通过阀门的流量保持恒定，应用于集中供热、中央空调等水系统中，使管网的流量调节一次完成，把调网变成简单的流量分配。免除热源切换时的流量重新分配工作，可有效地解决管网的水力失调。

三、供暖管道的敷设

室内供暖系统的管道应明装，有特殊要求时可暗装。供暖管道穿过建筑基础、伸缩缝、沉降缝、防震缝的供暖管道，以及埋设在建筑结构里的立管，应采取预防由于建筑物沉降而损坏管道的措施。当供暖管道必须穿过防火墙时，应预埋钢套管，并在穿墙处一侧设置固定支架，管道和套管之间的空隙应采用不燃材料封堵。

敷设时供暖管道应有一定的坡度，当设计未注明时，气、水同向流动的热水采暖管道，坡度应为0.003，不得小于0.002。气、水逆向流动的热水采暖管道，坡度不应小于0.005；散热器支管的坡度应为0.01，坡向应有利于排气和泄水。如因条件限制，热水管可无坡度敷设，但管中水的流速不得慢于0.25m/s。

供暖管道在管沟或沿墙、柱、楼板敷设时，应根据设计与施工规范要求，每隔一定间距设置管卡或支吊架，其做法与给水管道相似。为消除管道受热变形产生的热应力，应尽量利用管道上的自然转角进行热伸长补偿，当直管线很长时应设置补偿器进行补偿，同时在适当位置设置固定支架。

供暖管道常采用镀锌钢管（也称黑铁管）。管径小于或等于32mm宜采用螺纹连接；管径大于32mm宜采用焊接或法兰连接。对于分户水平放射式热水供暖系统，因需要将管道敷设在地面垫层内，一般采用塑料管。如交联聚乙烯PEX管、聚丁烯PB管、聚丙烯管PPR等。管道敷设在管沟、技术夹层、闷顶、管道竖井内或易冻结的地方时，应采取保温措施。

分户供暖系统的干管、支管通常敷设在楼板垫层内，连接散热器的进出口支管需采用一定坡度以保证排气。分户供暖系统单管连接截止阀如图4-23所示。该图中伸出地面的支管为明装。在要求高的场合，伸出地面的支管也采用暗装在墙内的方式，仅有截止阀或温控阀以后的部分露出墙外。

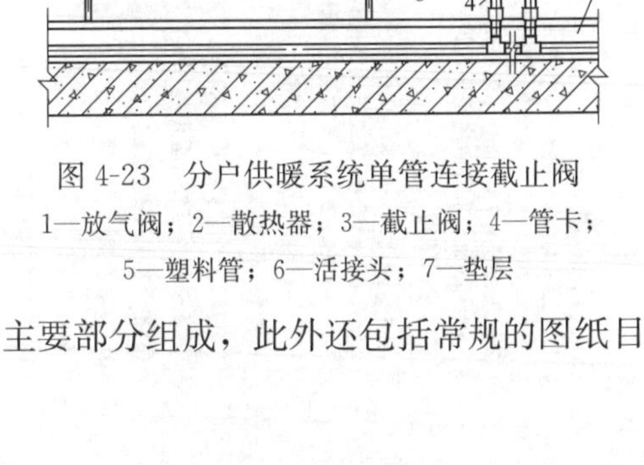

图4-23　分户供暖系统单管连接截止阀

1—放气阀；2—散热器；3—截止阀；4—管卡；5—塑料管；6—活接头；7—垫层

四、供暖施工图识读（图4-24～图4-27）

1. 供暖施工图的组成与内容

供暖施工图一般由平面图、系统图及详图三个主要部分组成，此外还包括常规的图纸目录、设计与施工说明、主要设备材料表等。

一、设计概况

1.本工程为××××××××××××××××工程××××××××××生活房屋综合楼。

2.建筑面积：990.90m²；建筑层数：二层。

3.设计范围：采暖通风空调设计。

二、设计依据

1.GB 50019—2015《工业建筑供暖通风与空气调节设计规范》

2.GB 50016—2014《建筑设计防火规范》

3.TB 10063—2016《铁路工程设计防火规范》

三、室内外设计及计算参数

1.室外气象参数

(1)供暖室外计算温度-24.2℃；

(2)冬季通风室外计算温度-18.4℃；

(3)冬季室外平均风速3.7m/s；

(4)夏季通风室外计算温度26.8℃；

(5)夏季空气调节计算干球温度30.6℃；

(6)最大冻土深度205cm。

2.供暖室内计算温度

宿舍、餐厅18℃；厨房、门厅及走廊14℃。

四、采暖系统

1.采暖热媒为85℃/60℃热水，由室外管网提供。采用散热器采暖系统，供暖系统采用垂直单管上供上回同程式系统。供、回水干管均有坡度敷设，坡度及坡向见系统图。干管最高点，装置自动排气阀。

2.采暖热负荷为R=89kW，系统阻力为13.8kPa。

3.散热器

(1)散热器选用铸铁四柱760型内腔无黏砂散热器。

(2)两组散热器串联连接安装时，其串联连接管的直径应等于散热器的接口直径。

(3)过外门处的采暖供回水干管应保温，保温材料超细玻璃棉，导热系数应不大于0.048W/(m·K)。管道保温层厚度：当管径不大于DN50时，厚度为50mm，保温外加复合铝箔保护层。管道安装完毕后必须进行水压试验，试验压力为0.6MPa。10min内压力降不大于0.02MPa，降至工作压力后检查，不渗、不漏为合格。

五、其他

1.图中尺寸标高以m计，余以mm计。

2.管道施工时应与土建配合，做好管件的预埋。

3.未尽事宜参阅GB 50242—2002《建筑给水排水及采暖工程施工质量验收规范》。

图例

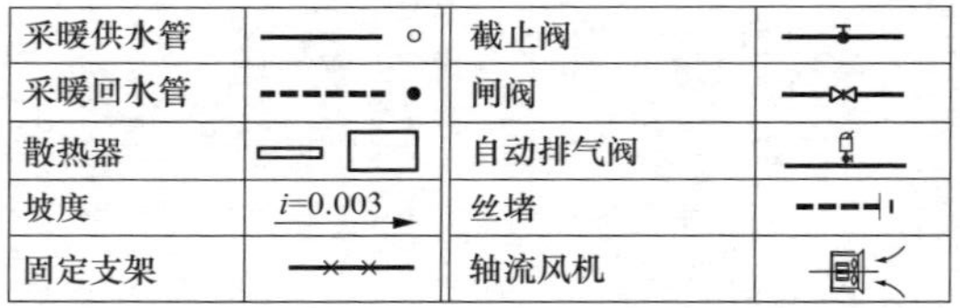

工程数量表

序号	设备名称	型号	单位	数量	备注
1	铸铁四柱760型散热器	60mm/片，每片散热量遵循公式$q=0.554\times\Delta t^{1.316}$	片	830	内腔无黏砂，117片带足
2	截止阀	DN50	个	2	
3	闸阀	DN25/DN20	个	4/20	
4	自动排气阀	DN20	个	2	
5	低压流体输送用焊接钢管	DN50/DN40/DN32/DN25/DN20	m	95/67/48/28/184	

注：该设备表中数据仅为主要设备的材料估算数据，承包商尚应依据设计图纸核算且考虑为满足其设备材料安装所必须的附属备件，如：支、托吊架等工程量。

图 4-24　设计与施工说明图例

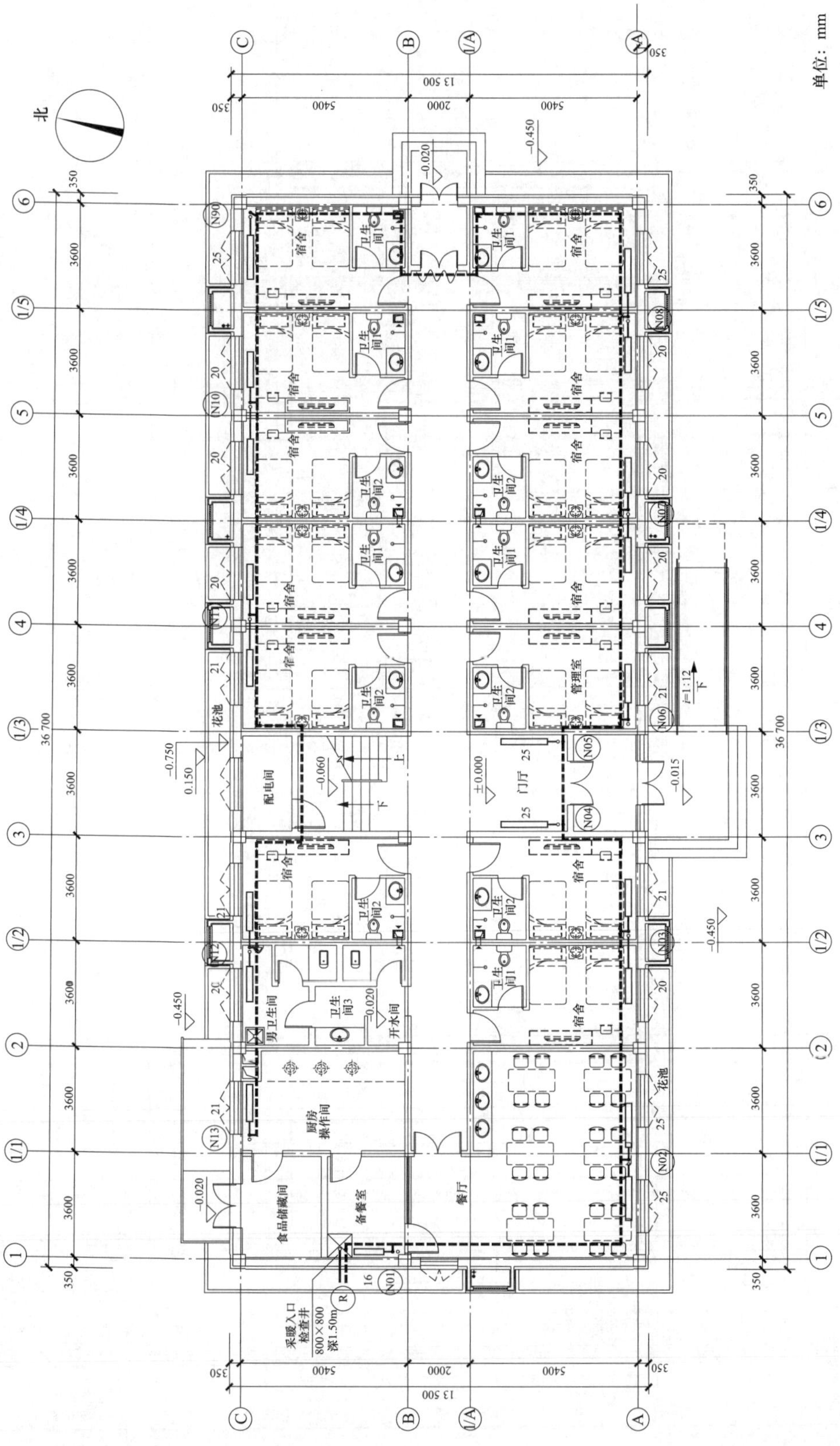

图 4-25 首层供暖平面图 1：100

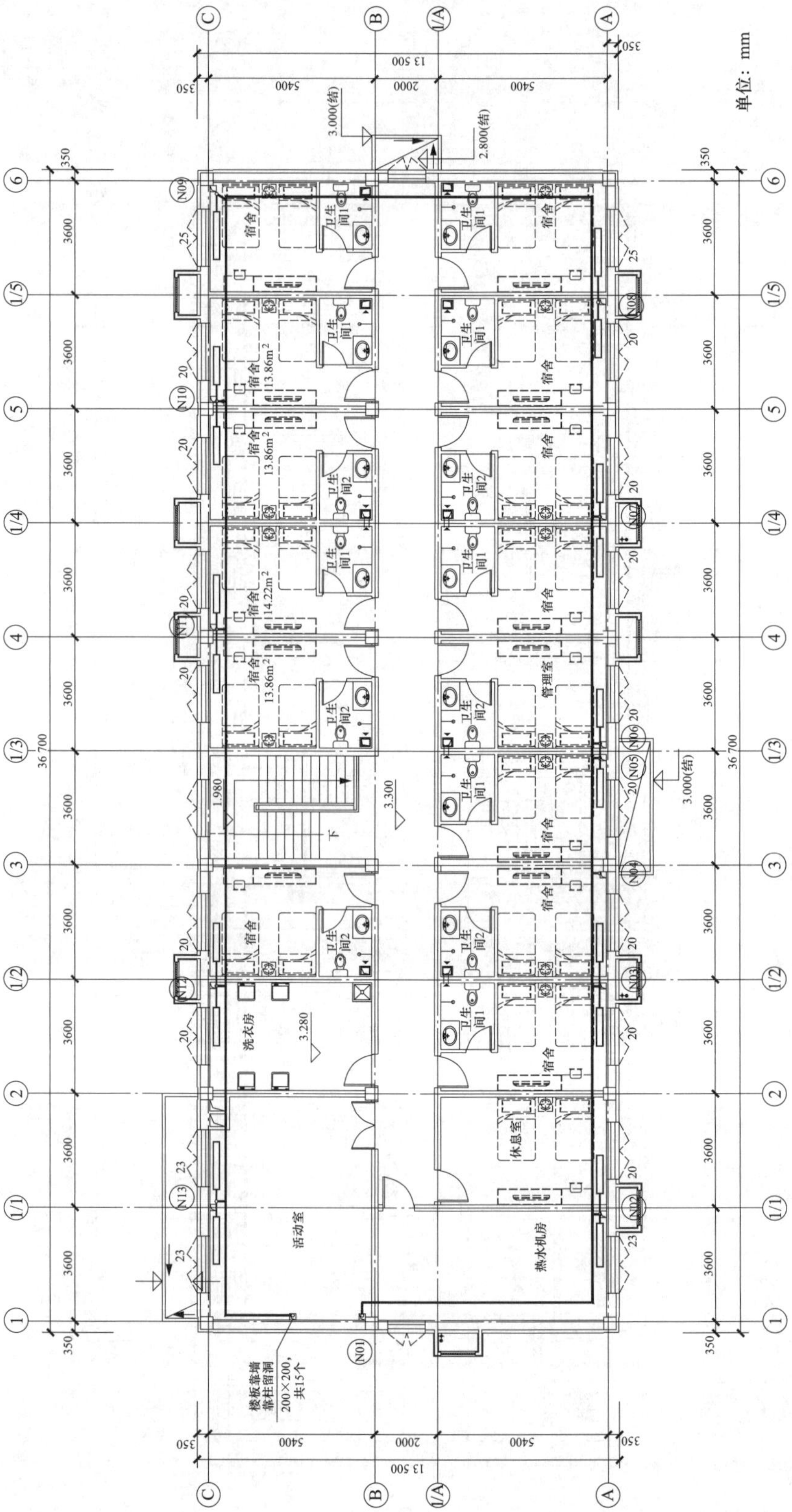

图 4-26 2层供暖平面图 1：100

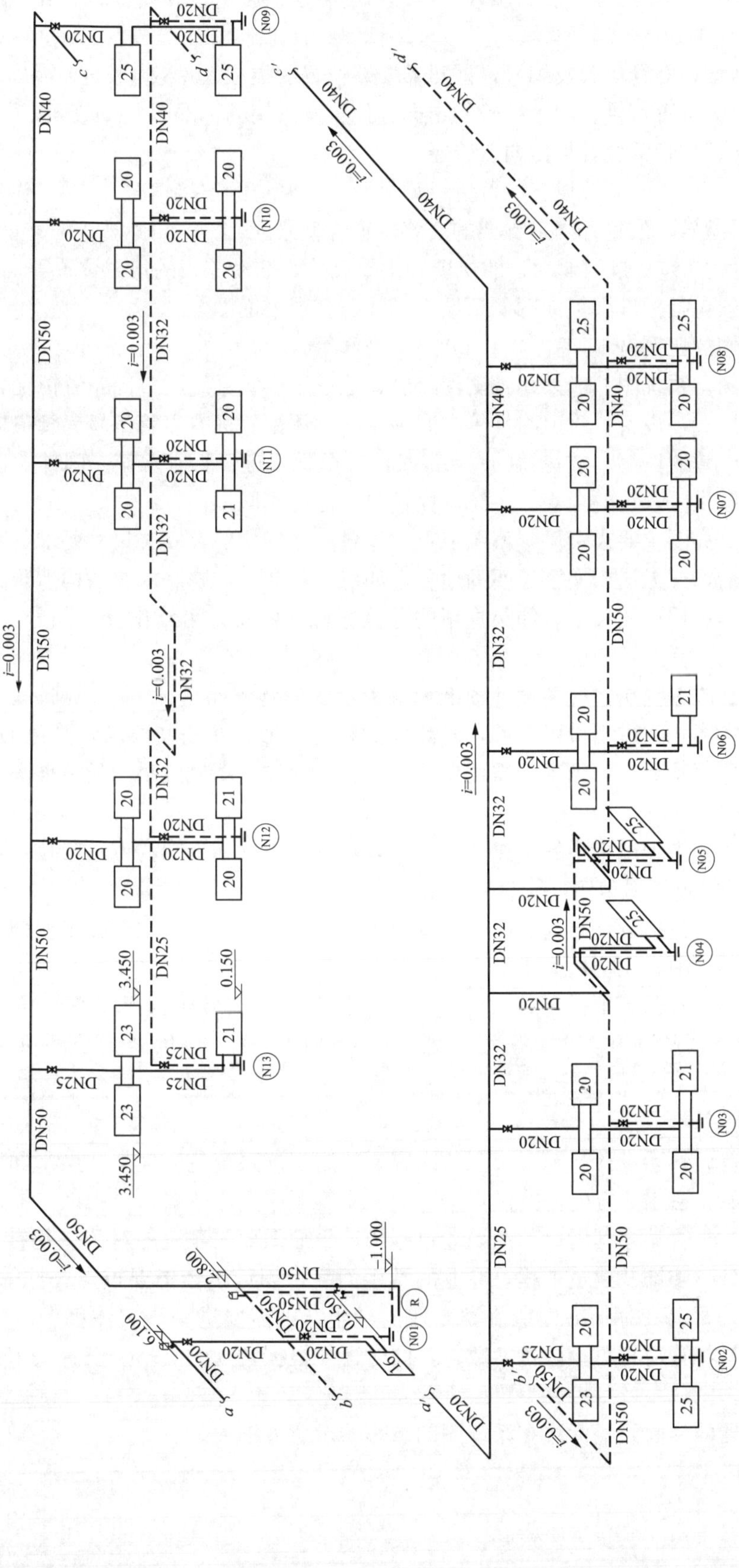

图 4-27　供暖系统图 1：100

(1) 平面图。平面图主要表明引入口、建筑物各层供暖管道和设备的平面位置布置，一般包括：

1) 房间名称，立管位置及编号，散热器安装位置、类型、片数（长度）及安装方式。

2) 引入口的位置，供、回水总管的走向、位置及采用的标准图号（或详图号）。

3) 干、立、支管的位置、走向、管径。

4) 膨胀水箱、集气罐等设备的位置、型号及其与管道的连接情况。

5) 补偿器型号、位置，固定支架的安装位置与型号。

6) 室内管沟（包括过门地沟）的位置和主要尺寸，活动盖板的设置位置等。

平面图一般包括标准层平面图、顶层平面图、底层平面图。

平面图常用的比例有 1∶50、1∶100、1∶200 等。

(2) 系统图。系统图一般采用轴测图绘制，是表示供暖系统的空间布置情况、散热器与管道空间连接形式，设备、管道附件等空间关系的立体图。标有立管编号、管道标高、各管段管径、水平干管的坡度、散热器的片数（长度）及集气罐、膨胀水箱、阀件的位置、型号规格等。可了解供暖系统的全貌。系统图比例与平面图相同。

(3) 详图。详图主要表示供暖系统节点与设备的详细构造及安装尺寸要求。平面图和系统图中表示不清，又无法用文字说明的地方，如引入口装置、膨胀水箱的构造与管、管沟断面、保温结构等可用详图表示。如果选用的是国家标准图集，可给出标准图号，不出详图。常用的比例是 1∶10、1∶50。

(4) 设计、施工说明。说明设计图纸无法表示的问题，如热源情况，供暖设计热负荷，设计意图及系统形式，进出口压力差，散热器的种类、形式及安装要求，管道的敷设方式，防腐保温，水压试验要求，施工中需要参照的有关专业施工图号或采用的标准图号等。

2. 供暖施工图示例

为更好地了解供暖施工图的组成及主要内容，掌握识读施工图的方法与技巧，现以一套4层办公楼的供暖施工图为例进行简单介绍。

该供暖施工图包括设计与施工说明，一层供暖平面图，二、三层供暖平面图，四层供暖平面图和供暖系统图，比例均为 1∶100。

该系统采用机械循环下供下回式双管热水供暖系统，但其供回水干管均位于一层顶板下，这使系统看起来与中供式系统很相像。根据设计与施工，供暖系统的供回水温度为80℃/55℃。

识读施工图基本方法：

看图时，首先熟悉设计与施工说明的内容，然后识读系统流程。从一层平面图开始，从供水管入口开始，沿水流方向，按供水干、立、支管顺序到散热器，再由散热器开始，按回水支管、立管、干管顺序到出口。在识读过程中，平面图要与系统图对照一起看。

对建筑设计、装饰及建筑工程等专业的学生而言，识读过程中要重点关注管道穿楼板、墙的位置及施工要求。对于工程造价类专业的学生，则需要进一步关注细节，如阀门的种类、规格、数量，管道材料，设备参数等，同时还要根据常规的支吊架设置要求估算支吊架的型式和数量。

图中散热器的片数已经标注在系统图的散热器示意方框内。

习 题

一、单选题

1. 集中采暖系统不包括（　　）。

A. 散热器采暖　　B. 热风采暖　　C. 辐射采暖　　D. 通风采暖

2. 散热器不应设置在（　　）。

A. 外墙窗下　　B. 两道外门之间　　C. 楼梯间　　D. 走道端头

3. 采暖管道设坡度主要是为了（　　）。

A. 便于施工　　B. 便于排气　　C. 便于放水　　D. 便于水流动来源

4. 热水采暖系统膨胀水箱的作用是（　　）。

A. 加压　　B. 减压　　C. 定压　　D. 增压

5. 民用建筑集中采暖系统的热媒（　　）。

A. 应采用热水　　B. 宜采用热水　　C. 可采用热水　　D. 热水、蒸汽均可

6. 寒冷地区某小学的教室采用散热器集中热水供暖系统，下列哪一项的热参数最适合？（　　）

A. 按热水温度 95℃/70℃设计　　B. 按热水温度 85℃/60℃设计

C. 按热水温度 75℃/50℃设计　　D. 按热水温度 60℃/50℃设计

7. 当热水集中采暖系统分户热计量装置采用热量表时，系统的共用立管和入户装置，宜设在管道井内，管道井宜设在（　　）。

A. 邻楼梯间或户外公共空间　　B. 邻户内主要房间

C. 邻户内卫生间　　D. 邻户内厨房

8. 解决室外热网水力不平衡现象的最有效方法是在各建筑物进口处的供热总管上装设（　　）。

A. 节流孔板　　B. 平衡阀　　C. 截止阀　　D. 电磁阀

9. 某严寒地区养老院公寓供暖系统时，采用下列哪种供暖末端不合理？（　　）

A. 有防护罩铸铁散热器　　B. 低温热水地面辐射

C. 无防护罩明装铸铁散热器　　D. 暗装铸铁散热器

10. 低温热水采暖系统的供水温度为（　　）℃，回水温度为（　　）℃。

A. 100，75　　B. 95，75　　C. 100，70　　D. 95，70

二、多选题

1. 集中供热的公共建筑，生产厂房及辅助建筑物等，可用的热媒是（　　）。

A. 低温热水　　B. 低压蒸汽、高压蒸汽

C. 高温热水　　D. 低压蒸汽

2. 热水采暖系统中存有空气未能排除，会产生（　　）。

A. 系统回水温度过低　　B. 局部散热器不热

C. 热力失调现象　　D. 系统无法运行　　E. 引起气塞

三、识图训练（图 4-24～图 4-27）

1. 图中整个供暖系统为________式，干管最高处设置________，图例表示

__________；散热器中的数字表示__________。设置了__________组散热器。

2. 采暖的入口位置设在__________（轴线位置）。

3. 采暖供水干管的标高__________，管径为__________。回水干管的标高__________，管径为__________。管道设置坡度__________，目的__________。管道保温厚度为__________。

四、供暖施工图识读（图 4-24～图 4-27）

项目编号	CN4	项目名称	供暖实训	训练对象	土建类非建筑设备专业
课程名称	建筑设备工程（水暖部分）				
实训目的	1. 识读供暖工程施工图。 2. 掌握供暖常用管材、附件及管道连接方法。 3. 了解管道安装要求。 4. 熟悉供暖设备规格型号，如散热器、换热器等				
完成任务	1. 统计供暖管道规格及数量、指明连接方式。 2. 统计散热器、阀门、附件等材料设备型号、规格参数及数量。 3. 画出图中管道施工与土建配合之处并补充详细说明。 4. 所有结果应分楼层分别统计，并编写 Excel 表格，供指导教师核查				

任务二　低温热水地面辐射供暖系统

辐射供暖，是指提升围护结构内表面温度形成热辐射面，通过辐射面以辐射和对流的传热方式向室内供热的供暖方式。辐射面可以是地面、顶棚或墙面；工作媒介可以是热水、蒸汽、热空气、燃气或电热。通常把在总传热量中辐射传热比例大于 50%的供暖系统称为辐射供暖系统。按照辐射板面温度的高低可分为高温辐射、中温辐射和低温辐射。一般，常用的是低温辐射供暖（板面温度低于 80℃），其中低温热水地面辐射供暖系统应用最为广泛。

辐射供暖系统与对流供暖系统相比，具有的主要优点：①在热辐射的作用下，围护结构内表面和室内其他物体表面的温度都比对流供暖时高，人体的辐射散热相应减少，人的实际感觉比相同室内温度的对流供暖时舒适得多。②不需要在室内布置散热器，不占用室内建筑面积。便于布置家具，且不会污染墙面。③室内沿高大方向上的温度分布比较均匀，温差梯度相对小，无效热损时减少。④在建立同样舒适条件的前提下，辐射供暖房间的设计温度可以比对流供暖时降低 2～3℃，高温辐射时可降低 5～10℃，从而节省供暖能耗。⑤供水温度一般为 35～60℃，可以有效利用低温水和废热。

一、热水辐射供暖

早在 20 世纪 30 年代，美国建筑师 Frank 就在他的房间内应用了地板供暖。在 20 世纪 50 年代和 60 年代，中欧的地板供暖一般采用钢管或铜管。随着建筑物保温性能越来越被重视，较低水温的辐射地板得到了越来越多的应用。到 20 世纪 70 年代以后，塑料管成为了地板供暖的标准管材。供暖水温一般低于 60℃。最近 20 年来，地板供暖的应用在国外得到了显著增长，范围已扩大到几乎所有类型的建筑物。在德国、澳大利亚和丹麦，30%～50%的新建住宅采用了地板供暖。在韩国，这一数字达到了 90%。近几年，辐射供暖在我国北方新建住宅等建筑中也成为了主要供暖方式，并已经推广应用到上海、浙江等长江中下流域各省市。我国于 2012 年修改并出版了 JGJ 142—2012《辐射供暖供冷技术规程》。

热水地面辐射供暖系统（俗称地暖）是以温度不高于 60℃的热水为热媒，在埋置于地面以下填充层中的加热管内循环流动，加热整个地板，通过地面以辐射和对流的热传递方式向室内供热的一种供暖方式，也称为地板辐射供暖或辐射地板供暖等。地面辐射供暖需通过地板加热室内空气，故加热时间较长，适宜连续运行。由于地板有一定的蓄热性，因而室温波动小。由于地砖的导热系数比木地板高很多，因此面层采用地砖的供暖效果更好。

热水地面辐射供暖系统供水温度宜采用 35～45℃，不应超过 60℃；供回水温差不宜大于 10℃，且不宜小于 5℃；辐射体表面平均温度宜符合表 4-2 的规定。

表 4-2　　辐射体表面平均温度

设置位置	宜采用的温度（℃）	温度上限值（℃）
人员经常停留的地面	25～27	29
人员短期停留的地面	28～30	32
无人停留的地面	35～40	42
房间高度 2.5～3.0m 的顶棚	28～30	—
房间高度 3.1～4.0m 的顶棚	33～36	—
距地面 1m 以下的墙面	35	—
距地面 1m 以上 3.5m 以下的墙面	45	—

二、辐射地板的结构

辐射地板结构类型众多，常见的可分为湿式（埋管式）和干式（组合式）两大类。

1. 湿式（埋管式）结构

湿式结构需要在现场进行铺设绝热层、浇灌混凝土填充层等全部工序，基本构造如图 4-28 所示。

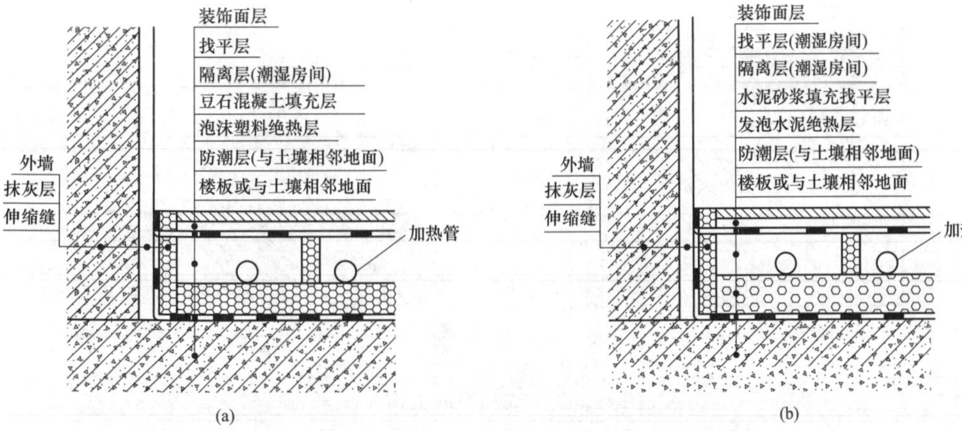

图 4-28　湿式（混凝土填充式管）热水供暖地面构造

（a）泡沫塑料绝缘层；（b）发泡水泥绝缘层

低温热水地面辐射供暖系统的地面构造，一般自下而上的组成：基层（构造层——楼板或地面）、找平层（水泥砂浆）、防潮层（与土壤相邻的地面）、绝热层（上部敷设加热管）、填充层（水泥砂浆或豆石混凝土，并埋以钢丝网加固防裂，厚度一般在50mm左右比较常见）、隔离层（潮湿房间）、面层（装饰面层及找平层）。其中，绝热层作用是减少通过地（楼）板及墙面的传热损失，多采用聚苯乙烯泡沫塑料板（密度不小于20kg/m^3）或聚苯乙烯挤塑板，一般厚度在20～30mm，墙四周的边缘保温层可减少水平热损失；埋管填充层用来埋置、保护加热管，增大蓄热与均衡地板表面传热。

还有多种混凝土埋管结构做法。对于新建建筑，塑料管也可预先埋设在预制楼板中，与建筑结构结合成一体。这种做法既减少造价，也减小了地板的厚度，但日后维修困难。混凝土埋管结构造价较低，是目前国内应用最多的辐射地板形式。

混凝土填充层施工应由有资质的土建施工方承担，并在埋地加热管安装完毕且水压试验合格、通过隐蔽工程验收、换热管处于有压状态下进行。施工中严禁使用机械振捣设备；施工人员应穿软底鞋，采用平头铁锹。

2. 干式（组合式）结构

干式（组合式）结构无混凝土填埋层，无湿作业，如图4-29所示。它包括敷设在带预制沟槽内的高强度挤塑聚苯板（带有0.2mm厚压花铝板的均热层）模块中的供热系统和加热盘管预先预制在轻薄供暖板上的供暖系统。

塑料管嵌入凹槽后，地板可直接铺设在其上面。该结构辐射地板的最大优势是厚度较小，与普通铺设地板的木栊相近甚至更低，施工也较简单，但其造价较高。

辐射地板各结构层及部件均需在现场施工完成。

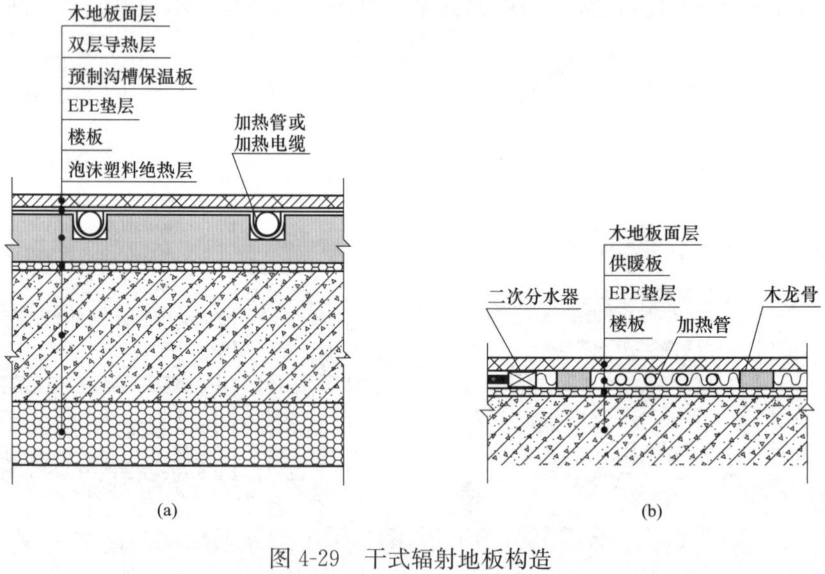

图4-29 干式辐射地板构造

（a）预制沟槽保温板供暖地面构造（与室外空气或不供暖房间相邻、以木地板面层为例）；

（b）预制轻薄供暖地面构造（与供暖房间相邻、木地板面层）

三、辐射地板水系统

辐射水系统由热源（如锅炉等）、循环水泵、分集水器及其附件、埋地加热管部分等组成，如图 4-30 所示。

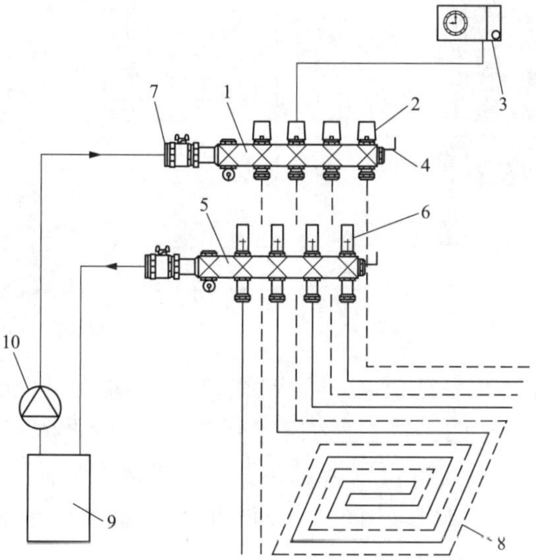

图 4-30　低温热水地面辐射供暖系统

1—分水器；2—电热执行器；3—房间温度控制器；4—放气阀；5—集水器；6—流量计；7—球阀；8—埋地加热管；9—锅炉；10—循环水泵

1. 分集水器及附件

分集水器及其附件通常放在分集水器箱中，如图 4-31 所示。

分集水器与埋地加热管连接的卡套式管接头上方均有关断阀，可以调节各环路流量及关断水流。分集水器末端设有手动放气阀或自动排气阀用于排除系统中的空气。如房间里设有温控器，则分水器上可以与设置关断阀配套的电热执行器，在室温达到设定值时关断对应的阀门。集水器上根据需要可以设置流量计，可供调试时观察各环路水流量是否满足设计要求。

辐射地板分集水器应高于地板表面 300mm 以上。每一套集配器分支环路不宜多于 8 对。以避免单个回路过长而导致供回水温差过大或水流阻力过大。

2. 埋地加热管环路

辐射地板供暖的埋管环路布置有多种形式，可以为回折型（双回型）、平行型（单蛇型）等，如图 4-32 所示。为使地面温度尽可能分布均匀，一般采用双回型，其特点是高温管和低温管间隔布置。在没有分房间控制要求的时候，一般各环路都取相等长度，以避免因环路长短不同引起的水流量不均衡问题。

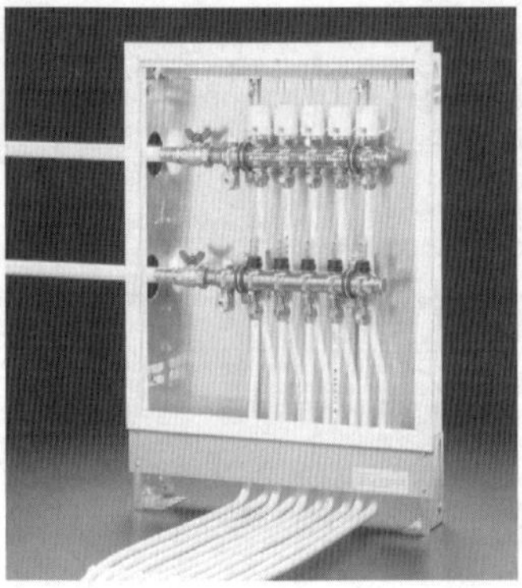

图 4-31　分集水器照片

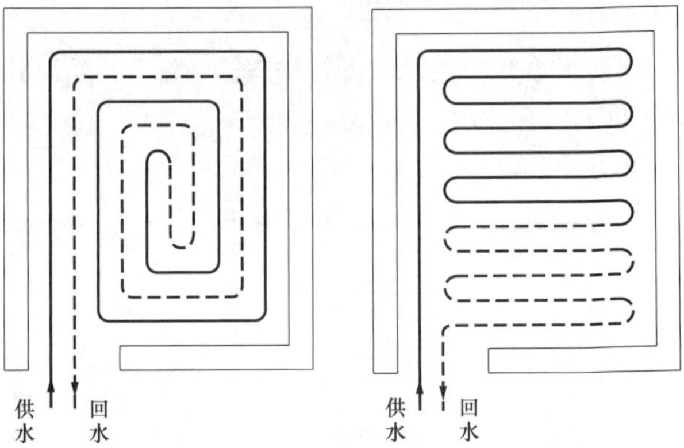

(a)　(b)

图 4-32　埋地加热管环路布置形式
(a) 回折型（双回型）；(b) 平行型（单蛇型）

埋地加热管环路应用一根管道敷设，不应留有接头。单个环路长度不宜超过 120m，一般常取 100m 长度。地埋管弯曲半径不宜小于 6 倍管外径，不得大于管道外径的 11 倍。

对于不同热负荷的区域，通常可以通过布置不同的埋管间距来调节地板的供热量。例如，靠近外窗 1m 以内的地板可以采用较小的埋管间距，而其余地带采用较大间距。常见的加热管布置间距为 150～300mm。

埋地加热管应设可采用以下方法之一固定在绝缘层上：

（1）用固定卡子将加热管直接固定在绝热板上，如图 4-33 所示。绝缘层上一般设置一层带网格的塑料布，既可防止水分从填充层渗入绝缘层，也可供加热管施工时确定敷设位置和间距。

(a)　(b)

图 4-33　敷设方式
(a) 采用管卡固定的埋地加热管；(b) 蘑菇板敷设方式

（2）用扎带将加热管固定在铺设于绝热层上的金属网格上。

（3）直接卡在敷设于绝热层表面的专用管架或管卡上。

(4) 直接固定于绝热层表面凸起间形成的凹槽内（干式辐射地板）。

加热管固定点的间距，直管段不大于 1000mm，宜为 500～700mm，弯曲管段部分不大于 350mm，宜为 200～300mm。

当地面面积超过 30m² 或边长超过 6m 时设置的伸缩缝，宽度不宜小于 8mm。伸缩缝宜采用高发泡聚乙烯泡沫塑料或内满填弹性膨胀膏。埋地环路应尽量少穿越膨胀缝。

3. 管材

加热管管材有钢管、铜管和塑料管。目前，市场上能提供满足低温辐射供暖要求的塑料管材，且管道长度按设计要求生产，埋设部分可实现无接头，杜绝了埋设管道的渗漏，同时塑料管道易于弯曲、施工，得到普遍采用。具体材质和壁厚的选择应根据工程的耐久年限、管材的性能和累计使用时间及系统运行水温、工作压力（一般不宜大于 0.8MPa）等条件确定。

管材选用时除考虑许用应力指标外，还应考虑管材的抗划痕能力、透氧率、蠕变特性和价格等因素，经综合比较后确定。目前，辐射地板的埋地管材常用的塑料管材有交联聚乙烯（PEX）管和耐热聚乙烯（PE-RT）管、聚丁烯（PB）管、交联铝塑复合（XPAP）管等。PEX 管有多种类型，因价格较低应用较多；常用的 PEX 管性能一般，不能熔接，必须采用卡套式接头连接。PB 管性能最佳，可以熔接，但价格也最高。PERT 价格和性能介于二者之间。上述三种管材是应用最多的。不论使用哪一种管材，在地板下敷设时应采用无接口的一根管道构成一个环路。塑料管的防腐性能使其寿命最多可达 50 年。

常用的塑料管径为 $\phi16$、$\phi20$ 两种，一般都采用 $\phi16$。

4. 热源

北方供暖区域可采用集中供暖；在无集中供暖区域，如南方非供暖区域，户式低温热水地面辐射供暖系统中，所用热源大多为小型热水锅炉，如燃气壁挂炉（见图 4-34）；也有使用热泵热水器。相对来说，热泵热水器比较节能。

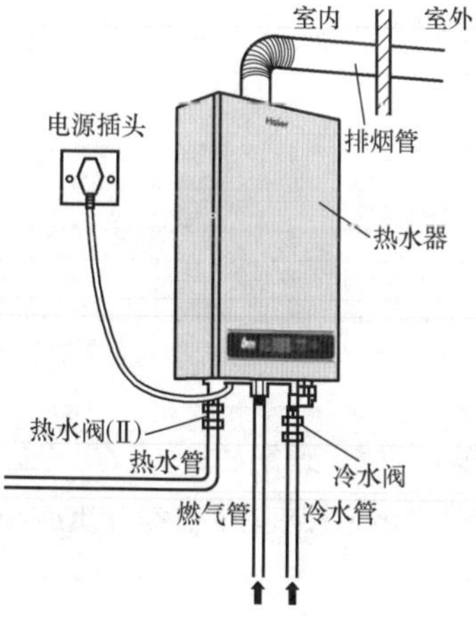

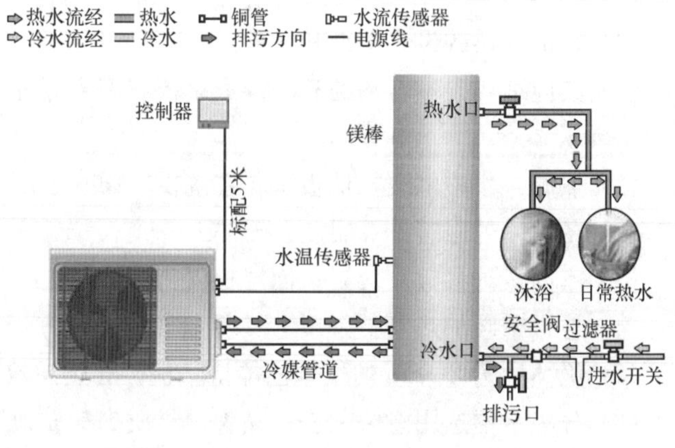

图 4-34 地暖热源

(a) 燃气壁挂炉；(b) 热泵热水器

5. 地面辐射系统施工安装

细石混凝土填充层的混凝土强度等级不宜低于 C15，浇捣时应掺入适量防止混凝土龟裂的添加剂，细石的粒径不应大于 12mm。细石混凝土填充层应采取膨胀补偿措施，地板面积超过 $30m^2$ 或地面长边超过 6m 时，每隔 5～6m 填充层应留 5～10mm 宽的伸缩缝，盘管穿越伸缩缝处应设长度为 100mm 的柔性套管，填充层与墙、柱等的交接处，应留 5～10mm 宽的伸缩缝；伸缩缝内应填充弹性膨胀材料。

在混凝土填充层内管道不得有接头。细石混凝土的浇捣必须在加热盘管试压合格后进行。浇捣混凝土时，加热盘管内应保持不低于 0.4MPa 的压力。隔热材料符合导热系数不应大于 0.05W/(m·K)；抗压强度不应小于 100kPa；吸水率不应大于 6%；氧指数不应小于 30%。当采用聚苯乙烯泡沫塑料板作为隔热层时，其密度不应小于 $20kg/m^3$。

四、低温热水地面辐射供暖系统施工图识图

低温热水地面辐射供暖系统施工图属于供暖施工图的一种，其图纸组成及识读方法均相同。与普通热水供暖施工图不同的是，低温热水地面辐射供暖系统施工图不仅要统计管道材料，还要统计辐射地板结构层的材料（保温层、塑料布、钢丝网格、管卡、豆石混凝土等）及施工，其中豆石混凝土需要有土建公司来完成施工。辐射地板的面层（地砖或地板），则归装饰公司来完成施工。

（一）设计与施工说明

1. 工程概况

本工程为某公共建筑。

2. 设计依据

(1) JGJ 142—2012《地面辐射供暖技术规程》。

(2)《低温热水地板辐射供暖系统安装》(03K404)。

(3) GB 50242—2002《建筑给排水及采暖工程施工质量验收规范》。

(4) 装饰提供的设计图纸和文件。

(5) 其他适用于本合约的有关国家规范和国家标准。

3. 设计参数

(1) 热源：集中供暖，地板采暖系统供、回水温度为 50～40℃。

(2) 冬季室外采暖计算温度：−9℃。

(3) 室内设计参数：20℃；面层材料：瓷砖。

(4) 地板采暖加热管材采用 PERT 管，敷设于地面垫层里，管材规格为 De16×2.0。

(5) 绝热层为 20mm 的聚苯乙烯挤塑板，导热系数 0.03W/(m·K)，容重为 $40kg/m^3$。

(6) 分集水器选用意大利进口品牌，材质为铜质镀镍。

(7) 采暖控制方式为分室控制。

4. 安装施工

安装施工步骤及方法如下：

(1) 加热管弯头两段宜设固定卡；加热管固定点的间距，直管段固定点间距宜为 0.5～

0.7m，弯曲管段固定点的间距宜为0.2～0.3m。

（2）在分水器、集水器附近及其他局部加热管排列比较密集的部位，当管间距小于100mm时，加热管外部应采取设置柔性套管等措施。

（3）加热管出地面至分水器、集水器连接处，弯管不宜露出地面装饰层。加热管出地面至分水器、集水器下部球阀接口之间的明装管段，外部应加装塑料套管。套管应高出装饰面150～200mm。

（4）加热管穿越伸缩缝时，伸缩缝处应设长度不小于200mm的柔性套管。

（5）分水器中心距地面不应小于300mm。

（6）在与内外墙、柱等垂直构件间接处设不间断的伸缩缝，伸缩缝填充材料应采用搭接方式连接，搭接宽度不应小于10mm，伸缩缝宽度不宜小于10mm。伸缩缝填充材料采用高发泡聚乙烯泡沫塑料。

（7）当地面面积超过30m^{2}或长度超过6m时设置的地面伸缩缝，宽度不应小于8mm，位置见平面图中标注的粗虚线。伸缩缝采用高发泡聚乙烯泡沫塑料，从绝热层的上边缘做到填充层的上边缘。

5. 试压

试压步骤及方法如下：

（1）水压试验应在系统冲洗之后进行。冲洗应在分水器、集水器以外主供回水管冲洗合格后，再进行室内供暖系统的冲洗。

（2）水压试验应分别在浇灌混凝土填充前和填充养护期满后进行两次；并应以每组分水器、集水器为单位，逐回路进行。

（3）试验压力应为工作压力的1.5倍，且不小于0.6MPa。

（4）在试验压力下，稳压1h，其压力降不应大于0.05MPa。

6. 图例

图例见表4-3。

表4-3　　图　例

符号	说明	符号	说明
	采暖供水管	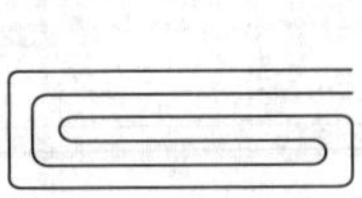	地暖盘管
	采暖回水管		静态平衡阀
	分集水器		蝶阀

（二）低温热水地面辐射供暖平面布置图（见图4-35）

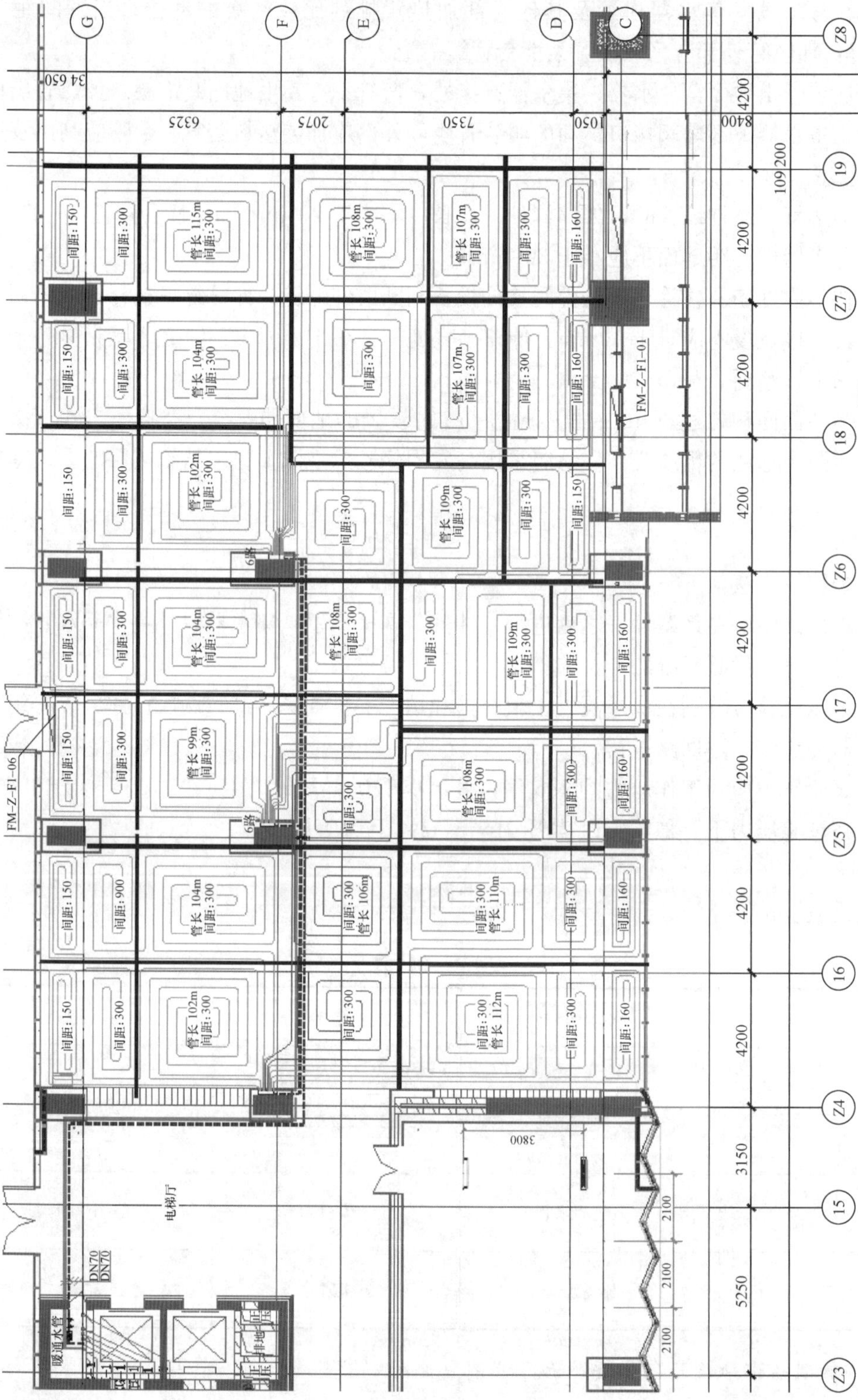

单位：mm

图 4-35 低温热水地面辐射供暖平面布置图

习　题

一、单选题

1. 直接与室外空气接触的楼板或不与供暖房间相邻的地板，作为供暖辐射地面时，下列（　　）是必须设置的。

A. 隔汽层　　B. 空气间层　　C. 绝热层　　D. 防潮层

2. 热水地面辐射供暖系统供水温度宜采用（　　）℃，回水温度为（　　）℃。

A. 45～60　　B. 40～50　　C. 35～40　　D. 35～45

二、多选题

某小区采用热水地面辐射供暖，在选用管材时应考虑的主要因素为下列哪几项？（　　）。

A. 工程的耐久年限　　B. 管材的性能

C. 系统运行水温　　D. 系统运行工作压力

三、识图训练（见图 4-35）

1. 图中静态平衡阀__________，图例为__________。

2. 图中供暖管道系统为__________式，这么做的原因是__________。

3. 图中供暖管道井设置在__________轴之间。供回水管道直径为__________。

4. 图中分集水器有__________个，Z4 轴的分集水器有__________路，靠近外墙外窗的管间距为__________ m。

5. 该供暖系统分集水器后的地暖管道总长约为__________ m。

模块五　通风与空调工程

任务一　建筑物平时通风

一、通风的概念

通风就是把室外的新鲜空气（可经适当的处理后，如过滤净化、加热等）或符合卫生要求的经净化的空气送进室内，把室内的废气（经消毒、除害）排至室外。实施通风的目的在于通过控制空气传播污染物，以保证室内环境具有良好的空气品质，满足人们生活或生产过程要求的工程技术。

通风的功能主要有：①保持室内空气的新鲜和洁净，改善室内的空气品质，提供人的生命过程的供氧量；②排除室内多余的热量或湿量（余热或余湿），满足人体舒适需要；③消除生产过程中产生的灰尘、有害气体、高温和辐射热的危害，防止大气污染；④提供适合生产的空气环境，保证产品质量，促进生产发展。建筑中的通风系统，可能只完成其中的一项或几项任务。其中，利用通风除去室内余热和余湿的功能是有限的，它受室外空气状态的限制。

建筑通风中，将从室内排出污浊的空气称为排风，把向室内补充新鲜的空气称为送风。为实现排风和送风，所采用的一系列的设备、装置的总体称为通风系统。

二、通风的分类

（一）按服务对象分

通风系统按服务对象不同，可分为民用建筑通风和工业建筑通风。民用建筑通风是对民用建筑中人员及活动所产生的污染物进行治理而进行的通风；工业建筑通风是对生产过程中的余热、余湿、粉尘和有害气体等进行控制和治理而进行的通风。

（二）按通风的作用范围

通风系统按通风的作用范围，可分为局部通风和全面通风两类。

1. 局部通风系统

局部通风系统又分为局部送风系统和局部排风系统。

局部排风系统由局部排风罩、风管、净化设备和风机组成，如图 5-1 所示。它是防止工业有害物污染室内空气最有效的方法，在有害物产生的地点直接将它们捕集起来，经过净化处理，排至室外。与全面通风相比，局部排风系统需要的风量小、效果好，设计时应优先考虑。

局部送风系统（见图 5-2）：对于面积很大，工作人数较少的车间，用全面通风的方式改善整个车间的工作环境，既困难又不经济，同时也是不必要的。例如：某些高温的车间，没有必要对整个车间降温，只需向少数的局部工作地点送风，在局部地点造成良好的空气环境，这种通风方式即为局部送风。

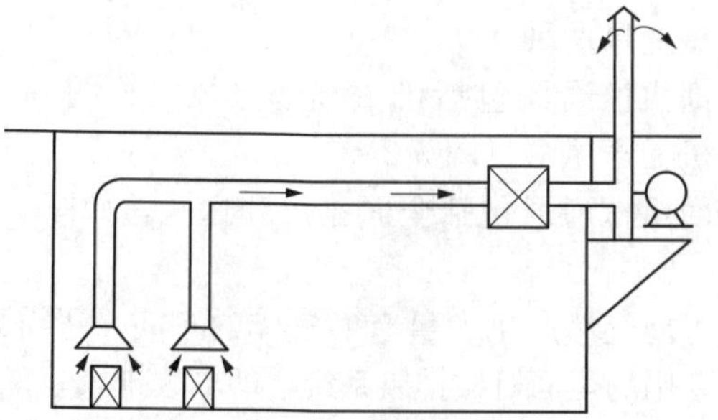

图 5-1　局部排风系统

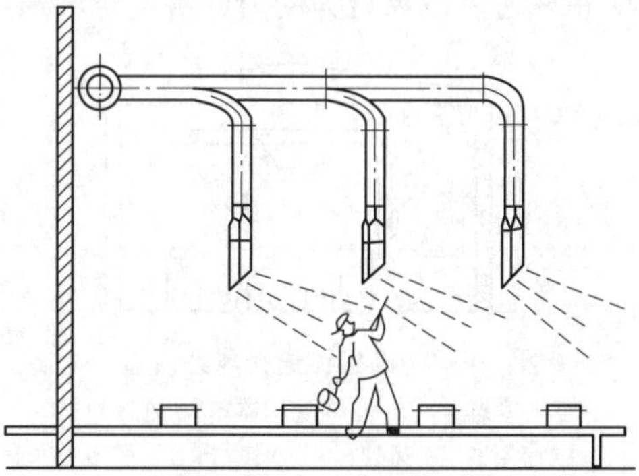

图 5-2　铸工车间浇铸工段的局部机械送风系统示意图

局部通风一般应用于工矿企业，民用建筑中的厨房排烟系统也属于局部通风。

2. 全面通风系统

全面通风也称稀释通风，它一方面用清洁的空气稀释室内空气中的有害物浓度，同时不断地把污染空气排至室外，使室内空气中有害物浓度不超过卫生标准规定的最高允许浓度。全面通风的效果与通风量和通风气流的组织有关。它适用于有害物分布面积广，以及有些不适合采用局部通风的场合，它所需的风量大，设备较为庞大。按照系统形式，可分为全面送风、全面排风、全面送排风。

全面通风系统一般是由进风百叶窗、空气过滤器、空气处理器、通风机、送风管道、送排风口等设备组成。地下车库的送风排烟系统就属于全面通风。

（三）按工作动力

按空气流动的动力不同，通风可分为自然通风和机械通风两种。

1. 自然通风

自然通风是以热压和风压作用的不消耗机械动力的、经济的通风方式。自然通风易受室外气象条件的影响，它在热车间排除余热的全面通风中和一些热设备的局部排风中常用。

自然通风的动力有热压和风压两种。热压是室内外温度差异导致室内外空气容重差所产生的；风压主要指室外风作用在建筑物外围护结构而造成的室内外静压差。风压和热压作用下的自然通风示意图分别如图 5-3 和图 5-4 所示。自然通风系统简单，便于管理，可用于厂房或民用建筑的全面通风换气。

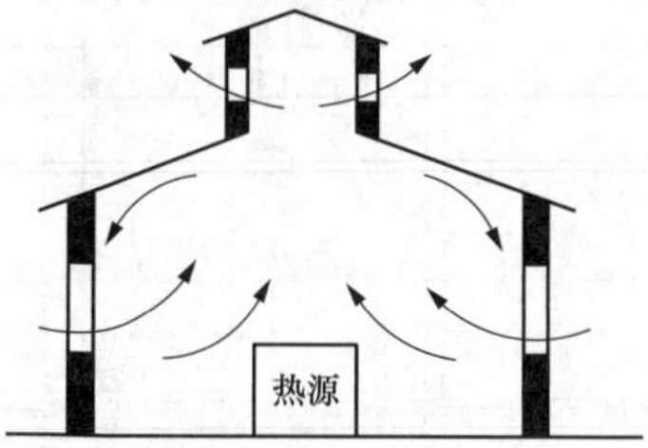

图 5-3　热压作用的自然通风

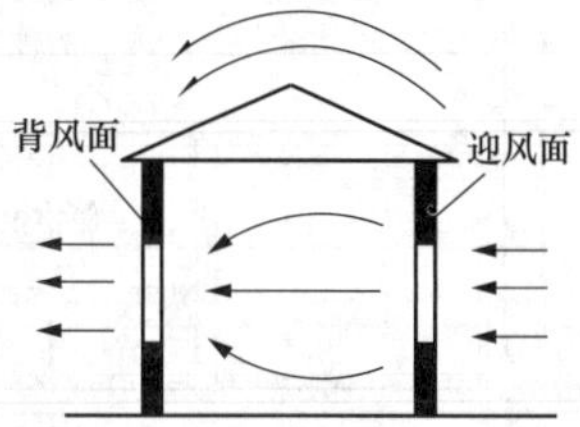

图 5-4　风压作用的自然通风

2. 机械通风

机械通风以风机为动力，可使空气通过风道输送，并可对输送的空气进行净化处理。按通风的作用范围，机械通风可分为局部机械通风和全面机械通风两种。

局部机械通风包括机械局部排风（见图 5-1）和局部机械送风（见图 5-2）。

全面机械通风包括全面排风和送风，如图 5-5 所示。

对可能突然产生大量有害气体的车间，还需另设一个专用的全面机械排风系统，即事故排风装置。

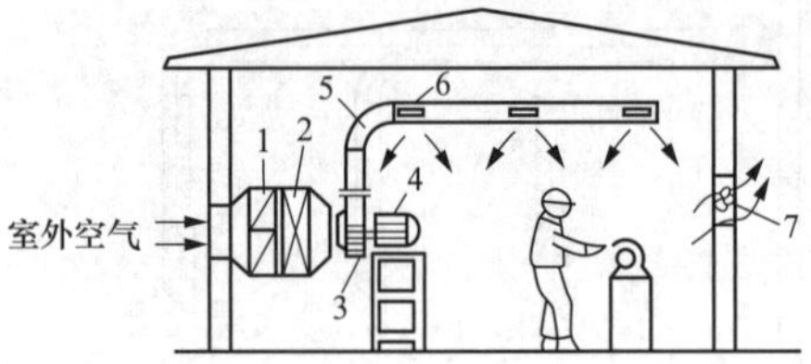

图 5-5　全面机械送排风系统

1—空气过滤器；2—空气处理器；3—通风机；4—电动机；5—送风管；6—送风口；7—排风口

三、通风的应用

1. 平时通风

当建筑物存在大量余热、余湿及有害物质时，宜优先采用通风措施加以消除。关于通风方式的选择，首先考虑采用自然通风消除建筑物余热、余湿和进行室内污染物浓度控制。当自然通风不能满足要求时，应采用机械通风。

（1）卫生间通风换气。公共卫生间、住宅建筑无外窗的卫生间、酒店客房卫生间、大于 5 个喷头的淋浴间，以及无可开启外窗的卫生间、开水间、淋洗浴间，应设置机械排风系统。住宅有外窗的卫生间可采用自然通风。卫生间排风系统宜独立设置，当与其他房间排风合用时，应有防止相互串气味的措施，如图 5-6 所示。

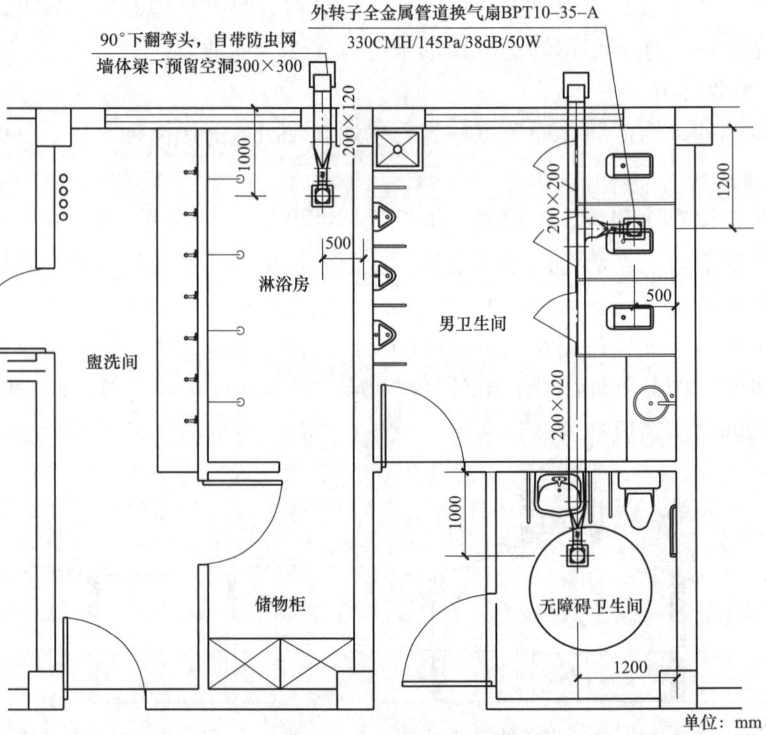

图 5-6　淋浴房和卫生间分别设置独立排风系统

(2) 厨房通风系统。厨房中通常会产生大量余热、余湿和油烟，并且，用于炒菜做饭的能源也是多种多样，以易燃易爆的燃气比较常见。因此，厨房通风系统会比较复杂，还可能涉及不同目的的通风系统合用等。排油烟系统原理图如图 5-7 所示。

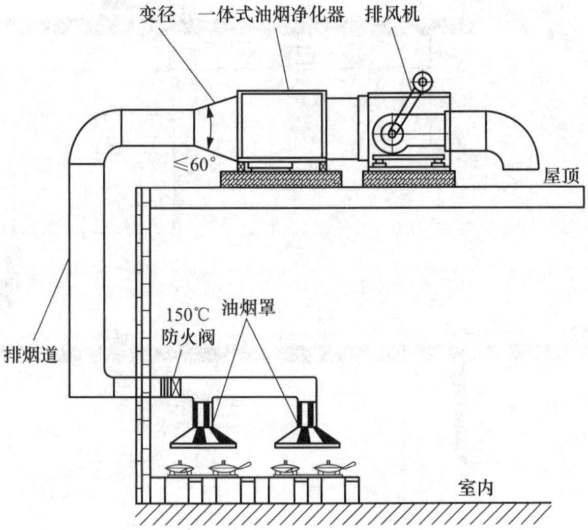

图 5-7　排油烟系统原理图

(3) 设备机房通风系统。设备机房应保持良好的通风，无自然通风条件时，应设置机械通风系统。设备有特殊要求时，其通风应满足设备工艺要求。

设备机房有泵房、换热站、制冷机房、锅炉间等机房。不用机房的通风系统有不同的要求。以泵房为例：

见图 5-8，该水泵房为防火分区三，由两台 SWF(A)-I-3.5 混流风机担负送、排风功能。

左下为送风系统，其组成由右往左依次为两个 500mm×300mm 的双层格栅风口，天圆地方，软接头，SWF 混流风机，软接头，天圆地方，防火阀，然后接入建筑送风竖井，风管尺寸为 500mm×320mm；上方为排风系统，其构成与送风系统一样，风管尺寸也是 500mm×320mm，其将排风接入 500mm×320mm 的通风立管排至室外，但风口形式为单层格栅风口。

2. 事故通风

事故通风是用于排除或稀释生产车间内发生事故时突然散发大量有害物质、有爆炸危险的汽体或蒸汽的通风方式。为了防止其对工作人员造成伤害和财产损失而设置的排风系统称为事故通风系统。事故通风量宜根据放散物的种类、安全及卫生浓度要求，按全面排风计算确定，且换气次数不应小于 12 次/h。事故通风还应根据放散物的种类设置相应的检测报警及控制系统，手动控制装置应在室内外便于操作的地点分别设置。

事故排风宜由经常使用的通风系统和事故通风系统共同保证，当事故通风量大于经常使用的通风系统所要求的风量时，宜设置双风机或变频调速风机；但在发生事故时，必须保证事故通风要求。

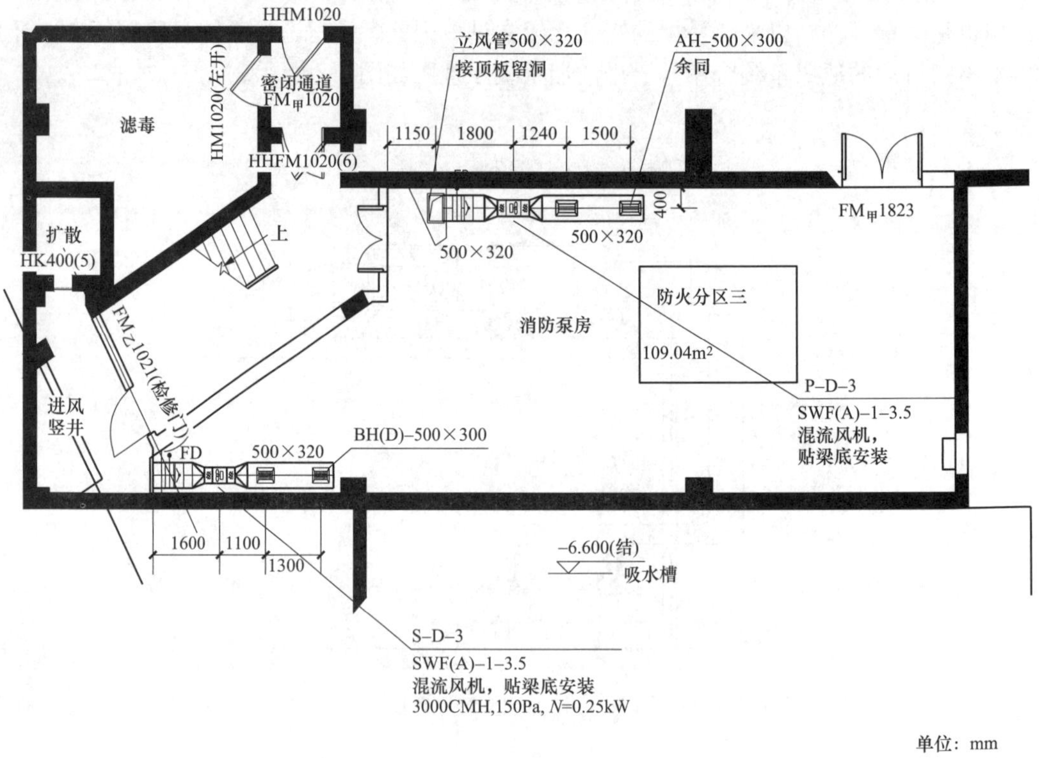

图 5-8 泵房平面图

对于事故排风的室外排风口位置不应布置在人员经常停留或经常通行的地点，以及邻近窗户、天窗、室门等设施的位置。排风口与机械送风系统的进风口的水平距离不应小于20m；当水平距离不足 20m 时，排风口应高出进风口并不宜小于 6m。当排气中含有可燃气体时，排风口应远离火源 30m 以上，距可能火花溅落地点应大于 20m。排风口不应朝向室外空气动力阴影区，不宜朝向空气正压区。

事故通风只是在紧急的事故情况下使用，因此排风可以不经净化处理而直接排向室外，而且也不必设机械补风系统，可由门、窗自然补入空气，但应注意留有空气自然补入的通道。

3. 置换通风

定义：借助空气浮力作用的机械通风方式，空气以低速（0.2m/s 左右）、高送风温度（不低于 18℃）的状态送入活动区下部，在送风及室内热源形成的上升气流的共同作用下，将污浊空气提升至顶部排出。

目的：保持活动区域的温度、浓度符合设计要求，允许活动区上方存在较高的温度和浓度。

4. 建筑防烟和排烟

该系统用于控制建筑火灾烟气流动，创造无烟的人员疏散通道或安全区的通风系统。

习　题

一、单选题

1. 事故通风量宜根据放散物的种类、安全及卫生浓度要求，按全面排风计算确定，且每小时换气次数不应小于（　　）。

A. 8　　B. 10　　C. 12　　D. 14

2. 高级饭店厨房的通风方式宜采用（　　）。

A. 自然通风　B. 机械通风　C. 不通风　D. 机械送风

3. 下列哪个房间可不设机械排风？（　　）

A. 公共卫生间　B. 高层住宅暗卫生间

C. 旅馆客房卫生间　D. 多层住宅有外窗的小卫生间

二、填空题

1. 自然通风的动力由________原因形成的________和________原因形成的________。

2. 按通风的范围分，有________和________通风方式。

三、名词解释

1. 事故通风；

2. 置换通风。

任务二　建筑的防、排烟工程

火灾是一种多发性灾难，它导致巨大的经济损失和人员伤亡。建筑中往往使用了大量可燃性材料，如塑料、化纤、木材等，建筑物一旦发生火灾，这些材料燃烧后，会产生大量有毒气体——烟气，烟气在建筑物内不断流动传播，不仅导致火灾蔓延，也引起人员恐慌，影响疏散和扑救，造成人员伤亡。为排除火灾中产生的各种有害气体，及时疏散建筑物内人员，防止火灾迅速蔓延，在建筑中设置防烟、排烟设施是很有必要的。

建筑防排烟分为防烟和排烟两种形式。防烟的目的是将烟气封闭在一定的区域内，以确保疏散线路畅通，无烟气侵入。排烟的目的是将火灾时产生的烟气及时排除，防止烟气向防烟分区以外扩散，以确保疏散通路和疏散所需时间。

建筑中的防烟可采用自然通风方式，防止火灾烟气在楼梯间、前室、避难层（间）等空间积聚；或通过机械加压送风方式阻止火灾烟气侵入楼梯间、前室、避难层（间）等空间。建筑中可采用机械加压排烟方式或可开启外窗的自然排烟方式，将房间、走道等空间的火灾烟气排至建筑外。

一、控制烟气流动的主要方法

引起烟气流动的因素有扩散、烟囱效应、浮力、热膨胀、风力、通风空调系统等。烟气控制的主要目的是在建筑物内创造无烟或烟气含量极低的疏散通道、安全区。烟气控制的实质是控制烟气合理流动，也就是使烟气不流向疏散通道、安全区和非着火区，而向室外流动。

1. 隔断或阻挡

墙、楼板、门等都具有隔断烟气传播作用，为了防止火势蔓延和烟气传播，各国的法规中对建筑物内部间隔作了明文规定，规定建筑物中必须划分防火分区和防烟分区。防火分区，是指用防火墙、楼板、防火门或防火卷帘等分隔的区域，可以将火灾在一定的时间内限制在局部区域内，不使火势蔓延，同时对烟气也起了隔断作用。防火分区是控制耐火建筑火灾的基本空间单元。我国现行的 GB 50016—2014《建筑设计防火规范（2018 年版）》、GB 50067—2014《汽车库、修车库、停车场设计防火规范》、GB 50098—2009《人民防空工程设计防火规范》等均对建筑的防火分区面积作出具体规定。

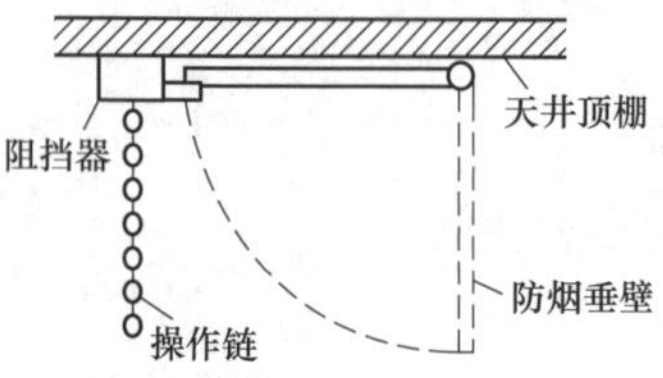

图 5-9 挡烟垂壁

防烟分区，是指采用挡烟垂壁（见图 5-9）、隔墙或从顶板下突出不小于 50cm 的梁等具有一定耐火等级的不燃烧体来划分的防烟、蓄烟空间。防烟分区是有利于建筑物内人员安全疏散和有组织排烟而采取的技术措施。防烟分区在防火分区中分隔，防烟分区、防火分区的大小及划分原则参见 GB 50016—2014。防烟分区不应跨越防火分区。

图 5-10 为防火防烟分区实例。

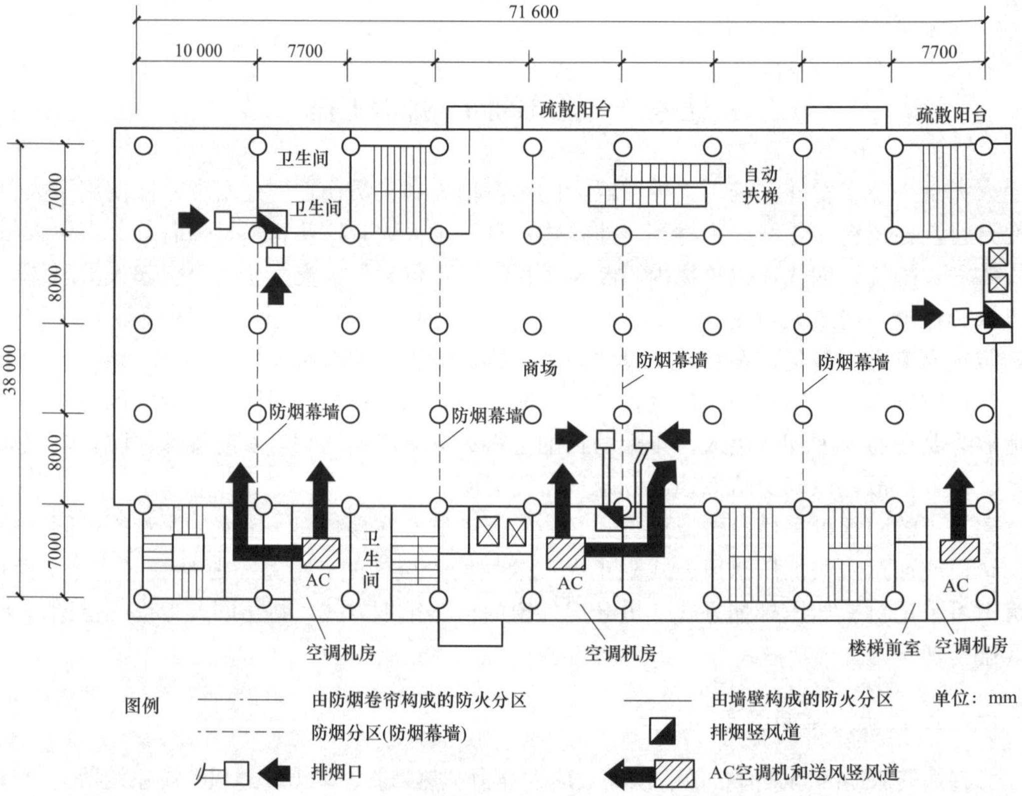

图 5-10 防火防烟分区实例

2. 疏导排烟

利用自然或机械作用力，将烟气排到室外，称为排烟。利用自然作用力的排烟称为自然排烟；利用机械（风机）作用力的排烟称机械排烟。排烟的部位包括着火区和疏散通道两类。着火区排烟的目的是将火灾发生的烟气（包括空气受热膨胀的体积）排到室外，降低着火区的压力，不便烟气流向非着火区，以利于着火区的人员疏散及救火人员的扑救；对于疏散通道的排烟是为了排除可能侵入的烟气，以保证疏散通道无烟或少烟，以利于人员安全疏散及救火人员通行。

3. 加压防烟

加压防烟是用风机把一定量的室外空气送入一房间或通道内，使室内保持一定压力或门洞处有一定流速，以避免烟气侵入。

二、防烟系统

建筑防烟主要有自然通风和机械加压送风两种方式。

1. 防烟系统的应用场合

建筑物发生火灾时，疏散楼梯间是建筑物内部人员疏散的通道，而独立前室、共用前室、合用前室及消防电梯前室等是消防队员进行火灾扑救的起始场所。因此火灾发生时首要的就是控制烟气进入上述安全区域。对于较高的建筑，其自然通风效果受建筑本身的密闭性及自然环境中的风向、风压的影响较大，难以保证防烟效果，因此需要采用机械加压送风方式，将室外新鲜空气输送到上述区域，以阻止烟气向这些安全区域蔓延。

根据 GB 50016—2014，建筑的下列场所或部位应设置防烟设施：防烟楼梯间及其前室；消防电梯间前室或合用前室；避难走道的前室；避难层（间）。

建筑防烟系统的设计应根据建筑物的高度、使用性质等因素，采用自然通风或机械加压送风系统。建筑防烟系统的选择应符合 GB 51251—2017《建筑防烟排烟系统技术标准》3.1 和 4.1 节的规定。

（1）建筑高度大于 50m 的公共建筑、工业建筑和建筑高度高于 100m 的住宅建筑，其防烟楼梯间、独立前室、共用前室、合用前室及消防电梯前室应采用机械加压送风系统，如图 5-11 所示。

（2）建筑高度不高于 50m 的公共建筑、工业建筑和建筑高度不高于 100m 的住宅建筑，其防烟楼梯间、独立前室、共用前室、合用前室（除共用前室与消防电梯前室合用外）及消防电梯前室应采用自然通风系统，如图 5-12 所示。当不能设置自然通风系统时，应采用机械加压送风系统。

（3）对防烟楼梯间及其前室、消防电梯前室和合用前室，需要根据各部位采用机械加压送风与可开启外窗自然排烟这两种方式的不同组合情况，确定设置加压送风系统设施的部位，见表 5-1。

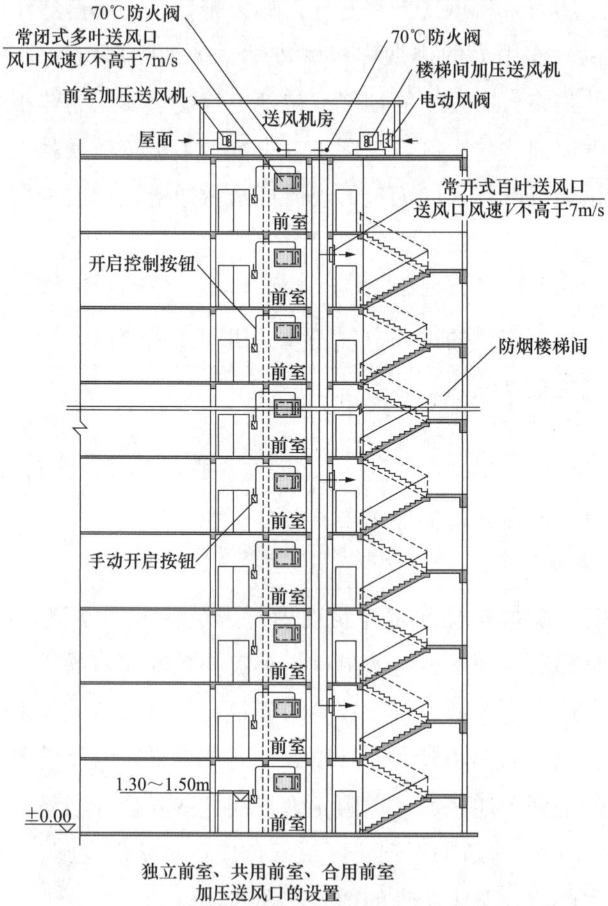

图 5-11 机械加压送风系统

表 5-1 机械加压送风部位

组合关系	防烟布置部位
不具备自然排烟条件的楼梯间与其前室	楼梯间
采用自然排烟的前室或合用前室与不具备自然排烟条件的楼梯间	楼梯间
采用自然排烟的楼梯间与不具备自然排烟条件的前室或合用前室	前室或合用前室
不具备自然排烟条件的楼梯间与合用前室	楼梯间、合用前室
不具备自然排烟条件的消防电梯间前室	消防电梯前室
封闭式避难层	避难层

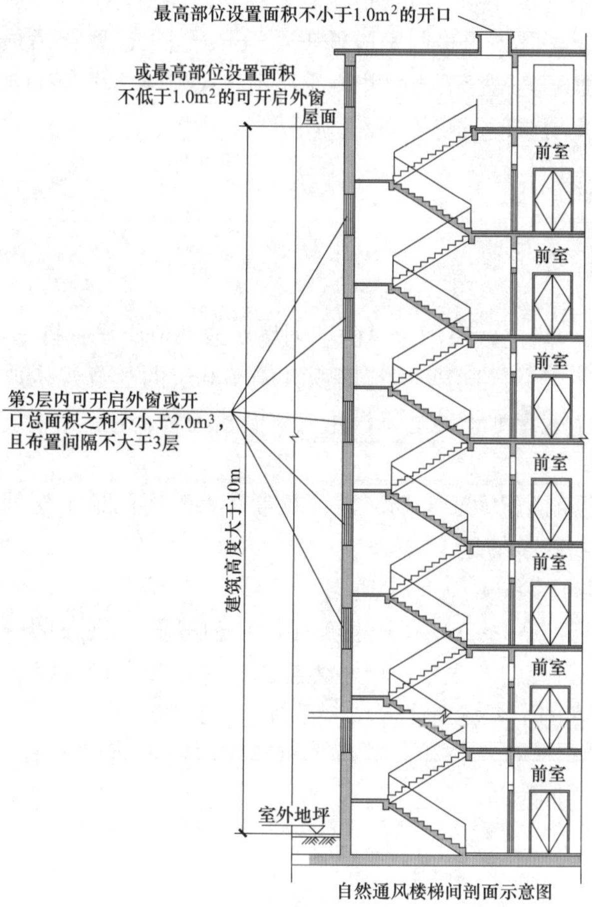

图 5-12　自然通风系统

(4) 人防工程需要设置独立的机械加压送风的防烟设施：

1) 防烟楼梯间及其前室或合用前室。

2) 避难走道的前室。

2. 机械加压送风防烟系统的基本要求

送风风机宜采用轴流式风机或中、低压离心式风机。送风机的进风口应直通室外，且应采取防止烟气被吸入的措施；送风机的进风口宜设在机械加压送风系统的下部，送风机的进风口不应与排烟风机的出风口设在同一层面。当必须设在同一层面时，送风机的进风口与排烟风机的出风口应分开布置；送风机宜设在系统下部，且应采取保证各层送风量均匀性的措施，送风机应设置在专用机房内，并应符合 GB 50016—2014 的规定；当送风机出风管或进风管上安装单向阀或电动阀时，应采取火灾时自动开启阀门的措施。

除直灌式加压送风方式外，楼梯间宜每隔 2～3 层设一个常开式百叶送风口，前室应每层设一个常闭式加压送风口，并应设手动开启装置；送风口不宜设置在被门挡住的部位，如图 5-11 所示。

机械加压送风系统应采用管道送风，且不应采用土建风管；送风管道应采用不燃材料制作且内壁应光滑。竖向设置的送风管道应独立设置在管道井内，当确有困难时，未设置在管道井内或其他管道合用管道井的送风管道，其耐火极限不应小于 1.00h。水平设置的送风管道，当设置在吊顶内时，其耐火极限不应低于 0.50h；当未设置在吊顶内时，其耐火极限不应低于 1.00h。机械加压送风管系统的井道应采用耐火极限不小于 1.00h 的隔墙与相邻部位分隔，当墙上必须设置检修门时应采用乙级防火门。

三、建筑排烟系统

1. 排烟系统的应用场合

（1）民用建筑。

GB 50016—2014 中规定，民用建筑的下列场所或部位应设置排烟设施。

1）设置在一、二、三层且房间建筑面积大于 100m^2 的歌舞娱乐放映游艺场所，设置在四层及以上楼层、地下或半地下的歌舞娱乐放映游艺场所。

2）中庭。

3）公共建筑内建筑面积大于 100m^2，且经常有人停留的地上房间；公共建筑内建筑面积大于 300m^2 且可燃物较多的地上房间。

4）建筑内长度大于 20m 的疏散走道。

5）地下或半地下建筑（室）、地上建筑内的无窗房间，当总面积大于 200m^2 或一个房间建筑面积大于 50m^2，且经常有人停留或可燃物较多时，应设置排烟设施。

（2）对厂房或仓库的下列场所或部位应设排烟设施：

1）人员或可燃物较多的丙类生产场所，丙类厂房建筑面积大于 300m^2 且经常有人停留或可燃物较多的地上房间。

2）建筑面积大于 5000m^2 的丁类生产车间。

3）占地面积大于 1000m^2 的丙类仓库。

4）高度大于 32m 的高层厂房（仓库）内长度大于 20m 的疏散走道，其他厂房（仓库）内长度大于 40m 的疏散走道。

（3）地下或半地下建筑（室）地上建筑内的无窗房间，当总面积大于 200m^2 或一个房间面积大于 50m^2，且经常有人停留或可燃物较多时，应设置排烟设施。

2. 排烟方式

建筑排烟系统可以分为自然排烟系统和机械排烟系统两种。GB 51251—2017 中明确规定，同一个防烟分区采用同一种排烟方式。

自然排烟结构简单、经济，不需要动力设备，因此，对于满足自然排烟的建筑，首先考虑采用自然排烟方式。但自然排烟需要排烟的房间有一定面积可开启的外窗；且在建筑物室内外热压与风压的作用下，会引起排烟困难，甚至发生烟气倒灌、蔓延；会有火势蔓延至上层的危险性，使得它的使用受到一定的限制。

因此，在自然排烟不能满足排烟要求的场所或部位，必须设置机械排烟系统。

3. 机械排烟系统基本要求

机械排烟是在防烟分区内设置排烟风口，通过排烟管道和耐高温的排烟风机将火灾烟气直接排至室外的系统。它由排烟口、防火排烟阀门、排烟道、排烟风机和排烟出口组成。机械排烟实质上是一个排风系统（见图 5-13），它的优点是不受外界条件的影响，能保证稳定的排烟量，但是机械排烟设施费用高，需保养维修。

当建筑的机械排烟系统沿水平方向布置时，每个防火分区的机械排烟系统应独立设置。

建筑高度超过 50m 的公共建筑和建筑高度超过 100m 的住宅，其排烟系统应竖向分段独立设置，且公共建筑每段高度不应超过 50m，住宅建筑每段高度不应超过 100m。

机械排烟系统与通风、空调系统应分开设置。当确有困难时可以合用，但应符合排烟系统要求，且当排烟口打开时，每个排烟系统的管道上需联动关闭的通风和空气调节系统的控制，阀门不应超过 10 个。

4. 机械排烟设施

（1）排烟风机。排烟风机宜设置在排烟系统的最高处，烟气出口宜朝上，并应高于加压送风机和补风机的进风口。排烟风机应设置在专用机房内，风机两侧应有 600mm 以上的空间。当必须与其他风机合用机房时（见图 5-14），应符合下列条件：机房内应设有自动喷水灭火系统；机房内不得设有用于机械加压送风的风机与管道；排烟风机与排烟管道的连接部件应能在 280℃时连续 30min 保证其结构的完整性。

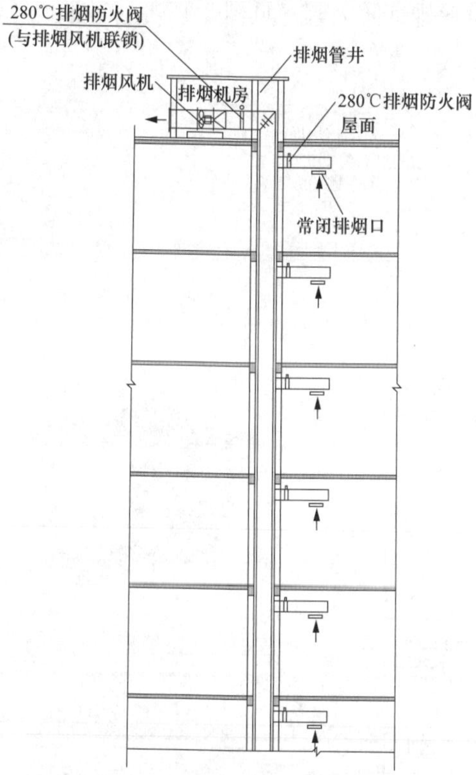

排烟风机设在排烟系统的最高处

图 5-13　机械排烟系统

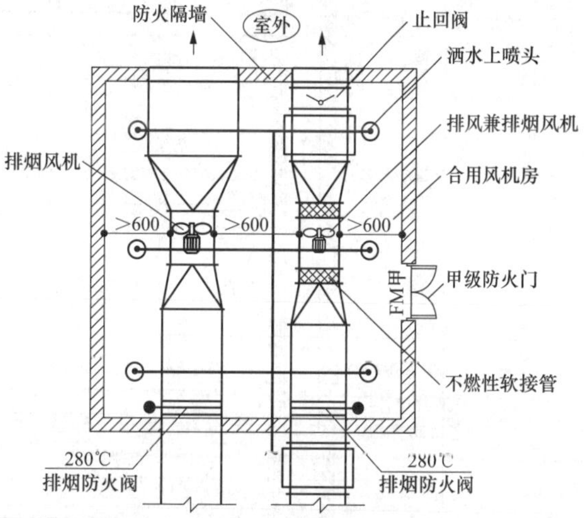

合用机房中排风兼排烟管道上设有软接管的平面示意图

图 5-14　合用风机房

通常排烟管道上不设软接管，但对于排风兼排烟的系统而言，由于要兼顾平时排风对周边环境的减震减噪，要求排烟风机与管道间需设软接管，软接管应为不燃材料，应能在 280℃的环境条件下连续工作不少于 30min；对于排风兼排烟系统中装设的消声器，其消声材料应为不燃材料；保温材料也应为不燃材料。

（2）排烟管道。机械排烟系统应采用管道排烟，且不应采用土建风管。排烟管道应采用不燃材料制作且内壁光滑。排烟管道井应采用耐火极限不小于 1.00h 的隔墙与相邻区域分隔；当墙上必须设置检修门时，应采用乙级防火门；排烟管道的耐火极限不应低于 0.50h，当水平穿越两个及两个以上防火分区或排烟管道在走道的吊顶内时，其管道的耐火极限不应小于 1.50h。当吊顶内有可燃物时，吊顶内的排烟管道应采用不燃烧材料进行隔热，并应与可燃物保持不小于 150mm 的距离；或者采取隔热措施，并保证在排烟时，隔热层外表面温度不高于 80℃。

排烟管道的设置及耐火极限应符合下列规定：

1）排烟管道及其连接部件应能在 280℃时连续 30min 保证其结构的完整性。

2）竖向排烟管道应设在独立的管道井内，排烟管道的耐火极限不应低于 0.50h。

3）水平设置的排烟管道应设在吊顶内，耐火极限不应低于 0.50h；当确有困难时，可直接设置在室内，但管道耐火极限不应小于 1.00h。

4）设在走道吊顶内的排烟管道，以及穿越防火分区的排烟管道，耐火极限不应小于 1.00h，但设备用房和汽车库的排烟管道耐火极限不应低于 0.50h。

（3）280℃排烟防火阀。排烟管道下列部位应设置排烟防火阀（见图 5-15）：

1）垂直风管与每层水平风管交接的水平管道上。

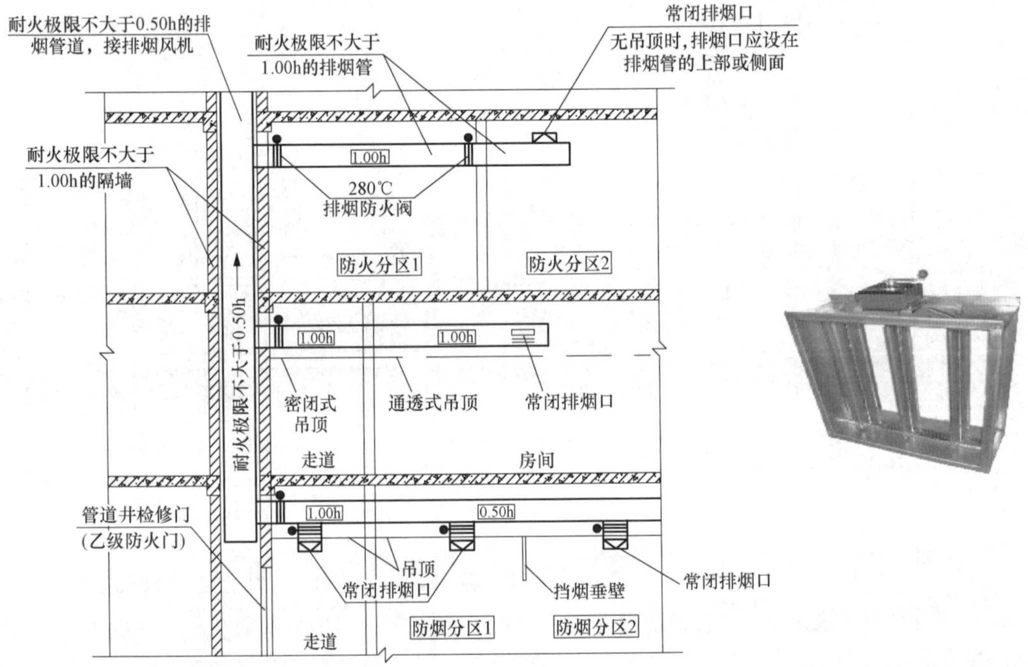

图 5-15 排烟防火阀设置

2）一个排烟系统负担多个防烟分区的排烟支管上。

3）排烟风机入口处。

4）穿越防火分区处。

（4）排烟口。防烟分区内任一点与最近的排烟口之间的水平距离不应大于 30m。排烟口的设置应符合下列规定：

1）排烟口宜设在顶棚上或靠近顶棚的墙面。

2）排烟口应设在储烟仓内，但走道、室内空间净高不大于 3m 的区域，其排烟口可设置在其净空高度 1/2 以上；当设置在侧墙时，吊顶与其最近边缘的距离不应大于 0.5m。

3）对于需要设置机械排烟的房间，当其建筑面积小于 $50m^2$ 时，可通过走道排烟，排烟口可设置在疏散走道。

4）火灾时由火灾自动报警系统联动开启排烟区域的排烟阀或排烟口，应在现场设置手动开启装置。

5）排烟口的设置宜使烟流方向与人员疏散相反，排烟口与附近安全出口相邻边缘之间的水平距离不应小于 1.5m。

6）每个排烟口排烟量不允许大于最大允许排烟量，排烟口风速不宜大于 10m/s。

四、补风系统

对于地上建筑设有机械排烟的走道、建筑面积小于 $500m^2$ 的房间，由于这些场所面积较小，排烟量也较小，因此可以利用建筑物的各种缝隙，满足排烟系统所需的部分要求。反之，则设置排烟系统的场所应设置补风系统。补风系统应直接从室外引入空气，可采用疏散外门、手动或自动可开启外窗等自然进风方式及机械送风方式。防火门、窗不得做补风设施。

补风风机应设置在专用机房内。补风口（见图 5-16）与排烟口设置在同一空间内相邻的防烟分区时，补风口位置不限；当补风口与排烟口设置在同一防烟分区时，补风口应设在储烟仓下沿以下；补风口与排烟口水平距离不应少于 5m。补风管道耐火极限不应低于 0.50h，当补风管道跨越防火分区时，管道的耐火极限不应小于 1.50h。补风系统与排烟系统联动开启或关闭。

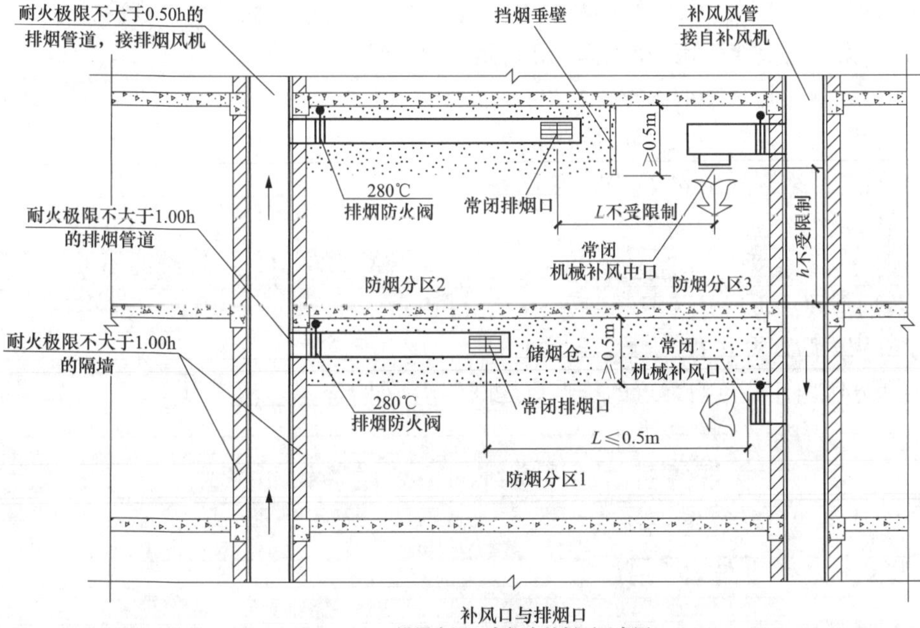

补风口与排烟口
设置在同一空间内的剖面示意图

图 5-16　补风口的设置

习　题

一、单选题

1. 建筑中下列哪个场所可不设置防烟设施？（　　）

A. 消防电梯前室　　B. 避难间

C. 避难走道　　D. 普通电梯井道

2. 安装在排烟系统管道上的排烟防火阀，平时呈关闭状态，发生火灾时开启，当管内烟气温度达到（　　）℃时自动关闭。

A. 70　　B. 100　　C. 160　　D. 280

3. 建筑内发生火灾时，烟气的危害非常大，故设置排烟系统非常有必要，其中高层建筑一般多采用（　　）方式。

A. 自然排烟　　B. 机械排烟　　C. 自然通风　　D. 机械送风

4. 机械加压送风的防烟楼梯间与走道之间的余压应为（　　）Pa。

A. 20～30　　B. 30～40　　C. 40～50　　D. 50～60

5. 民用建筑下列哪些场所或部位应设置排烟设施？（　　）

A. 人员或可燃物较多的丙类生产场所，丙类厂房建筑面积大于 300m^2 且经常有人停留或可燃物较多的地上房间

B. 占地面积大于 1000m^2 的丙类仓库　　C. 中庭

D. 建筑内长度大于 10m 的疏散走道

6. 下列关于防火阀的性能和用途说法，错误的是哪一项？（　　）

A. 加压送风口可设 280℃熔断器关闭装置，输出电信号联动风机开启

B. 防火类防火阀采用 70℃温度熔断器自动关闭

C. 防烟防火阀靠感烟火灾探测器控制动作，用于防烟时电信号通过电磁铁关闭，用于防火时 70℃温度熔断器关闭

D. 排烟防火阀采用 280℃温度熔断器关闭

二、填空题

1. 防烟分区是指采用__________、__________等具有一定耐火等级的不燃烧体来划分的防烟、蓄烟空间。防烟分区不应__________。

2. 建筑物内防烟方式有__________和__________。

3. 防烟分区内任一点与最近的排烟口之间的水平距离__________。

任务三　通风系统的主要设备和部件

一、进、排风装置及送风口

1. 室外进风装置

室外进风口是通风和空调系统采集新鲜空气的入口。图 5-17 为塔式室外进风装置。进风口是通风、空调系统采集室外新风的入口送风口的位置应满足下列要求：

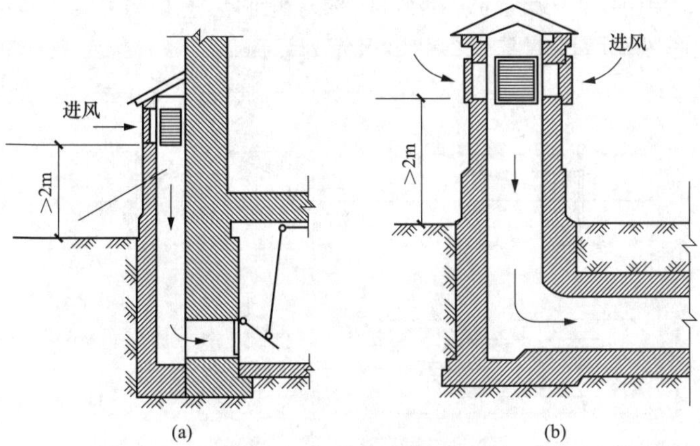

图 5-17　塔式室外进风装置

(a) 墙壁式；(b) 屋顶式

(1) 进风口应设置在室外空气较清洁的地方。

(2) 为防止把排风吸回本系统，进风口应该设在排风口的上风侧并低于排风口。

(3) 进风口底部距室外地面一般不低于 2m，以免吸入地面灰尘，当布置在绿化带时，不宜低于 1m。

(4) 降温用的进风口宜设在建筑物背阴处。

图 5-17 为两种进风装置示意图。

2. 室外排风装置

室外排风装置的任务是将室内被污染的空气直接排到大气中。图 5-18 为屋顶排风装置的构造形式。对排风口的要求：

(1) 一般情况下，通风排气主管至少应高出屋面 0.5m；若附近没有进风装置，则应比进风口至少高出 2m。

(2) 通风排气中的有害物必须经大气扩散稀释时，排风口应位于建筑物空气动力阴影和正压区以上（见图 5-19），且排风口上不设风帽，为防止雨水进入风机，按图 5-20 制作。

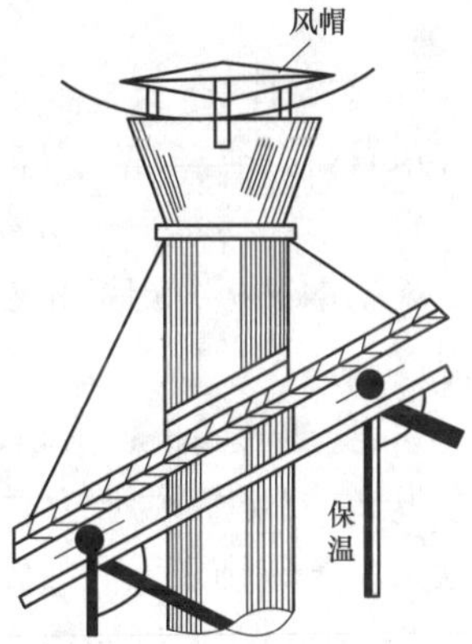

图 5-18　屋顶排风装置

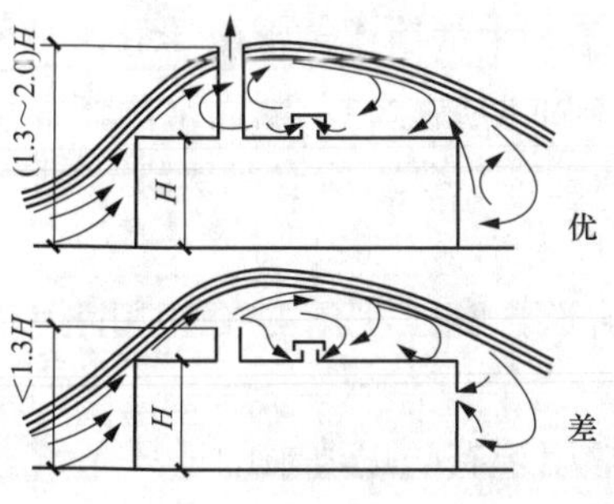

图 5-19　建筑物上进、排风口布置

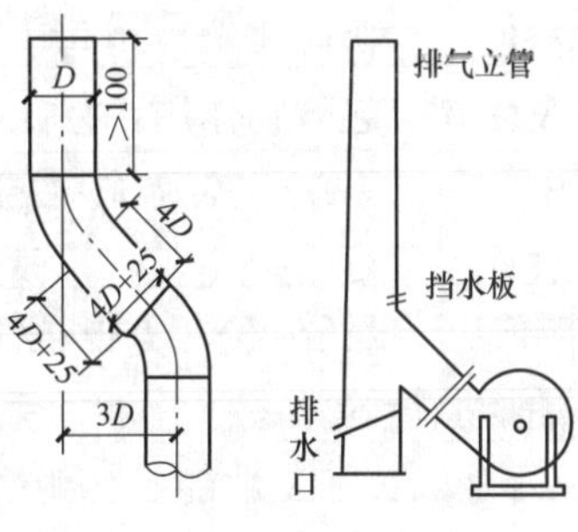

图 5-20　排风主管的排水位置

3. 送风口

通风系统送风口形式有多种。工矿企业常用圆形风管插板式送风口、旋转式吹风口、单面或双面送吸风口、矩形空气分布器、塑料插板式侧面送风口等，图 5-21 为两种最简单的送风口。民用建筑通风及防排烟常用百叶风口作为送风口。

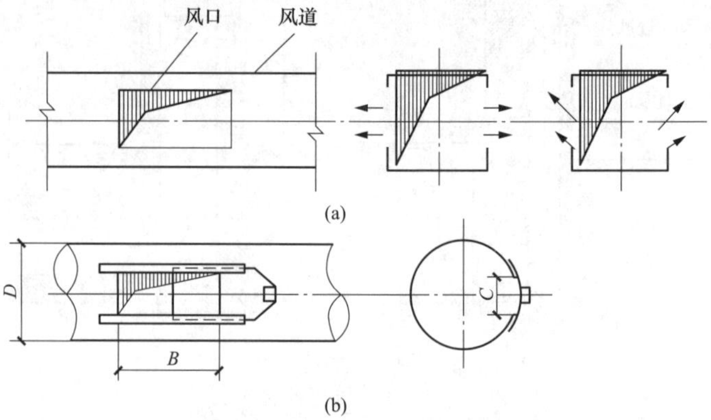

图 5-21　两种最简单的送风口

（a）风管侧送风口；（b）插板式送、吸风口

二、风道

1. 常用材料

风管材料有多种，但常用的主要有以下。

（1）金属薄板。金属薄板是制作风管部件的主要材料。通常采用普通薄钢板、镀锌薄钢板、不锈钢钢板、铝板和塑料复合钢板。它们易于工业化加工制作、安装方便、能承受较高的温度。

1）普通薄钢板：由碳素软钢经热轧或冷轧制成，一般用于工业通风。热轧钢板表面为蓝色发光的氧化铁薄膜，性质较硬而脆，加工时易断裂；冷轧钢板表面平整光洁无光，性质较软，易于现场加工。冷轧钢板号一般为 Q195、Q215 和 Q235，有板材和卷材，常用厚度为 0.5～2mm，板材的规格为 750mm×1800mm、900mm×1800mm 和 1000mm×2000mm 等。由于表面易生锈，制作时需进行防腐处理。

2）镀锌薄钢板：是用普通薄钢板表面镀锌制成，俗称“白铁皮”。常用的厚度为 0.5～1.5mm，其规格尺寸与普通薄钢板相同。在引进工程中常用镀锌钢板卷材，对风管的制作甚为方便。由于表面锌层起防腐作用，因此一般不刷油防腐涂料，因而常用作输送不受酸雾作用的潮湿环境中的通风系统及空调系统的风管和配件。要求所有品级镀锌钢板表面光滑洁净，表层有热镀锌层特有的结晶花纹，镀锌层厚度不小于 0.02mm。

3）不锈钢钢板：耐锈耐酸，美观，常用于输送含腐蚀性介质（如硝酸类）的通风系统或制作厨房排油烟风管等。

4）铝和铝合金板：加工性能好，耐腐蚀，常用于有防爆要求的通风系统。使用铝板制作风管，一般以纯铝为主。

5）塑料复合钢板：在普通的薄钢板（Q215、Q235 钢板）表面上喷一层 0.2～0.4mm 的软质或半软质聚氯乙烯塑料层，常用于防尘要求较高的空调系统和－10～70℃温度下耐腐蚀系统的风管。有单面覆层和双面覆层两种。

（2）非金属材料。

1）硬聚氯乙烯塑料板：具有表面平整光滑，耐酸碱腐蚀性强，物理机械性能良好，制作方便，不耐高温和太阳辐射，适用于0～60℃的环境、有酸性腐蚀作用的通风管道。

2）玻璃钢：玻璃钢是以玻璃纤维制品（如玻璃布）为增强材料，以树脂为黏结剂，经过一定的成型工艺制作而成的一种轻质高强度的复合材料。它具有较好的耐腐蚀性、耐火性和成型工艺简单等优点，常用于排除腐蚀性气体的通风系统中。

保温玻璃钢风管将管壁制成夹层，夹心材料可以为聚苯乙烯、聚氨酯泡沫塑料、蜂窝纸等保温材料，用于需要保温的通风系统。

3）复合风管。酚醛复合风管：酚醛泡沫材料具有阻燃性能好，导热系数小，吸声性能优良，使用年限长等优点，酚醛复合风管板中间层为酚醛泡沫，内外层分别为彩钢或压花铝箔复合而成，其制成的酚醛复合风管适用于空调通风系统。

玻纤复合风管：为了适用新技术、新规范而研制的一种新型风管，以超细玻纤板为基础，两面复合彩钢制作而成。集保温、消声、防潮、防火、防腐等多项功能于一体，具有质量轻，漏风量小、制作安装快、占用空间小、通风好、性能价格比较合理等优点。玻纤复合风管保温性能略低于酚醛复合风管，但其组成材料全部达到不燃A级，可用于空调通风及防排烟系统。

装配式防火风管：适应最新国家标准GB 51251—2017关于耐火极限要求而研发的复合风管。其主材为防火隔热一体化板，该材料以防火纤维布为增强材料，以航天硅钙质材料为防火层，以耐高温（1200℃）玄晶板为隔热层，采用机械化自动复合流水线工艺，经制浆成胚、恒温恒湿养护而成。装配式防火风管耐火极限最高可达3h以上，广泛适用于各类防排烟系统。

彩钢消声复合风管：属于新一代的彩钢复合风管，因其具有的消声性能，可以取代原空调系统中风管消声器的设置，特别是空调机房处的消声器，同时，也为客户节约了大量的投资成本。

2. 风管的形状和规格

（1）风管断面形状。通风管道的断面有圆形和矩形两种，在同截面面积下，圆断面风管周长最短，在同样风量下，圆断面风管压力损失相对较小，因此，一般工业通风系统都采用圆形风管（尤其是除尘风管）。矩形风管易于和建筑配合，占用建筑层高较低，且制作方便，所以空调系统及民用建筑通风一般采用矩形风管。

（2）通风管道的规格。通风、空调管道应选用通风管道统一规格，优先采用圆形风管或长、短之比的比值不大于4的矩形截面。风管的统一规格见表5-2和表5-3。

表5-2　圆形风管规格外径 *D*　mm

基本系列		辅助系列	
100	500	80 90 100	480 500
120	560	110 120	530 560

续表

基本系列		辅助系列	
140	630	130 140	600 630
160	700	150 160	670 700
180	800	170 180	750 800
200	900	190 200	850 900
220	1000	210 220	950 1000
250	1120	240 250	1000 1120
280	1250	260 280	1180 1250
320	1400	300 320	1320 1400
360	1600	340 360	1500 1600
400	1800	380 400	1700 1800
450	2000	420 450	1900 2000

表 5-3　　矩形风管截面规格　　mm

外边长（宽×高）		外边长（宽×高）		外边长（宽×高）	
120×120	800×500	320×160	1250×500	500×320	2000×1000
160×120	800×630	320×200	1250×630	500×400	2000×1250
160×160	800×800	320×250	1250×800	500×500	
200×120	1000×320	320×320	1250×1000	630×250	
200×160	1000×400	400×200	1600×500	630×320	
200×200	1000×500	400×250	1600×630	630×400	
250×120	1000×630	400×320	1600×800	630×500	
250×160	1000×800	400×400	1600×1000	630×630	
250×200	1000×1000	500×200	1600×1250	800×320	
250×250	1250×400	500×250	2000×800	800×400	

实际工程中，为减少占用建筑层高，往往采用较小的高度，矩形风管尺寸会超过标准高度。

3. 风道的保温

当风管在输送空气过程中冷、热量损耗大，要求空气温度保持恒定，或要防止风管穿越房间时对室内空气参数产生影响及低温风管表面结露，都要对风管进行保温。常用的保温材料有离心玻璃棉、岩棉、玻璃纤维保温板、橡塑等。保温结构通常有防腐层、保温层、防潮层和保护层四层。

4. 通风管道的布置

风管布置直接关系到通风、空调系统的总体布置，它与工艺、土建、电气、给水排水等专业密切相关，应互相配合、协调一致。

(1) 风道布置应整齐、美观并密切结合建筑空间，避免复杂的局部构件，便于检修和测试，并应考虑其他管道的布置要求和各种管道的装拆方便。

(2) 为保证接口的密封性，风管之间、风管与设备之间的法兰连接加垫料，垫料厚度为5～8mm，常用的有橡胶板、石棉橡胶板、石棉绳、软聚氯乙烯板等。

(3) 除通风管道及配件统一规格标准外，关于通风部件，如风口、阀门、风帽及支、吊架等标准化规格按《采暖通风国家标准图》加工制作。图 5-22 为风道支架安装图。

(4) 风管上应该设置必要的调节（如调节阀）和测量装置或预留安排测量装置的接口。调节和测量装置应设在便于操作和观察的地点。

(5) 布置风道应将噪声控制在允许范围内，并应设置必要的消声装置。

(6) 排烟管道必须采用不燃材料制作。安装在吊顶内的排烟管道，其隔热层应采用不燃材料制作，并应与可燃物保持不小于 150mm 的距离。

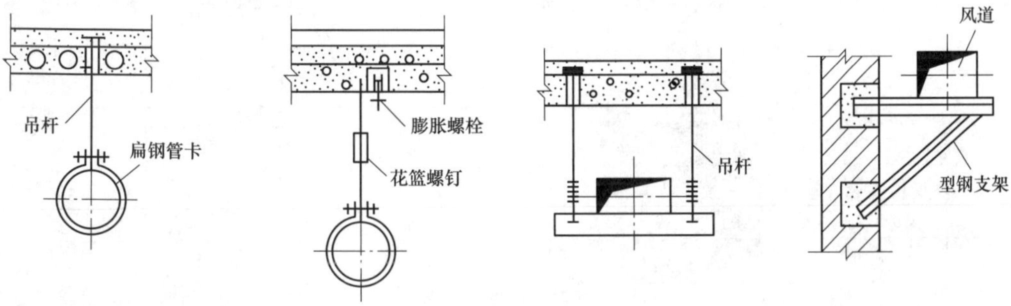

图 5-22　风道支架安装图

三、通风机

通风机在管路中的作用是输送空气，通风机的基本结构是叶轮、电动机、外壳。

1. 通风机的分类

应用于工业与民用建筑的通风机，按作用原理可分为离心风机、轴流风机、混流风机及斜流风机等。

(1) 离心风机。离心风机（见图 5-23）由旋转的叶轮和蜗壳式外壳组成，叶轮上装有一定数量的叶片。气流由轴向吸入，经 90°转弯，由于叶片的作用而获得能量，并由蜗壳出口甩出。根据风机提供的全压不同，分为高、中、低压三类。

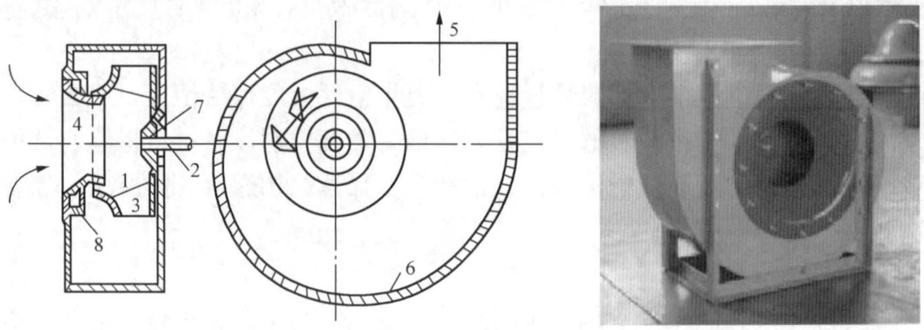

图 5-23　离心风机构造示意图

1—叶轮；2—机轴；3—叶片；4—吸气门；5—出口；6—机壳；7—轮毂；8—扩压环

离心风机叶轮的叶片型式有流线型、后弯叶型、前弯叶型和径向型四种。

在一些特殊场合，为降低噪声及便于安装，在离心风机外面加一个风机箱便成为柜式风机。其进风与出风方向可以有多个选择，可以吊装，有的柜式风机直接用风机箱代替蜗壳。图 5-24 为排烟柜式风机的外观图。

（2）轴流风机。轴流风机是依靠叶轮的推力作用促使气体流动，它的气流方向与机轴相平行。轴流风机与离心风机在性能上最主要的差别是前者产生的压力较小，后者产生的压力较大。因此，轴流风机只能用于无需设置管道的场合及管道阻力较小的系统，或用在高温车间作为扇风散热设备，而离心风机则往往用在阻力较大的系统中。轴流风机往往安装在风管中间或者墙洞内。图 5-25 是轴流风机在墙上安装的示意图。

图 5-24　排烟柜式风机外观图

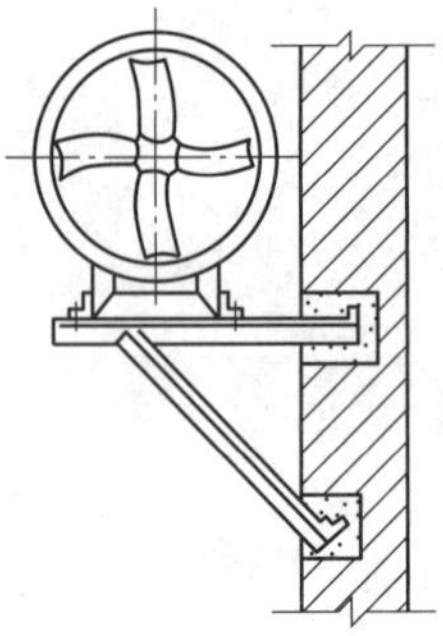

图 5-25　轴流风机在墙上安装的示意图

（3）混流风机（见图 5-26）。混流风机结合了轴流式和离心式风机的特征，但它看起来更像传统的轴流风机。混流风机采用锥形轮结构，扭曲翼形或弯曲板形叶片焊接在圆锥形钢轮毂上。进风口可加置集流器或弧形消声器。通过改变叶轮上游入口外壳中的叶片角度可改变流量和风压。机壳具有敞开的入口，电动机也可以放在管道外部。出口排泄壳缓慢膨胀，以放慢空气或气体流的速度，并将动能转换为有用的静态压力。

混流风机压力较同机号轴流风机大，风量较同机号离心风机大，具有效率高、结构紧凑、噪声低、体积小、安装方便等优点，广泛应用于宾馆、饭店、商场、写字楼、体育馆等高级民用建筑的通风排烟、管道加压送风及工矿企业的通风换气场所。

（4）斜流风机（见图 5-27）。斜流风机与混流风机较相似，但比混流风机更接近轴流风机。其叶轮为轴流风机的变形，气流沿叶片中心为散射形，并行气流方向倾斜同机号相比，斜流风机流量大于离心风机，全压高于轴流风机；斜流风机体积小于离心风机，具有高速运行宽广、噪声低、占地少、安装方便等优点。斜流风机不影响管道布置和管道走向，最适宜于为直管道加压和送排风。对于空间狭小的机身，尤其显示出斜流风机结构紧凑的优越性。

图 5-26 混流风机

图 5-27 斜流风机

混流风机和斜流风机有单速和双速两种，双速风机可以用于通风和排烟合二为一的系统。它们均有可以根据不同的使用场合，采用改变安装角度、改变叶片数、改变转速、改变机号等方法达到多方面使用要求的特点。

2. 按通风机的用途分

按通风机的用途分，有下列几种。

(1) 一般用途通风机：适合输送温度低于 80℃，含尘浓度低于 150mg/m³的清洁空气。

(2) 排尘通风机：适用于输送含尘气体。

(3) 防爆通风机。

(4) 防腐通风机。

(5) 消防用排烟通风机：供建筑物消防排烟使用，具有耐高温的特点。多采用混流风机或离心风机。它在正常情况下可用于日常的通风换气。遭遇火险时，抽排室内高温烟气，增强室内空气流通。具有耐高温的特点。适用于高层建筑、烘箱、车库、隧道、地铁、地下商场等场合的通风换气和消防排烟。

3. 特殊风机

屋顶风机（见图 5-28）：顾名思义，屋顶风机是安装在屋顶的风机，其叶轮可采用离心式或轴流式，外壳有多种形状，可以防止雨水进入，适用于厂房、仓库、高层建筑、实验室、影剧院、宾馆、医院等场合的排风系统。

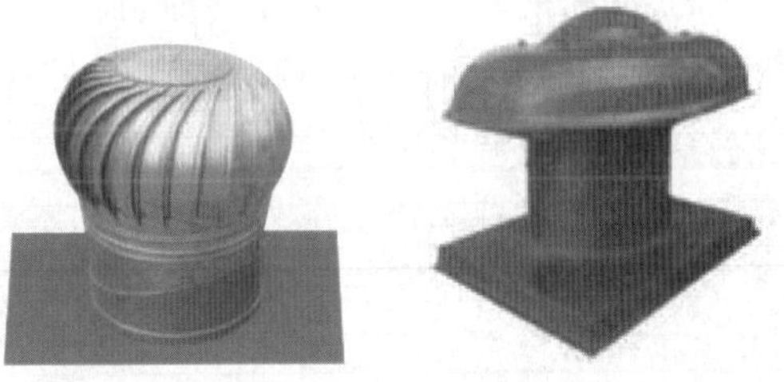

图 5-28 屋顶风机

四、风量调节阀

风量调节阀是工业厂房民用建筑的通风、空气调节及空气净化工程中不可或缺的中央空调末端配件，一般用在空调等通风系统管道中，用来调节支管的风量，也可用于新风与回风的混合调节。有手动、电动风阀，材料有铁板、镀锌板、铝合金板、不锈钢板四种。

常用风量调节阀有蝶阀、平行多叶调节阀、对开多叶调节阀、矩形三通阀等，如图 5-29 所示。

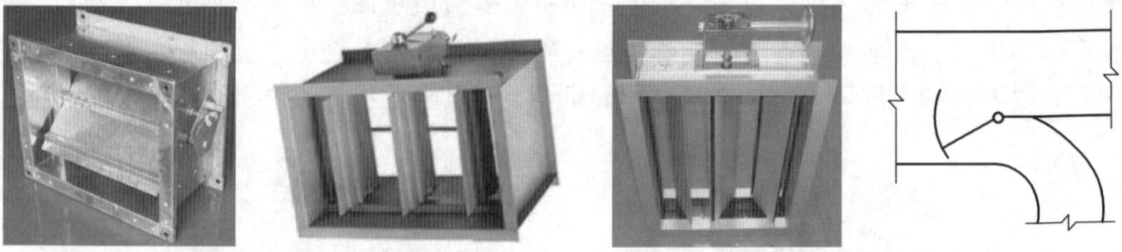

(a) (b) (c) (d)

图 5-29 风阀

(a) 蝶阀；(b) 平行多叶调节阀；(c) 对开多叶调节阀；(d) 矩形三通阀

插板阀的功能简单，只是单纯的开关功能，多用在功能转换场合，如图 5-30 所示。

防火阀按其功能可分为防火调节阀（70℃的防火阀）、排烟防火阀（280℃的防火阀）、排烟阀等多种结构。

（1）70℃的防火阀（见图 5-31）。为了阻止火灾时，火势和有毒高温烟气通过风管蔓延扩散，在通风、空调系统的风管上需设置防火阀。厨房、浴室和厕所等的排风管道与竖井连接时也应采取相应措施防止火势沿着排风管在各楼层间蔓延。厨房、浴室和厕所等的排风管道与竖井相连时，若无防止回流的措施时应在支管上设置防火阀；当有防止回流的措施时，可不设防火阀。

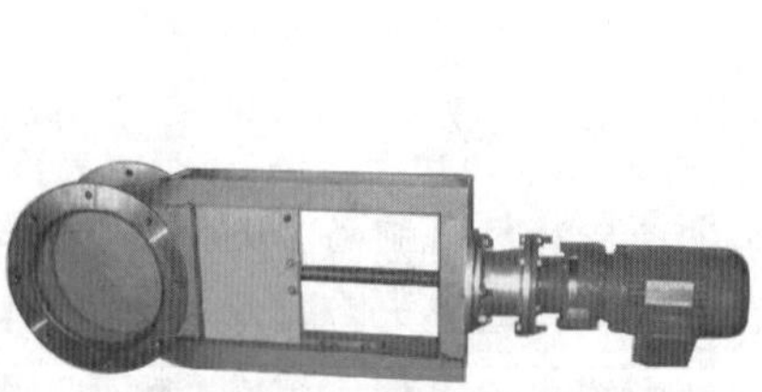

图 5-30 插板阀

图 5-31 防火阀

防火阀应能在温度达到 70℃时自动关闭，防火阀一般可采用易熔片式自动关闭，并与风机联锁。在 70℃时，温度熔断器熔断，使阀门关闭；输出阀门关闭信号，通风空调系统风机停机；无级调节风量。

防火阀的设置应符合下列规定，如图 5-32 所示：①防火阀应设置在靠近防火分隔处；②防火阀暗装时应在安装部位设置方便维护的检修口；③在防火阀两侧各 2.0m 范围内的风管及其绝热材料应采用不燃材料；④防火阀应符合现行国家标准 GB 15930—2007《建筑通风和排烟系统用防火阀门》的规定。

通风空气调节系统的风管在下列部位应设置标准动作温度为 70℃的防火阀，平时呈开启状态：①穿越防火分区处；②穿越通风空气调节机房的房间隔墙和楼板处；③穿越重要或火灾危险性大的场所的房间、隔墙和楼板处；④穿越防火分隔处的变形缝两侧；⑤竖向风管与每层水平风管交接处的水平管段上。

（2）280℃的防火阀（排烟防火阀）。该阀应设置在排烟系统的管道上，或安装在排烟风机的吸入口处，兼有自动排烟阀和防火阀的功能，平时处于开启状态。当管道内气流温度达

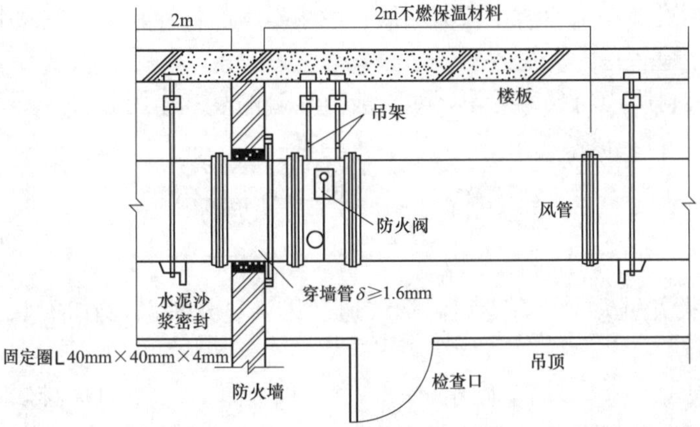

图 5-32　防火阀安装示意图

到 280℃时，易熔金属的温度熔断器动作而自动关闭，切断气流，防止火灾蔓延。

（3）排烟阀（见图 5-33）。安装在机械排烟系统各支管端部（烟气吸入口）处，平时呈关闭状态并满足漏风量要求，火灾或需要排烟时手动和电动打开。

图 5-33　排烟阀

五、消声器

通风与空调系统产生的噪声，当自然衰减不能达到允许噪声标准时，应设置消声设备或采取其他消声措施。系统所需的消声量可通过计算确定，选择消声设备时应根据系统所需消声量、噪声源频率特性和消声设备的声学性能及空气动力特性等因素，经技术经济比较确定。一般空调通风系统减噪选用阻抗复合式消声器，排风系统可选用阻性消声器。

常用的消声器及特性如下。

1. 阻性消声器

阻性消声器是生产利用声波在多孔性吸声材料或吸声结构中传播，因摩擦将声能转化为热能而散发掉，使沿管道传播的噪声随距离而衰减，从而达到消声目的的消声器。这类消声器对高频噪声具有良好的消声效果，而低频消声性能较差。

2. 抗性消声器

抗性消声器是生产通过管道截面的突变处或旁接共振腔等在声传播过程中引起阻抗的改变而产生声能的反射、干涉，从而降低由消声器向外辐射的声能，以达到消声目的的消声器。用以消除以低频或低中频为主的设备声源。

3. 共振性消声器

共振性消声器也可属于抗性范畴，主要用以消除以低频或中频窄带噪声或噪声峰值，且具有阻力小，不用吸声材料等特点。

4. 复合型消声器

阻抗复合型消声器，是指将声吸收和声反射恰当地组合起来的消声器。它同时有阻性消声器消除中、高频噪声和抗性消声器消除低、中频噪声的特性，具有宽频带的消声效果。

5. 消声弯头

消声弯头是内衬吸声材料的弯头，对声波有显著的衰减作用。

习　题

一、单选题

1. 为了阻止火灾时火势和有毒高温烟气通过风管蔓延扩散，在通风、空调系统的风管上需设置（　　）。

A. 调节阀　　B. 防火阀　　C. 插板阀　　D. 排烟阀

2. 机械送风系统的室外进风口应设在室外空气比较洁净的地点，底部距室外地坪不宜小于（　　）m。

A. 3　　B. 2　　C. 1　　D. 0.5

3.（　　）消声器对高频噪声具有良好的消声效果，而低频消声性能较差。

A. 阻性消声器　　B. 抗性消声器

C. 共振性消声器　　D. 消声弯头

4. 竖向风管与每层水平风管交接处的水平管段上应装设（　　）。

A. 280℃的防火阀　　B. 150℃的防火阀

C. 70℃的防火阀　　D. 120℃的防火阀

5.（　　）不是矩形风管的标准规格。

A. 320mm×160mm　　B. 1250mm×500mm

C. 500mm×320mm　　D. 500mm×110mm

6. 常用于有防爆要求的通风系统的风管材料是（　　）。

A. 镀锌薄钢板　　B. 不锈钢钢板

C. 铝和铝合金板　　D. 塑料复合钢板

二、多选题

1. 通风机按其作用原理不同，可分为（　　）。

A. 离心风机　　B. 轴流风机

C. 混流风机　　D. 防腐通风机　　E. 屋顶风机

2. 在下列（　　）情况之一的通风、空调系统的风管上应设置防火阀。

A. 管道穿越房间隔墙处

B. 管道穿越防火分区的隔墙处

C. 管道穿越通风、空气调节机房及重要的或火灾危险性大的房间隔墙和楼板处垂直风管与每层水平风管交接处的水平管道

D. 管道穿越变形缝的两侧

任务四　防排烟施工图纸识读

以某项目（配套防排烟图纸）一层防火分区二排烟平面图（见图 5-34）、屋面机房平面图（见图 5-35）及排烟系统图（见图 5-36）为例，讲述防排烟系统的构成。

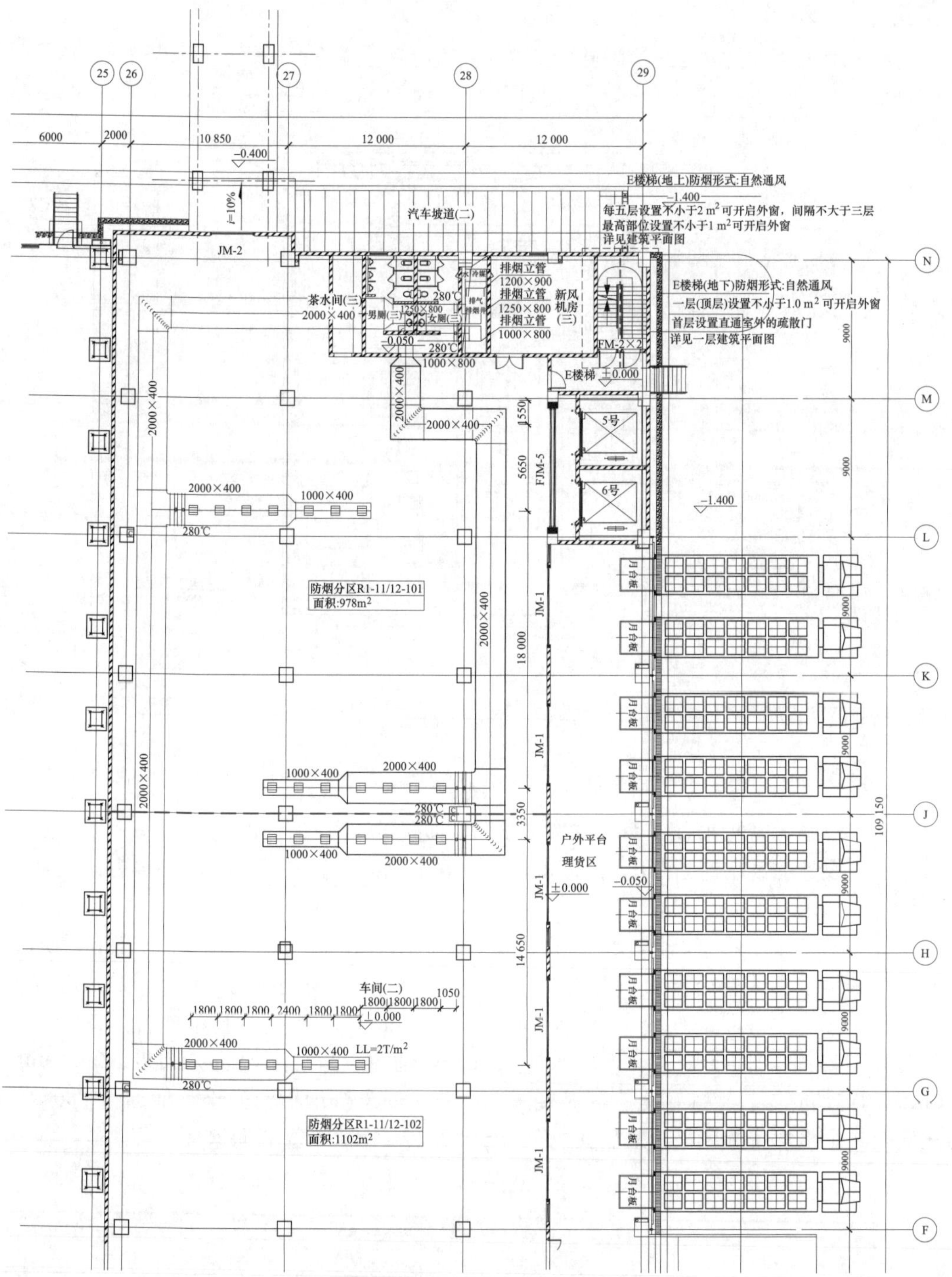

图 5-34　一层防火分区二排烟平面

由图中可以看出，E 楼梯（地上）防烟形式为自然通风，每五层设置不小于 $2m^2$ 可开启外窗，间隔不大于三层，最高部位设置不小于 $1m^2$ 可开启外窗。

该防火分区具有两个防烟分区，防烟分区 R1-11/12-101，面积分别为 $978m^2$。防烟分区 R1-11/12-102，面积 $1102m^2$。系统风机编号分别为 PY-R1-11（风量：$67000m^3/h$，机外静

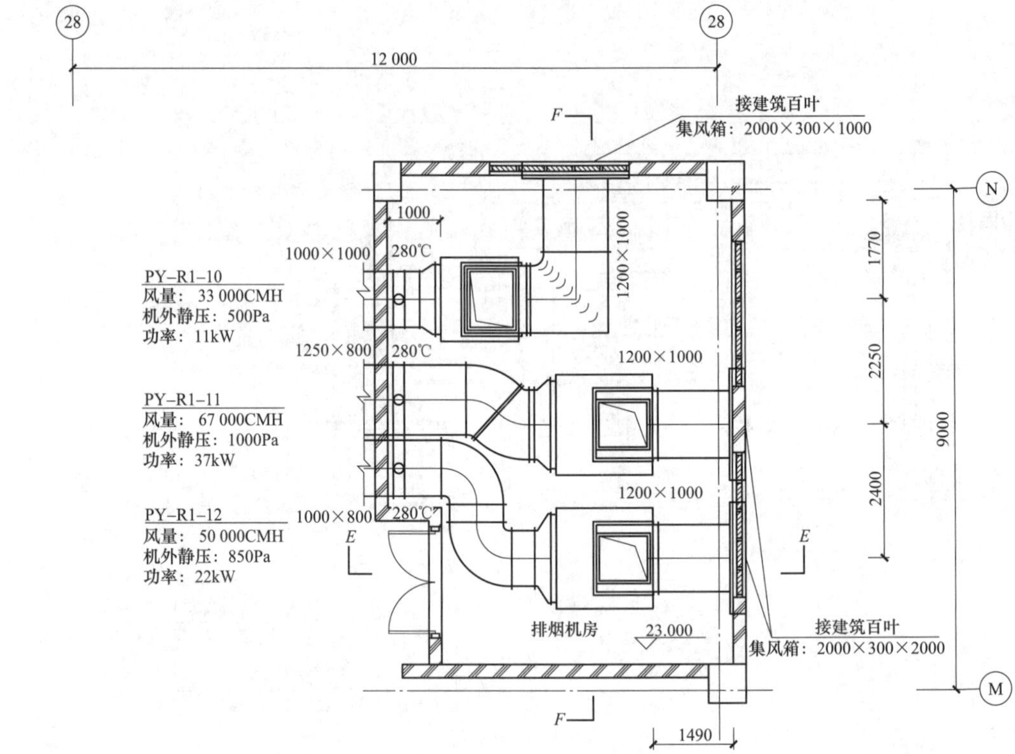

图 5-35 屋面机房平面图

压：1000Pa，功率：37kW）和 PY-R1-12（风量：50000m³/h，机外静压：850Pa，功率：22kW）。其空间无密封吊顶，净高均为 6.35m，防烟分区长边长度均 37.5m，均设置自动喷淋系统。设计的最小清晰高度均 2.235m。设置了机械排烟系统，自然补风方式，补风口位置设置在储烟仓下方。

看 PY-R1-11 系统，G 轴与 26 轴的排烟支管上有 7 个排烟口；L 轴与 26 轴的排烟支管上有 7 个排烟口；为铝合金百叶排烟口，规格 600mm×600mm（排烟口最大允许排烟量 8100m³/h，实际排烟量 5857m³/h）。分别接入 2000mm×400mm 的排烟横管，在 M、N 轴之间与 27、28 轴之间变径为 1250mm×800mm，通过 280℃排烟防火阀接入 1250mm×800mm 的排烟立管。该排烟立管同时接入二、三、四层排烟横管升至屋面通过 280℃排烟防火阀至排烟机房排烟风机，最后通过 1200mm×1000mm 烟管通向室外。

习 题

一、参见案例图纸，以 3 层为例进行图纸识图训练

（1）该层有__________个防火分区，面积__________。有__________个防烟分区。

（2）见防烟分区 R1-03-313，面积__________。有__________个排烟口，规格__________，最大允许排烟量__________，实际排烟量__________。

（3）排烟支管规格__________，接入规格__________的排烟横管，在排烟井处，变径为规格__________，接进规格__________的排烟立管。

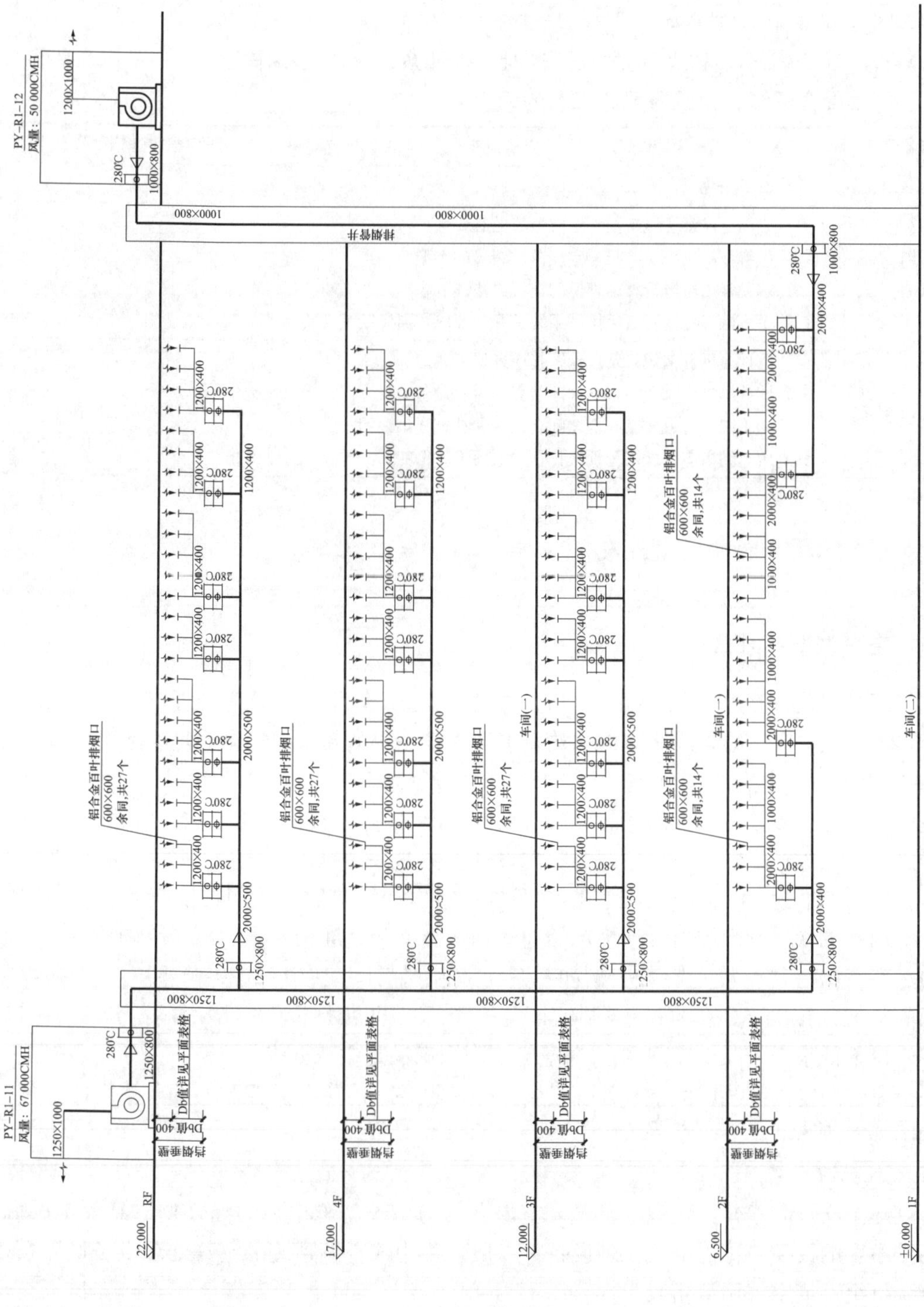
PY-R1-12
风量：50 000CMH
PY-R1-11
风量：67 000CMH
排烟竖井
铝合金百叶排烟口
600×600
余同,共27个
余同,共14个
车间(一)
车间(二)
挡烟垂壁
Db值400
Db值详见平面表格
22.000 RF
17.000 4F
12.000 3F
6.500 2F
±0.000 1F

图 5-36　排烟系统图

（4）排烟立管不应为__________，该排烟立管管材为__________。

（5）该排烟系统编号为__________，排烟风机规格为__________。

（6）该排烟系统在__________设置排烟防火阀，动作温度__________。

（7）图 5-36 中补风方式为__________。

（8）若防烟分区 R1-03-313 内着火，这时防排烟系统有什么动作？

二、阅读配套图纸，完成通风施工图的识读

项目编号	CN5	项目名称	通风实训	训练对象	土建类非建筑设备专业
课程名称	建筑设备工程				
实训目的	（1）识读通风系统施工图，了解通风的必要性。 （2）了解常用风机、阀门、空气分配装置的类型。 （3）掌握常用通风管材、管道的连接方法。 （4）了解电气专业对通风排烟系统的配合要求，通风系统安装要求				
完成任务	（1）统计通风管道规格及数量、指明连接方式。 （2）统计风机、阀门、空气分配装置等材料设备型号、规格参数及数量。 （3）画出图中管道施工与土建配合之处并补充详细说明。 （4）所有结果应分楼层分别统计，并编写 Excel 表格，供指导教师核查				

任务五　空　调　系　统

一、空气调节系统概述

空气调节就是将室内的空气进行冷却、加热、加湿、除湿、净化等处理，以达到消除室内的余热、余湿、有害物，或为室内加热、加湿提供一定的新鲜空气来满足生产工艺或人体舒适的要求。

室内空气计算参数有空气的状态参数（温度、湿度等）；其他技术参数，流速、洁净度、允许噪声、余压等。一般舒适性空调的室内设计参数是一个区间，比如：I 级热舒适度供冷工况时，室内温度为 24～26℃。工艺性空调常对室内空气参数的控制精度有要求，参数的指标有空调基数（空调区域内设计规定的空气基准温度和基准相对湿度）和空调精度（空调区域内偏离空调基数最大允许值）。例如：图 5-37 中某房间注有 $t=(20\pm0.5)$℃，表明该空调房间的基准温度为 $t_n=20$℃，空调精度为±0.5℃。也就是说，空调房间的温度不超过 20.5℃，也不低于 19.5℃，只要在这个温度范围内即满足空调要求。

一个完整的空调系统应由空气处理设备、输送设备、冷热源及控制、调节系统四部分组成，如图 5-37 所示。

1. 空气处理设备

通过热湿交换和净化，使室内空气或室内空气与室外新鲜空气的混合物达到要求的温/湿度与洁净度的设备，称为空气处理设备。一般，集中式空调系统的空气处理设备设置在组合式空调机组（或空气调节箱）中。

2. 输送设备

主要指输送冷热源产生的冷水或热水的水泵、水管和将处理空气送入空气处理设备，并

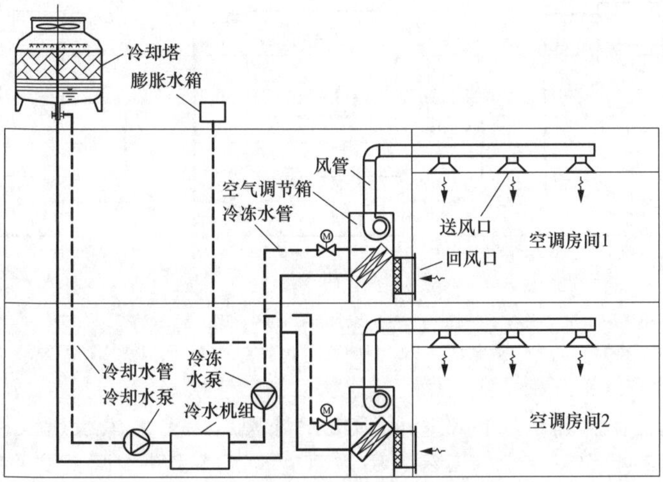

图 5-37 集中式空调系统组成示意图

将处理后的空气送到空调房间所需要的风道、风机、风口及其他配管等装置。

3. 冷热源

能够生产空气处理设备所需要的冷水或热水的设备，包括制冷机组（冷水机组、风冷热泵机组等）、锅炉、电加热器等。

4. 控制、调节系统

为保持温度、湿度、压力和风速等参数在所要求的预定范围并防止这些参数超出设定值。同时，还能够按照需要提供经济运行模式，即在预定的程序内，停止或启动设备，并按负荷的变化和需要，提供相应的系统输出量。

二、空调系统的分类

空调系统有很多类型，分类方法也很多。

1. 根据其服务对象的不同

空气调节系统可分为舒适性空调和工艺性空调两类。

（1）舒适性空调：是以室内人员为服务对象，以创造舒适环境为目的。如住宅、办公室、宾馆、商场、图书馆、体育馆等所应用的空调。根据 GB 50736—2012《民用建筑供暖通风与空气调节设计规范》，室内空气设计参数按照Ⅰ级和Ⅱ级热舒适度等级有所不同，Ⅰ级：夏季温度 24～26℃，相对湿度 40%～65%；冬季温度 22～24℃，相对湿度不低于30%。Ⅱ级：夏季温度 26～28℃，相对湿度不高于 70%；冬季温度 18～22℃，相对湿度不规定。

（2）工艺性空调：以满足生产工艺或储存物品，或以室内运行的机器、设备保持最佳的室内条件为目的，如精密机械加工业、仪器制造业、医药食品、纺织工业、无菌手术室、计算机房等。

2. 根据空气处理设备的集中程度

可分为集中式空调系统、半集中式空调系统和分散式空调系统三种。

（1）集中式空调系统（见图 5-38）

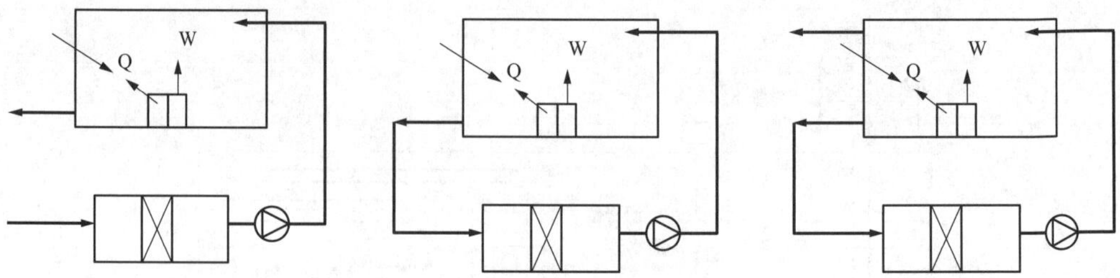

(a) (b) (c)

图 5-38 集中式空调系统

(a) 直流式空调系统；(b) 封闭式空调系统；(c) 回风式空调系统

所有空气经设置在空调机房内的空调箱集中处理后，再由风道送入各个房间的系统形式。集中式空调系统也称为全空气系统，俗称中央空调。这种空调系统的冷热源一般集中设置。其主要特点如下。

1）所有空气集中处理。

2）需要吊顶空间容纳大量风管。

3）空气处理所需的冷、热源为集中设置的冷冻站、锅炉房或热交换站，冷热媒的输送媒介为水。

集中式空调系统根据空气的重复利用情况分为直流式空调系统、封闭式空调系统和回风式空调系统，如图 5-38 所示。直流式空调系统一般应用于有较多污染物产生的生产车间，由于全部处理空气为室外新鲜空气，因而能耗巨大。封闭式空调系统将室内空气抽回到空调箱中处理后再送到房间内，可以节约大量能量，但没有新鲜空气输入，故仅用于库房等很少有人进入的房间。回风式空调系统大部分送风量来自室内回风，剩余少量送风是室外新鲜空气，以保证人体在室内环境活动所需的氧气和空气新鲜度，该系统是最常见的空气系统。

（2）半集中式空调系统。

空调送风不是全部由空调机房内的组合式空调机组处理，而是还有一些其他分散设置的空气处理设备，比如风机盘管。在空调机房集中处理的部分或全部空气送到空调房间，分散在各空调房间内的设备（也称末端装置，一般为风机盘管）直接处理室内空气后再送回室内，这种空调形式称为半集中式空调系统。如风机盘管加新风系统，诱导器系统均属于这种形式。

（3）分散式空调系统。

分散式空调系统又称为局部空调系统，这种系统的空气处理设备全部分散在空调房间或空调房间附近。空调房间使用的空调机组就属于此类，如家用窗式空调器、分体式空调器。

3. 按承担室内空调负荷所使用介质形式的不同

（1）全空气系统。

是指完全由处理过的空气来承担室内热湿负荷的空调系统。全空气空调系统的空气处理基本上集中于空调机房内的空气调节箱中完成，因此常称为集中空调系统。由于空气的比热和密度较小，因此，要达到消除余热余湿的目的，需要使用较多的空气。这种系统经常要求风道断面较大或风速较快，从而可能占据较多的建筑空间。

其主要系统形式为一次回风系统和二次回风系统。

（2）全水系统。

空调房间的热湿负荷全部由冷水或热水来负担的系统，如风机盘管系统。由于水的比热和密度比空气大，因此在室内负荷相同的情况下，需要水管断面、建筑空间都比全空气系统小，但缺少新风系统。其主要系统形式为风机盘管系统。

(3) 空气—水系统。

空调负荷由水和空气共同承担，如风机盘管＋新风系统，新风＋冷辐射吊顶空调系统。

(4) 直接蒸发式（冷剂式）空调系统。

直接蒸发式空调系统，是指由制冷系统的蒸发器或冷凝器直接处理室内空气的空调系统，由于空气—冷剂换热方式的蒸发器或冷凝器体积远大于水—冷剂换热方式，以及制冷剂管道系统规模的限制，直接蒸发式空调机组一般制冷量较小，主要应用在中小型建筑中。

直接蒸发式空调系统有多种型式，一般可分为房间空调器（如家用空调）、单元式空调机系统、多联式空调系统三大类。根据其是否采用热泵技术制热，又可分单冷型和热泵型两大类。采用风冷冷凝器的直接蒸发式空调系统，一般都有单冷型和热泵型两种型式。

三、常用空调系统

(一) 全空气系统

全空气系统也称集中式空调系统。由于空气全部通过空气调节箱处理，因此空气调节箱具备各种空气处理功能。常见的空气调节箱有功能复杂的组合式空调箱、功能较少的整体式柜式空调箱、专门处理新风的新风机组等。

组合式空调箱以冷、热水或蒸汽为介质，可对空气进行过滤、加热、冷却、加湿、减湿、消声、热回收新风处理和新、回风混合等功能，图 5-39 中的组合式空调箱包含了常见的各种处理功能段。

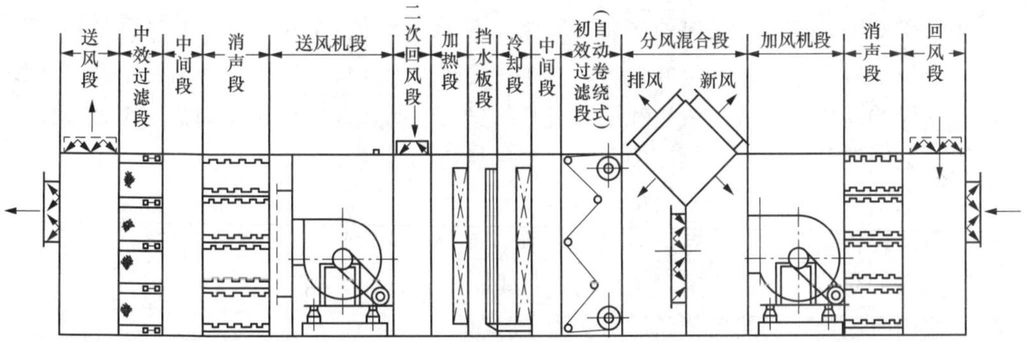

图 5-39　组合式空调箱

按空调箱的构造及安装型式，还可分为立柜式、卧式和吊顶式。风量较小的新风机组一般均采用吊顶式，以减少建筑面积的占用。

1. 一次回风系统

一次回风空调系统是空调工程中最常用的一种空调系统，其系统流程如图 5-40 所示。一次回风系统综合了直流式系统和封闭式系统的优点，它既能满足室内人员所需的卫生要求，向室内提供一定量的新风，又尽可能地采用回风来节约能源。

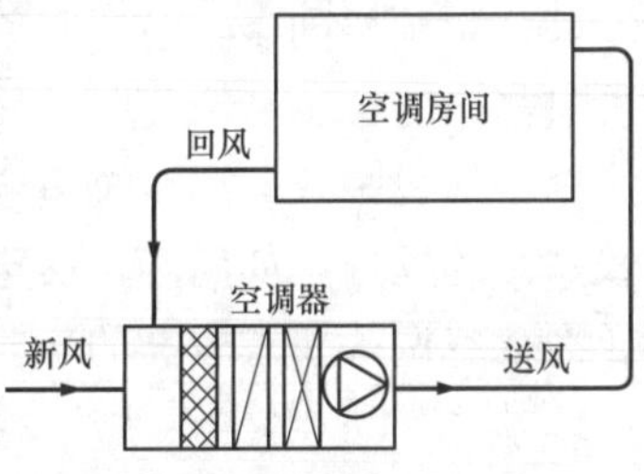

图 5-40　一次回风空调系统流程图

一次回风系统新风量确定须考虑下列三个因素：

(1) 卫生要求。在长期停留的空调房间内，新鲜空气的多少对于健康有直接影响。在实际工程设计时，可根据有关设计手册、技术措施，以及当地卫生防疫部门所规定的数据确定空调房间内人均新风量标准。

(2) 补充局部排风。当空调房间内根据需要设置排风系统时，为了不使空调房间产生负压，必须有相应的新风量来补充排风量。

(3) 保持空调房间正压要求。为防止外界空气渗入空调房间，干扰空调房间内温、湿度或洁净度，空调房间正压值保持在 5～10Pa 范围内，需向室内补充新风。

2. 二次回风系统

二次回风系统即是把回风分成两部分：第一部分（也称为一次回风）与新风直接混合后经盘管进行冷、热处理；第二部分（也称为二次回风）则与经过处理后的空气进行二次混合。

一次回风系统利用再热来解决送风温差受限制时问题，即为了保证必需的送风温差，一次回风系统在夏季有时需要再热，从而产生冷热抵消的现象。二次回风系统则采用二次回风来减小送风温差，达到节约能量的目的。二次回风系统多用于恒温恒湿等工艺性空调。

3. 变风量空调系统（VAV 空调系统）

一次回风系统和二次回风系统中送风量是恒定的，也称为定风量空调系统。变风量空调系统也是全空气系统的一种形式，其工作原理是当空调房间负荷发生变化时，系统末端装置自动调节送入房间的风量，确保房间温度保持在设计要求范围内。同时空调机组将根据末端装置风量的变化，通过自动控制调节送风机的风量，达到节能的目的。

4. 地板送风空调系统

地板送风空调系统是下送风空调的一种形式，主要应用在现代办公楼及计算机机房等场合。这些建筑随着商务和信息化的发展，常要求设置架空地板，以满足电力、语音与数据通信等电缆布线的需要。地板送风是利用地板下的这一空间作为空调送风的输配手段，使室内气流自下而上，达到改善个人热环境和室内空气品质的目的。

总之，全空气式空调系统主要优点如下。

(1) 空调设备集中设置在专用空调机房里，管理维修方便，消声防振容易。

(2) 可根据季节变化调节空调系统的新风量，节约运行费用。

(3) 使用寿命长，初始投资和运行费用比较低。

全空气式空调系统的主要缺点如下。

(1) 风量大，风道粗，占用建筑空间，施工安装麻烦。

(2) 一个系统只能处理一种状态的空气，各房间的热、湿负荷的变化规律差别较大时，不便于运行调节。

(3) 空调房间多，各房间单独调节难。而采用各房间可调节的 VAV 变风量空调系统则造价过高。

全空气集中式空调系统适合服务面积大，各房间热湿负荷的变化规律相近，房间使用时间较一致的场合，如商场、展览馆、体育馆、影剧院、酒店大堂等民用建筑，或恒温恒湿空调、净化空调等要求较高的工艺性空调。

(二) 空气—水空调系统

风机盘管加新风空调系统是空气—水空调系统中的一种主要形式，也是目前我国民用建筑中采用最为普遍的一种空调形式。它投资少，使用灵活，广泛用于各类建筑中。

风机盘管机组是空调系统的一种末端装置，由风机、盘管（换热器）、电动机、空气过滤网、室温调节装置及箱体组成（见图 5-41）。它有立式、卧式及壁挂式等，安装方式有明装和暗装。风机盘管出口可以接一段短管直接送风，也可以通过一段不太长的风管连接 1～3 个风口送风。图 5-42 为卧式暗装风机盘管安装示意图。

风机盘管中盘管内冬天循环的是 50～60℃的热水，夏季循环 7～12℃的冷冻水，借助于风机不断地让室内空气通过盘管，被加热或降温，维持房间空气温度在人们所要求的范围内。夏季循环的冷冻水和冬季循环的热水分别由制冷机房和锅炉房提供。机组温控器设有三挡（高、中、低挡）变速装置，通过转速选择开关调节转速可以调节风机风量，达到调节盘管冷、热量和噪声的目的。温控器配有室温自动调节装置，根据室内温度的高低自动控制流向盘管的热水或冷水。

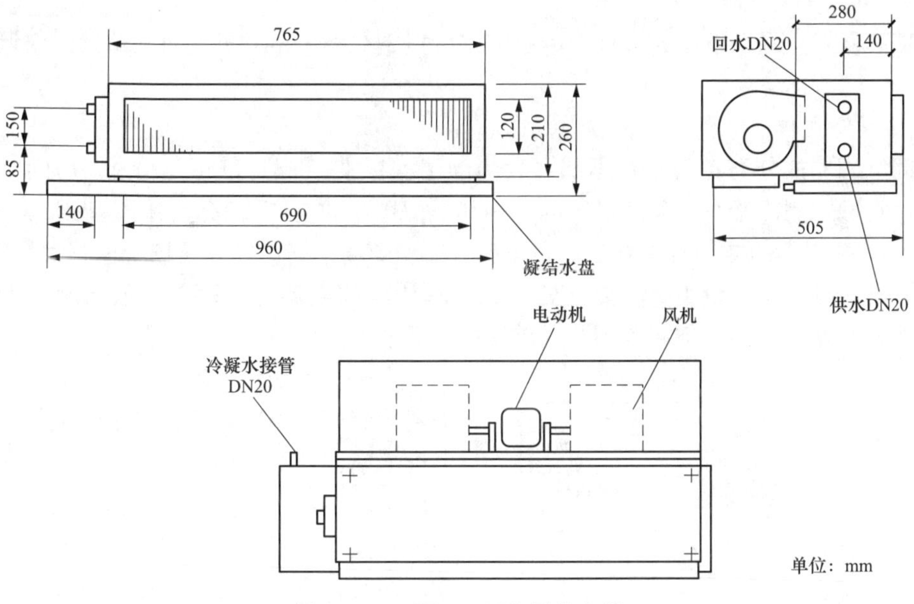

图 5-41 6. FP-6. 3WA 风机盘管

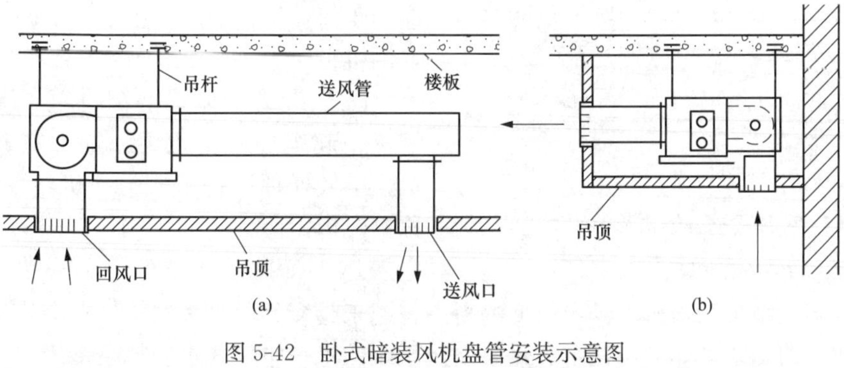

图 5-42 卧式暗装风机盘管安装示意图

（a）下送风；（b）侧送风

风机盘管加新风系统的主要特点如下：

（1）集中设置的空调冷热源、新风机单独处理新鲜空气。

（2）分散设置在空调房间内的二次空气处理装置（如风机盘管末端装置），对集中处理的新风和室内空气作补充处理。

（3）使用灵活，能进行局部区域的温度控制。

（4）风机盘管机组体积较小，结构紧凑，布置灵活，适用改、扩建工程。

（5）室内温度控制精度不高，湿度难以控制，设备布置分散、管线复杂，维护管理不便。

风机盘管加新风空调系统主要适用于以下场合：①空调房间多，空间小，各房间要求单独调节；②建筑物面积较大，但主风管敷设困难。

风机盘管没有新风处理能力，需要单独设置新风系统。由于新风需要通过新风机组集中处理，而风机盘管又分散在各个空调房间内，因此称半集中式空调系统。

（三）直接蒸发式空调系统

直接蒸发式空调系统型式多样，种类繁多，以下介绍一些常见的直接蒸发式空调机组和系统。

1. 房间空调器

房间空调器的分类各国略有不同。我国的国家标准 GB/T 7725—2004《房间空气调节器》中，将额定制冷量在 14kW 以下的家用和类似用途的空调器称为房间空调器。但在实际使用中，7kW 以上的空调器在办公室、小型餐厅、商场、宾馆等公共场所也有大量应用。

在日本，额定制冷量 10kW 以下的空调器称为房间空调器，而美国的房间空调器指窗式、分体式空调器，柜式空调器则归入单元式空调器。

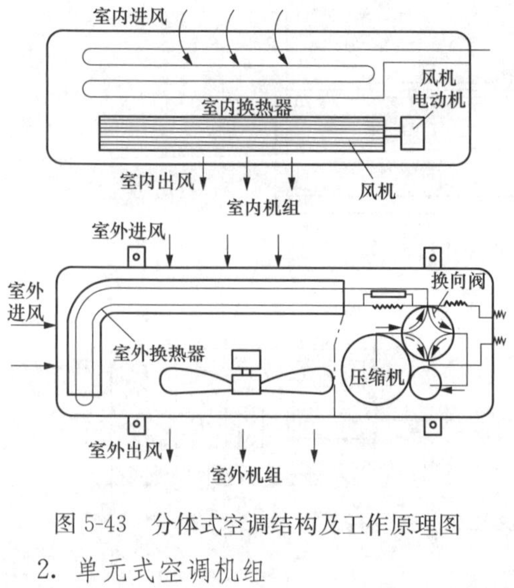

图 5-43 分体式空调结构及工作原理图

由于大面积住宅和别墅的大量出现，家用空调与商用空调的界限已经十分模糊，因此本书根据空调器的结构与功能特点进行分类，将应用于家用及小型商用的包括窗式、分体式和分体一拖多式三类空调器归入房间空调器的范围。同时，将一般属于家用、直接向室内送风的分体柜式空调机归入分体式空调中，而将多应用于商业用途的风管型柜式空调归入单元式空调机组。

图 5-43 为分体式空调机组。冷凝器与压缩机一起组成一个机组，置于室外，称室外机；空气处理设备组成另一机组，置于室内，称室内机。

2. 单元式空调机组

由于分体式结构室内机组噪声较低的特点，越来越多的原来采用整体式结构的空调器也出现了分体式的型式，如应用在水环热泵空调系统的水—空气式水源热泵。因此，单元式空调与房间空调器的界限并不十分明显。从使用场合的角度考虑，将风管式的分体柜式空调归入单元式空调机组。但一般而言，单元式空调是指由空气处理设备、制冷机构、风机和自控系统组成的一个单元整体式机组。单元式空调机组结构紧凑，占地面积小，安装和使用方便，被越来越多地应用到民用和工业建筑中。

单元式空调机组有单元柜式空调机组、恒温恒湿空调机组、计算机房恒温恒湿空调机组、净化空调机组、屋顶式空调机组、低温空调机组、除湿机组。

3. 多联式空调系统

20 世纪 80 年代，在日本最先出现的变制冷剂流量空调系统，是从一拖多房间空调器发展而来的新型直接蒸发式空调系统，一般称为多联式空调。日本大金的多联式空调系统（注册商标为 VRV）最早进入国内，并占有了较大的市场份额，其他厂家则为自己的产品取名 MRV、VRF 或变频多联式商用中央空调，以及数码涡旋中央空调等，均为同一类产品。

（1）室外机。多联式空调系统的室外机采用模块化形式组合（最多可以有 3～4 台组合在一起，共用一对气液管），根据冷凝风机出口方向可以分为前（侧）出风型和顶（上）出风型两种，前者通常用于 5～6 匹以下机组，常用于家庭环境；后者多用于商业和办公环境等，如图 5-44 所示。多联式空调的室外机通常置于建筑设备平台、阳台或屋顶。

(a)　(b)　(c)

图 5-44　室外机型式

（a）前出风室外机；（b）顶出风室外机；（c）3 台室外机组合

（2）室内机及新风处理。多联式空调系统的室内机型式多样，有壁挂式、落地式、天花板嵌入式（四面出风和双面出风）、卧式暗装、立式明装等，适合用户的多种选择。与分体式空调室内机相比，其外形基本一致，主要区别在于多联式空调的室内机蒸发器配置了电子膨胀阀，而前者一般为毛细管。

为维持空调区域内舒适的环境，必须有一定的新风进入。新风的供给与处理常常独立于多联式空调系统之外。目前，常用的方法有：① 采用热回收装置，常见方式有设置全热交换器（见图 5-45）。它利用排风的余冷将新风进行初步降温，由于热回收效率有限，新风的剩余冷负荷仍由室内机承担。②采用其他单独的新风机处理新风。③室外新风直接接入室内机回风口，新风负荷全部由室内机承担。

图 5-45　全热交换器

（3）系统及配管特点。多联式空调系统的制冷剂管路为一根供液管和一根回气管，将室内机与室外机连接为一个整体。由于制冷循环利用制冷剂的相变传输热量，其热容量是相同质量水的 10 倍，故制冷剂管道直径远小于相同负荷的水管直径。部分厂家的多联式空调系统还可配置热回收功能，利用压缩机的冷凝热，实现对不同区域同时供冷和供暖的需求，这时制冷剂管路除供液、回气管外还有一根高温排气管用于供热。

为利于润滑油从室内管道系统随制冷剂回流压缩机，在管道分支处均采用特殊设计的三通分支管接头。

多联式空调系统配管的关键是三通连接方式，一般有分支连接和端管连接两种。分支连接配件是一个三通配件，也称为分歧管，其外形如图 5-46 所示，连接方式如图 5-47 所示。一般可以在一个分支支管后继续接下一组分支管，但是分支管与端管之间不能互相串联。由于分歧管连接较为方便，因此得到了广泛的应用。端管相当于一根集管，在集管上开口连接多个支管。其连接示意图如图 5-47 所示。由于连接方便，实际工程中分歧管应用较多，端管应用较少。

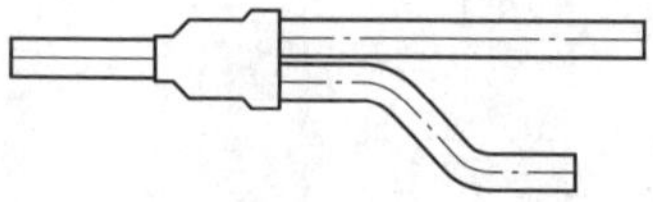

图 5-46　分歧管外形图

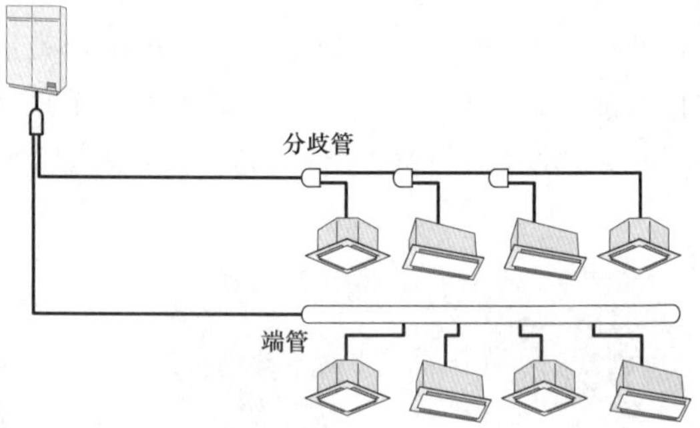

图 5-47　分歧管和端管连接示意图

一般多联式空调系统室内外机之间配管实际长度最长可达 120～150m，室内机至室外机（室外机在上）最大高差为 50m。同一系统内室内机之间高低差最大为 15m。

四、风管及其附件

风管是空气输配系统的主要组成部件。对于集中式、半集中式空调系统，风管的尺寸对建筑空间的使用有很大影响，同时风管内风速的大小及风管路径的设置影响建筑能耗。

（一）风管

1. 风管的形状和材料

一般为圆形和矩形，圆形风管强度大、节省材料、管件较大而占有较大空间；矩形风管易于与建筑物配合，美观。圆形风管的规格尺寸常以直径表示，比如，ϕ200，表示的是直径为 200mm 的圆风管；矩形风管的规格尺寸常以“宽×高”表示，比如，500×200，表示的矩形风管宽为 500mm，高为 200mm。

空调系统的风管最早使用薄钢板涂漆或镀锌钢板制作，适合含湿量小的一般性气体的输送，不耐腐蚀、易生锈、无保温和消声性能，必须另外加包保温层及保温防护层，须设置消声器，制作、安装周期长、速度慢。

目前，复合材料所制风管也大量使用，如聚氨酯复合保温风管、酚醛泡沫超特复合风管、复合铝箔玻璃纤维风管、玻镁平板等。这些风管根据其组成材料的特性，具有消声、保温、防火、防潮、漏风量小、经济适用等优点。

风管的制作、安装及材料的选择，可参考标准 JGJ/T 141—2017《通风管道技术规程》。

2. 风管的布置与敷设

（1）要求风管短而直，避免不必要的转弯；风道的布置要考虑运行调节和阻力平衡。

(2) 风管一般布置在吊顶内、建筑的剩余空间、设备层吊顶内，吊顶的净空高度至少为风管高度加100mm。

(3) 钢板风管常采用法兰连接，为防止漏风，中间夹软衬垫，为防锈，内、外涂漆。

(4) 空调风管须保温，以防风管外壁结露。

(二) 风阀

一般装在风管或风口上，用于调节风量、关闭其支风道、分隔风管系统的各个部分，还可启动风机或平衡风管系统的阻力，常用的风阀有插板阀、蝶阀、多叶调节阀。

插板阀（闸板阀）（见图5-48），拉动手柄，改变插板位置，即可调节通过风道（风量），关闭严密，多设在风机出口或主干风道上。体积大，上下移动（有槽道）。

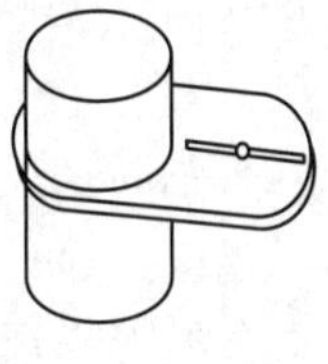

图5-48 插板阀构造示意图

蝶阀（见图5-49）：只有一块阀板，转动阀板即可调节风量。多设在分支管或送风口前，用于调节风量，严密性差，不宜作关断使用。

多叶调节阀（见图5-50）：外形类似活动百叶，通过调节叶片的角度来调节风量。多用于风机出口和主干道上。

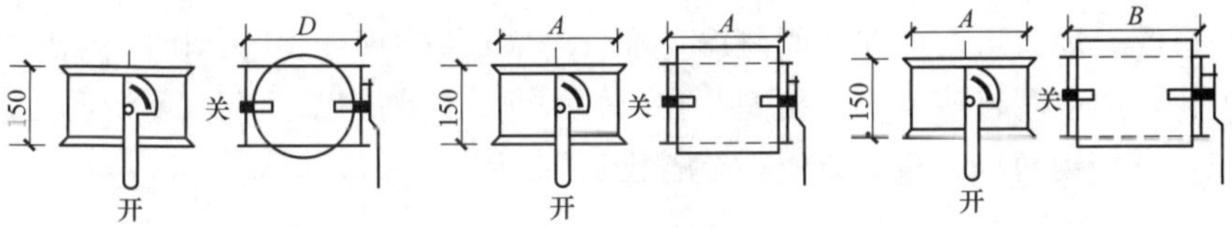

(a)　(b)　(c)

图5-49 蝶阀构造示意图

(a) 圆形；(b) 方形；(c) 矩形

图5-50 对开多叶调节阀

(三) 新风入口和室外排风口

1. 新风入口

新风入口是空调系统中新鲜空气的入口，一般可在墙上设防雨百叶风口或在屋顶设置成百叶风塔的形式。新风入口应设置在室外空气较清洁的地方，应远离其他排风口，特别是事故通风系统的排风口。新风口下缘距离室外地面不宜小于2m，当设在绿化带时，不宜小于1m，且应避免进风、排风短路。

2. 室外排风口

室外排风口可设在屋顶或侧墙，侧墙上的排风口一般采用防雨百叶风口形式。

五、空调房间的气流组织

在空调房间中，经过空调系统处理的空气经送风口进入空调房间，与室内空气进行热湿交换后由回风口流出室外。空气的进入与排出必然会引起室内空气的流动，形成某种形式的气流流型和速度场。

气流组织设计任务是合理地组织室内空气流动，使室内工作区的温度、相对湿度、速度和洁净度满足工艺要求和舒适度要求。影响气流组织的主要因素有送排风口的形式、数量和位置、送风参数、风口尺寸、空间几何尺寸等，其中，以送风口的空气射流及送风参数对气流组织影响最大。

（一）送、回风口的形式

空调房间气流流型主要取决于送风射流，而送风口形式将直接影响气流的混合程度、出口方向及气流断面形状，对送风射流具有的重要作用。根据空调精度、气流形式、送风口安装位置及建筑装修的艺术配合等方面的要求，可以选用不同形式的送风口。送风口种类繁多，按送出气流形式可分为以下四种类型。

（1）辐射形送风口。送出气流呈辐射状向四周扩散，如盘式散流器、片式散流器等。

（2）轴向送风口。气流沿送风口轴线方向送出，这类风口有格栅送风口、百叶送风口、喷口、条缝送风口等。

（3）线形送风口。气流从狭长的线状风口送出，如长宽比很大的条缝形送风口。

（4）面形送风口。气流从大面积的平面上均匀送出，如孔板送风口。

（二）常见的送风口

1. 侧送风口

从空调房间上部将空气横向送出。常见的类型分有格橱、百叶风口（见图 5-51）、插板式风口和喷口等。风口可设埋在房间侧墙上部，与墙面齐平；也可在风管一侧或两侧壁面上开设若干个孔口，或者将该风口直接安装在风管一侧或两侧的壁面上。侧送风是最常用的气流组织方式，它结构简单，布置方便，节省投资。

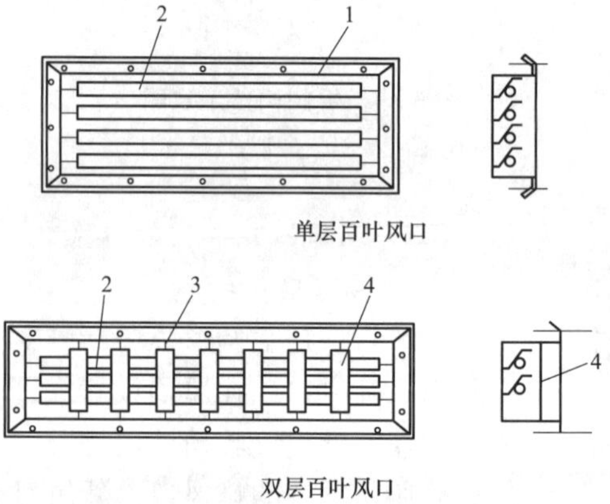

图 5-51 百叶式送风口

1—外框；2—水平百叶片；3—百叶片轴；4—垂直百叶片

2. 散流器

安装在顶棚上的送风口有平送和下送两种方式，送风射程和回流流程都比侧送短，通常沿着顶棚和墙形成贴附射流，如图 5-52 所示。平送散流器送出的气流贴附着顶棚向四周扩散，适用于房间层高低，恒温精度较高的场合［见图 5-52（a）］；下送散流器送出的气流向下扩散［见图 5-52（b）］，适用于房间层高较高、净化要求较高的场合。散流器的类型有盘式散流器、圆形直片散流器、方形片式散流器、直片形送吸式散流器和流线型散流器等。

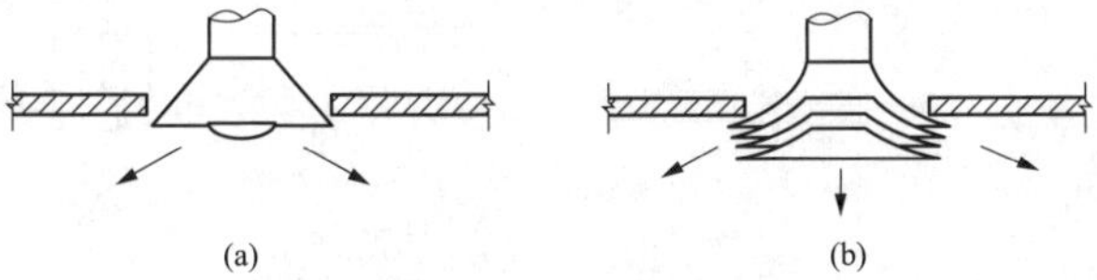

图 5-52　散流器送风
(a) 平送散流器；(b) 下送散流器

3. 孔板送风口

空气由风管进入稳压层后，再靠稳压层的静压作用，流经风口面板上若干圆形小孔进入室内，孔板上孔较小还能起到稳压作用。孔板送风口一般装在顶棚天花板上，向下送风，如图 5-53 所示。孔板送风口与单、双百叶送风口及方形散流器相比，具有送风均匀，速度衰减较快的特点，消除了使人不适的直吹风感觉。适用于要求工作区域气流均匀、速度小、区域温差小和洁净度要求高的场合，如高精度的恒温室。

4. 喷射式送风口（喷口）

喷射式送风口是大型的生产车间、体育馆、电影院等建筑常采用喷射式送风口，由高速喷口送出的射流带动室内空气进行强烈混合，使室内形成大回旋气流，工作区一般处在回流区内，如图 5-54 所示。这种送风方式射程远、系统简单、投资小，广泛应用于高大空间和舒适性空调建筑中。

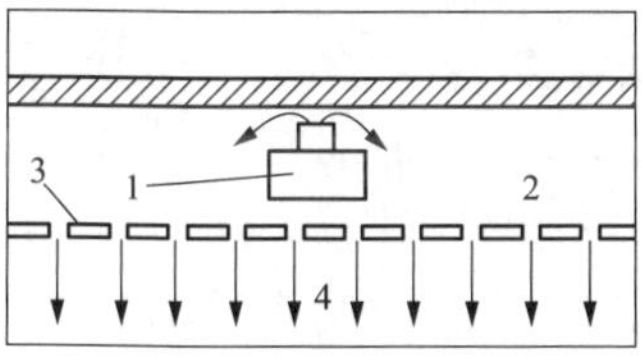

图 5-53　孔板送风
1—风管；2—静压箱；3—孔板

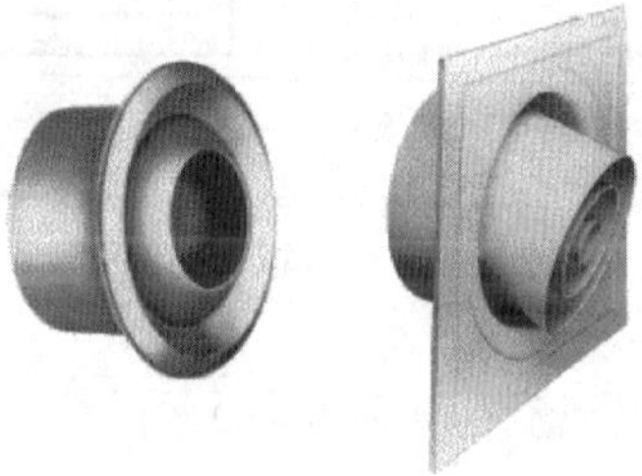

图 5-54　球形与圆筒形喷口

5. 旋流送风口

旋流送风口具有搅动和混合周围空气能力强的特点，可以作为地板上的地面送风口。由出口格栅、集尘箱和旋流叶片组成，如图 5-55 所示。高大空间中也可以作为上送风的风口。

（三）回风口

回风口由于汇流速度衰减很快，作用范围小，回风口吸风速度的大小对室内气流组织的影响很小，因此回风口的类型不多。空调常用的回风口有格栅、单层百叶、金属网格等类型，如图 5-56 所示。

（四）气流组织形式

空调房间除对工作区域的温度、相对湿度有一定的精度要求以外，还要求有均匀、稳定的温度场和速度场，尤其还要控制噪声水平和含尘浓度，这些都直接受气流流动和分布状况的影响，而这又取决于送风口的构造形式、尺寸、送风的温度、速度和气流方向、送回风口的位置等。因此，气流组织形式应根据空调的要求，结合建筑结构特点及工艺设备等条件合理确定，气流组织的方式有下列几种：

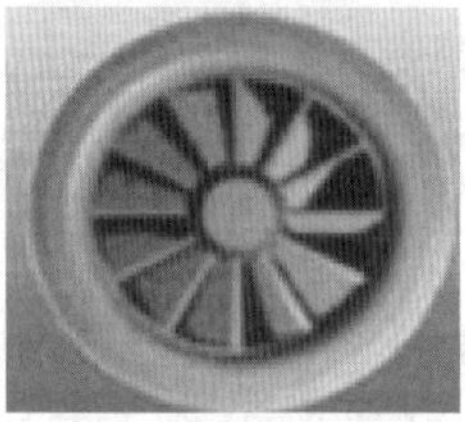

图 5-55 旋流送风口

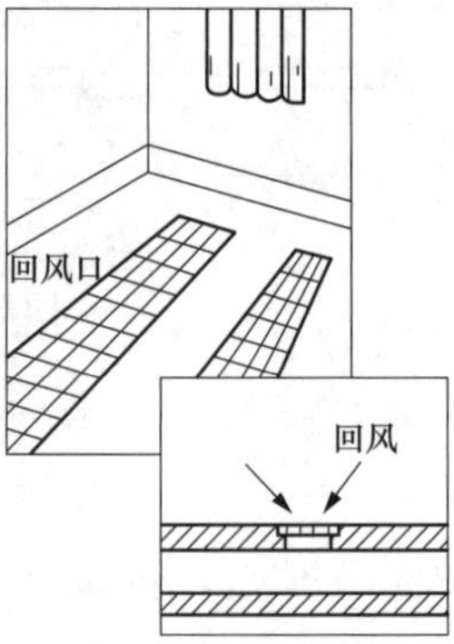

图 5-56 格栅式回风口

1. 上送下回型（见图 5-57）

上送风下回风是基本的气流组织形式，送风在进入工作区前就已经与室内空气充分混合，易于形成均匀的温度场和速度场，可使用较大的送风温差来减少送风量。

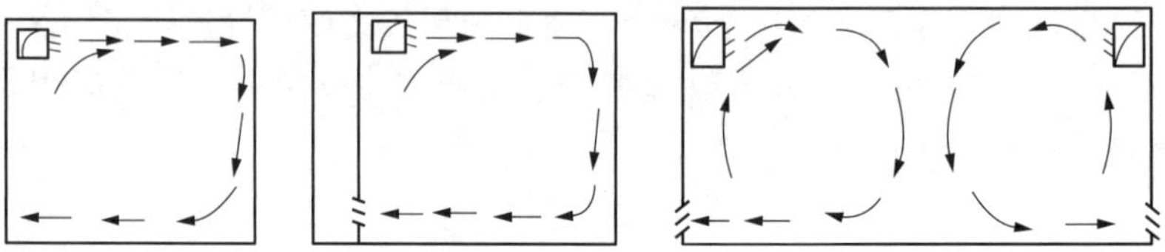

(a) (b) (c)

图 5-57 上送下回型

（a）单侧上送下回；（b）单侧上送走廊回；（c）双侧内送下回

2. 上送上回型（见图 5-58）

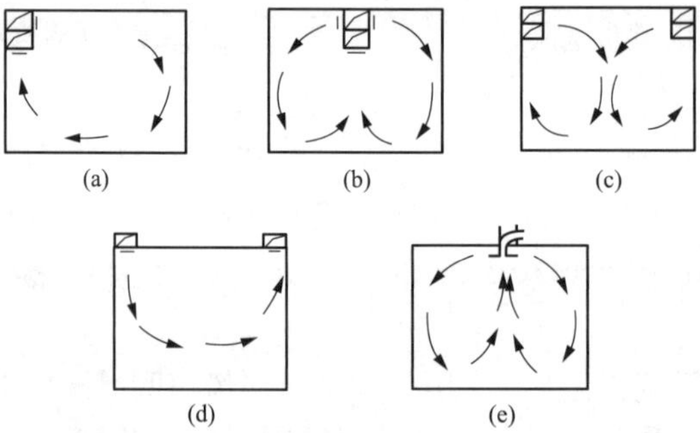

(a) (b) (c) (d) (e)

图 5-58 上送上回型

（a）单侧上送上回；（b）双侧上送上回；（c）双侧内上送上回；

（d）风口装于吊顶，一侧送一侧回；（e）暗装的吸送式散流器

3. 中部送风（见图 5-59）

对于高大的空调房间，将风口布置在房间高度的中部以上，将房间下部作为空调区域，上部为非空调区，在满足工作区空调要求的前提下，有显著的节能效果。

4. 下送上回型（见图 5-60）

地面均匀送风，上部集中排风。常用于空调精度不高，人员暂时停留的场所。

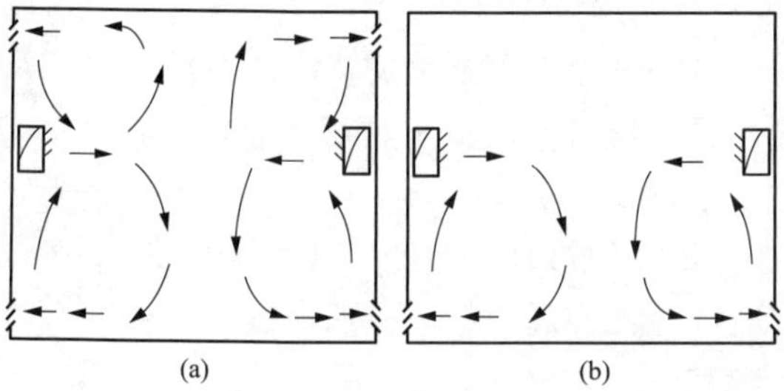

图 5-59　中部送风

（a）中部送风、下回风、上排风；

（b）双侧中部送风、双侧下回风

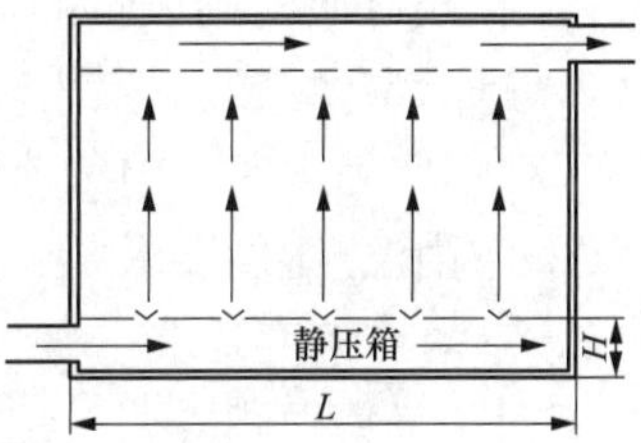

图 5-60　下送上回

习　题

一、单选题

1. 空调系统的送风中不包含（　　）。

A. 室外新风　B. 室内回风　C. 新风和回风的混合风　D. 卫生间排风

2. 以下系统中属于半集中式空调系统的是（　　）。

A. 全空气系统　B. 风机盘管＋新风系统

C. 分体空调　D. 一次回风系统

3. 以下不属于直接蒸发式空调系统的是（　　）。

A. 分体空调　B. 风机盘管　C. 房间空调器　D. 多联式空调

4. 以下不属于气流组织设计目标的是（　　）。

A. 温度　B. 湿度　C. 照度　D. 洁净度

5. 高铁站候车大厅采用哪种送风口较合理（　　）。

A. 圆形散流器　B. 喷口　C. 孔板送风口　D. 格栅式风口

6. 关于室外新风口设置，不正确的是（　　）。

A. 新风口采用防雨百叶风口　B. 新风口设置在室外较清洁的地方

C. 新风口采用格栅风口　D. 新风口设置在距地 0.3m 的地方

7. 某五星级酒店客房按照Ⅰ级热舒适度设计，夏季室内空气温度应采用（　　）。

1. 23℃　B. 25℃　C. 27℃　D. 28℃

8. 某政府部门招待所客房按照Ⅱ级热舒适度设计，冬季室内空气温度应采用（　　）。

A. 17℃　B. 20℃　C. 23℃　D. 24℃

9. 某办公楼的空调是（　　）。

A. 净化空调　B. 恒温恒湿空调

C. 舒适性空调　D. 工艺性空调

10. 多联式空调系统不包含哪个部分？（　　）

A. 室外机　B. 室内机　C. 制冷剂管道　D. 水泵

二、多选题

1. 一栋建筑采用一次回风全空气空调系统，下列确定空调房间最小新风量的因素中，哪些可以不考虑（　　）。

A. 人员呼吸对新风量的需求　　B. 排除室内余热对新风量的要求

C. 排除室内余湿对室内新风量的要求　D. 维持室内正压对新风量的要求

2. 下列哪些因素对室内气流组织设计相关性最小（　　）。

A. 室内温/湿度要求　　B. 气候条件

C. 室内洁净度要求　　D. 允许风速　　E. 噪声

3. 下列关于集中式空调系统的描述，正确的是（　　）。

A. 空气处理设备集中设置在空调机房内，管理维修方便

B. 可根据季节变化调节空调系统的新风量，节约运行费用

C. 占用建筑空间小

D. 使用寿命长，初始投资和运行费用比较低

任务六　空调冷源设备及机房

一、空调冷源

在夏季，为了维持空调房间内空气的温度、湿度，必须利用空调冷源提供的冷量，通过空气处理设备处理空气，源源不断地向室内输送冷风来抵消室外空气和太阳辐射对空调房间的热湿干扰和室内灯光、设备、人体等散发的热湿量。

空调中所使用的冷源包括天然冷源和人工冷源两种。天然冷源包括地下水、深湖水、深海水、天然冰、地道风等。在我国多数地方的地下水是严禁开采的。

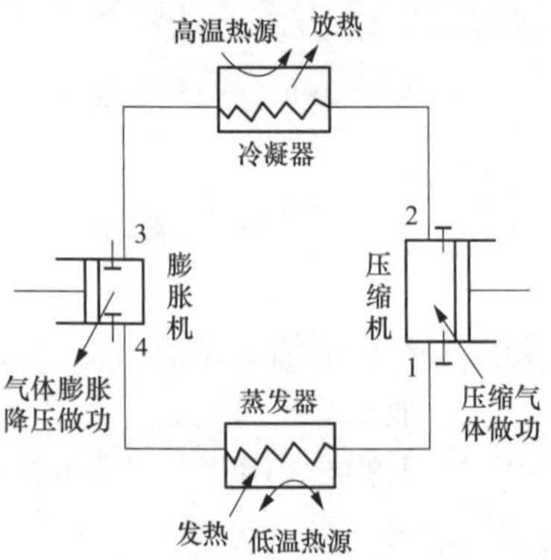

图 5-61　蒸汽压缩式制冷工作原理

由于天然冷源受时间、地点的限制，不可能经常满足空调工程的需要，因此采用人工冷源。制冷就是利用人工的方法，使某一物体或空间达到比环境介质更低的温度，并保持这个低温状态。

空气调节工程中常用的制冷机主要有蒸汽压缩式制冷和溴化锂吸收式制冷，其中以蒸汽压缩式制冷使用最为广泛。图 5-61 是蒸汽压缩式制冷工作原理。

单级蒸汽压缩式制冷系统由压缩机、冷凝器、膨胀阀和蒸发器组成。除这四大部件以外，还配备了一些辅助设备，如油分离器、储液器、电磁阀、干燥过滤器等。在各设备之间进行循环流动的工作物质称为制冷剂，也称为制冷工质。其状态参数在循环的各个过程中不断发生变化。制冷就是利用制冷剂由液体状态汽化为蒸汽状态过程中吸收热量，被冷却介质因失去热量而降低温度，从而达到制冷的目的。

制冷工作原理：制冷剂在压缩机被压缩，由低温低压的蒸汽变为高温高压气体；送入冷凝器，在冷凝器中被冷却冷凝成制冷剂液体，经过节流阀压力、温度降低，送入蒸发器，吸

热蒸发，变成低温低压制冷剂气体，进入压缩机，循环往复。

在空调工程中常用冷水作为调节和处理空气设备的冷源，冷水机组则是生产冷水的制冷装置，它将制冷系统中设备（如一台或数台压缩机、电动机、制冷设备、调节控制设备及各种安全保护设备等）全部配套组装在一起，成为一个整体，可提供5～15℃冷水的单元制冷装置。冷水机组结构紧凑、使用灵活、管理方便，而且它占地面积小，安装简单。根据冷水机组所配备的压缩机形式的不同，有活塞式、螺杆式、涡旋式及离心式等冷水机组。

（一）活塞式冷水机组

这是一种最早应用于空调工程中的机型。活塞式冷水机组的压缩机、蒸发器、冷凝器、节流机构等设备都组装在一起，安装在一个机座上，其连接管路已在制造厂完成了装配，因此用户只需要在现场连接电气线路及外接水管（包括冷却水管和冷冻水管），并进行必要的管道保温即可投入运行。

根据机组配用冷凝器冷却介质不同，活塞式冷水机组又可分为水冷和风冷两种。根据机组选配的压缩机形式，可分为开启式、半封闭式和全封闭式。根据一台机组配备的压缩机数量还可分为单机头和多机头两类。

（二）螺杆式冷水机组

以各种型式的螺杆压缩机为主机的冷水机组称为螺杆式冷水机组。它是由螺杆式制冷压缩机、冷凝器、蒸发器、节流装置、油分离器、油冷却器、油泵、电气控制箱和其他控制元件等组装式制冷系统。目前，螺杆式冷水机组在我国制冷空调领域得到越来越广泛的应用，螺杆式冷水机组多用于150～1408kW的制冷量范围，是为空调系统提供冷水的中、大型设备。

（三）涡旋式冷水机组

以涡旋式压缩机为主机的冷水机组称为涡旋式冷水机组。涡旋式冷水机组效率高、振动小、噪声低、结构简单、体积小、质量轻、易损件少且可靠性高。由于涡旋式压缩机的制冷量较小，因此涡旋式冷水机组一般采用多个压缩机组合，制冷量为一般在245kW以下，且多为风冷式冷水机组或冷热水机组，只适用于中小制冷量的场所。

（四）离心式冷水机组

以离心式压缩机为主机的冷水机组称为离心式冷水机组。目前，应用的一般为单级压缩离心式冷水机组和三级离心式冷水机组两类，冷凝器均为水冷方式。

离心式冷水机组具有单机制冷量大、结构紧凑、单位制冷量质量轻等特点，这是由于离心式压缩机的结构及工作特性，决定了离心式冷水机组适用于较大的制冷量。目前，世界上最大的离心式冷水机组的制冷量可达35 000kW。离心式冷水机组适用于大、中型建筑物，如宾馆、剧院、医院、办公楼等舒适性空调制冷，以及纺织、化工、仪表、电子等工业所需的生产性空调制冷，也可为某些工业生产提供工艺用冷水。在国内应用中，离心式冷水机组主要用于制冷量在1408～2600kW及以上的大型制冷空调系统中。由于调节性能略差，在制冷量小于～1056kW的场合一般采用螺杆式冷水机组。当空调机房总制冷量很大，需要多台离心式冷水机组时，常采用多台离心式冷水机组＋1台螺杆式冷水机组的组合方式，以获得高效率制冷和较好的部分负荷调节性能。

（五）溴化锂吸收式制冷机组

吸收式制冷和蒸汽压缩式制冷一样，都是利用液态制冷剂在汽化时要吸收汽化潜热这一物理特性来实现制冷的。所不同的是，蒸汽压缩式制冷是靠消耗电能转变为机械功来作为能量补偿，使热量从低温热源转移到高温热源。而吸收式制冷是靠消耗热能来完成这种非自发的过程。因此，在热源便宜、方便，特别是有废热可利用的地方，吸收式制冷就有明显的优势。由于运转部件少，吸收式制冷机振动和运行噪声很小，且机组使用的工质对人体无害，故安全性很好。

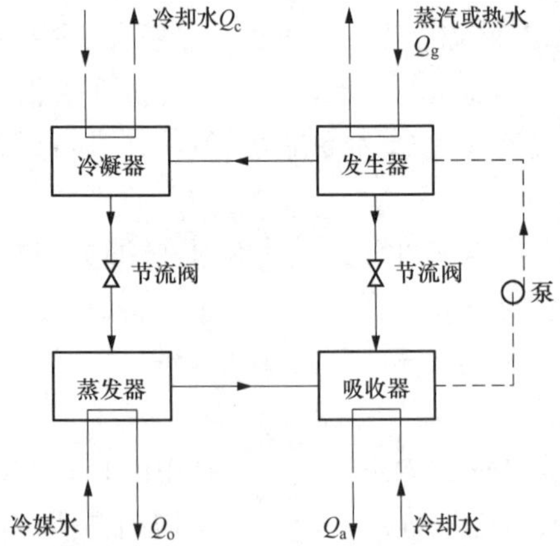

图 5-62　溴化锂吸收式制冷系统的基本原理图
------制冷剂循环　------------吸收剂循环

图 5-62 为溴化锂吸收式制冷系统的基本原理图，其主要由发生器、冷凝器、节流阀、蒸发器和吸收器等设备组成，它们组成了两个循环，即制冷剂循环和吸收剂循环。

（六）风冷热泵冷热水机组

风冷热泵冷热水机组与风冷冷水机组的结构基本相同，系统组成仅相差一个四通阀和一些单向阀等附件，控制部分热泵系统要复杂得多。风冷热泵空气为冷热源，其工作原理图如图 5-63 所示。目前，我国应用最广泛的是长江流域及其南北。

在选择空调冷源时，应根据当地能源状况、建筑物的性质并结合当地环境等情况来选择合适的冷水机组。

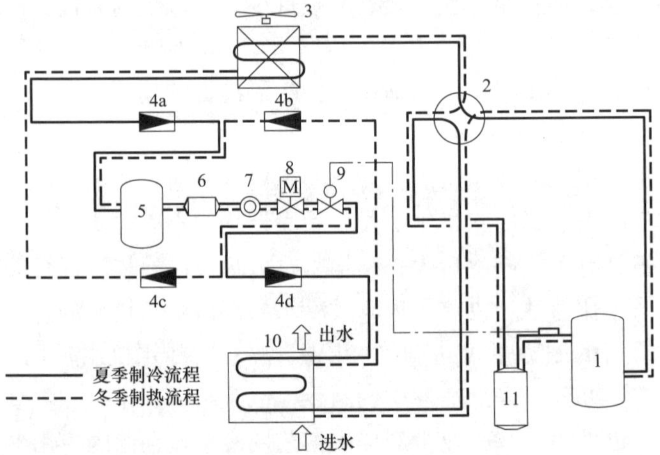

图 5-63　风冷热泵冷热水机组循环流程图

1—压缩机；2—四通阀；3—空气侧换热器；4—单向阀；5—储液器；6—干燥过滤器；7—视镜；8—电磁阀；9—膨胀阀；10—水侧换热器；11—气液分离器

二、空调机房

在集中式、半集中式空调系统中，安装空气处理设备、送回风设备及自控设备的专用房间，即为空调机房。安装制冷机组、水泵、水处理装置等设备的房间，通常称为制冷机房。

机房一般设置在建筑物的地下室，对于超高层建筑，也可设在设备层或屋顶上；由于条件限制不宜设在地下室时，也可设在裙房中或与主建筑分开独立设置。主机与辅助设备之间连接管道的布置应注意留有安装管道附件的位置（如水泵进出口软接头、止回阀、压力表、温度计、主机出口的阀门、水流量开关等），还要注意仪表应安装在便于观察的地方。

若选用风冷式冷水机或风冷模块式机组，机房设置一般在裙楼或塔楼的屋顶上，这时风冷冷水机组应有 1m 以上的净空，一般不设防雨遮雨篷，若要搭设遮阳篷，篷高应在 7m 以上。模块化冷水机组各模块之间应留有 0.4m 的空隙。

机房水系统的最低点应注意设排水阀。水平管路的最高点设有自动排水阀。

三、空调水系统

建筑物的冷负荷和热负荷大多由集中冷、热源设备制备的冷冻水和热水（有时为蒸汽）来承担。因此，大型建筑物内的空调水系统庞大而复杂。空调水系统按其功能分为有冷冻水系统（输送冷量）、热水系统（输送热量）和冷却水系统（排除冷水机组的冷凝热量）。由于空调热水系统在原理上与空调冷水系统基本相同，因此以下部分主要介绍空调冷冻水系统。

（一）冷冻水系统

冷冻水系统，是指由冷水机组供应的冷水为介质并送至末端空气处理设备的水路系统。按照空调末端设备的水流程，可分为同程系统和异程系统；按系统水压特征，可分为开式系统和闭式系统；按冷热管道的设置方式，可分为两管制和四管制系统；按照末端用户侧水流量特征，可分为定流量系统和变流量系统。

1. 同程系统和异程系统

空调冷冻水管由总管、干管及支管组成。各支管与空调末端装置相连接，构成一个个并联回路。为了保证每个末端装置应有的水量，除了需要选择合适的管径外，合理布置各回路的走向是非常重要的。各并联支路只有在设计水阻力接近相等时，才能基本获得各自的设计水量，从而能够保证为末端装置提供出设计的冷、热量。由于管道管径的规格有限，完全通过管径的选择来实现各支路的水阻力平衡是较为困难的，因此，在一定程度上需要利用阀门调节。特别需要指出的是：由于阀门存在一定的能量损失，不能随意到处增加，而只能是在系统设计合理的基础上适当的考虑。

（1）同程系统。

同程系统，是指系统水流经各用户回路的管路长度相等（或接近），这种系统水力平衡比较好，调试比较方便。图 5-64 为常见的同程系统。

（2）异程系统。

异程系统（见图 5-65），是指系统水流经每用户回路的管路长度之和不相等。在异程系统中，平衡各回路水阻力的基础条件相对较差，通常需要更为合理的选择管径和配置相关的阀门。异程式一般用于较小的系统。

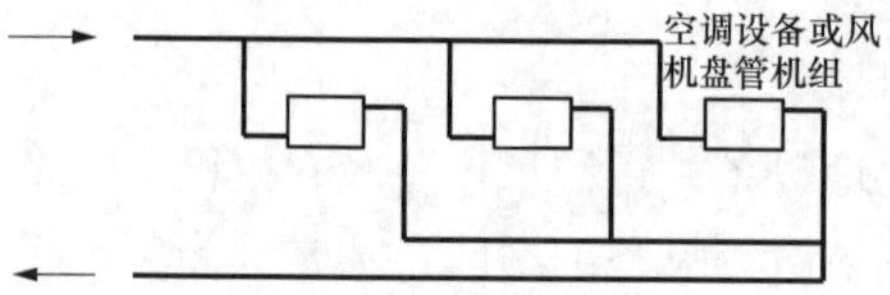

图 5-64 同程系统

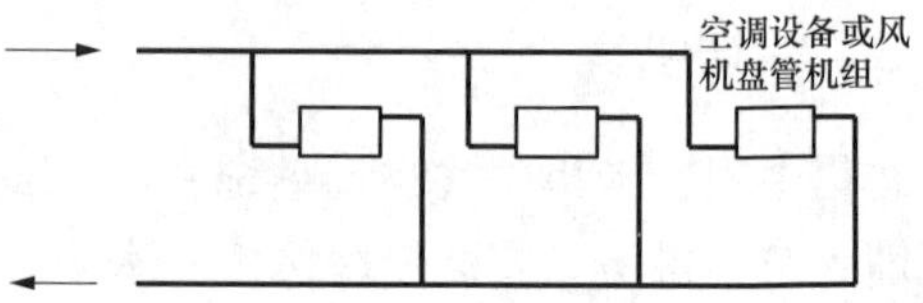

图 5-65 异程系统

2. 开式系统和闭式系统

冷冻水管道系统均为循环式系统，根据用户需要情况的不同，可以分为开式系统和闭式系统。开式系统的回水进入蓄水池，水泵的扬程大，且管道腐蚀较严重，故一般较少采用。一般空调水系统与热水采暖系统一样，均为闭式系统。图 5-66 和图 5-67 为开式和闭式系统示意图。

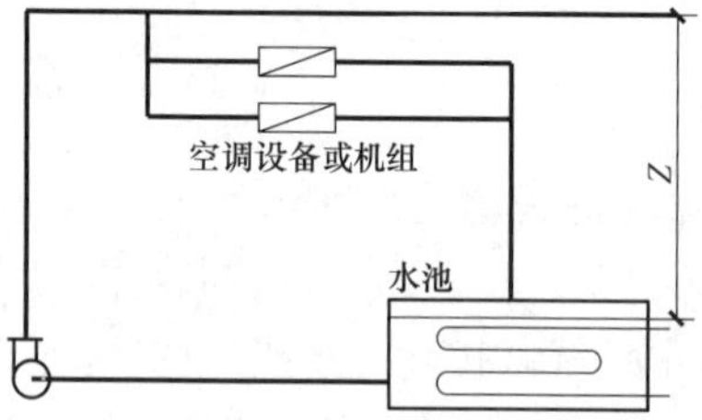

图 5-66 开式系统

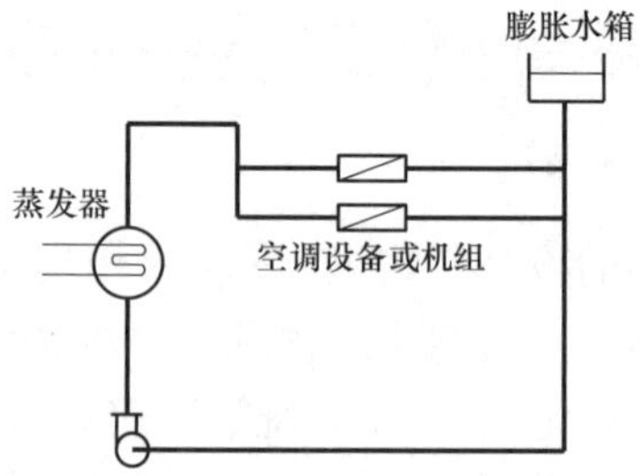

图 5-67 闭式系统

3. 两管制和四管制系统

如图 5-68（a）所示，冷、热源利用同一组供、回水管为末端装置的盘管提供空调冷水或热水的系统称为两管制系统，因为它只有两根输送管路。

如图 5-68（b）所示，冷、热源分别通过各自的供、回水管路，为末端装置的冷盘管和热盘管提供空调冷水和热水的系统称为四管制系统，系统中共有四根输送管路。

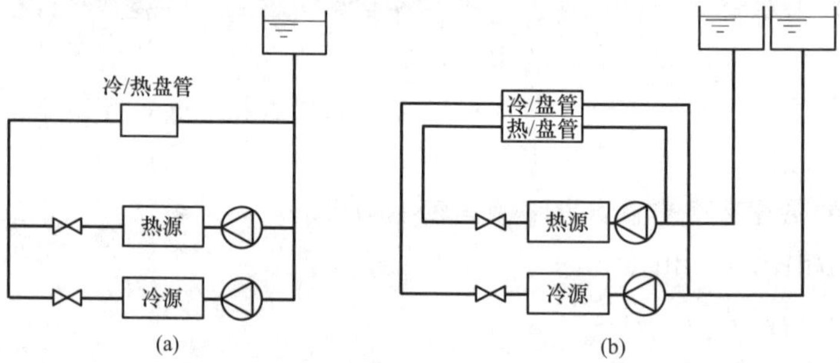

图 5-68 两管制和四管制系统

（a）两管制；（b）四管制

两管制系统的特点：冷、热源交替使用（季节切换），不能同时向末端装置供冷水和热水，适用于建筑物功能较单一、舒适性要求相对较低的场所。投资相对较低。

四管制系统的特点：冷、热源可同时使用，末端装置内可以配置冷、热两组盘管，以实现向末端装置同时供应空调冷水和热水，可以对空气进行冷却、再热处理，满足相对湿度的要求。此外，在分内、外区的或供冷、供热需求不同的房间，通过配置冷、热盘管或单冷盘管等措施，完全可以实现“各取所需”的愿望。因此，四管制系统适合于对室内空气参数要求较高的场合，有时甚至是一种必要的手段。但投资比较高。

4. 定流量与变流量水系统

通常我们将空调水系统从位置构成上分为冷、热源侧和用户侧水系统两部分。对于“定流量与变流量”的区分是针对用户侧而言的。如果用户侧的系统水量处于实时变化的过程中，则将此水系统定义为变流量水系统；反之，则称为定流量水系统。

（1）定流量系统

定流量系统，是指空调水系统中用户侧输配管路的流量保持恒定。如图 5-69 所示，末端装置电动三通阀，或不设任何阀门，则此系统为定流量系统。

（2）变流量系统

如图 5-70 所示，末端装置二通电动阀，用户侧流量随着二通电动阀的调节而改变。

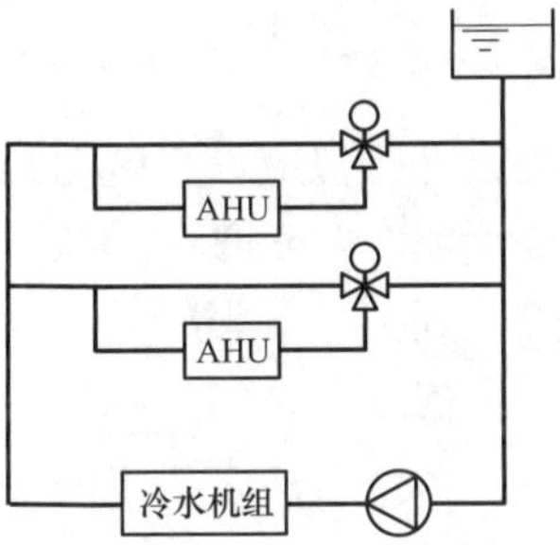

图 5-69　定流量系统

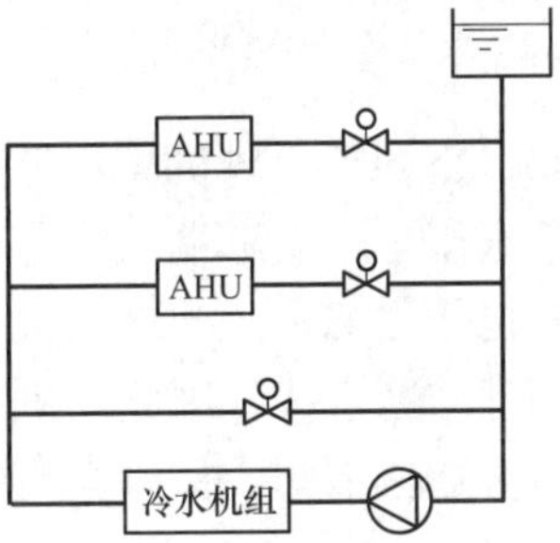

图 5-70　变流量系统

5. 水泵与冷水机组的设置与连接方式

空调机房冷冻水系统按水泵与冷水机组的连接方式，可以分为并联连接和先串联后并联两种方式。前者为冷冻水泵先并联后，再通过一根总管与冷水机组相接，如图 5-71（a）所示。这种连接方式的好处是水泵可以互为备用，布置方便，但操作管理略为复杂。后者为冷冻水泵分别与冷水机组一一对应串联连接，然后并入一根总管，如图 5-71（b）所示。当冷水机组蒸发器水阻力不同时，这种布置方式可以选择不同扬程的水泵与冷水机组串联来弥补并联系统的阻力差，从而使各机组间流量平衡。另外，当需要停止部分机组运行时，由于水泵出口一般均设置止回阀，因此只需停止相应水泵和冷水机组的运行，无需关闭冷水机组进出口水管路阀门。

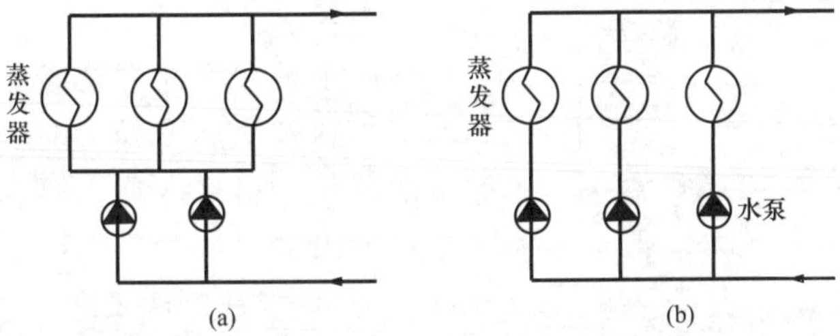

图 5-71　水泵与制冷机组的连接方式

（a）并联；（b）先串联后并联

6. 一次泵水系统和二次泵水系统

一次泵系统的水泵均为并联连接，一般布置在冷水机组前后附近，是最常用的连接方式。图 5-72 为一次泵水系统。二次泵水系统通常在较大的空调系统中，各分区环路之间阻力损失相差悬殊（100kPa 以上）或环路之间使用功能有重大区别及区域供冷时采用，如图 5-73 所示。在二次泵水系统中，一次泵只承担冷水机组等机房水系统的阻力，二次泵根据各环路阻力的不同选择不同的扬程。

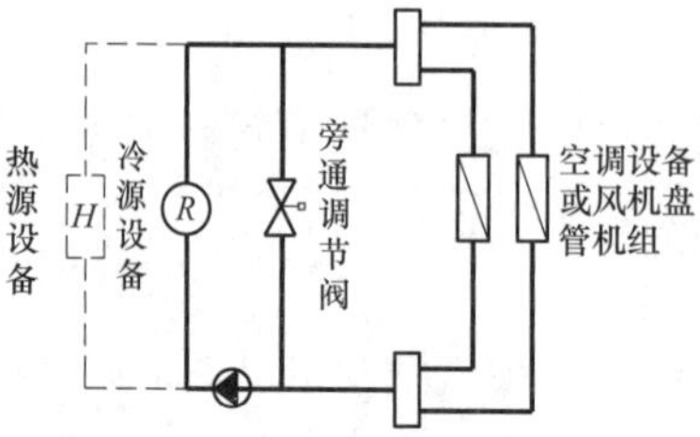

图 5-72　一次泵水系统

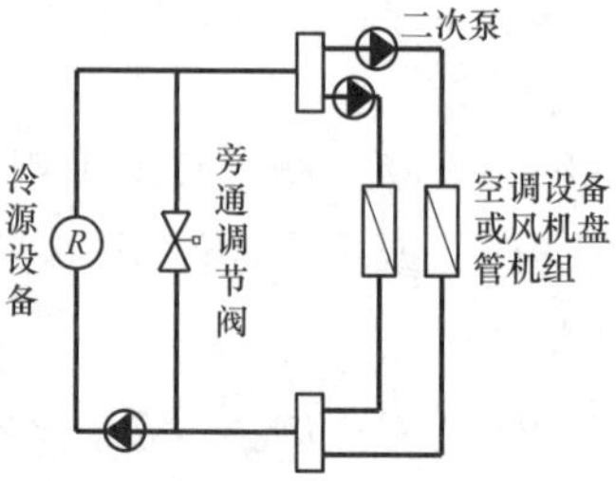

图 5-73　二次泵水系统

空调系统末端（空调箱、风机盘管等）设备水管路上一般应设置电动阀，以根据室内负荷的变化情况调节水流量。当末端水路电动阀关小或关闭时，水系统的总流量就会减少，通过冷水机组的流量也随之减小。当冷水机组的流量降低到某一下限时，蒸发器内可能出现因水流速过低导致局部结冰事故。因此，机房水系统的供回水管之间（一般为分水器和集水器之间）应设置压差旁通调节阀。压差旁通的通水能力应为一台冷水机组的冷冻水流量。

（二）冷却水系统

冷却水系统是专门为水冷冷水机组或水冷直接蒸发式空调机组设置的。常见冷却水系统的设置目的就是为了带走制冷机组冷凝器的散热量。

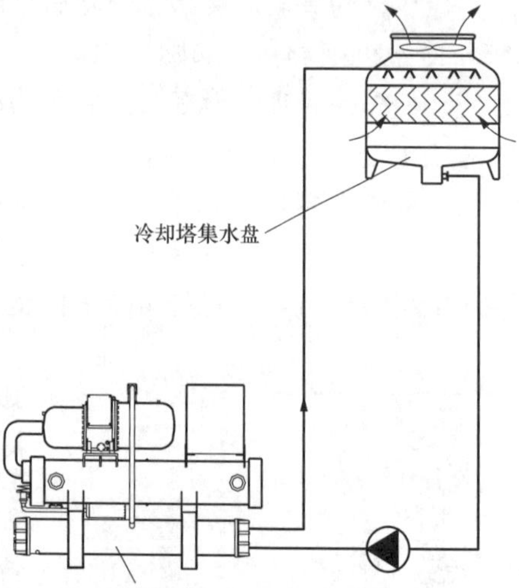

图 5-74　冷却水系统示意图

空调系统通常采用循环水冷却系统，即将来自冷凝器的冷却回水通入冷却塔，利用室外空气使之冷却降温，然后送回冷凝器循环使用，如图 5-74 所示。

冷却水系统水泵与冷水机组的连接方式也可以分为并联连接和先串联后并联两种。当采用冷却塔与空调制冷机房的距离较近，有足够的空间可以布置干管时，也可采用一台泵对一台冷水机组的独立系统。

冷冻水泵和冷却水泵通常位于冷水机组的入口，但当建筑物高度较大时，为减轻冷水机组换热器的承压，可将冷冻水泵和冷却水泵布置在冷水机组的出口。

（三）空调凝结水系统

空调凝结水系统是一种开式重力排水系统。夏季室内空气经过空气处理设备冷却减湿后，空气中水蒸气凝结成为凝结水后落入滴水盘，空调凝结水管道连接滴水盘的排水口，通过设置管道坡度将凝结水排走。

四、空调机房水系统的主要设备与附件

（一）水泵

用于空调冷冻水和冷却水系统的水泵，功率较小时可以采用立式泵，供冷较大时应采用卧式泵。空调冷冻水一次泵的台数应按冷水机组的台数一对一设置，一般不设备用泵。一次泵的水流量应为对应的冷水机组的额定流量。

冷却水泵的台数应按冷水机组的台数一对一设置，一般不设备用泵。

水泵的出口一般设置止回阀、截止阀，入口设置 Y 形过滤器、闸阀。当管径较大时截止阀和闸阀一般改用碟阀。水泵进出口应设置压力表，以便观察水泵的运行状况。

（二）冷却塔

冷却塔可分为开式和闭式。通常采用的开式冷却塔是一种蒸发式冷却装置，其工作原理：流出制冷机组冷凝器的温度较高的冷却水通过喷嘴喷淋在塔内填充层的填料表面，与空气接触后因温差产生传热，同时少量水蒸发，吸收汽化潜热，从而将冷却水冷却。冷却后从填充层流至下部水池内，再送回冷凝器循环使用。经冷却塔处理后，水温一般可降至比空气的湿球温度高 3～5℃。

冷却塔有多种类型。按通风方式可分为自然通风冷却塔、机械通风冷却塔和混合通风冷却塔。其中，机械通风冷却塔应用最广泛。

冷却塔的外形有圆形和方形两种，由于方形冷却塔一般做成模块化结构，可以紧密连接在一起构成更大容量的冷却塔，因此大型冷却塔均为方形。一般冷却塔布置在屋顶。图 5-75 为横流式冷却塔结构图。

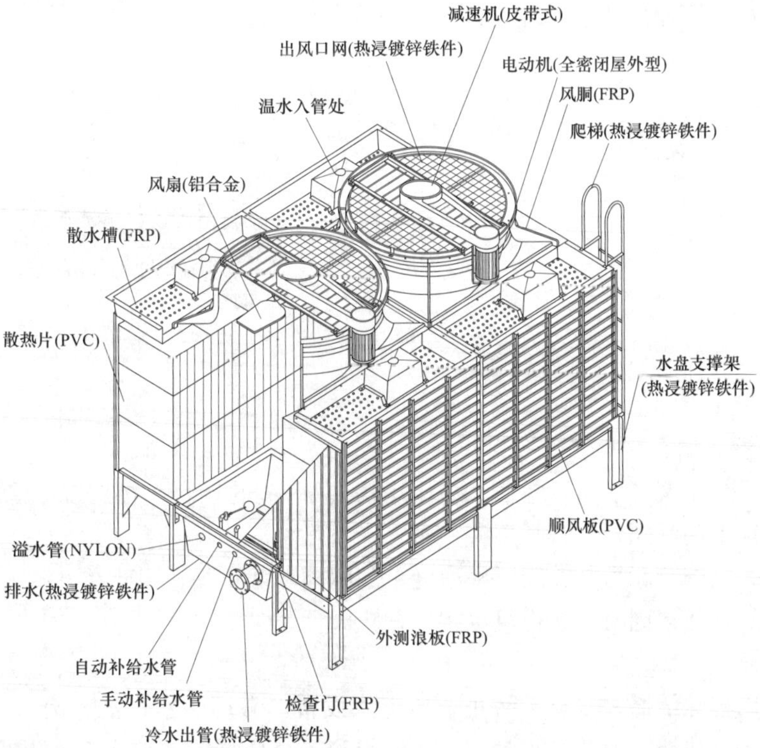

图 5-75　横流式冷却塔结构图

（三）集水器与分水器

当空调分区在 2 个以上时，应设分水器与集水器，便于各分区供冷量的调节。

分水器与集水器实际上是一段大管径的管子，各分区的干管再通过分集水器连接在一起，主要是为了便于空调制冷机房的操作人员进行区域水力平衡的调节和运行操作管理。图 5-76 中最左侧的接口为温度计接口。

（四）定压设备

1. 膨胀水箱

膨胀水箱作为系统的补水、膨胀和定压设备，其特点是结构简单，控制容易，由于水与空气接触，因此水质条件相对较差。

在设计安装时，膨胀水箱的水管可以接在冷冻水泵的吸入侧，也可以接在集水器上。水箱的标高至少高出冷冻水系统的最高点 1m。

2. 气体定压罐

气体定压罐通常采用隔膜式，空气与水分开，系统水质较好；其闭式定压原理使得它的设置不受系统高度的限制，通常设在机房内。缺点是压力波动大，造价相对较高。

（五）水处理仪

由于水与空气接触、水的蒸发等原因，导致水受到污染，因此需要对水采取水处理措施。小型空调水系统可采用电子除垢仪处理水质。电子除垢仪有多种类型，图 5-77 为较常见的一种电子除垢仪外形图。电子除垢仪通常装在冷冻水和冷却水系统的回水干管上。大型空调水系统一般采用专用的水处理设备。

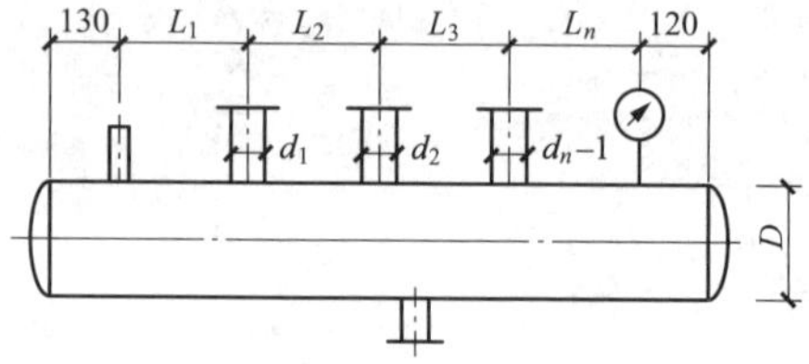

图 5-76 分（集）水器

图 5-77 电子除垢仪外形图

（六）阀件及水过滤器

1. 闸阀、截止阀、蝶阀、调节阀

闸阀基本不具备调节能力，它们大多用于需要开/关的场合。在系统中它们基本处于常开状态。大管径上用闸阀，小管径用截止阀。

蝶阀具备一定调节能力其关闭严密程度不如闸阀和截止阀。因此在一些大管径场合，蝶阀有取代闸阀的趋势；同时，它也可以替代截止阀。

2. 水过滤器

水过滤器也称除污器，主要是防止杂质进入设备。常用的水过滤器有 Y 形，按连接水管的管径选型。过滤器一般装在水泵、冷水机组和热交换器的入口。图 5-78 为 Y 形过滤器结构详图。

3. 软接头

在水泵进出口管路上及冷水机组的冷冻水、冷却水管路上需要设置软接头。它的作用是吸振、减噪、抗爆，对压缩、拉伸、扭转变形能较好地起到位移补偿作用，有法兰和螺纹连接两种形式。软接头一般采用极性橡胶制作，能较好地耐热、耐油、耐腐、耐酸、耐老化。目前，使用的软接头有单球体、双球体、同心异径的橡胶挠性接头三种。空调机房中常用的软接头为单球体，其结构如图 5-79 所示。

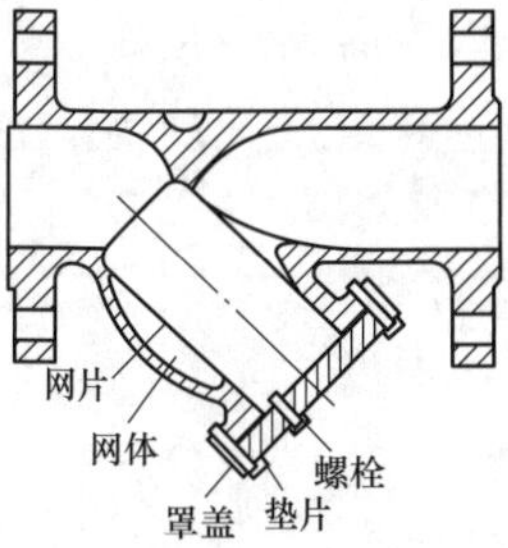

图 5-78　Y 形过滤器结构详图

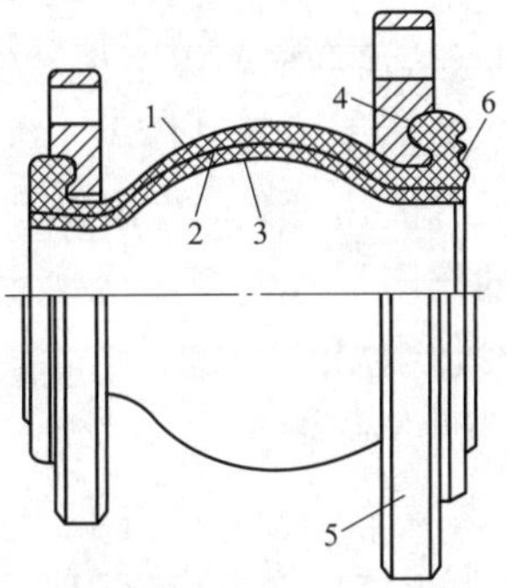

图 5-79　软接头

1—外胶层；2—内胶层；3—骨架层；
4—钢丝圈；5—法兰；6—止水环

习　题

一、单选题

1. 空气处理设备中冷却或加热空气的介质不包含（　　）。
   A. 冷水　　B. 热水　　C. 制冷剂　　D. 冷凝水
2. 蒸气压缩式制冷机组由（　　）等设备组成。
   A. 压缩机、蒸发器、冷却泵、膨胀阀
   B. 压缩机、冷凝器、冷却塔、膨胀阀
   C. 冷凝器、蒸发器、冷冻泵、膨胀阀
   D. 压缩机、蒸发器、冷凝器、膨胀阀
3. 某空调系统未设置冷却塔，那么该空调系统中制冷机组选择正确的是（　　）。
   A. 吸收式冷水机组　　B. 水冷离心冷水机组
   C. 风冷活塞冷水机组　　D. 水冷螺杆冷水机组
4. 风冷热泵冷热水机组在提供冷水和热水时，分别向机组周围空气中（　　）。
   A. 散热和散热　　B. 吸热和散热
   C. 散热和吸热　　D. 吸热和吸热
5. 某建筑空调系统冷源选择的是风冷热泵，制冷机房位置设置错误的是（　　）。
   A. 屋顶　　B. 地下一层　　C. 裙房屋顶　　D. 露台
6. 空气调节系统中，哪种空调系统所需空调机房最小？（　　）

A. 全空气定风量系统　　B. 全空气变风量系统
C. 分体空调系统　　D. 风机盘管加新风系统

7. 冷却塔位置的选择应考虑的因素，以下哪条是错误的？（　　）
A. 应通风良好　　B. 靠近新风入口
C. 远离烟囱　　D. 远离厨房排油烟口

8. 以下选项中，需要设置冷却水系统的是（　　）。
A. 多联机空调系统　　B. 水冷冷水机组
C. 风冷热泵热水系统　　D. 单元式空调系统

9. 关于空调凝结水系统，以下说法错误的是（　　）。
A. 凝结水管需要设置坡度　　B. 凝结水一般不需设置水泵
C. 风机盘管供热时会产生凝结水　　D. 凝结水管需要设置保温

10. 冷却塔的作用是（　　）。
A. 提高冷却水温度　　B. 降低冷冻水温度
C. 提高冷冻水温度　　D. 降低冷却水温度

二、多选题

1. 关于空调水系统，以下说法错误的有哪些？（　　）
A. 冷冻水系统一般为闭式系统　　B. 冷却水系统一般为闭式系统
C. 两管制系统中，同一系统的不同房间可以分别实现供冷和供热
D. 四管制系统中，同一系统的不同房间可以分别实现供冷和供热

2. 关于空调冷源，以下说法错误的有哪些？（　　）
A. 分体空调中，连接室内机和室外机管道中流动的是水
B. 风冷冷水机组是采用冷却水带走冷凝热的制冷设备
C. 水冷冷水机组是采用冷却水带走冷凝热的生产冷水的设备
D. 直接蒸发式空调均是风冷散热性
E. 直接蒸发式空调均采用的是涡旋式压缩机

任务七　通风空调工程图

一、通风空调工程图线形、比例和图例

暖通空调专业制图采用的各种线型，应符合附录 B 的规定。此外，图样中也可使用自定义图线及含义，但应有图例说明，且含义不应与附录 B 相反。

暖通空调专业制图所采用的比例，除总平面图、平面图宜与工程项目设计的主要专业一致外，其余可按表 5-4 选用，风管系统代号见表 5-5。

表 5-4　　暖通空调专业制图所采用的比例

图名	常用比例	可用比例
剖面图	1∶50、1∶100、1∶150、1∶200	1∶300
局部放大图、管沟断面图	1∶20、1∶50、1∶100	1∶30、1∶40、1∶50、1∶200
索引图、详图	1∶1、1∶2、1∶5、1∶10、1∶20	1∶3、1∶4、1∶15

表 5-5　**风管系统代号**

代号	风管系统	代号	风管系统
K	空调风管	H	回风管
S	送风管	P	排风管
X	新风管	PY	排烟管

暖通空调中水、汽管，以及和管道阀门与附件图例，风管附件及阀门图例，设备和调控装置及仪表的图例分别参见附录 B。

二、通风空调工程图组成

在施工图设计阶段，采暖通风与空气调节专业设计文件应包括图纸目录、设计与施工说明、设备表、设计图纸、计算书等。

1. 设计施工说明

在设计施工说明中应包含设计依据（标准）、建筑物概况、设计参数、空调系统的设计原则及形式、空调系统设备安装要求、对风管使用的材料、保温和安装的要求、空调水系统的管材及保温、系统试压和排污情况；机械送排风设计要求 ；主要的安装要求；主要设备材料表和图例。

2. 设计图纸

一般由平面图、剖面图、系统轴测图、原理图和详图组成。

（1）平面图

通风空调平面图主要表明设备和系统风道的平面布置；机房平面图表明设备及各类管道的平面布置。一般包括下列内容：

1）建筑平面图应包含建筑轮廓、主要轴线号、轴线尺寸、室内外地面标高、房间名称。在底层平面图上绘出指北针。

2）以双线绘出的风管、异径管、弯头、检查口、测定孔、调节阀、防火阀、送排风口的位置，单线绘空调冷热水、凝结水管道。

3）注明系统编号，通风空调系统一般均用汉语拼音字头加阿拉伯数字进行编号。如图中标注有 S-1、S-2、P-1、K-1、K-2，则分别表明送风系统 1、2；空调系统 1、2。通过系统编号，可知该图中有几个系统。

4）注明风管及风口尺寸（圆管注管径、矩形管注宽×高)、标高；标注水管管径及标高、管道坡度和坡向，以及各种设备及风口安装的定位尺寸和编号；标出消声器、调节阀、防火阀等各种部件位置及风管、风口的气流方向。

5）注明各设备、部件的名称、规格、型号，注明各设备（室）的轮廓尺寸、各种设备定位尺寸、设备基础主要尺寸。

6）注明弯头的曲率半径 R 值，注明通用图、标准图索引号等。

7）对恒温恒湿的空调房间，应注明各房间的基准温度和精度要求。

8）机房平面图应根据需要增大比例，绘出通风、空调、制冷设备（如冷水机组、新风机组、空调器、冷热水泵、冷却水泵、通风机、消声器、水箱等）的轮廓位置及编号，注明设备和基础的定位尺寸（距离墙或轴线的尺寸）。绘出连接设备的风管、水管位置及走向；注明尺寸、管径、标高。标注机房内所有设备、管道附件（各种仪表、阀门、柔性短管、过滤器等）的位置。

（2）剖面图

当其他图纸不能表达复杂管道相对关系及竖向位置时，应绘制剖面图或局部剖面。在剖面图中绘出的风管、水管、风口等设备，应表示清楚管道与设备、管道与建筑梁、板、柱、墙，以及地面的尺寸关系。还应表示清楚风管、风口、水管等尺寸和标高，气流方向及详图索引编号等。

机房剖面图应绘制出与机房平面图的设备、设备基础、管道和附件相对应的竖向位置、竖向尺寸和标高。标注连接设备的管道位置尺寸、注明设备和附件编号，以及详图索引编号。

3. 系统图、立管图

通风空调系统图是施工图的重要组成部分，也是区别于建筑、结构施工图的一个主要特点。它可以形象地表达出通风空调系统在空间的前后、左右、上下的走向，以突出系统的立体感。为使图样简洁，系统图中的风管，宜按比例以单线绘制。对系统的主要设备、部件应标注编号，对各设备、部件、管道及配件要表示出它们的完整内容。系统图宜注明管径、标高，其标注方法应与平、剖面图一致。图中的土建标高线，除注明其标高外，还应加文字说明。

对于热力、制冷、空调冷热水系统及复杂的风系统还应绘制系统流程图（原理图）。它主要反映该系统的作用原理、管路流程及设备之间的相互关系，它是设备布置和管道布置的依据，是识读平、剖面图的依据，是施工中检查核对管道是否正确和确定介质流向的依据。系统流程图应绘出设备、阀门、控制仪表、配件、标注介质流向、管径及设备编号。流程图可不按比例绘制，但管路分支应与平面图相符。空调的供冷、供热分支水路采用竖向输送时，应绘制立管图并编号，注明管径、坡向、标高及空调器的型号。空调、制冷系统有监测与控制时，应有控制原理图，图中以图例绘出设备、传感器及控制元件位置；说明控制要求和必要的控制参数。

4. 详图

通风、空调制冷系统的各种设备及零部件施工安装，应注明采用的标准图、通用图的图名或图号。凡无现成图纸可选，且需要交待设计意图的，均须绘制详图。简单的详图，可就图引出，绘局部详图；制作详图或安装复杂的详图应单独绘制。

5. 设备表

列出本通风与空调工程主要设备，材料的型号、规格、性能和数量。

6. 计算书（送审或备查）

计算书内容视工程繁简程度，按照国家有关规定、规范及本单位技术措施进行计算。其中，空调冷热负荷的计算应在施工图阶段完成详细的计算书。

三、通风空调工程图识图

（一）识图基本方法

识读顺序，对系统而言，可按空气流向进行。

1. 送风系统

送风系统为进风口→进风管道→通风机→主干管道→分支管道→送风口。

2. 排风系统

排风系统为排气（尘）罩类→吸风管道→排风机→立风管→风帽。

3. 全空气空调系统

全空气空调系统为新风口→新风管道→空气处理设备→送风机→送风干管→送风管→送风口→空调房间→回风口→回风机→回风管道（同时读排风管、排风口）→一、二次回风管→空气处理设备。

对图纸而言一般为平面图、剖面图、系统图、详图。看到剖面图与系统图时，应与平面图对照进行。看平面图以了解设备、管道的平面布置位置及定位尺寸；看剖面图以了解设备、管道在高度方向上的位置情况、标高尺寸及管道在高度方向上的走向；看系统图以了解整个系统在空间上的概貌；看详图以了解设备、部件的具体构造、制作安装尺寸与要求等。

（二）通风空调识图实例

（1）图 5-80 为某地下车库的通风平面图。

（2）图 5-81 为某空调平面布置图。

（3）图 5-82 为某制冷机房设备平面布置图。

（4）图 5-83 为某制冷机房设备管道平面布置图。

（5）图 5-84 为某空调机房流程图。

（6）图 5-85 为制冷机房设备材料表和管道图例。

（7）图 5-86、图 5-87 为某制冷机房剖面图。

（8）图 5-88 为屋顶冷却塔平面布置图。

四、识图训练

（一）通风平面图（图 5-80）

（1）图中最大风管的尺寸为__________，最小风管的尺寸是__________，其中 320 表示的是风管的什么尺寸？__________。

（2）风机的风量和功率分别是__________和__________。

（3）风机的功能是平时排风兼火灾时排烟，风机入口处设置的阀门名称是__________，其平时的开关状态是__________。

（4）风管中风口的尺寸为__________，风口的名称是__________。

（二）空调平面图（图 5-81）

（1）图 5-81 中，风机盘管的数量共________台，型号为________、________、________，送风口的名称和尺寸分别是________和________。

（2）图 5-81 中供水管的最大规格是________，最小回水管的规格是________。哪种水管未在图中进行表示：________。

（3）图 5-81 中水管管路布置方式是________（同程、异程）。

（三）制冷机房平面图和系统图

（1）图 5-82，制冷机房中布置有哪些设备：________、________、________、________、________、________、________。

（2）图 5-82，冷水机组的功能是________，冷水机组的冷凝热通过________设备散至室外。冷水机组设备基础的尺寸是________（长×宽×高）。

（3）图 5-84，流程图中编号 1 的设备是________，编号 2 的设备是________，编号 3 的设备是________，编号 4 的设备是________，编号 5 的设备是________，编号 6 的设备是________。

（4）图 5-85，连接冷水机组的冷却水管道规格是________，连接冷水机组的冷冻水管道规格是________，冷却水供回水总管的规格是________，冷冻水供回水总管的规格是________。

（5）图 5-85，冷却水供回水总管的标高是________，冷冻水供回水总管的标高是________。

（6）按照附录 C 形式写出制冷机房设备材料统计清单。

五、熟读配套图纸，完成空调施工图识读

项目编号	CN5	项目名称	空调实训	训练对象	土建类非建筑设备专业
课程名称	建筑设备工程				
实训目的	1. 识读空调系统施工图，了解空调的类型及各类空调系统的适用范围。 2. 了解多联机室内机、室外机、风口等设备的类型。 3. 掌握空调系统图。 4. 了解电气专业对空调系统的配合要求、空调系统安装要求				
完成任务	1. 统计空调制冷剂管道、风管规格及数量、指明连接方式。 2. 统计各类制冷剂管道、风管阀门等材料附件规格及数量。 3. 统计多联机室内机、室外机、风口等设备型号、规格参数及数量。 4. 画出图中管道施工与土建配合之处并补充详细说明。 5. 所有结果应分楼层分别统计，并编写 Excel 表格，供指导教师核查				

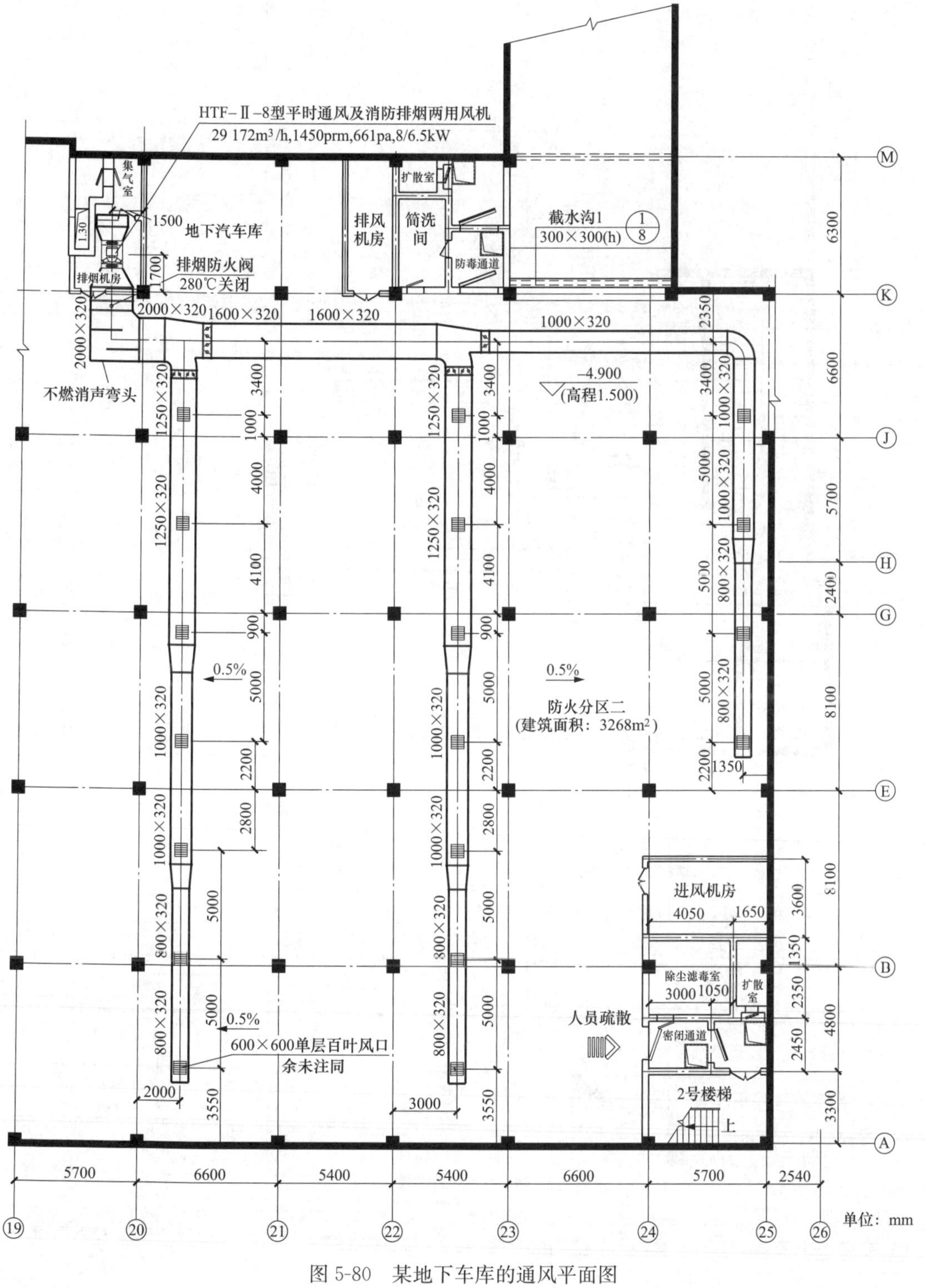

图 5-80　某地下车库的通风平面图

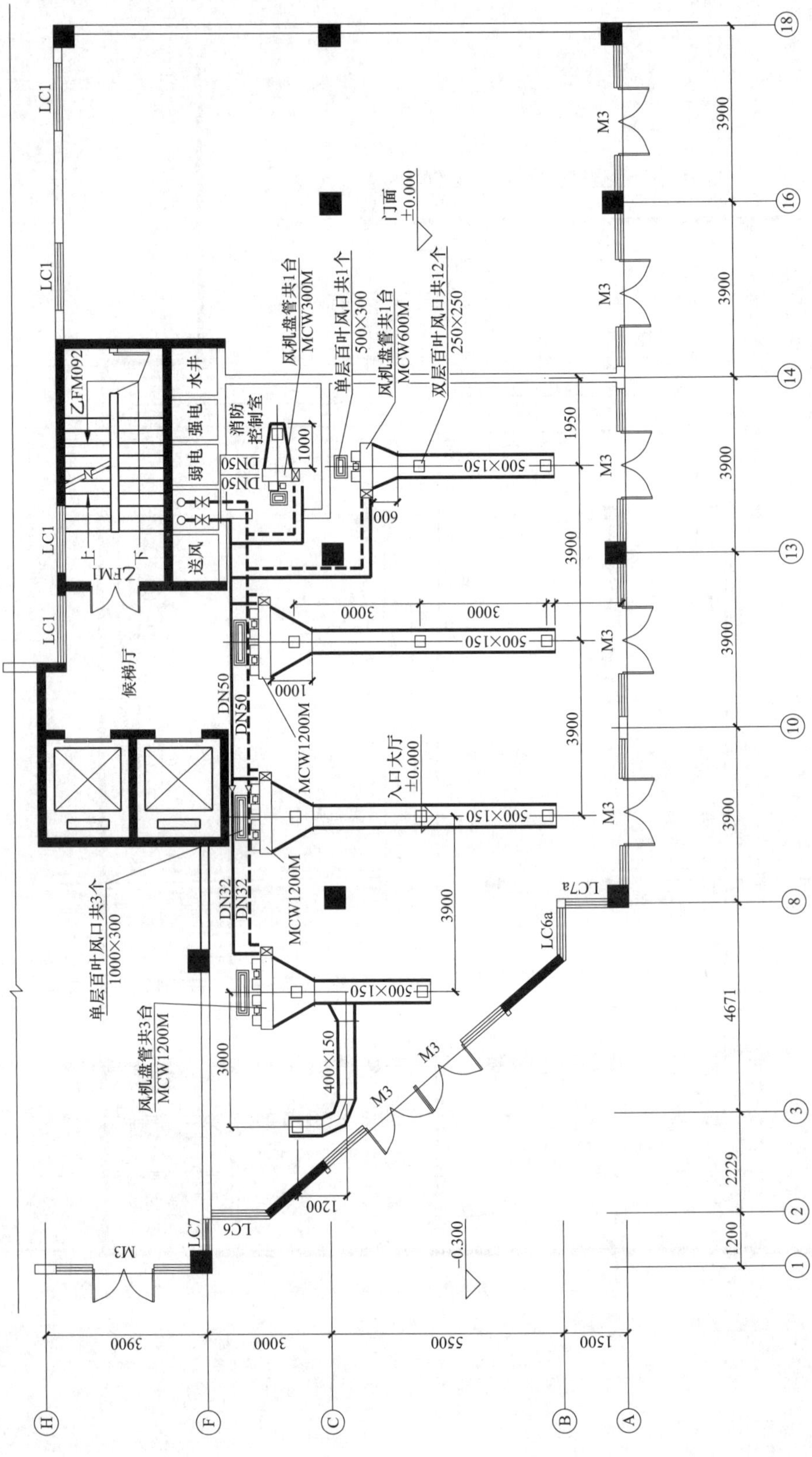

图 5-81 空调平面布置图

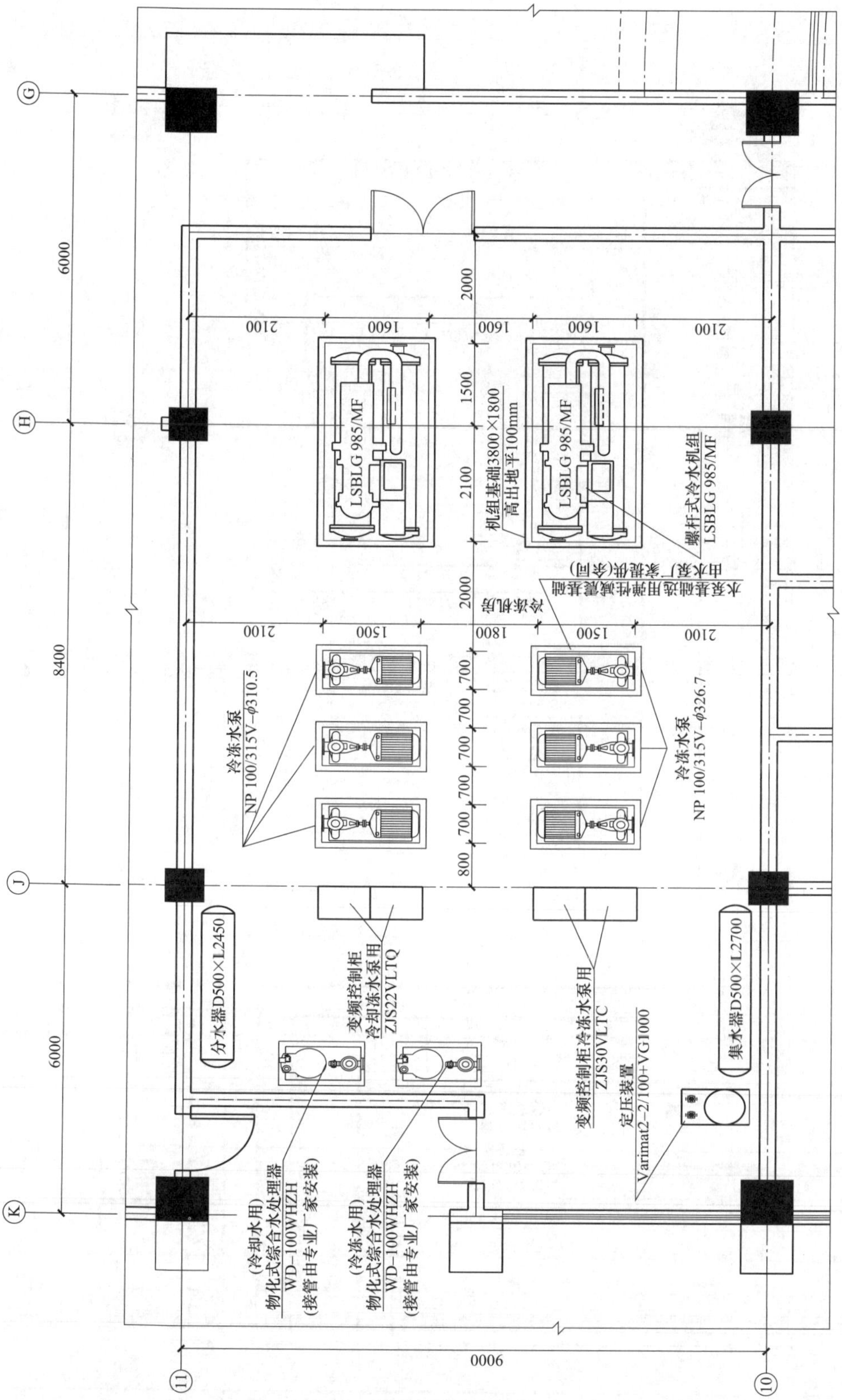

图 5-82　制冷机房设备平面布置图

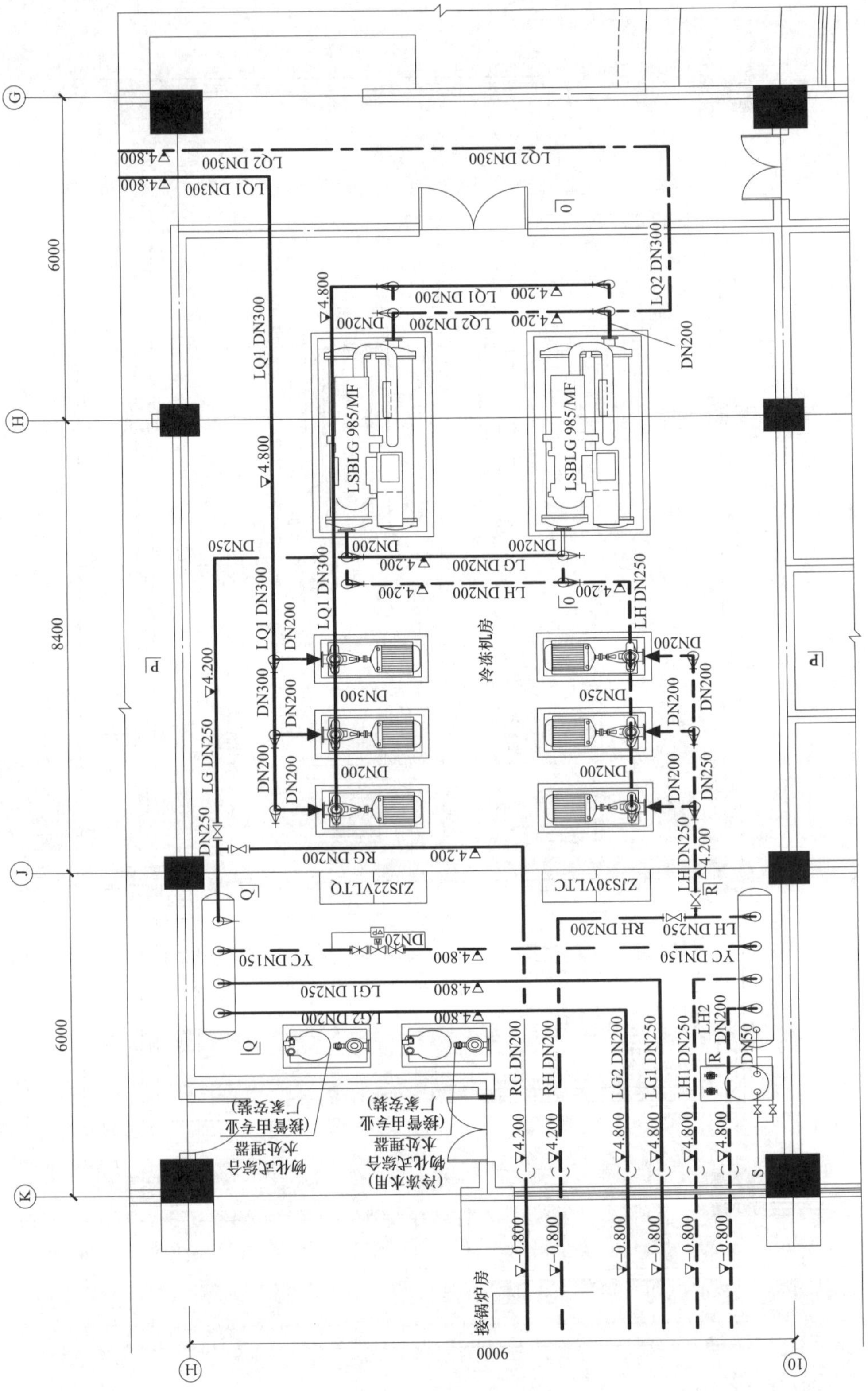

图 5-83 制冷机房设备管道平面布置图

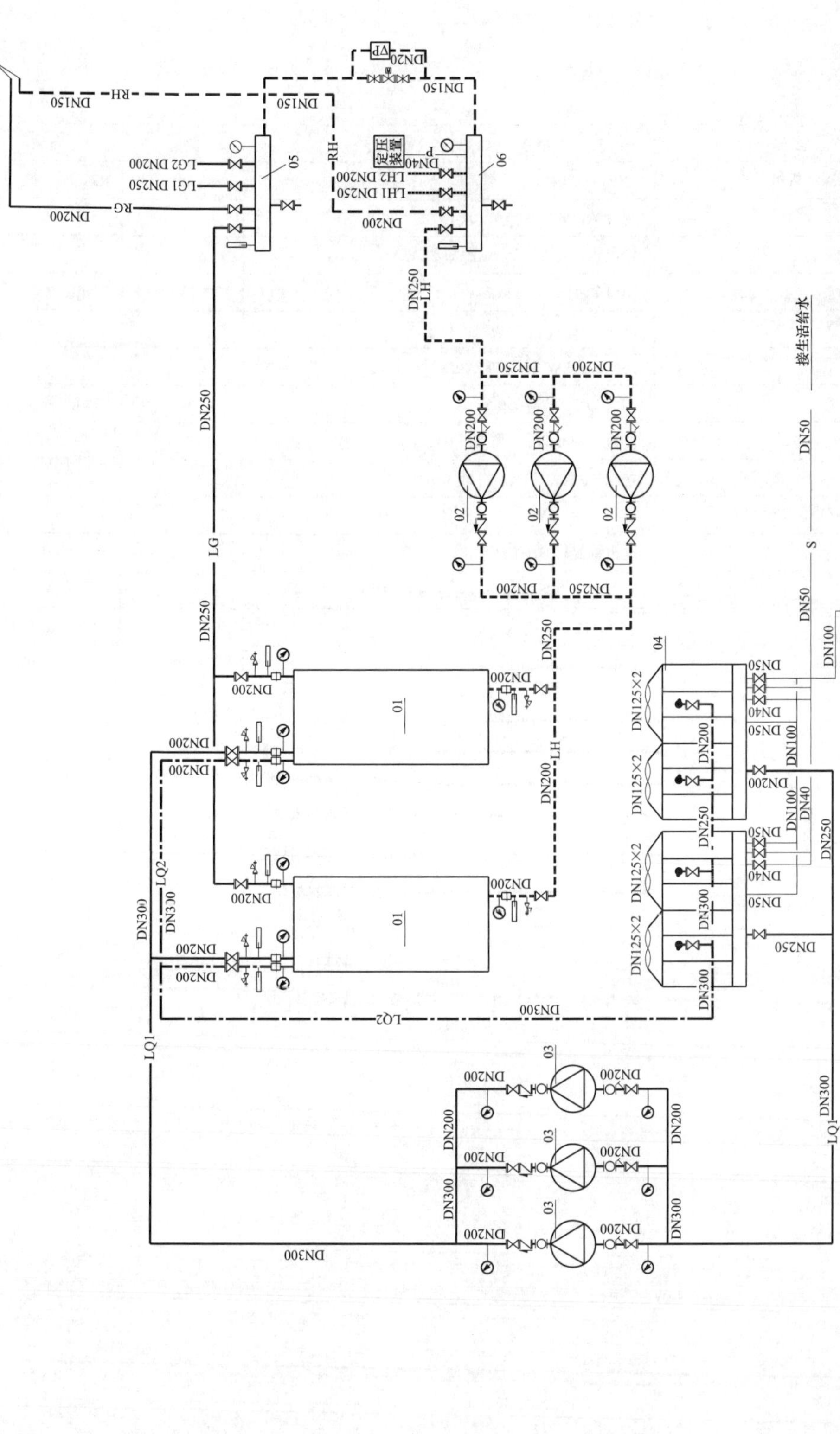

注意：两台物化式综合水处理器由专业厂家安装，分别接入冷冻水和冷却水系统

图 5-84　空调机房流程图

序号	名称	型号　　　　规格	数量	备注
01	螺杆式冷水机组	LSBLG 985/MF	2台	R22
		制冷量：985kW　　耗电量：173kW		
		冷冻水：12～7℃　　冷却水：32～37℃		
02	冷冻水泵	NP 100/315V−ϕ326.7	3台	二用一备
		流量：190m^3/h　扬程：34m		
		功率：30kW　　效率：80%		
03	冷却水泵	NP 100/315V−ϕ310.5	3台	二用一备
		流量：220m^3/h　扬程：24m		
		功率：22kW　　效率：77%		
04	NS高效低噪声冷却塔	CTA−640UFWL		
		进出水温：37～32℃		
		冷却水量：＞500m/h^3 (湿球温度29℃)		
05	分水器	D500×2450	1个	专业厂家制作
06	集水器	D500×2700	1个	专业厂家制作

LG* 冷冻水供水管
LH* 冷冻水回水管
RG 热水供水管
RH 热水回水管
LQ1 冷却水出塔管
LQ2 冷却水进塔管
S 给水管
P 膨胀管

图 5-85　制冷机房设备材料表和管道图例

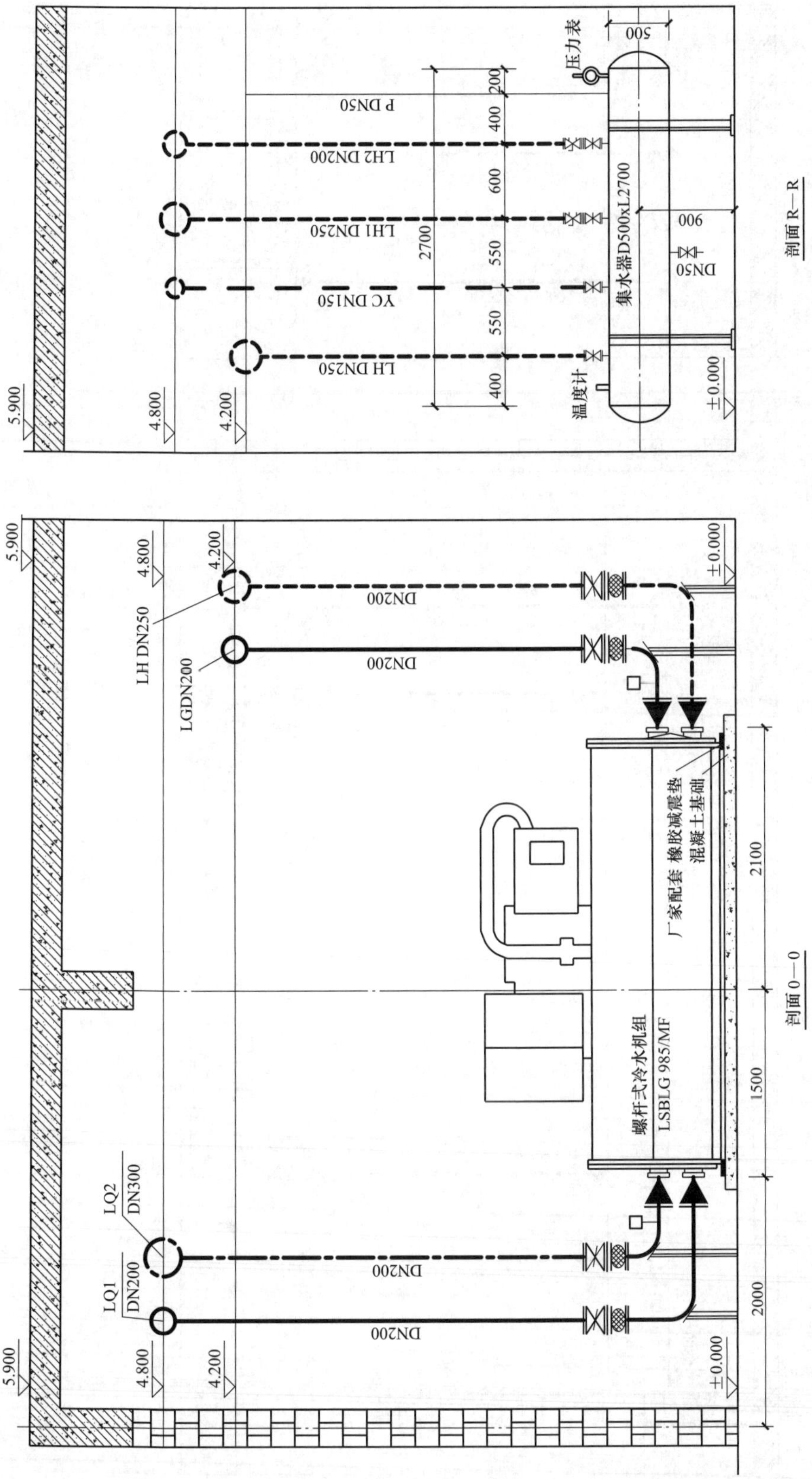

图 5-86　制冷机房剖面图（一）

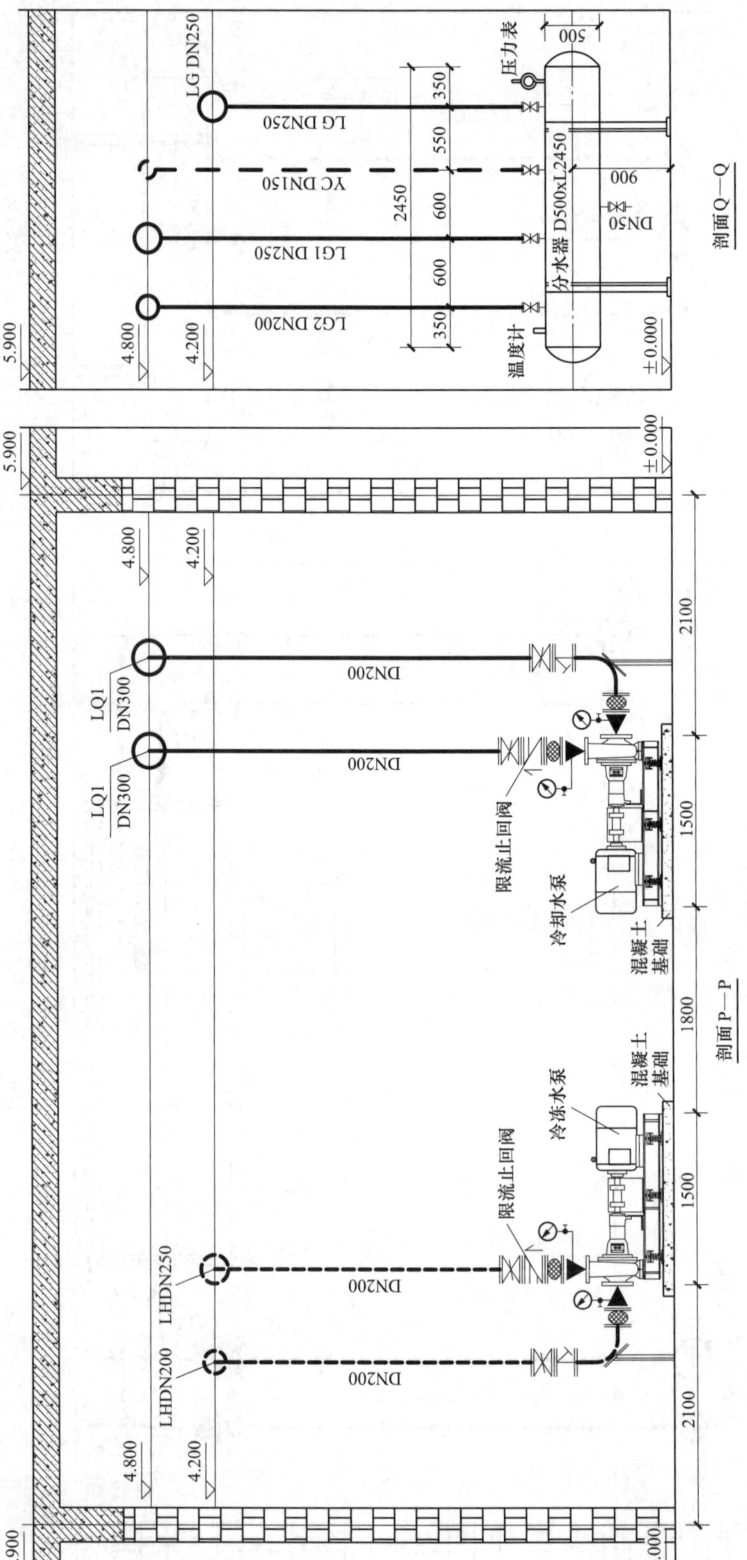

图 5-87 制冷机房剖面图（二）

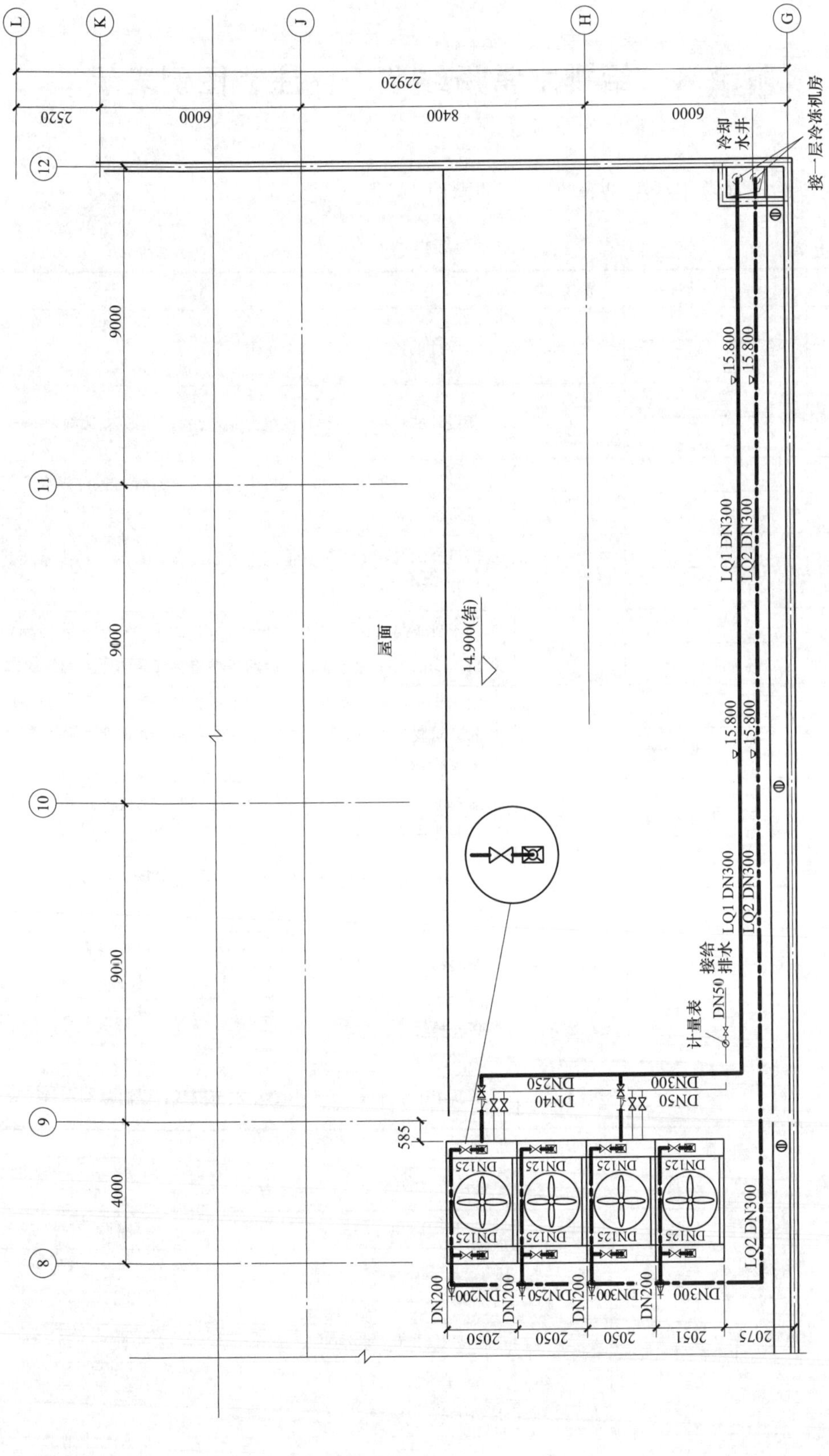

图 5-88　屋顶冷却塔平面布置图

附录A　给排水常用线型、标注、图例表示

目前，给排水常用线型见表A-1，常用比例见表A-2。

表 A-1　　线型

名　称	线　型	线　宽	用　途
粗实线		b	新设计的各种排水和其他重力流管线
粗虚线		b	新设计的各种排水和其他重力流管线的不可见轮廓线
中粗实线		$0.70b$	新设计的各种给水和其他压力流管线；原有的各种排水和其他重力流管线
中粗虚线		$0.70b$	新设计的各种给水和其他压力流管线及原有的各种排水和其他重力流管线的不可见轮廓线
中实线		$0.50b$	给水排水设备、零（附）件的可见轮廓线；总图中新建的建筑物和构筑物的可见轮廓线；原有的各种给水和其他压力流管线
中虚线		$0.50b$	给水排水设备、零（附）件的不可见轮廓线；总图中新建的建筑物和构筑物的不可见轮廓线；原有的各种给水和其他压力流管线的不可见轮廓线
细实线		$0.25b$	建筑的可见轮廓线；总图中原有的建筑物和构筑物的可见轮廓线；制图中的各种标注线
细虚线		$0.25b$	建筑的不可见轮廓线；总图中原有的建筑物和构筑物的不可见轮廓线
单点长画线		$0.25b$	中心线、定位轴线
折断线		$0.25b$	断开界线
波浪线		$0.25b$	平面图中水面线；局部构造层次范围线；保温范围示意线等

表 A-2　　常用比例

名　称	比　例	备　注
区域规划图 区域位置图	1∶50000、1∶25000、1∶10000 1∶5000、1∶2000	宜与总图专业一致
总平面图	1∶1000、1∶500、1∶300	宜与总图专业一致
管道纵断面图	纵向：1∶200、1∶100、1∶50 横向：1∶1000、1∶500、1∶300	

续表

名　　称	比　　例	备　　注
水处理厂（站）平面图	1∶500、1∶200、1∶100	
水处理构筑物、设备间、卫生间、泵房平、剖面图	1∶100、1∶50、1∶40、1∶30	
建筑给排水平面图	1∶200、1∶150、1∶100	宜与建筑专业一致
建筑给排水轴测图	1∶150、1∶100、1∶50	宜与相应图纸一致
详　　图	1∶50、1∶30、1∶20、1∶10、1∶5、1∶2、1∶1、2∶1	

平面图中，管道标高应按图 A-1 方式标注。

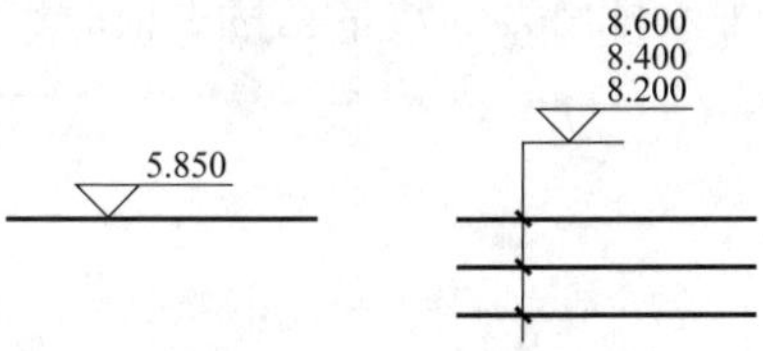

图 A-1

平面图中，沟渠标高按图 A-2 方式标注。

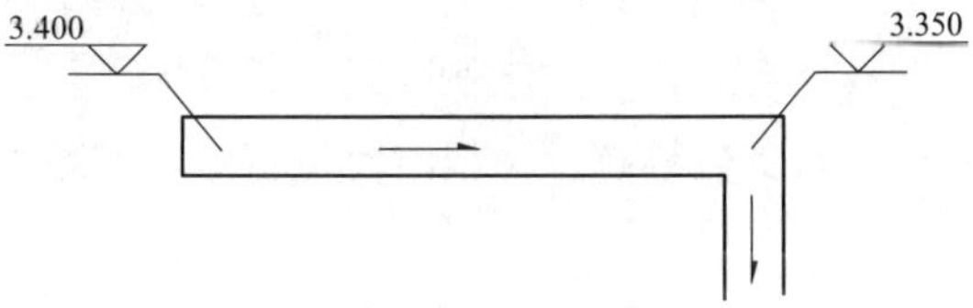

图 A-2

剖面图中，管道及水位的标高按图 A-3 方式标注。

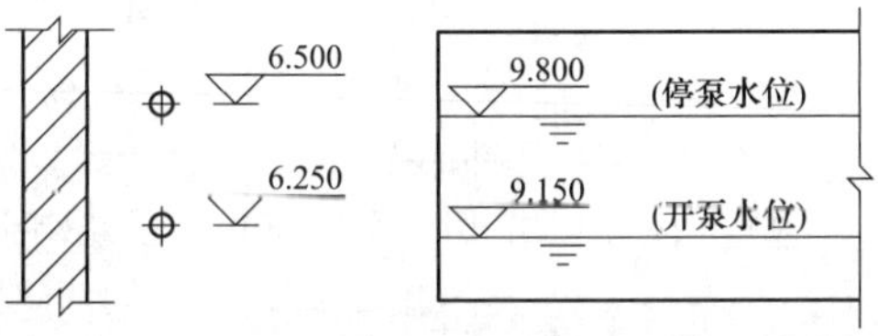

图 A-3

轴测图中，管道标高按图 A-4 方式标注。

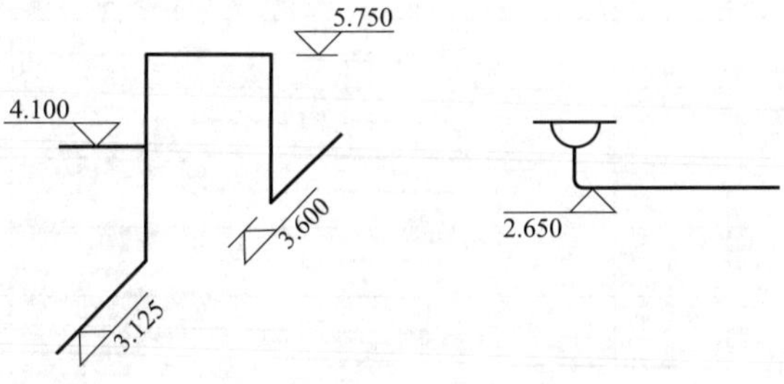

图 A-4

在建筑工程中，管道也可注相对本层建筑地面的标高，标注方法为 $H+\times.\times\times\times$，$H$

表示本层建筑地面标高（如 $H+0.250$）。

单根管道时，管径应按图 A-5（a）方式标注；多根管道时，管径应按图 A-5（b）方式标注。

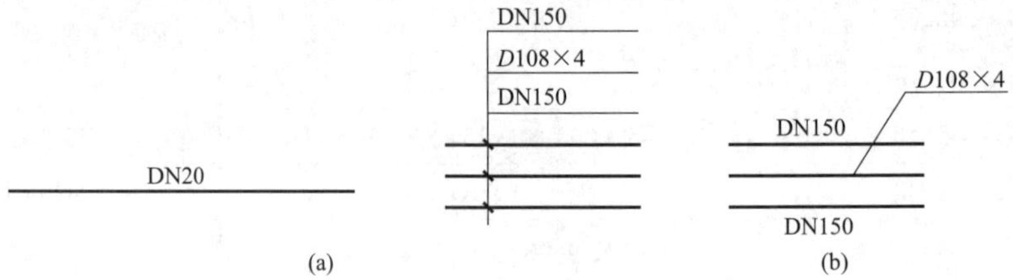

图 A-5

（a）单根；（b）多根

当建筑物的给水引入管或排水排出管的数量超过 1 根时，宜进行编号，编号宜按图 A-6 方法表示。

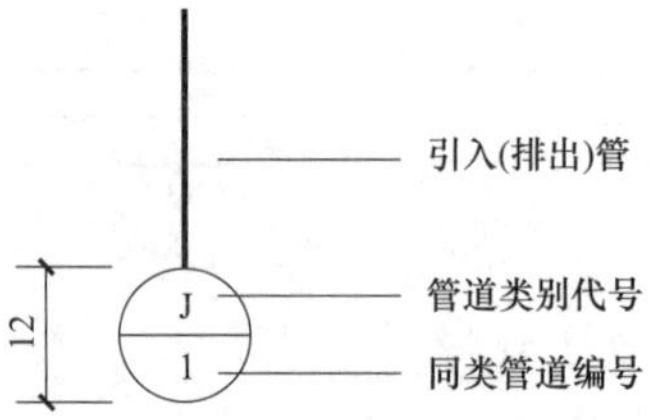

图 A-6

建筑物内穿越楼层的立管，其数量超过 1 根时宜进行编号，编号宜按图 A-7 方法表示。

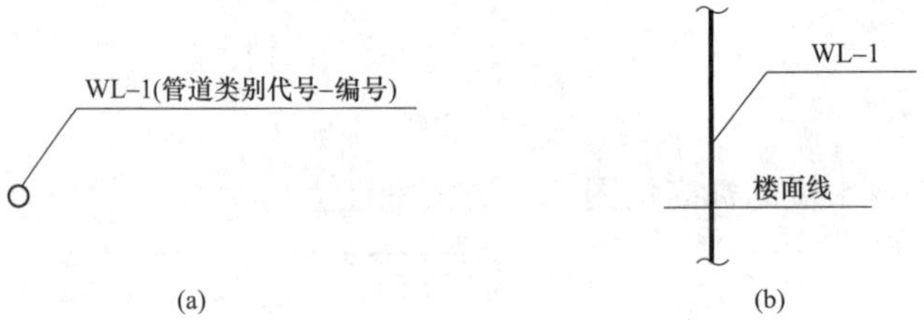

图 A-7

（a）平面图；（b）剖面图、系统原理图、轴测图等

给水管管道图例见表 A-3。

表 A-3 **管道图例**

序　号	名　称	图　例	备　注
1	生活给水管	—— J ——	
2	热水给水管	—— RJ ——	
3	热水回水管	—— RH ——	
4	中水给水管	—— ZJ ——	
5	循环给水管	—— XJ ——	
6	循环回水管	—— XH ——	
7	热媒给水管	—— RM ——	

续表

序号	名称	图例	备注
8	热媒回水管	——RMH——	
9	蒸汽管	—— Z ——	
10	凝结水管	—— N ——	
11	废水管	—— F ——	可与中水源水管合用
12	压力废水管	——YF——	
13	通气管	—— T ——	
14	污水管	—— W ——	
15	压力污水管	——YW——	
16	雨水管	—— Y ——	
17	压力雨水管	——YY——	
18	膨胀管	—— PZ ——	
19	保温管		
20	多孔管		
21	地沟管	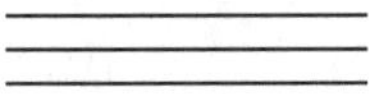	
22	防护套管	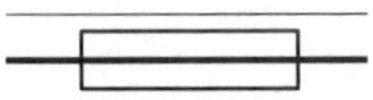	
23	管道立管		X：管道类别 L：立管；1：编号
24	伴热管		
25	空调凝结水管	——KN——	
26	排水明沟	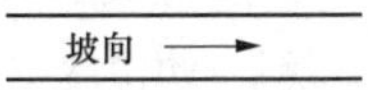	
27	排水暗沟		

注　分区管道用加注角标方式表示，如J1、J2、RJ1、RJ2…

给水管管道附件名称及图例见表A-4。

表A-4　管道附件

序号	名称	图例	备注
1	套管伸缩器	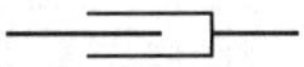	
2	方形伸缩器	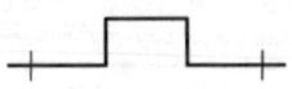	
3	刚性防水套管	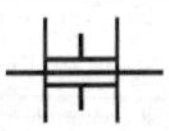	

续表

序　号	名　称	图　例	备　注
4	柔性防水套管	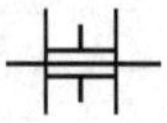	
5	波纹管		
6	可曲挠橡胶接头		
7	管道固定支架		
8	管道滑动支架	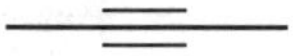	
9	立管检查口		
10	清扫口		
11	通气帽	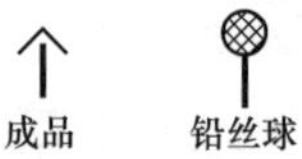	
12	雨水斗	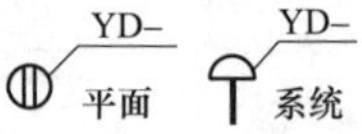	
13	排水漏斗		
14	圆形地漏		通用。如为无水封，地漏应加存水弯
15	方形地漏		
16	自动冲洗水箱	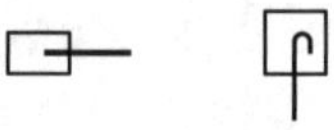	
17	挡墩	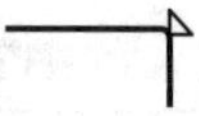	
18	减压孔板	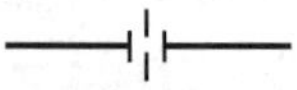	
19	Y形除污器	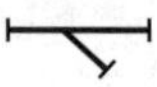	

续表

序　　号	名　　称	图　　例	备　　注
20	毛发聚集器		
21	防回流污染止回阀		
22	吸气阀		

给排水系统名称及图例见表 A-5。

表 A-5　**管道连接**

序　　号	名　　称	图　　例	备　　注
1	法兰连接	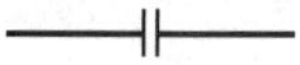	
2	承插连接		
3	活接头		
4	管堵		
5	法兰堵盖		
6	弯折管	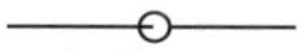	表示管道向后及向下弯转 90°
7	三通连接	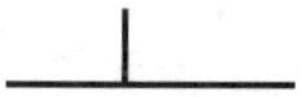	
8	四通连接	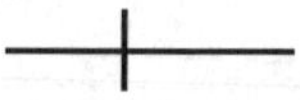	
9	盲板		
10	管道丁字上接	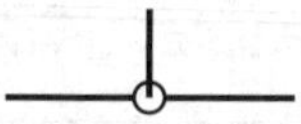	
11	管道丁字下接		
12	管道交叉	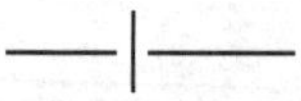	在下方和后面的管道应断开

给排水系统给水配件名称及图例见表 A-6。

表 A-6 **给水配件**

序号	名称	图例	备注
1	放水龙头	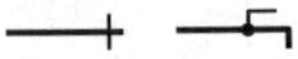	左侧为平面，右侧为系统
2	皮带龙头	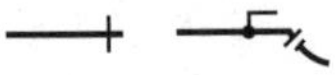	左侧为平面，右侧为系统
3	洒水（栓）龙头	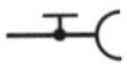	
4	化验龙头		
5	肘式龙头	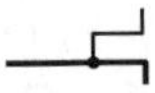	
6	脚踏开关	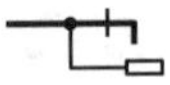	
7	混合水龙头	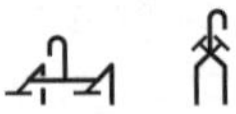	
8	旋转水龙头		
9	浴盆带喷头混合水龙头		

给排水系统阀门名称及图例见表 A-7。

表 A-7 **阀　门**

序号	名称	图例	备注
1	闸阀		
2	角阀		
3	三通阀		
4	四通阀	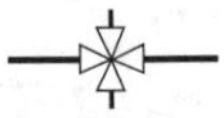	
5	截止阀	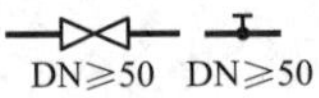	
6	电动阀	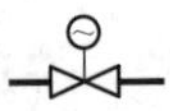	
7	液动阀	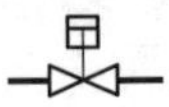	

续表

序号	名称	图例	备注
8	气动阀		
9	减压阀	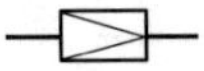	左侧为高压端
10	旋塞阀	 平面 系统	
11	底阀		
12	球阀		
13	隔膜阀		
14	气开隔膜阀	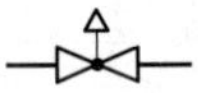	
15	气闭隔膜阀		
16	温度调节阀		
17	压力调节阀		
18	电磁阀		
19	止回阀		
20	消声止回阀		
21	蝶阀		
22	弹簧安全阀		
23	平衡锤安全阀	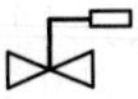	
24	自动排气阀	平面 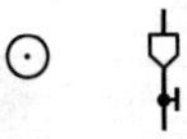 系统	
25	浮球阀	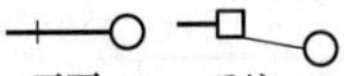 平面 系统	

续表

序　　号	名　　称	图　　例	备　　注
26	延时自闭冲洗阀	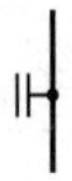	
27	吸水喇叭口	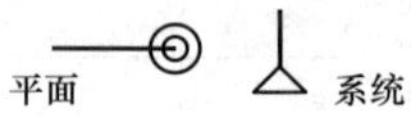	
28	疏水器		

给排水系统消防设施名称及图例见表 A-8。

表 A-8　　　　消防设施

序　　号	名　　称	图　　例	备　　注
1	消火栓给水管	——XH——	
2	自动喷水灭火给水管	—— ZP ——	
3	室外消火栓		
4	室内消火栓（单口）		白色为开启面
5	室内消火栓（双口）		
6	水泵接合器	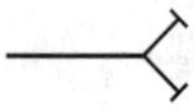	
7	自动喷洒头（开式）	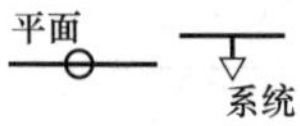	
8	自动喷洒头（闭式）	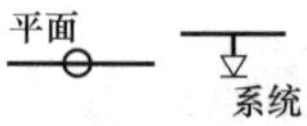	下喷
9	自动喷洒头（闭式）	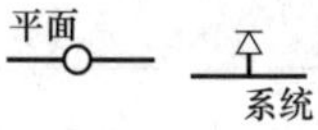	上喷
10	自动喷洒头（闭式）	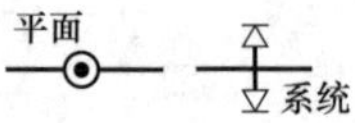	上下喷
11	侧墙式自动喷洒头	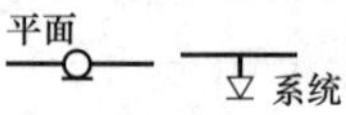	
12	侧喷式喷洒头	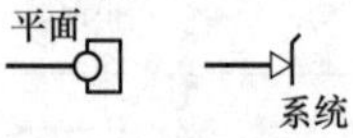	
13	雨淋灭火给水管	——YL——	

续表

序 号	名 称	图 例	备 注
14	水幕灭火给水管	——SM——	
15	水炮灭火给水管	—— SP ——	
16	干式报警阀	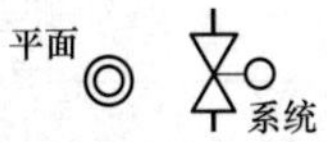	
17	水炮		
18	湿式报警阀	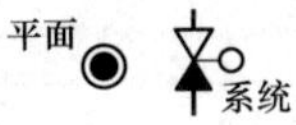	
19	预作用报警阀	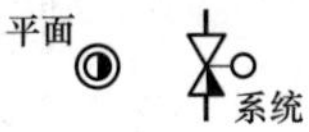	
20	遥控信号阀		
21	水流指示器	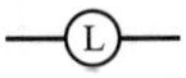	
22	水力警铃	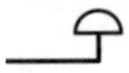	
23	雨淋阀	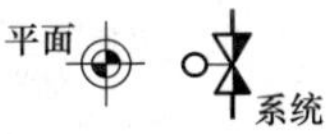	
24	末端测试阀	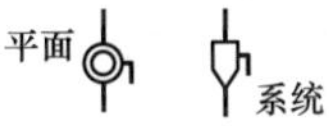	
25	末端测试阀		
26	推车式灭火器		

注 分区管道用加注角标方式表示，如 XH1、XH2、ZP1、ZP2……

给排水系统卫生设备及水池名称及图例见表 A-9。

表 A-9 **卫生设备及水池**

序 号	名 称	图 例	备 注
1	立式洗脸盆		
2	台式洗脸盆	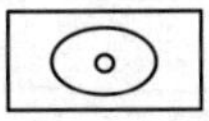	

续表

序　号	名　称	图　例	备　注
3	挂式洗脸盆	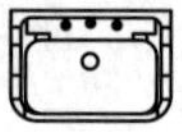	
4	浴盆	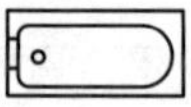	
5	化验盆、洗涤盆	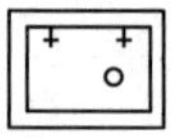	
6	带沥水板洗涤盆		不锈钢制品
7	盥洗槽	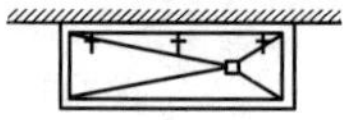	
8	污水池		
9	妇女卫生盆		
10	立式小便器		
11	壁挂式小便器		
12	蹲式大便器	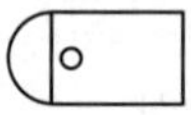	
13	坐式大便器	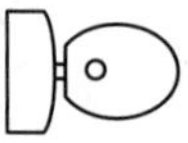	
14	小便槽	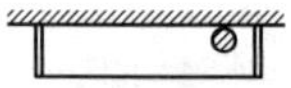	
15	淋浴喷头		

小型给水排水构筑物名称及图例见表 A-10。

表 A-10　　**小型给水排水构筑物**

序　号	名　称	图　例	备　注
1	矩形化粪池	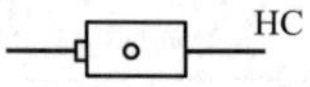	HC 为化粪池代号
2	圆形化粪池		

续表

序号	名称	图例	备注
3	隔油池	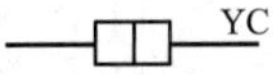	YC 为除油池代号
4	沉淀池	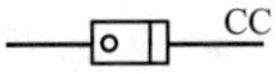	CC 为沉淀池代号
5	降温池	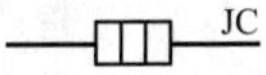	JC 为降温池代号
6	中和池	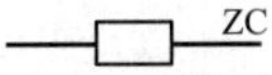	ZC 为中和池代号
7	雨水口		单口
			双口
8	阀门井 检查井		
9	水封井	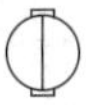	
10	跌水井	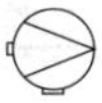	
11	水表井		

给水排水设备名称及图例见表 A-11。

表 A-11　　给水排水设备

序号	名称	图例	备注
1	水泵		
2	潜水泵	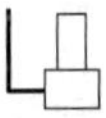	
3	定量泵	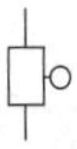	
4	管道泵		
5	卧式热交换器	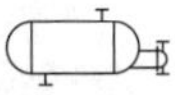	
6	立式热交换器	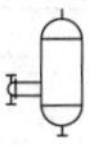	

续表

序号	名称	图例	备注
7	快速管式热交换器		
8	开水器		
9	喷射器		小三角为进水端
10	除垢器		
11	水锤消除器	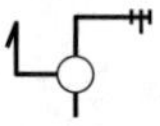	
12	浮球液位器	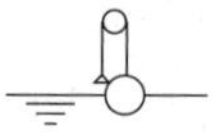	
13	搅拌器	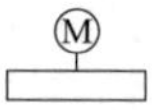	

给排水系统仪表名称及图例见表 A-12。

表 A-12 仪 表

序号	名称	图例	备注
1	温度计		
2	压力表		
3	自动记录压力表		
4	压力控制器		
5	水表		
6	自动记录流量计	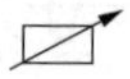	
7	转子流量计		
8	真空表		

附录 B 暖通常用线型、比例及图例

暖通常用线型及其含义见表 B-1。

表 B-1 线型及其含义

名称		线型	线宽	一般用途
实线	粗		b	单线表示的管道
	中粗		$0.7b$	本专业设备轮廓、双线表示的管道轮廓
	中		$0.5b$	尺寸、标高、角度等标注线及引出线；建筑物轮廓
	细		$0.25b$	建筑布置的家具绿化等；非本专业设备轮廓
虚线	粗		b	回水管线及单根表示的管道被遮挡部分
	中粗		$0.7b$	本专业设备及双线表示的管道被遮挡的轮廓
	中		$0.5b$	地下管沟；改造前风管的轮廓线；示意性连线
	细		$0.25b$	非本专业虚线表示的设备轮廓
波浪线	中粗		$0.5b$	单线表示的软管
	细		$0.25b$	断开界线
单点长画线			$0.25b$	轴线、中心线
双点长画线			$0.25b$	假想或工艺设备轮廓线
折断线			$0.25b$	断开界线

注 图样中也可以使用自定义图线及含义，但应明确说明，且其含义不应与本标准相反。

暖通常用水、汽管道代号见表 B-2。

表 B-2 水、汽管道代号

序号	代号	管道名称	备注
1	R	热水管	RG，采暖热水供水管；RH，采暖热水回水管
2	Z	蒸汽管	需要区分饱和、过热、自用蒸汽时，可在代号前分别附加 B、G、Z
3	N	凝结水管	
4	P	膨胀水管、排污管、排气管、旁通管	需要区分时，可在代号后附加一位小写拼音字母，即 Pz、Pw、Pq、Pt
5	BS	补水管	

续表

序号	代号	管道名称	备　注
6	XS	泄水管	
7	X	循环管	
8	YS	溢排管	
9	L	空调冷水管	LG，空调冷水供水管；LH，空调冷水回水管
10	LR	空调冷/热水管	LRG，空调冷、热水供水管；LRH，空调冷、热水回水管
11	KR	空调热水管	KRG，空调热水供水管；KRH，空调热水回水管
12	LQ	空调冷却水管	LQG，冷却水供水管；LQH，冷却水回水管
13	n	空调冷凝水管	
14	SR	软化水管	
15	CY	除氧水管	
16	YS	盐溶液管	
17	LM	冷媒管	
18	F	放空管	

暖通常用水、汽管道阀门和附件图例名称及其说明见表 B-3。

表 B-3　　水、汽管道阀门和附件图例

序号	名称	图　例	备　注
1	阀门（通用）、截止阀	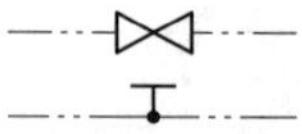	1. 没有说明时，表示螺纹连接 法兰连接时 焊接时 2. 轴测图画法 阀杆为垂直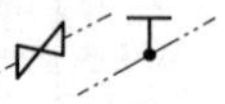 阀杆为水平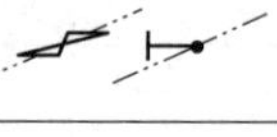
2	闸阀		
3	手动调节阀		
4	球阀、转心阀		
5	蝶阀	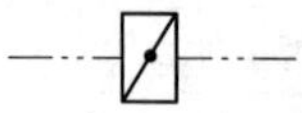	
6	角阀	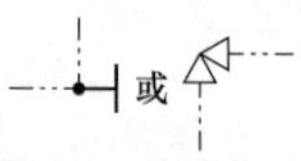	
7	平衡阀		

续表

序号	名称	图 例	备 注
8	三通阀	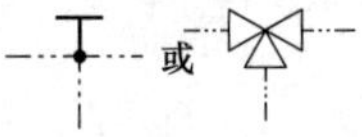	
9	四通阀	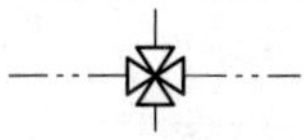	
10	节流阀		
11	膨胀阀	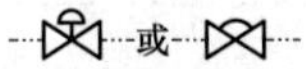	也称隔膜阀
12	旋塞	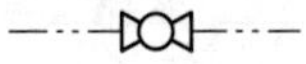	
13	快放阀		也称快速排污阀
14	止回阀	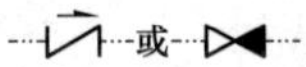	左图为通用；右图为升降式止回阀，流向同左。其余同阀门类推
15	减压阀	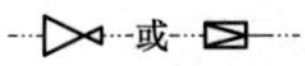	左图小三角为高压端，右图右侧为高压端。其余同阀门类推
16	安全阀		左图为通用；中为弹簧安全阀；右为重锤安全阀
17	疏水阀	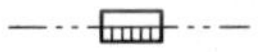	在不致引起误解时，也可用表示。也称“疏水器”
18	浮球阀	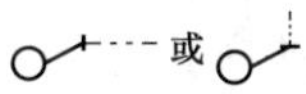	
19	集气罐、排气装置	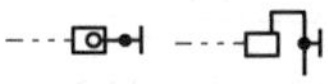	左图为平面图
20	自动排气阀		
21	除污器（过滤器）	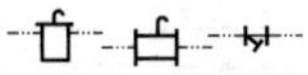	左为立式除污器；中为卧式除污器；右为 Y 形过滤器
22	节流孔板、减压孔板	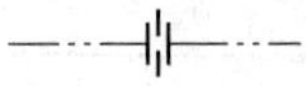	在不致引起误解时，也可用 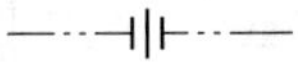 表示
23	补偿器		也称伸缩器
24	矩形补偿器	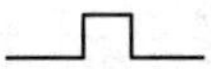	
25	套管补偿器	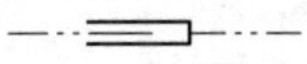	

续表

序号	名称	图例	备注
26	波纹管补偿器	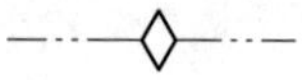	
27	弧形补偿器		
28	球形补偿器	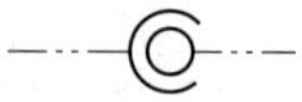	
29	变径管异径管		左图为同心异径管；右图为偏心异径管
30	活接头	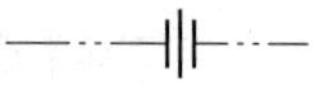	
31	法兰	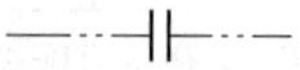	
32	法兰盖	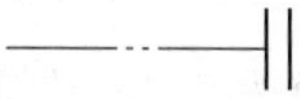	
33	丝堵		也可表示为
34	可屈挠橡胶软接头		
35	金属软管		也可表示为
36	绝热管		
37	保护套管	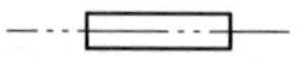	
38	伴热管	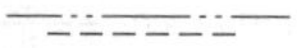	
39	固定支架	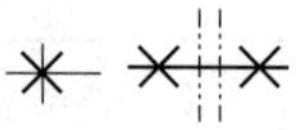	
40	介质流向		在管道断开处时，流向符号宜标注在管道中心线上，其余可同管径标注位置
41	坡度及坡向	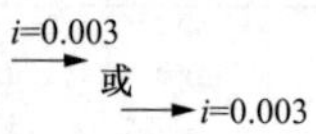	坡度数值不宜与管道起、止点标高同时标注。标注位置同管径标注位置

表 B-4 **风道代号**

代号	风道名称	代号	风道名称
K	空调风管	H	回风管（一、二次回风可附加 1、2 区别）
S	送风管	P	排风管
X	新风管	PY	排烟管或排风、排烟共用管道

暖通常用风道、阀门及附件图例见表 B-5。

表 B-5 **风道、阀门及附件图例**

序号	名称	图 例	备 注
1	砌筑风、烟道	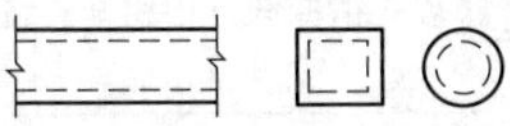	其余均为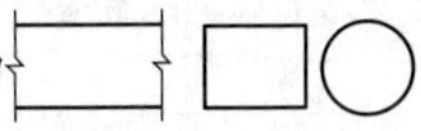
2	带导流片弯头	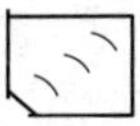	
3	消声器 消声弯管	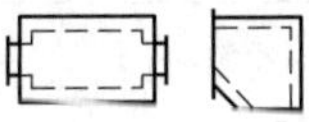	也可表示为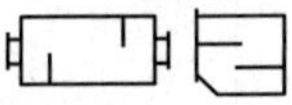
4	插板阀	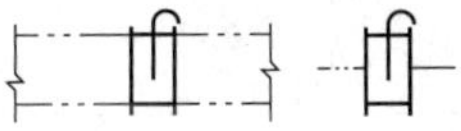	
5	天圆地方	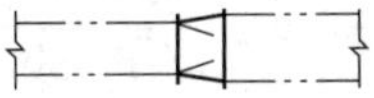	左接矩形风管，右接圆形风管
6	蝶阀	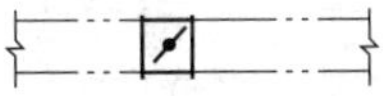	
7	对开多叶调节阀	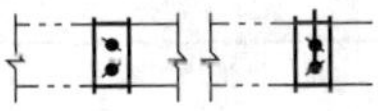	左为手动，右为电动
8	风管止回阀	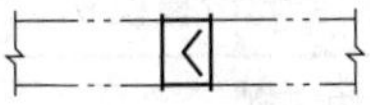	
9	三通调节阀	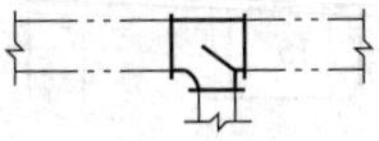	
10	防火阀	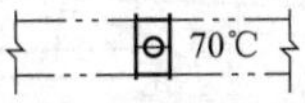	表示 70℃动作的常开阀。若因图面小，可表示为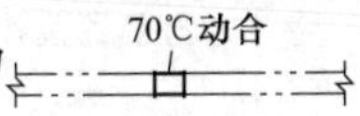

续表

序号	名称	图 例	备 注
11	排烟防火阀	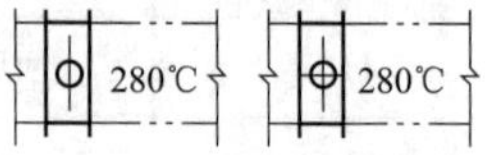	左为280℃动作的常闭阀，右为常开阀。若因图面小，表示方法同上
12	排烟阀	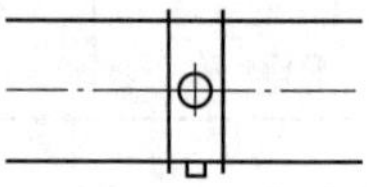	
13	软接头	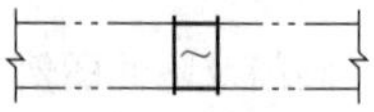	也可表示为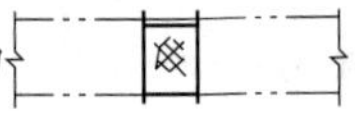
14	软管	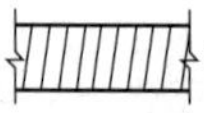或光滑曲线（中粗）	
15	风口（通用）	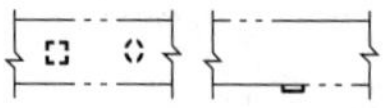	
16	气流方向		左为通用表示法，中表示送风，右表示回风
17	百叶窗		
18	散流器	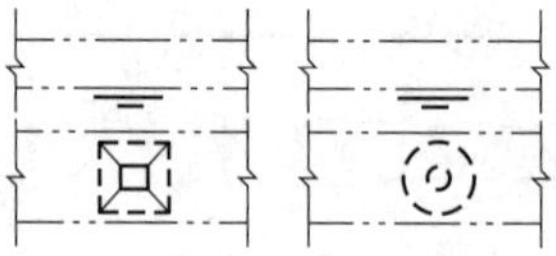	左为矩形散流器，右为圆形散流器。散流器为可见时，虚线改为实线
19	检查孔 测量孔	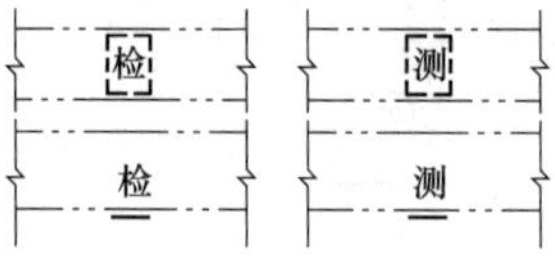	

暖通空调设备图例名称及说明见表B-6。

表B-6　　暖通空调设备图例

序号	名称	图 例	备 注
1	散热器及手动放气阀	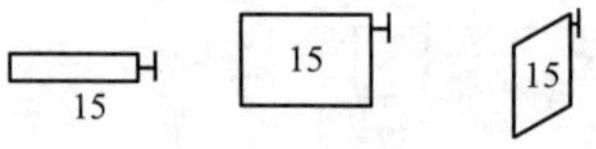	左为平面图画法，中为剖面图画法，右为系统图、Y轴测图画法
2	散热器及控制阀	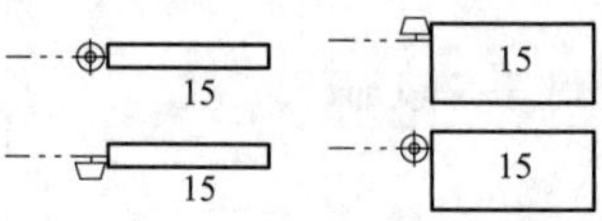	左为平面图画法，右为剖面图画法

续表

序号	名称	图　例	备　注
3	轴流风机	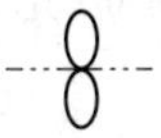 或 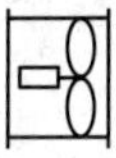	
4	离心风机		左为左式风机，右为右式风机
5	水泵		左侧为进水，右侧为出水
6	空气加热、冷却器		左、中分别为单加热、单冷却，右为双功能换热装置
7	板式换热器	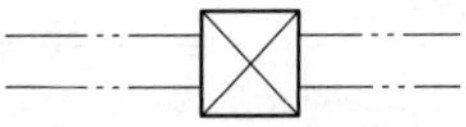	
8	空气过滤器		左为粗效，中为中效，右为高效
9	电加热器		
10	加湿器	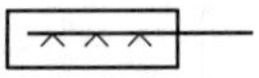	
11	挡水板		
12	窗式空调器	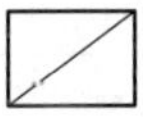	
13	分体空调器	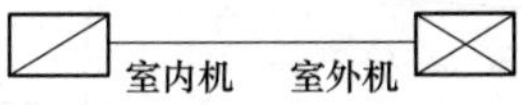	
14	风机盘管	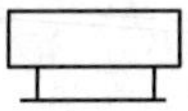	可标注型号：如 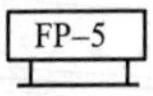
15	减振器		左为平面图画法，右为剖面图画法

附录C　施工图识读材料统计清单样板

表 C-1　　冷冻机房材料统计清单

序号	项目名称	单位	数量	规格参数或位置说明
1	镀锌钢管 DN50	10m	1.2	
2	无缝管 ϕ219×6	10m	2.6	
3	无缝管 ϕ273×7	11m	3.6	
4	蝶阀 WBGX-16DN200	只	8	机组进出口及水泵进出口
5	过滤器 DN200	只	2	水泵进口
6	止回阀 DN50	只	2	水泵出口
7	止回阀 DN200	只	2	水泵出口
8	多功能电子除垢仪 DN250	只	1	空调冷冻水回水总管
9	橡胶软接头 DN200	只	4	水泵进出口
10	电磁流量计 DN250	只	1	空调冷冻水回水总管
11	温度计	只	6	冷水机组进出水管
12	压力表	块	16	水泵及冷水机组进出水管
13	压力表旋塞 DN15	个	16	
14	平焊法兰 DN150	片	4	与水泵进出口连接的管道
15	平焊法兰 DN200	片	14	与冷水机组、电子除垢仪、过滤器阀门等进出口连接的管道
16	螺杆式冷水机组	台	2	30HXC350A，制冷量 1218kW，功耗 252kW
17	冷冻水泵	台	2	KQW150-300-30/4，流量 200t/h，扬程 32m，电动机功率 30kW
18	冷却水泵	台	2	KQW250-300-37/4，流量 280t/h，扬程 28m，电动机功率 37kW
19	管道橡塑保温	m^3	2.54	

参 考 文 献

[1] 张玲．建筑设备工程（水暖部分）．北京：中国电力出版社，2009.
[2] 黄奕沄．空调用制冷技术．北京：中国电力出版社，2007.
[3] 徐平平，郭卫琳．建筑设备安装．北京：高教出版社，2004.
[4] 中国建筑设计研究院有限公司．民用建筑暖通空调设计统一技术措施 2022. 北京：中国建筑工业出版社，2022.